Influencer Marketing

Marlis Jahnke
(Hrsg.)

Influencer Marketing

Für Unternehmen und Influencer:
Strategien, Plattformen, Instrumente,
rechtlicher Rahmen.
Mit vielen Beispielen

Beitragsautoren im Werk sind Professor Regina Brix,
Dr. Annette Bruce, Thomas Fuchs, Dr. Caroline Hahn,
Fabian Held, Hendrik Martens, Moritz Meyer, André Krüger,
Melanie Lammers, Franziska von Lewinski, Monika Sekara
und Simon Unge

Herausgeber
Marlis Jahnke
INPROMO GmbH
Hamburg, Deutschland

ISBN 978-3-658-20853-0   ISBN 978-3-658-20854-7   (eBook)
https://doi.org/10.1007/978-3-658-20854-7

Die Deutsche Nationalbibliothek verzeichnet diese Publikation in der Deutschen Nationalbibliografie; detaillierte bibliografische Daten sind im Internet über http://dnb.d-nb.de abrufbar.

Springer Gabler
© Springer Fachmedien Wiesbaden GmbH, ein Teil von Springer Nature 2018

Gedruckt auf säurefreiem und chlorfrei gebleichtem Papier

Springer Gabler ist ein Imprint der eingetragenen Gesellschaft Springer Fachmedien Wiesbaden GmbH
und ist ein Teil von Springer Nature
Die Anschrift der Gesellschaft ist: Abraham-Lincoln-Str. 46, 65189 Wiesbaden, Germany

Vorwort

Zusammenfassung

Influencer-Marketing – eine Kommunikationsform, die zunehmend in den Fokus rückt: Welches Potenzial steckt dahinter und für wen? Welche Position kann und wird diese Disziplin im Marketing-Mix einnehmen? Welche Bedeutung haben Influencer als Medienschaffende? Die junge Marketing-Spielart zieht seit etwa 2016 verstärkt große mediale Aufmerksamkeit auf sich – ist aber für viele eher vage und undurchschaubar. Bisher befindet sie sich im Spannungsfeld zwischen beeindruckenden Reichweiten, neuen digitalen Geschäftsmodellen sowie ersehnten neuen Online-Marketing-Optionen einerseits und Schleichwerbung oder mangelnden Standards andererseits. Mit dem Ziel, zur Professionalisierung von Influencer-Marketing beizutragen, richtet sich dieses Buch gleichermaßen an Marketing-Profis wie Influencer. Beide erfahren, wann und wie Influencer-Marketing für ihre Ziele geeignet ist. Budget-Verantwortliche erhalten wertvolle Tipps, wie sie es erfolgreich in ihre Kommunikationsstrategien integrieren, die passenden Influencer finden, sie richtig briefen, erfolgreich mit ihnen zusammenarbeiten und dabei den rechtlichen Rahmen im Auge behalten. Influencer profitieren von Anregungen, wie sie ihre Karriere weiter professionalisieren und ausbauen können und was sie im Umgang mit Unternehmen berücksichtigen sollten. Kompetente Autoren stellen ihre Fachbereiche vor und reflektieren kritisch die rasante Entwicklung des Influencer-Marketings. Sie fassen den Status quo kompakt zusammen, beleuchten anhand von Fallbeispielen die diversen Möglichkeiten des Influencer-Marketings und präsentieren zentrale Ansätze und Methoden, um diese komplexe Disziplin greifbar und verständlich zu machen.

Mit der digitalen Vernetzung hat sich unser Kommunikations- und Informationsverhalten verändert: Text, Bild oder Video – Inhalte in allen Formen und Variationen werden geteilt und verbreitet, aus Senden wird Dialog. Oft reicht ein Smartphone, um sich medial zu inszenieren. Viele User-Profile auf verschiedenen Kanälen – von YouTube über musical.ly bis Instagram – entwickeln sich zu Reichweiten-Phänomenen, ihre Inhaber werden zu Influencern. Sie sind Meinungsführer ihres Fachgebiets, und die Fans folgen ihren Ratschlägen. Damit werden Influencer hoch relevant für alle Werbetreibenden.

Die aktuelle Situation gleicht einem Wettrennen: Jeder will mitmachen, jeder will Erfahrungen sammeln. Welche Geschäftsmodelle setzen sich durch? Was ist die Antwort auf drängende KPI-Fragen? Herrscht Konsens über den korrekten juristischen Umgang? Wer sind die einflussreichsten Influencer, wer ist kreativer Content Creator? Dreht sich die Preisschraube mit der Reichweite immer weiter nach oben? Wie wichtig ist ein Code of Conduct, der über das juristische Mindestmaß hinausgeht, um den langfristigen Erfolg und den Ruf der Disziplin zu stärken?

Entscheidende Fragen, die mich als Unternehmerin und Gründerin von HashtagLove, der ersten deutschen Influencer-Marketing-Plattform, bewegen. Zahlreiche Gespräche und Diskussionen auf Branchenveranstaltungen weckten bei mir den Wunsch, das Erlernte und Erlebte in einem Buch zu bündeln. Mit dem Ziel, den Rahmen möglichst weit zu stecken und das neue Thema von allen Seiten zu beleuchten, habe ich Marktbegleiter unterschiedlicher Fachbereiche zusammengebracht. Gemeinsam teilen wir unser Wissen, um zur Weiterentwicklung beizutragen und die Attraktivität von Influencer-Marketing langfristig zu sichern. Insgesamt zwölf Beiträge spannen den Bogen von der Marketing-Theorie über die Betrachtung der juristischen Seite bis zu Statements von Influencern. Viele Beispiele illustrieren die praktischen Einsatzmöglichkeiten.

Im ersten Kapitel kläre ich zunächst die Begriffe von Relations und Marketing. In „Ist Influencer-Marketing wirklich neu?" stelle ich klar, dass es Influencer schon immer gab – bzw. die Logik der Beeinflussung (englisch: to influence) durch bekannte Persönlichkeiten aus Sport, Medien oder Kultur. Da vor allem die Influencer mit der höchsten Reichweite im medialen Interesse stehen, lassen wir hier auch die sogenannten Micro-Influencer zu Wort kommen, um deren Motive und Arbeitsweisen besser zu verstehen.

Inwieweit sich die Marketing-Theorie in den letzten Jahren gewandelt hat, erklärt **Regina Brix,** passionierte Bloggerin und Affiliate Professorin an der renommierten Management-Schmiede ESCP Europe. Die traditionellen „Ps" bekommen bei ihr einen zeitgemäßen Neu-Anstrich, und der integrierte Kommunikationsansatz wird klar. Die digitale Transformation beschert uns eine stark veränderte Marketingausrichtung, der „neue Konsument" ist König und im Idealfall Markenbotschafter, also Influencer.

Auch wenn die Marketinglehre des zweiten Kapitels auf der Metaebene vorzeichnet, wie wir umdenken müssen, ist vieles noch nicht in der Realität angekommen: Das Instrument Influencer-Marketing ist zukunftsweisend, steckt aber immer noch in der „Versuchsphase". Erst langsam entwickeln sich Strukturen, echte vergleichbare Messgrößen und Standards fehlen bisher. Trotz allem herrscht Goldgräberstimmung. Und das zu Recht und auch zum Glück: Hier wird nicht mit deutscher Gründlichkeit gearbeitet, sondern sowohl von Agentur-, Unternehmens- als auch Influencer-Seite kräftig ausprobiert. Und so manche Kampagne ist vielleicht über das Ziel hinausgeschossen oder auch danebengegangen – eine Sammlung gibt's in der Facebook-Gruppe „Perlen des Influencer-Marketings". Sie hat mehr als 40.000 Abonnenten, setzt sich für mehr Qualität im Influencer-Marketing ein und wird betrieben von – ja, von wem eigentlich (Maas 2017)? Eine ähnliche Intention hat die Fachzeitschrift werben & verkaufen: Unter dem Hashtag #echtjetzt möchte man „das Influencer-Marketing reparieren und damit unseren Respekt vor seriösen Influencern zum Ausdruck bringen" (Zimmer 2017). Es ist eben schwierig, bei einer neuen Disziplin alles richtig zu machen.

Wie das alles strategisch richtig geht, erklärt die Buchautorin und Unternehmerin **Dr. Annette Bruce** zusammen mit **Christoph Jeromin** im Kapitel „Die Marke im Spannungsfeld zwischen Kontinuität und Freiheit". Nur durch einen markenstrategischen Fit und eine kluge Markenpositionierung ist gewährleistet, dass die Chancen des Influencer-Marketings optimal genutzt werden. Erst durch klare Vorgaben gibt der Markenverantwortliche dem Influencer die Freiheit und den definierten Spielraum, die für authentische Berichte und Empfehlung notwendig sind.

Dass dies nicht ausschließlich auf Instagram, sondern auf vielen weiteren für Influencer-Marketing relevanten Kanälen umgesetzt wird, erklärt **Fabian Held** von der Influencer-Marketing-Plattform HashtagLove im Kapitel „Influencer-Marketing ist nicht nur Instagram". Fabian Held hat hier schon mehr als 300 Kampagnen umgesetzt. Er stellt die verschiedenen Kanäle von Blogs über musical.ly bis Pinterest vor und zeigt, nach welchen quantitativen sowie qualitativen Kriterien Influencer ausgewählt werden sollten. Wie ein professionelles Briefing an einen Influencer aussehen muss, wurde schon mehrfach zitiert: Sein Drei-Säulen-Modell nennt produktspezifische, plattformspezifische und allgemeine Briefing-Aspekte.

Werden Branchenköpfe auf LinkedIn und XING bald zur Fachmedienmarke? **Franziska von Lewinski,** Vorstand Digital und Innovationen der Agentur fischerAppelt AG, traut sich in Kapitel 5 an das schwierige und sehr spannende Thema Influencer in der B2B-Kommunikation. Ihr Beitrag hilft, durch den Wirrwarr der Bezeichnungen von Testimonial, Key Opinion Leader, Digital Opinion Leader, Markenbotschafter bis zu Employee Advocacy durchzusteigen. Ihre praxisnahen Tipps zur Umsetzung einer Influencer-Kampagne reichen von Recherche und Markenfit bis zum Set-up innerhalb des Unternehmens. Zudem ordnet sie Influencer-Marketing in den Gesamtkontext des Kommunikationsmodells Paid, Owned, Earned ein.

Als Expertin für Collaborative Marketing stellt die Unternehmerin **Melanie Lammers** vor, wie Unternehmen es schaffen, aus Micro-Influencern echte Co-Marketer zu machen (Kapitel 6). Sie grenzt Macro- und Micro-Influencer von den sogenannten Real-Life Influencern ab und analysiert, wie Marketer skalierbare und effiziente Word-of-Mouth-Effekte erzielen können.

Ich freue mich, dass wir mehr als ein Dutzend **Best Practices** zeigen können – vom Start-up bis zum DAX Konzern – die die Marketingverantwortlichen persönlich in Kapitel 7 vorstellen. Es ist praktisch unmöglich, alle Aspekte des Influencer-Marketings in Form von Best Cases abzubilden. Aber wir zeigen, wie unterschiedlich die Branchen in den Bereichen B2C (business-to-consumer) und B2B (business-to-business) mit dem Thema umgehen. So können alle voneinander lernen, wie es funktioniert und ihre Strategien und Ansätze verbessern. Genauso divers wie die vorgestellten Branchen sind auf der anderen Seite die genutzten Kanäle oder die Anzahl der Influencer pro Kampagne: Wir zeigen die ganze Bandbreite vom Einsatz eines Testimonials bis hin zur Zusammenarbeit mit 300 Micro-Influencern in einem engen Zeitraum.

Wussten Sie, dass ein Livestreaming-Angebot wie Let's Play mit mehr als 500 Zuschauern einer rundfunkrechtlichen Zulassung bedarf? Der juristische Rahmen von Social Media und Influencer-Marketing ist komplex und nicht allen Marktteilnehmern geläufig. Grund genug, in Kapitel 8 und 9 zwei juristische Beiträge vorzustellen, die Licht in den Paragrafen-Dschungel bringen: Die Sicht der Landesmedienanstalten übernimmt **Thomas Fuchs,** Direktor der Medienanstalt Hamburg/Schleswig-Holstein (MA HSH) in Zusammenarbeit mit **Dr. Caroline Hahn.** Sie erklären, was die Medienanstalten mit Influencern zu tun haben und führen durch die Welt der korrekten Werbekennzeichnung. Nur so kann Influencer-Marketing verantwortungsvoll und regelkonform umgesetzt werden.

Dass es Widersprüche gibt und Abmahnvereine durchaus strenger als die Landesmedienanstalten agieren, erörtert **Monika Sekara,** Gründerin der Sekara Schäfer Rechtsanwälte Partnerschaftsgesellschaft mbB. Sie ist erfahrene Fachanwältin, hat unzählige Verträge mit Influencern entwickelt und ist Autorin von AGBs (allgemeine Geschäftsbedingungen) für Influencer-Marketing-Plattformen. Sie führt durch die wettbewerbsrechtliche Einordnung, stellt Vertragskonzepte vor und erklärt einige sozialrechtliche Aspekte.

Den freien Digitalstrategen, Speaker und Autor **André Krüger** kennt man im Netz auch als @bosch. In seinem Kapitel wirft er einen kritischen Blick auf den Status quo des Influencer-Marketings. Er fasst die Herausforderungen sowohl für Unternehmen als auch für Influencer zusammen und bittet darum, beide Aspekte zu lesen, um das gegenseitige Verständnis zu verbessern. Es ist ein People's-Business und wir haben es mit Menschen tun: Die Marketers erwarten Kreativität, die Influencer die Würdigung ihrer Qualität und Relevanz. Laut Krüger müssen die Unternehmen Ansprache und Auswahl der Influencer sowie deren Briefing samt KPIs in den Griff bekommen. Die Influencer müssen lernen, sich klug zu positionieren, ihr Personal Branding zu finden und eine eigene Vermarktungsstrategie auf die Beine zu stellen.

Als ehemaliger Pressesprecher bei Mediakraft Networks erzählt **Moritz Meyer** in Kapitel 11 die spannende Entstehungsgeschichte der Multi-Channel-Networks (MCNs), die Creators wie Y-Titty und LeFloid hervorgebracht haben. Heute ist Meyer erfolgreicher Journalist (unter anderem beim Fachmagazin „Werben & Verkaufen") sowie Bewegtbild-Profi und kennt die Herausforderungen einer Influencer-Karriere bestens. Er ruft die Influencer auf, sich besser zu vernetzen. Er stellt die wichtigsten Influencer-Veranstaltungen, wie z. B. die Videodays, und die heute am Markt aktiven Netzwerke, Plattformen sowie die lokalen Communities vor.

Nicht nur die Vernetzung der Influencer untereinander ist wichtig, sondern auch das Miteinander aller Marktteilnehmer. Mit den HashtagLounges, die regelmäßig in verschiedenen Städten stattfinden, ist ein Format entstanden, das interessierte Marketingverantwortliche mit Influencern zusammenbringt. Das „invitation-only"-Event dient dem persönlichen Kennenlernen und Verstehen der jeweiligen Bedarfe und hilft, die Kampagnen smarter, effizienter und auch langfristiger umzusetzen.

Wie wichtig es ist, die Gegenseite kennenzulernen, zeigt auch der O-Ton des Interviews in Kapitel 12. **Simon Unge**, der mit seinem YouTube-Kanal „ungespielt" ein Millionen-Publikum begeistert, erzählt seine Erfolgsgeschichte, sozusagen „UNGEfragt". Seine Sicht auf die Branche und den Stand der Dinge ist authentisch und hochinteressant. Dabei sieht er sich gar nicht als Influencer, sondern als Creator. Sein Manager **Hendrik Martens** (flow:fwd) ist Autor des Podcasts „Influencer Marketing Bingo" und erklärt hier, wie die Zusammenarbeit mit diesen Creators erfolgreich wird: immer individuell, intensiv und flexibel.

Hendrik Martens ist darüber hinaus Gründungsmitglied des BVIM (Bundesverband Influencer Marketing e. V.). Der Influencer Marketing Verband engagiert sich als Repräsentant und Stimme der Branche in Deutschland. Er steht im Dialog mit Entscheidungsträgern in Politik, Gesellschaft und Wirtschaft und ist Netzwerkpartner für Content Creator, Blogger, Influencer und Unternehmen.

Ich freue mich, dass ich das Influencer-Marketing der vergangenen „wilden" Jahre mitbegleiten durfte und hoffe, dass dieses Buch Impulse für die weitere Professionalisierung setzen kann. Ein wachsender Gesamtmarkt und das faire Miteinander aller Marktteilnehmer sind gute Voraussetzungen, um die Disziplin mit Spaß und Kreativität weiterzuentwickeln.

Viel Spaß beim Lesen – ich freue mich über Feedback

Marlis Jahnke
marlis.jahnke@inpromo.de

Literatur

Zimmer, F., 2017, Rettet das Influencer Marketing, https://www.wuv.de/marketing/rettet_das_influencer_marketing. Zugegriffen: 13.12.2017
Maas, S., 2017, „Influencer-Perlen" sammelt die lustigsten Werbeversuche im Netz, http://www.bento.de/haha/perlen-des-influencer-marketings-die-bescheuertsten-werbebilder-auf-instagram-1743386/. Zugegriffen: 04.01.2018

Danksagung

Dieses Buch ist ein „Gemeinschaftswerk" und ich möchte mich bei allen bedanken, die mitgearbeitet und mich unterstützt haben. Es war mir eine Freude!

Zunächst gilt mein Dank meinem Lektor Rolf-Günther Hobbeling, der mir die Rolle der Herausgeberin anvertraut hat, mich unterstützt hat bei der Entstehung des Buches und dem keine Extra-Wurst zu extra war.

Ohne alle meine Beitragsautoren wäre dieses Buch gar nicht entstanden. Danke für Euer Vertrauen, Eure Impulse und Eure Worte und danke, dass ich Euch mit Deadlines, Permissions und Verträgen nerven durfte. Es hat mir riesigen Spaß gemacht mit Euch zu arbeiten und ich habe viel von Euch gelernt. Und ich verspreche, dass ich jetzt erst mal keine Bücher mehr schreibe.

Ich danke auch allen Influencern, die ganz unkompliziert bereit waren, ihre Texte und Bilder zur Verfügung zu stellen. Danke auch für die vielen Kampagnen-Cases, die nur zustande kamen, weil sich alle – von der Unternehmenskommunikation bis zum Projekt-manager – Zeit genommen haben, die Fakten zusammenzutragen.

Ein besonderer Dank geht an das gesamte Team von INPROMO und HashtagLove: Ich konnte mich aus dem operativen Geschäft zurückziehen und mich aufs Buch konzen-trieren. Ihr habt mir beim Buch geholfen, mir den Rücken freigehalten und meine Arbeit übernommen. Hier möchte ich insbesondere die Unterstützung von Sophia, Larissa und Vivien hervorheben.

Ein weiteres Dankeschön an Monika für den Impuls, als Herausgeber aufzutreten, Annette für den Verlagskontakt, Mel für ihre wissenschaftliche Unterstützung, Heidrun für die Storyline, Ina für die Grafiken.

Und last but not least: Danke an meine Familie für ihr Verständnis und Unterstützung.

Marlis Jahnke

Inhaltsverzeichnis

Über die Herausgeberin

Marlis Jahnke ist Unternehmerin – seit 1999 Managing Partner der INPROMO GmbH. Ihre Agentur für Online Kommunikation gründete sie, nachdem sie als Produktmanagerin bei Polydor (heute Universal) für Künstler wie Udo Lindenberg oder Nena mit ihren digitalen Ideen in der Musikindustrie (noch) auf taube Ohren stieß. Sie verabschiedete sich aus der Branche mit ihrem ersten Fachbuch „Der Weg zum Popstar", das heute noch ein Standardwerk ist. Mit INPROMO folgten 10 Jahre digitale Kommunikation, zunächst für die Film-, Games,- und Musikbranche, später für einen heterogeneren Kundenkreis.

2014 gründete Marlis Jahnke Deutschlands erste Influencer Marketing-Plattform: HashtagLove führt erfolgreich Marken mit Influencern aller Social Media Kanäle zusammen. Mit innovativer Matching-Logik, hoher Automatisierung und individueller Kuratierung setzt HashtagLove reichweitenstarke und authentische Kampagnen für Kunden verschiedenster Branchen um. 2018 startet die Plattform auch in Polen, Frankreich und Italien.

Marlis Jahnke ist Sprecherin auf wirtschaftlichen und politischen Veranstaltungen, engagiert sich für neue Ausbildungswege bei jungen Menschen und begleitet ehrenamtlich das preisgekrönte deutsch-nordafrikanische Mentoring-Programm „Ouissal" der ema e. V. Marlis Jahnke lebt mit Mann und Kindern in Hamburg.

marlis.jahnke@inpromo.de

Abbildungsverzeichnis

Tabellenverzeichnis

Ist Influencer-Marketing wirklich neu?

1

Marlis Jahnke

Inhaltsverzeichnis

Zusammenfassung

Ist Influencer-Marketing wirklich neu? Mit dem Internet haben sich die Möglichkeiten der Verbreitung von Botschaften vervielfacht. Heutzutage sind nicht mehr nur TV-Sternchen oder Hollywood-Stars Influencer und Meinungsmacher. Unzählige Menschen können innerhalb kürzester Zeit Massen über die sozialen Medien erreichen und damit Influencer werden. Für Unternehmen werden diese Personen immer wertvoller und interessanter. Auf der anderen Seite schaukelt sich die Begehrlichkeit von Bloggern, Instagrammern und YouTubern immer weiter hoch und die Preisschraube dreht sich nach oben. Influencer-Marketing gewinnt dynamisch an Bedeutung – dieses Kapitel beantwortet einige grundlegende Fragen dazu: Ist Influencer-Marketing nur ein vorübergehender Hype und wird die Blase irgendwann platzen? Was sind Influencer

M. Jahnke (✉)
Inpromo GmbH, Hamburg, Deutschland
E-Mail: marlis.jahnke@inpromo.de

© Springer Fachmedien Wiesbaden GmbH, ein Teil von Springer Nature 2018
M. Jahnke (Hrsg.), *Influencer Marketing*,
https://doi.org/10.1007/978-3-658-20854-7_1

eigentlich und wieso spielen sie in Marketingstrategien eine zunehmend bedeutende Rolle? Wie unterscheiden sich Testimonials, Blogger Relations und Influencer-Marketing? Welches sind die wichtigsten Entwicklungen und Begrifflichkeiten?

1.1   Woher kommt Influencer-Marketing?

Die Medienlandschaft durchlebt im digitalen Zeitalter einen tief greifenden Wandel – das Internet hat unser Kommunikations- und Informationsverhalten grundlegend verändert. Egal, ob Text, Bild oder Video – Inhalte in allen Formen und Variationen werden geteilt und verbreitet. Die klassischen Medienkanäle müssen sich auf das Senden beschränken, aber der Zeitgeist verlangt nach Dialog. Vor allem jüngere Zielgruppen sind kaum noch über TV und Co. zu erreichen.

Mit der Evolution der Verbreitungsmöglichkeiten verändern sich auch die sogenannten Influencer. Das „Prinzip Meinungsmacher" gab es bereits lange vor dem digitalen Zeitalter: Bereits 1760 kam Josiah Wedgwood, Gründer der bekannten Porzellanmanufaktur Wedgwood, auf die Idee, besondere Personen für die Verbreitung seiner Unternehmensbotschaften zu nutzen. Der innovative Unternehmer ließ niemand Geringeres als die britische Königsfamilie für seine Produkte sprechen und schuf damit entsprechende Begehrlichkeiten in der Bevölkerung (Bauer 2016).

In den 1980er- und 1990er-Jahren – der Hoch-Zeit des Fernsehkonsums – beeinflussten vor allem Personen des öffentlichen Lebens, z. B. aus Film und TV bekannte Sportler, Sänger und Schauspieler, die junge Zielgruppe. Boybands, Hollywood-Stars, Show-Moderatoren oder Sport-Ikonen fungierten als Markenbotschafter für Limonaden, Sportartikel, Parfüms oder Nahrungsmittel. Sie wurden in Werbespots eingesetzt, nutzten die Produkte und befürworteten sie in der Öffentlichkeit. Medien dienten als sogenannte Gatekeeper der Massenkommunikation: Sie bestimmten allein, was wann und wie öffentlich wurde, siehe Abb. 1.1.

Heute werden auch Personen Markenbotschafter, die nicht durch die klassischen Medien bekannt geworden sind: LeFloid (mit bürgerlichem Namen Florian Mundt) erreicht über seine gleichnamige YouTube-Präsenz mehrere Millionen Abonnenten und ist damit auch für Unternehmen als Botschafter interessant. 2014 engagierte ihn die Techniker Krankenkasse für die Kampagne „Den eigenen Weg gemeinsam gehen" als Testimonial (Reidel 2014). Und LeFloid durfte bereits 2015 die Bundeskanzlerin auf

Abb. 1.1 Das Social Web verändert die alten Sender-/ Empfänger-Strukturen

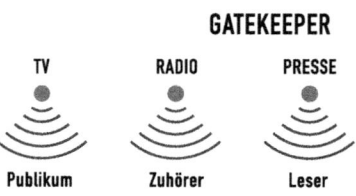

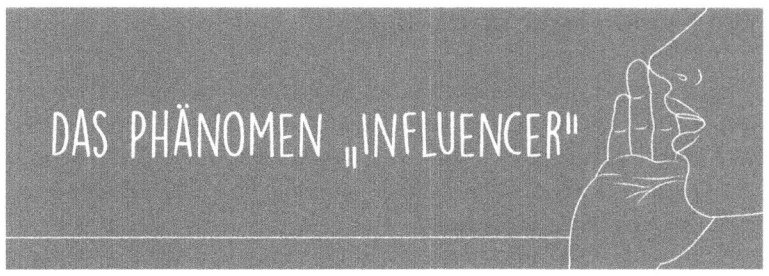

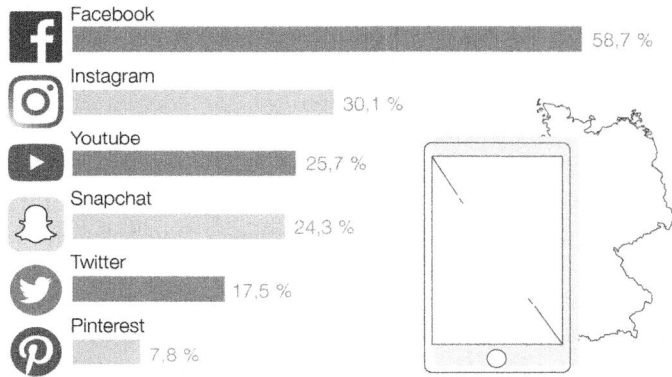

Abb. 1.2 Was sind die beliebtesten Social-Media-Kanäle in Deutschland. (Statista 2017)

seinem YouTube-Channel befragen. Weit über fünf Millionen Aufrufe verzeichnet sein Interview mit Angela Merkel – so erreicht Politik auch Jugendliche! (LeFloid 2015).

Mit jedem neuen Medium hat sich die Anzahl möglicher Influencer, Kommunikatoren und Botschaften vergrößert. Im digitalen Zeitalter mit seinen zahlreichen Plattformen und Communities, wie Facebook, Instagram und Snapchat, hat sie sich vervielfacht.

Das Internet hat die Nutzung von Medieninhalten radikal verändert, die Struktur der Medienlandschaft bröckelt, soziale Netzwerke breiten sich immer weiter aus, (siehe Abb. 1.2, Was sind die beliebtesten Social Media Kanäle in Deutschland). Dies führt zu einer dynamischen Entwicklung des Medienmarkts, bei dem klassische Medien neue Geschäftsmodelle entwickeln und Unternehmen neue Kanäle wie das Influencer-Marketing in ihre Kommunikationsstrategien einbeziehen.

Heute kann jeder seinen Follower-Kreis im Internet selbst aufbauen und große Zielgruppen auch ohne Radio- oder TV-Präsenz erreichen. Die schier ungreifbare Menge potenzieller Markenbotschafter hat zu einem Paradigmenwechsel im Marketing geführt und die Disziplin Influencer-Marketing hervorgebracht. Heute besteht die Herausforderung für Marketingabteilungen darin, aus einem Influencer-Überangebot die für sie am besten passenden herauszufiltern.

1.2 Was ist Influencer-Marketing?

Vom englischen „influence" (deutsch: Einfluss) kommend, bedeutet Influencer eine Person, die andere durch ihr Tun und Handeln beeinflusst. Status und Popularität dieser Person spielen hierbei eine entscheidende Rolle (Grabs und Sudhoff 2014, S. 229). Einen Influencer definiert die Fähigkeit, durch seine Autorität bzw. Beliebtheit Meinungen und/ oder Verhalten anderer zu beeinflussen.

Influencer sind Multiplikatoren, die Produkte, Marken und ihre Werbebotschaften über diverse Kommunikationskanäle, vor allem aber über das Internet, weiterverbreiten. Deshalb ist Influencer-Marketing auch ein schmaler Grat zwischen Werbung und authentischer Berichterstattung im journalistischen Sinn. Multiplikatoren können ihre Botschaften in einem Bild auf Instagram, mit einem Facebook-Posting, auf einer Pinnwand bei Pinterest oder auf ihrem eigenen Blog verbreiten.

Die Word of Mouth Marketing Association (WOMMA) definiert Influencer-Marketing wie folgt: „The act of a marketer or communicator engaging with key influencers to act upon influencees in pursuit of a business objective" (WOMMA 2013, S. 6). In den USA bereits seit einigen Jahren fest etabliert (TechnoratiMedia 2013), beschäftigt sich die deutsche Marketingbranche erst seit 2014 intensiv mit dem Influencer-Marketing (Hedemann 2014).

Einer von mehreren Vorgängern des Influencer-Marketings waren Blogger Relations, die bei vielen Unternehmen unter dem Bereich Öffentlichkeitsarbeit eingeordnet wurden (Hedemann 2013). Diese Plattformeingrenzung auf Blogs ist allerdings heute mit dem übergeordneten Begriff Influencer-Marketing obsolet geworden (Hedemann 2014).

▶ Influencer-Marketing ist die Zusammenarbeit mit individuellen Personen, welche eine relevante Menge an Zuschauern, Zuhörern oder Followern ansprechen können. Die Unternehmen oder zuständigen Agenturen müssen gewährleisten und dafür sorgen, dass diese Personen das richtige Kundensegment erreichen (Fischer 2016).

1.2.1 Was sind Blogger Relations?

Das Internet ist längst ein Medium geworden, in dem die Grenzen zwischen Publizierern und passiven Nutzern – Schreibern und Lesern – verwischen. Blogs und Blogger sind das beste Beispiel für diese Entwicklung.

▶ **Blogger** sind Betreiber und Inhaber eines Blogs, auch Weblog genannt. Aus Begriffen „Web" und „Log" zusammengesetzt, bedeutet Blog übersetzt Logbuch oder Tagebuch (Czerwinski 2014, S. 20). Blogs und Blogeinträge sind daher meist sehr persönlich und aus der Ich-Perspektive geschrieben (Primbs 2016, S. 17).

Die inhaltliche Gestaltung liegt in den Händen der Blogger. Sie berichten über ihr Leben, ihren Alltag und besondere Momente. Sie teilen mit der Welt ihre Wünsche und

Hoffnungen und animieren zum Dialog in Form von Kommentaren und Diskussionen. Dabei fördert das öffentliche Zur-Schau-Stellen der Gedanken vor allem den Meinungsaustausch zwischen Bloggern und Lesern. Für Blogs typisch sind daher vernetzende sowie dialogorientierte Funktionen: Ein Blogroll bezeichnet eine Liste an Links zu weiteren Blogs, die als Lese-Empfehlung zu verstehen sind (Hettler 2010, S. 4 ff.). Dies führt unweigerlich zu einer starken Vernetzung des „Bloggerversums".

Über eine Kommentar-Funktion können Leser mitdiskutieren, weitere Fragen zum Thema stellen oder einfach nur ihren Standpunkt über den Artikel kundtun. Blogs, die viele regelmäßige Leser haben, erarbeiten sich so eine Stamm-Community und damit einen bestimmten Wirkungskreis.

Diesen Wirkungskreis, insbesondere bei Nischenthemen, haben vor einigen Jahren Unternehmen und Agenturen für sich entdeckt. Sie merkten, dass es über die Online-Magazine und -Portale hinaus Privatpersonen gibt, die im Web Nischenthemen besetzen und damit eine oftmals begehrte und spitze Zielgruppe erreichen. Es sind Filmliebhaber, Beauty-Queens, Technik-Nerds, Mütter, Wanderfreunde, Koch-Experten oder Weltenbummler, die ihre Leidenschaften, ihre Hobbys oder ihr ganzes Leben auf ihren persönlichen Blogs darstellen und so in den Fokus von Marketingabteilungen rutschen (Primbs 2016, S. 16).

Für die Promotion eines Musik-Albums genügt es beispielsweise längst nicht mehr, Kontakte zu einzelnen klassischen TV-, Print- und Onlineredaktionen zu pflegen. So stellt Hettler fest, dass sich im Rahmen der wachsenden Bedeutung des Internets auch die Gewichte der PR-Arbeit „weg von klassischen Massenmedien hin zur Onlinekommunikation" verschieben (Hettler 2010, S. 34).

Gerade die Entwicklungen der letzten Jahre zeigen, dass aus User-Sicht die Grenzen zwischen einer populären Website mit einer großen Redaktion im Hintergrund und einem individuellen, persönlich geführten Blog verschwimmen. Für sie ist es zunehmend irrelevant, ob sie die im Internet gesuchte Information auf einer großen Nachrichtenseite wie N24, der Webseite einer Tageszeitung oder eben einem persönlichen Blog beziehen (Scott 2013, S. 81).

Dieser Entwicklung folgend hat sich im Marketing das Feld **Blogger Relations** etabliert.

▶ Der Begriff **Blogger Relations** ist abgeleitet von Public Relations (PR) und kann als die Beziehung zu und Kontaktpflege mit Bloggern verstanden werden. Ähnlich wie es in der PR-Arbeit von essenzieller Bedeutung ist, einen guten Draht zu den Redakteuren der Medien (Radio, Print, TV, Online) aufzubauen, muss auch der Kontakt zu Bloggern zeitaufwendig gepflegt werden. Die stetig zunehmende Anzahl von Blogs führte dazu, dass dieses Teilgebiet der Öffentlichkeitsarbeit einen eigenen Namen erhielt.

Unternehmen und Agenturen mussten den Umgang mit Bloggern erst lernen, genauso wie sich die Blogger-Szene umgekehrt noch professionalisieren musste. Hilfreich für beide Seiten sind dabei allgemeingültige Verhaltenskodizes für die Zusammenarbeit (Achtung! 2013; Tantau 2014).

1.2.2   Wie grenzen wir Influencer Relations ab?

So rasant sich der Bereich Blogger Relations seit ca. 2013 verselbstständigt hat, so schnell entwickelte er sich zuletzt weiter zu Influencer Relations. Das ist nur konsequent, wenn man die eingangs erwähnten Charakteristika des Internets erneut betrachtet: Im Internet kann jeder Content-Ersteller sein und seine Inhalte und Meinungen publizieren – unabhängig davon, ob er dies auf einem eigenen Blog, auf seinem Instagram- bzw. YouTube-Kanal oder via Snapchat tut. Dementsprechend müssen Unternehmen und Agenturen zu Blogbetreibern ebenso guten Kontakt pflegen, wie zum Redakteur einer Zeitschrift oder einer Privatperson mit Instagram-Kanal.

▶ Der Begriff **Influencer Relations** bedeutet, dass Unternehmen und Agenturen ihre Kontakte langfristig und auf einer partnerschaftlichen Basis pflegen, um ihre Produkte unauffällig und unentgeltlich in den Medien zu platzieren. **Influencer-Marketing** hingegen ist eine Zusammenarbeit auf Zeit bei kurzfristigen Kampagnen und Aktionen mit klarem Start- und Enddatum, die in der Regel monetär vergütet wird.

Genau dieser zeitintensive, langfristige Umgang mit Redakteuren und Influencern ist jedoch in nur begrenztem Umfang möglich – zum einen, weil personelle und zeitliche Ressourcen auf Agentur- oder Unternehmensseite begrenzt sind: Mit der zunehmenden Anzahl an Redakteuren, Medien und Influencern ist auch der Aufwand gestiegen, diese anzusprechen und regelmäßigen Kontakt zu halten. Zum anderen erhalten Gatekeeper in der gesamten Kommunikationskette Unmengen von Anfragen, aus denen sie sich die jeweils attraktivsten aussuchen. So wird es für Unternehmen immer schwieriger und aufwendiger, engen Kontakt zu Influencern zu halten. Relevante und andauernde Beziehungen bleiben in der diversen Masse von Mitspielern (Agenturen, Unternehmen, Influencer) auf der Strecke.

Dennoch möchten viele Unternehmen nicht mehr auf Kommunikation über reichweitenstarke Blogs, Instagram- oder YouTube-Kanäle verzichten. Da die meisten Influencer ihren Marktwert für die Marketingabteilungen längst erkannt haben, führt die wachsende Nachfrage nach ihren Leistungen zu einem stetigen Anstieg der Preise. Lediglich einen guten Draht zu Influencern zu haben und ihnen einige Produkt-Samples zu überlassen, ermöglicht heute nur noch wenigen Unternehmen, ihre Markenbotschaft in der weiten Social-Media-Welt zu verbreiten. Die meisten Influencer verlangen je nach Aufwand und Größe des Profils, also Anzahl ihrer Follower, eine monetäre Vergütung, sodass an dieser Stelle weniger von Influencer Relations als von Influencer-Marketing die Rede sein muss.

Die beiden Begrifflichkeiten werden im allgemeinen Sprachgebrauch der Marketingbranche oftmals nicht klar abgegrenzt und damit verwischt. Einige auf Influencer-Marketing spezialisierte Plattformen bieten sowohl Dienstleistungen für Influencer Relations als auch für Influencer-Marketing an. So ist es auf HashtagLove für Unternehmen beispielsweise möglich, sowohl Basic- als auch Premium-Kampagnen zu buchen. Bei Basic-Kampagnen findet keine monetäre Vergütung der Influencer statt, sie bekommen vielmehr Samples des jeweiligen Produkts, das sie bewerben sollen. Bei einer Premium-Kampagne steht die Vergütung in Höhe eines bestimmten Budgets im Vordergrund.

Letztendlich ist nicht der Name der Disziplin entscheidend, sondern dass alle Markt-teilnehmer sich professionalisieren und Standards gemeinsam formulieren. Und: It's a people's business, bei dem alle Seiten auf Augenhöhe miteinander reden und lernen, langfristigere Ansätze der Kooperation zu finden.

1.2.3 Und was kostet das alles?

Es gilt die Regel: Verhandle und dann kennst du den Preis. Je nach Bekanntheitsgrad und Follower-Anzahl müssen Unternehmen unterschiedliche Summen für das Engagement von Influencern zahlen. Das veranschlagte Budget errechnet sich aus deren Sicht dabei zwar auch aus der Anzahl von Fans, die ihnen folgen. Doch Umfang und Qualität der Leistung spielen ebenfalls eine Rolle: Ein Blogartikel etwa besteht in den meisten Fäl-len aus einem Textteil und mindestens einem Bild. Viele Blogger kalkulieren ihr Budget deshalb nach der Textlänge sowie danach, ob Bildmaterial selbst erstellt werden muss. Ein YouTuber muss für ein Video deutlich mehr Zeit aufwenden, um Text, Aufnahme und Erscheinungsbild abzustimmen und zu konzipieren. Darüber hinaus benötigt er mehr Equipment. Möglich ist eine Abrechnung über vereinbarte Tagessätze, siehe Abb. 1.3 Kriterien für die Preisgestaltung bei einer Influencer Kooperation.

Aufgrund der Reichweite lässt sich zwar ein grober Mediawert errechnen, doch das finale Budget ist immer auch Verhandlungssache und variiert nach Leistungsaufwand, Plattform, Marke und natürlich Status des Creators. Eine der bekanntesten Influencer

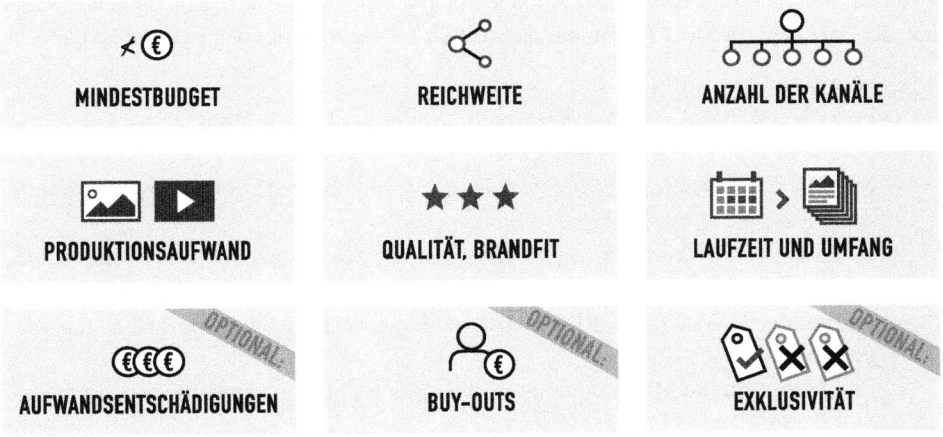

Abb. 1.3 Kriterien für die Preisgestaltung bei einer Influencer-Kooperation

Deutschlands, bibisbeautypalace, hat beispielsweise mit über 5,5 Mio. Instagram-Follo-
wern einen Mediawert von weit über 23.000 EUR (Schnor 2017). Blogger mit mehreren
Tausend Besuchern monatlich können für einen Blogartikel bis zu 2000 EUR verlangen.
Auch hier variiert der Preis stark – je nach Umfang, Qualität und Thema (Ewert 2017).

Dementsprechend schwierig gestaltet sich die finanzielle Bewertung von Influencer-Kooperationen. Eine Vereinheitlichung ist kaum möglich, was zu großen Teilen an
den zuvor genannten Differenzen zwischen den verschiedenen Plattformen liegt. Auch
der Aspekt des Brandfits spielt eine Rolle: Gestaltet der Influencer das Pricing für seine
Love Brand günstiger oder verlangt er einen höheren Preis, weil er die Marke besonders
authentisch platziert?

Der in Mediadisziplinen etablierte TKP (Tausender-Kontakt-Preis) kommt dem
Wunsch nach Vergleichbarkeit am nächsten und wird deshalb von einigen Dienstleistern im Rahmen ihrer Angebote und Auswertungen genutzt. So kostet beispielsweise ein
Bild im Feed bei Instagram oder Facebook zehn Euro pro tausend Kontakte (Mediakraft
2017). Bei genauerem Hinsehen offenbart der TKP im Kontext des Influencer-Marketings jedoch Schwächen:

▶   Marketer sollten stets hinterfragen, welche KPIs einem errechneten TKP
     zugrunde liegen. Brutto-Werte wie Abonnenten, Fans und Follower beziffern
     lediglich potenzielle Kontakte, die durch die Newsfeed-Algorithmen der Soci-
     al-Media-Plattformen deutlich beschnitten werden.

Somit verfügen TKPs nur über eingeschränkte Aussagekraft. YouTube ist ein gutes Beispiel, um dies zu verdeutlichen: Die Kanal-Abonnenten (Anzahl der User, die einen Kanal
abonniert haben) sind die meistverwendete Währung für die Reichweite von YouTube-Ka-
nälen. Allerdings verfügt die Plattform mit den Views (Anzahl der Aufrufe) über einen
weitaus präziseren Messwert, der die tatsächliche Reichweite eines Videos abbildet. Mit
welchem Wert – brutto oder netto? Abonnenten oder Aufrufe? – wird nun ein TKP berech-
net, der bei einem Produkt Placement mit 40 EUR angegeben ist? Transparent ist das nicht.

Kriterien für die Preisgestaltung bei einer Influencer-Kooperation

- Mindestbudget (unter diesem Wert ist der Influencer nicht bereit, Werbung auf
  seinem Kanal auszuspielen)
- Reichweite (bei YouTubern werden z. B. die Tagessätze üblicherweise nach
  Reichweite gestaffelt)
- Anzahl der Kanäle (z. B. Blogartikel werden auch über Snapchat und Facebook
  gespielt)
- Produktionsaufwand (in Tagessätzen oder festgesetzt als „ein Bild", „eine Insta
  Story" etc.)
- Laufzeit und Umfang (z. B. innerhalb von drei Monaten fünf „Insta Stories")

- Exklusivität (der Influencer verpflichtet sich, nicht für die Mitbewerber-Produkte seines Auftragsgebers zu arbeiten)
- optional: Aufwandsentschädigungen (für Reisekosten, Kauf des Produktes zum Testen etc.)
- optional: Buy-outs (nach Velma-Liste)

Das Werk oder die sogenannte Co-Creation des Influencers, sei es ein Foto oder ein Video, ist rechtlich geschützt. Sollte der Marketer das Werk auch anderweitig einsetzen wollen, z. B. in einer Broschüre oder auf Messen, kann er per Buy-out die entsprechenden Rechte beim Influencer erwerben. Die **Velma-Liste** versucht branchenweit Standards für Buy-outs aufzustellen, die sowohl für Models als auch für Influencer gelten. Das pauschale zusätzliche Honorar ist durchaus attraktiv für den Influencer, bleibt aber letztendlich immer Verhandlungssache.

Unternehmen haben die Relevanz und Verbreitungsmacht der Influencer erkannt und sind zunehmend bereit, ihre Marketingstrategien und Budgetverteilungen entsprechend neu aufzustellen. Sie buchen Influencer für ihre Kampagnen und verhandeln eine Vergütung. Dabei geht es im Influencer-Marketing bisher weniger darum, eine langfristige Beziehung zu einem bestimmten Meinungsmacher zu pflegen, als für seine Marke oder Produkt die passende Anzahl der relevanten Influencer zum richtigen Zeitpunkt für sich zu gewinnen.

Erst langsam entwickeln sich Strukturen, in denen sich Marketingverantwortliche an eine smartere und langfristiger konzipierte Zusammenarbeit mit Influencern heranwagen. Für solche Investitionen ist ein weiterer Budget-Shift im Marketing notwendig.

1.3   Wer sind diese Influencer – Buzzword oder neues Berufsfeld?

Mediale Aufmerksamkeit bekommen vor allem die Social-Media-Stars, die mit edlen Accessoires, teuren Reisen, Designerklamotten und Schleichwerbung auf sich aufmerksam machen – und zu einer völlig neuen Generation von Vorbildern werden.

Doch dies ist nur ein winziger Ausschnitt der Szene – der in der Presse allerdings viel Beachtung findet. Ein großer Teil der Influencer versteht sich hingegen als Medienmacher und möchte ein seriöses Geschäft mit seinen Social-Media-Profilen aufbauen.

Inzwischen investiert sich der ein oder andere Influencer in seine Professionalisierung: Angebote, wie z. B. die Influencer-Marketing-Akademie bieten eine entsprechende Ausbildung an (Gründel 2017).

Influencer oder auch Creator ist eine neue Berufsbezeichnung, die einen digitalen Lifestyle und die multimediale Entwicklung von Inhalten impliziert. Mit wenig mehr als Smartphones und tollen Ideen entwickelt sich eine weltweite publizierende Szene, die immer größer wird und sich mit rasant wachsenden Reichweiten auszeichnet. Eine Studie von

Webguerillas und der Hochschule Macromedia stellte 2015 fest, dass es 4,6 Mio. Influencer in Deutschland gibt, die täglich Social Media nutzen und stark vernetzt sind (OnetoOne
2015). Ob als Nebenjob, als Hobby oder als Solopreneur – hier entsteht ein ernst zu neh-
mendes Berufsfeld, das weit breiter und vielfältiger ist, als die Stars der Szene vermuten
lassen.

1.4   Motive und Arbeitsweisen von Influencern

4,6 Mio. klingt unfassbar viel und lässt vermuten, dass wir erst ganz am Anfang einer
Entwicklung stehen. Der Blick hinter die Kulissen hilft, die Treiber dieses Trends – nicht
nur die VIPs der Szene – besser zu verstehen. An einer nicht repräsentativen Umfrage im
November 2017 mit Micro-Influencern haben 515 Blogger und Instagrammer der Plattform HashtagLove teilgenommen. Sie wurden unter anderem über ihren Arbeitsaufwand,
ihre Motivation, ihre Posting-Gewohnheiten sowie über Monetarisierung und ihre Sicht
auf die Industrie befragt.

Im Durchschnitt sind die Influencer zwischen 20 und 28 Jahre alt und üben ihr Influ-
encer-Dasein nicht hauptberuflich aus, sondern sehen ihren Social-Media-Auftritt als
Chance, Geld dazu zu verdienen (63 % der Befragten). Von denen, die Geld verdienen,
gaben zwei Drittel an, dass sie erst seit einem Jahr für ihre Dienste bezahlt werden. Dies
passt zum Budget-Shift vieler Unternehmen, die in den letzten 24 Monaten Influencer-Marketing als Werbemöglichkeit entdeckt haben.

Die Umfrage untermauert die bekannte These: Je höher die Reichweite, desto mehr
Kooperationsanfragen erhalten die Influencer und desto mehr verdienen sie auch. Häufi-
geres Posten kann dabei unterstützen, die Einnahmen zu steigern, ist jedoch kein Garant
dafür. Trotz vieler Anfragen versuchen 90 % der Befragten ihren Werbeanteil auf den
jeweiligen Kanälen unter 50 % zu halten.

21 % der befragten Influencer geben (anonym) zu, auch unlautere Mittel einzusetzen. Abgefragt wurde in der Befragung das Kaufen von Fans/Followern, die Benutzung
von Bots und die Teilnahme an sogenannten Social Hubs. Es wird vermutet, dass die
Dunkelziffer hier noch um einiges höher liegt, da davon auszugehen ist, dass nicht jeder
Influencer diese Frage ehrlich beantwortet hat. Interessant ist in dem Zusammenhang
allerdings auch, dass diejenigen Influencer, die unlautere Mittel einbeziehen, nicht unbedingt höhere Einnahmen erzielen.

Vergleicht man den Zeitaufwand für den Kanal mit der jeweiligen Kanal-Reichweite
wird deutlich, dass vor allem bei Blogs ein größerer Arbeitsaufwand nötig ist, wohinge-
gen bei Instagram hohe Reichweiten auch mit vergleichsweise geringem Arbeitsaufwand
erreicht und gehalten werden können. Blogger stecken wöchentlich durchschnittlich
etwa 15 h Arbeitszeit in ihr „Hobby". Instagrammer hingegen nur etwa neun Stunden.

Die Umfrage beschäftigte sich zudem mit dem Verhältnis der Influencer untereinander. Nur 26 % der Befragten sehen andere Influencer als reine Konkurrenz an. Ein
neutrales oder positives Bild gegenüber anderen Influencern überwiegt. Wie ihr Ruf

voraussagt, spielen das „Netzwerken" und der positive Blick auf die Branche und die Influencer-Tätigkeit eine große Rolle. Knapp ein Drittel würde sich sogar noch stärker vernetzen wollen.

1.5 Und hört das auch wieder auf?

Eine repräsentative Studie von der Agentur Faktenkontor und dem Marktforscher Toluna verdeutlicht, dass Unternehmen auch in Zukunft auf Influencer-Marketing setzen müssen, um insbesondere die Zielgruppe der 14- bis 40-jährigen Konsumenten zum Kauf ihrer Produkte zu bewegen (Heintze 2017). Das Internet hat sogar das Potenzial, das Fernsehen als beeinflussendes Medium abzulösen. „13 % aller Internet-Nutzer in Deutschland haben angegeben, innerhalb eines Jahres Produkte gekauft oder Dienstleistungen in Anspruch genommen zu haben, weil sie von einem YouTuber empfohlen wurden. 12 % kauften aufgrund von Fernsehwerbung" (Herrmann 2017). Pikant ist bei diesem Vergleich, dass das Fernsehen vor allem bei den über 60-Jährigen Kaufentscheidungen beeinflusst. In den jüngeren Zielgruppen liegt das Internet bereits als wichtigstes Medium vorne (Herrmann 2017).

Altersbedingt ist daher davon auszugehen, dass Influencer in Kürze ebenfalls die Zielgruppe 40+ stärker erreichen wird. Laut einer Untersuchung zu Fallstricken und Erfolgsfaktoren von Social-Influencer-Marketing der Unternehmensberatung A.T. Kearney „werden die Ausgaben für Social-Influencer-Marketing bis 2020 weltweit um das Vierfache steigen. Jährlich rechnet A.T. Kearney in diesem Bereich mit einer Investitionserhöhung von bis zu 100 Prozent weltweit […]" (Kearney 2016).

Mit der weiter fortschreitenden Digitalisierung festigt sich der Trend zum Influencer-Marketing: Mehr Social-Web-Nutzer bedeuten mehr Influencer und damit potenziell eine größere Reichweite für Unternehmen. Die Akteure auf beiden Seiten werden professioneller – und die Gratwanderung zwischen Reichweite und Authentizität auf professioneller Ebene weiter austariert.

Nein, das hört nicht wieder auf, das fängt jetzt erst richtig an!

Literatur

A.T. Kearney (2016). Pressemitteilung: A.T. Kearney: Social Influencer Marketing boomt – doch wie macht man es richtig? in: www.atkearney.de, https://www.atkearney.de/documents/856314/9544229/PM+Social+Influencer+Marketing+boomt.pdf/8670b3c8-0bce-42d2-8eae-3adecf8ffc52. Zugegriffen: 20.10.2017
Achtung! (2013). Blogger Relations (Beta) v. 0.8. in: www.de.slideshare.net, https://de.slideshare.net/achtung_kommunikation/grundstze-fr-blogger-relations. Zugegriffen: 19.09.2017
Bauer T. (2016). Viel Lärm um nichts? Wie hoch der ROI beim Influencer Marketing wirklich ist, in: onlinemarketing.de, http://onlinemarketing.de/news/viel-laerm-um-nichts-wie-hoch-der-roi-beim-influencer-marketing-wirklich-ist. Zugegriffen: 09.09.2017

Czerwinski, W. (2014). Filmmarketing im Social Web. Saarbrücken: AV Akademikerverlag.

Ewert, L. (2017). Der Fiskus schlägt zu. Auch das Finanzamt ist Follower, in: www.focus.de, http://www.focus.de/finanzen/steuern/influencer-das-finanzamt-interessiert-sich-fuer-schleich-werbung_id_7382920.html. Zugegriffen: 20.10.2017

Fischer C. (2016). ITB 2016: Influencer Marketing – Was braucht es für erfolgreiche Kampagnen, in: tourismuszukunft.de, in: www.tourismuszukunft.de, http://www.tourismuszukunft.de/2016/03/itb-2016-influencer-marekting-was-braucht-es-fuer-erfolgreiche-kampagnen/. Zugegriffen: 08.09.2017

Grabs, A./ Sudhoff, J. (2014). Empfehlungsmarketing im Social Web. Bonn: Galileo Computing.

Gründel, V. (2017), Akademie für Influencer Marketing geht an den Start https://www.wuv.de/marketing/akademie_fuer_influencer_marketing_geht_an_den_start, Zugegriffen: 01.01.2018

Hedemann F. (2013). Blogger Relations: Eine Anleitung für Unternehmen, in: www.upload-magazin.de, http://upload-magazin.de/blog/7874-blogger-relations/. Zugegriffen: 05.09.2017

Hedemann F. (2014). Influencer Marketing I: Was sind Influencer und wie findet man sie? in: www.upload-magazin.de, http://upload-magazin.de/blog/9469-influencer-marketing-i-was-sind-influencer-und-wie-findet-man-sie/. Zugegriffen: 01.09.2017

Heintze, R. (2017): Pressemitteilung Faktenkontor: Social Media: Einfluss auf Kaufentscheidungen wächst, in: www.faktenkontor.de, https://www.faktenkontor.de/pressemeldungen/social-media-einfluss-auf-kaufentscheidungen-waechst/. Zugegriffen: 20.10.2017

Herrmann, S. (2017). Studie von Faktenkontor: Influencer so wirksam wie Fernsehwerbung, in: www.wuv.de, https://www.wuv.de/specials/influencer_marketing/influencer_so_wirksam_wie_fernsehwerbung. Zugegriffen: 20.10.2017

Hettler, U. (2010). Social-Media-Marketing: Marketing mit Blogs, sozialen Netzwerken und weiteren Anwendungen des Web 2.0. München: De Gruyter Oldenbourg.

LeFloid (2015), Das Interview mit Angela Merkel – #NetzfragtMerkel, https://www.youtube.com/watch?v=5OemiOryt3c. Zugegriffen: 02.01.2018

Mediakraft (2017), Preisliste, Sonderwerbeformen Social Media, http://static.mediakraft.net/de/sales/produktkraft-vermarktung-gmbh_preisliste-2017.pdf. Zugegriffen: 05.01.2018

OneToOne (2015): Deutschland hat 4,6 Millionen Influencer in: www.onetoone.de, http://onetoone.de/de/artikel/deutschland-hat-46millionen-influencer. Zugegriffen: 15.11.2017

Primbs, S. (2016). Social Media für Journalisten. Redaktionell arbeiten mit Facebook, Twitter & Co. Wiesbaden: Springer VS.

Reidel, M. (2014). TK-Markenkampagne setzt auf Emotionen und Youtuber. in: www.horizont.net, http://www.horizont.net/marketing/nachrichten/Techniker-Krankenkasse-TK-Markenkampagne-setzt-auf-Emotionen-und-Youtuber-131226. Zugegriffen: 20.09.2017

Schnor, P. (2017). So viel Geld bekommen Deutschlands erfolgreichste Influencer für einen Post, in: www.gruenderszene.de, https://www.gruenderszene.de/allgemein/influencer-geld-post. Zugegriffen: 20.10.2017

Scott, D. M. (2013): The New Rules of Marketing & PR. New Jersey, USA: John Wiley & Sons

Statista (2017), Das Phänomen Influencer in Zahlen, https://infographic.statista.com/normal/infografik_11075_das_phaenomen_influencer_in_zahlen_n.jpg. Zugegriffen: 04.01.2018

Tantau, B. (2014): Blogger-Relations: So geht's richtig, liebe Agenturen! in: www.t3n.de, http://t3n.de/news/blogger-relations-so-gehts-richtig-553953/. Zugegriffen: 19.09.2017

TechnoratiMedia (2013). Digital Influence Report. in: www.technorati.com, http://technorati.com/wp-content/uploads/2013/06/tm2013DIR2.pdf. Zugegriffen: 13.09.2017

WOMMA Influencer Guidebook (2013), in: www.de.slideshare.net, http://de.slideshare.net/sven-mulfinger/womma-influencer-guidebook-2013-pdf. Zugegriffen: 03.09.2017

Über die Autorin

Marlis Jahnke ist Unternehmerin – seit 1999 Managing Partner der INPROMO GmbH. Ihre Agentur für Online-Kommunikation gründete sie, nachdem sie als Produktmanagerin bei Polydor (heute Universal) für Künstler wie Udo Lindenberg oder Nena mit ihren digitalen Ideen in der Musikindustrie (noch) auf taube Ohren stieß. Sie verabschiedete sich aus der Branche mit ihrem ersten Fachbuch „Der Weg zum Popstar", das heute noch ein Standardwerk ist. Mit INPROMO folgten zehn Jahre digitale Kommunikation, zunächst für die Film-, Games,- und Musikbranche, später für einen heterogeneren Kundenkreis.

2014 gründete Marlis Jahnke Deutschlands erste Influencer-Marketing-Plattform: HashtagLove führt erfolgreich Marken mit Influencern aller Social-Media-Kanäle zusammen. Mit innovativer Matching-Logik, hoher Automatisierung und individueller Kuratierung setzt HashtagLove reichweitenstarke und authentische Kampagnen für Kunden verschiedenster Branchen um. 2018 startet die Plattform auch in Polen, Frankreich und Italien.

Marlis Jahnke ist Sprecherin auf wirtschaftlichen und politischen Veranstaltungen, engagiert sich für neue Ausbildungswege bei jungen Menschen und begleitet ehrenamtlich das preisgekrönte deutsch-nordafrikanische Mentoring-Programm „Ouissal" der ema e. V. Marlis Jahnke lebt mit Mann und Kindern in Hamburg.

Wie sieht das Marketing im Influencer-Zeitalter aus?

2

Regina Brix

Inhaltsverzeichnis

R. Brix (✉)
ESCP Europe, Turin, Italien

© Springer Fachmedien Wiesbaden GmbH, ein Teil von Springer Nature 2018
M. Jahnke (Hrsg.), *Influencer Marketing*,
https://doi.org/10.1007/978-3-658-20854-7_2

Zusammenfassung

Marketing ist ein Fachgebiet, das sich in kontinuierlicher Bewegung befindet. Mit diesem Kapitel soll aufgezeigt werden, wie rasant sich das Marketing verändert hat. Von der Erläuterung komplexer Prozesse, neuer Begrifflichkeiten über veränderte Denkweisen und Rollen. Ein besonderer Fokus liegt dabei auf dem „neuen" Kunden, seine veränderte Verhaltensweise im Kaufprozess, seine Customer Journey und seiner aktiven Rolle bei der Bewertung und Empfehlung von Produkten/Dienstleistungen und Marken.

2.1   Marketing-Mix oder Influencer-Mix – was ist denn so anders?

Jeder im Marketing kennt sie, die typischen 4Ps, der sogenannte Marketing-Mix. Die vier Ps, die für Product, Place, Price, Promotion stehen, sind in jedem Marketing-Lehrbuch ausführlich beschrieben und auch heute noch in diversen Marketing-Vorlesungen der Stein des „Marketing-Weisen". Sind diese vier Ps aber heute noch aktuell? Macht es tatsächlich Sinn, heute noch von den vier Ps zu sprechen? Ein klares JEIN.

Viele Marketingexperten sprechen inzwischen von sechs oder sieben Ps, einige beziehen sich nur noch auf vier Cs, es gibt viele neue Ansätze und Interpretationen. Sind die aber wirklich so anders und neu?

Ziel des Marketings ist es und wird es immer sein, dem Verbraucher das richtige Produkt oder den richtigen Service, zur richtigen Zeit, am richtigen Ort, mit der richtigen Kommunikation und zum richtigen Preis zu offerieren, und dabei natürlich so viel Profit wie möglich zu generieren. Und dabei dann auch noch besser zu sein als der Wettbewerber. Gar nicht so einfach! Was sich stark verändert hat und die Marketingarbeit zunehmend komplexer gestaltet, ist der Verbraucher mit all seinen wechselnden Erwartungen und Ansprüchen; ihn zufriedenzustellen, loyal zu stimmen und ihn letztlich zu einem Fürsprecher für das Produkt und die Marke zu gewinnen.

Sicherlich hat sich in der Marketing-Landschaft viel verändert in den letzten zehn Jahren (eigentlich sogar jedes Jahr), die Grundelemente des Marketing-Mixes sind jedoch dieselben geblieben. Was anders geworden ist, ist ihre unterschiedliche Bedeutung, Gewichtung und Vernetzung untereinander. Anstelle der vier Ps, die sich nach dem Markt und den Marktgegebenheiten ausrichten, drehen sich heute die Ps nur noch um den Kunden bzw. gehen von dem Kunden aus. Es ist heute mehr denn je wichtig, dass die vier Ps integriert und eng miteinander verknüpft gesehen werden und der Konsument bzw. Kunde IMMER in das Zentrum aller Aktivitäten gestellt wird. „Kunde zu allererst!" muss mehr denn je das Motto sein. Es geht hierbei vor allem um „Touchpoints", die Momente, in denen der Konsument und Kunde in den Kontakt mit dem Produkt oder Service oder der Marke kommt. Er entscheidet, ob über das Produkt positiv oder negativ berichtet wird und ob er es weiterempfiehlt oder nicht. Dass hier natürlich der Marketing-Mix eine entscheidende Rolle einnimmt, ist naheliegend.

AC Nielsen veröffentlichte, dass 83 % der Konsumenten auf eine Empfehlung einer anderen Person vertrauen, 70 % Unternehmenswebseiten, während 63 % klassischer TV-Werbung vertrauen (Nielsen 2016). Dies hat sich in den letzten Jahren verändert. Besonders Produktkategorien wie: Unterhaltung, Elektronik, Lebensmittel und viele andere eignen sich hervorragend für WOM (Word of Mouth bzw. Mund-zu-Mund-Propaganda). Im Marketing geht es zunehmend darum, wie die Marken es schaffen, dass die Kunden sie auswählen, bzw. es schaffen, dass der Kunde die eine Marke bevorzugt und mit ihr oder über sie kommunizieren kann. Es geht nicht mehr darum, wie eine Marke ihre Kunden erreichen kann – denn es entscheidet zunehmend der Kunde alleine.

Geht man von der Beschreibung aus: *„(…) everything the firm can do to influence the demand for its product.“* (Kotler und Armstrong 2013, S. 76) – so entspricht dieser Satz eher dem traditionellen Marketingdenken. Schon die Worte *„(…), dass die Firma die Nachfrage nach dem Produkt zu beeinflussen versucht“*, entspricht nicht mehr dem Verhalten des heutigen Konsumenten. Der Kunde und Konsument muss heute im Fokus stehen, er nimmt die Rolle ein, andere Kunden zu beeinflussen, er wird zum Influencer, nicht die Firma. Der steigende Wettbewerb, die zunehmende Schwächung des Vertrauens in Marken und Firmen, vor allem der **Millennials** (s. Definition), all dies führt dazu, dass man nicht mehr von einer „Beeinflussung durch das Unternehmen sprechen sollte“ (Kotler und Armstrong 2013, S. 76). Es geht hier eher um „was kann ich tun, damit mein Kunde mich als Firma mit meinen Produkten und Marken auswählt, und mich weiterempfiehlt.“ Millennial-Konsumenten sind sehr klar in ihren Erwartungen gegenüber den Marken.

▶ **Millennials** **Millennials** ist die Bezeichnung für Personen, die etwa in dem Zeitraum 1988 bis 1995 geboren sind, dies sind Personen, die jetzt zwischen 22 und 37 Jahren alt sind (es gibt verschiedene Definitionen). Sie werden oft auch Generation Y bezeichnet. Das „Y“ steht für „why“, denn es ist eine Generation, die alles hinterfragt. Die Millennials werden häufig auch als die Generation der Digital Natives bezeichnet, eine Personengruppe, die in der digitalen Welt, in einer Welt der mobilen Kommunikation und des Internets aufgewachsen ist. Sie nehmen etwa 28 % der deutschen Bevölkerung ein (Ipsos 2017).

Die Millennials sind für die meisten Unternehmen die Zukunft, und damit eine extrem wichtige Zielgruppe. Daher werden die meisten Marketingaktivitäten strategisch von Beginn an auf die Millennials ausgerichtet. Viele Marktforschungen und Analysen werden durchführt, um diese so wichtige „digitale“ Zielgruppe zu erreichen.

Es geht heute darum, wie Unternehmen mit ihren Marken dem Kunden einen zusätzlichen Nutzen, einen zusätzlichen Wert bieten, der über die klassische Markenbotschaft und die rationalen Produktversprechen hinausgeht. Der Kunde, ganz besonders aber die Generation Millennials, erwartet, dass Marken eine Stellung beziehen und mehr bieten als nur Produktleistungen, sie möchten Marken, die starke Werte vertreten und in einem erweiterten Sinne, die Welt verbessern, dann sind sie auch bereit, darüber im Netz zu berichten und als Influencer zu agieren.

Zunächst ein kurzer Blick auf jedes der klassischen vier Ps, mit einem besonderen Fokus auf diejenigen Aspekte, die sich drastisch in den letzten Jahren verändert haben.

2.1.1 Die Evolution der klassischen Ps

Die Grundelemente des traditionellen Marketing-Mixes haben sich wenig verändert. Die einzelnen Elemente wurden aufgrund von Marktanalysen, internen Informationen und Know-how entwickelt und dann auf den Kunden ausgerichtet. Die Elemente wurden relativ isoliert betrachtet und entwickelt (Abb. 2.1).

Die Grundelemente des Marketing-Mixes sind kaum verändert, jedoch hat sich die Gewichtung, die Rolle und die Ausrichtung der einzelnen Elemente verschoben. Die Elemente können nicht mehr isoliert betrachtet werden, sondern nur als ein ganzes, integriertes Miteinander (Abb. 2.2), mit anderen Gewichtungen und Abhängigkeiten, und mit einem klaren Fokus vom Kunden/Konsumenten startend. Was den Kunden zufriedenstellt, ist einzig entscheidend.

In den folgenden Beschreibungen der Marketing-Mix-Elemente wird nicht jedes P ausführlich mit allen seinen Facetten beleuchtet, sondern ein spezieller Fokus auf diejenigen Aspekte gelegt, die in den vergangenen Jahren am meisten Veränderungen und Besonderheiten unterworfen waren und weiterhin sind.

DER TRADITIONELLE MARKETING MIX

PRODUCT
Produktpolitik
Auswahl/Vielfalt, Qualität, Design, Eigenschaften, Markenname, Verpackung, Services

PRICE
Preispolitik
Listenpreis, Rabatte, Boni, Zahlungsbedingungen Zahlungsziele, Herstellkosten

KONSUMENT/KUNDE POSITIONIERUNG

PROMOTION
Kommunikationspolitik
Klassische Werbung, Direktverkauf, Promotions, Public Relations Social Media

PLACE
Distributionspolitik
Kanäle, Distribution, Sortiment, Platzierung, Bestand, Transport, Logistik

Abb. 2.1 Der Marketing-Mix im Wandel der Zeit – die traditionellen vier Ps

DER NEUE VERNETZTE MARKETING MIX

PRODUCT
Produktpolitik

Auswahl/Vielfalt, Qualität,
Design, Eigenschaften, Markenname, Verpackung, Services

PRICE
Preispolitik

Listenpreis, Rabatte, Boni,
Zahlungsbedingungen
Zahlungsziele, Herstellkosten

KONSUMENT/KUNDE
POSITIONIERUNG

PROMOTION
Kommunikationspolitik

Klassische Werbung,
Direktverkauf, Promotions,
Public Relations
Social Media

PLACE
Distributionspolitik

Kanäle, Distribution, Sortiment,
Platzierung, Bestand,
Transport, Logistik

Abb. 2.2 Der neue Marketing-Mix in enger Interaktion mit dem Kunden

2.1.2 Produktpolitik (P = PRODUCT) – NEU „Individualisieren, Storytelling, Millennials und Service-Dimension"

Natürlich sind alle Elemente (s. Abb. 2.2) rund um das Produkt im Großen und Ganzen als Faktoren des Marketing-Mixes geblieben. Die Bedeutung der einzelnen Elemente hat sich aber verschoben. So haben z. B. die Qualität und die Marke eine andere Bedeutung bekommen. Qualität spielt eine zunehmende Rolle bei der Kaufentscheidung. Insbesondere die Millennials (s. Definition) legen großen Wert auf Qualität und die Gewissheit, wo die Produkte herkommen, wie sie produziert werden, wie die Logistikkette aussieht, wie viel Verpackungsmüll sie erzeugen etc. Millennials wünschen sich „...a better everything" (Landrum 2017). Es geht um Qualität im weitesten Sinne; Verpackung, Herkunft, Nachhaltigkeit. Dafür ist die Digital Generation der Millennials sogar bereit, einen höheren Preis zu zahlen. Dies haben natürlich die Schwerpunkte im Marketing-Mix verschoben. Ein Bereich, in dem der Wandel des Verbraucherverhaltens besonders sichtbar wird, ist der Food & Beverage-Sektor (oft auch nur als F&B bekannt oder Lebensmittel-Sektor). Dies rührt hauptsächlich daher, dass eine große Unsicherheit und Unwissenheit bezüglich „Sicherheit von Lebensmitteln" besteht; woher kommen die Produkte, wer steckt hinter der Marke etc., während andererseits der Gesundheitsaspekt immer wichtiger wird.

In diesem Kontext spielt z. B. das Thema Verpackung eine andere Rolle als früher, auch wenn es als Einzelelement sicherlich immer ein wichtiger Bestandteil der Produktpolitik war und z. B. das Design oder die Farbe eine wichtige Bedeutung einnahmen, so hat sich jedoch die Wertigkeit und Rolle verändert. Verpackung als Unterhaltungselement,

Verpackung unter dem Aspekt der Nachhaltigkeit und Umweltfreundlichkeit. Verpackung als wichtige Informationsquelle für Sicherheitshinweise, Nährstoffe, Herkunftsland. Verpackung als „Absicherung bzw. Vergewisserung" (reassurance) und emotionale Ansprache. Verpackung als Bote von Unternehmenswerten, die weiterreichen als die klassischen Produktaussagen. Verpackungen als „Storyteller".

▶ **Storytelling** Storytelling ist eine Form der Werbung, die sich darauf fokussiert, eine Geschichte über das Unternehmen, das Produkt oder über die Marke zu erzählen. Um den Kunden gezielt anzusprechen, steht eine emotional involvierende Geschichte im Vordergrund. Dies ist eine Werbeform, die Informationen spannend, interessant und emotional aufbereitet und durch sogenannte Geschichten eine starke Bindung zum Kunden aufbaut. Gute authentische Geschichten führen zu einer persönlichen Bindung des Kunden mit dem Unternehmen oder der Marke und erhöhen meist deutlich die Bereitschaft zum Dialog (Stecher 2015).

Verpackungen als Botschafter für Unternehmenswerte und eingesetztes Storytelling, dies hat in einem starken Statement auch die Premium US-Eiscreme-Marke Ben & Jerry's in ihrem Heimatland zur Zeit der letzten Präsidentschaftswahl bewiesen.

Ben & Jerry's

Ben & Jerry's, eine Premium-Eiscreme-Marke aus den US, inzwischen auch in vielen Supermarkt-Gefriertruhen in Deutschland zu finden, ist ein hervorragendes Beispiel, wie eine Marke heute eine klare Position einnimmt, die über die klassische Produktbotschaft hinausgeht. „*Unsere Mission leitet und inspiriert uns bei allen unseren Entscheidungen. (…) Unser soziales Engagement: mit jedem Löffel die Welt zum Besseren verändern.*", so heißt es auf ihrer deutschen Website (Ben & Jerry's 2017). Die Verpackungen werden als Medium für Unternehmensbotschaften genutzt. Ben & Jerry's ist eine Marke, die ihren Werten treu bleibt. Die Botschaften reichen von politischen Stellungnahmen, Nachhaltigkeit bis hin zu einer Position zum Thema „gleichgeschlechtliche Ehen" (Ben & Jerry's 2017a). So hat zum Beispiel die Eiscreme Sorte Empower Mint von Ben & Jerry's in den US auf den Packungen eine Stellungnahme zum Thema US-Wahl 2016 abgegeben „Democracy is in your hands". In Deutschland hat Ben & Jerry's eine Bananen-Eiscreme mit kakaohaltigen Peace-Bits in die Supermarkt-Eistruhen gebracht mit dem Namen „Bob Marley's one love" (Abb. 2.3). Damit möchte der Eiscreme-Hersteller der Musiklegende Bob Marley ein Denkmal setzen und seine Vision von einer fairen Welt unterstützen. In Zusammenarbeit mit Bob Marleys Familie wird diese Sorte dabei helfen, ein Programm zur Jugendförderung in Jamaika zu unterstützen.

Ben & Jerry's ist dafür bekannt, dass sich das Unternehmen Themen aussucht, die zu ihren Firmenwerten passen und bei denen das Unternehmen eventuell etwas bewegen kann. Um diese Ziele zu unterstützen, werden dann gelegentlich auch Packungen zur Unterstützung der Botschaft eingesetzt. Vor Jahren wäre dies noch undenkbar

Abb. 2.3 Ben & Jerry's
Verpackungen mit wichtigen
Botschaften. (Foto: Ben &
Jerry's)

gewesen, denn für die Rolle der Verpackung war es vorrangig, das Produkt zu schützen und funktionelle Informationen zu übermitteln. Die Marke Ben & Jerry's sucht
hingegen gezielt nach Themen und Geschichten, die den Konsumenten emotional
involvieren, und kommuniziert diese dann über alle ihre Kanäle, einschließlich der
Verkaufsverpackungen.

Adam Kleinberg, CEO der Werbeagentur Traction, sagte einmal über Ben &
Jerry's, dass die gesamte Marke eine emotionale Rolle einnimmt und ihren eigenen
Standpunkt vertritt. Er betonte weiterhin, dass nicht jeder Ben & Jerry's dafür liebt,
aber diejenigen, die es tun, die Marke letztlich für immer lieben werden. Kleinberg
sieht hierin eine neue Dimension von Unternehmensverantwortung, die nie wichtiger
war als in der heutigen Zeit (Steimer 2017).

Ein weiterer großer Vorteil der Umverpackungen ist der kurzfristige Einsatz für Promo-
tion-Aktivitäten. Früher dauerte es meist Monate, eh man sich an die Umgestaltung der
Verpackungen machte, da der Prozess lang und kompliziert war. Heute ist Flexibilität
und auch Schnelligkeit die oberste Regel. So werden die Packungen heute oft für einen
der neuen Trends im Marketing eingesetzt, dem **„Personalisieren oder Individualisie-
ren"** von Produkten. Aktuelle Beispiele wie die Coca-Cola-Flaschen mit Namen oder
Städten, die neuen italienischen Nutella-Gläser mit Großbuchstaben oder Namen oder
die NIVEA-Dosen (Abb. 2.4), die man über die Website personalisieren kann (NIVEA
2017), sind nur einige aktuelle Beispiele für „personalisiertes" Marketing, bei denen die
Packungen eingesetzt werden.

Neben Verpackung ist das Element **Service** ein weiterer Baustein im Produktpoli-
tik-Mix, der stark dem Wandel unterlegen ist und an Bedeutung gewonnen hat. Service
nimmt im Marketing-Mix, im täglichen Marketingalltag einen immer größeren Teil ein. Da
es, wie zuvor beschrieben, „nur" noch um die Zufriedenstellung des Kunden geht, muss
auch das Marketing-Mix eine noch größere Bedeutung als bisher dem „Servicegedanken"

Abb. 2.4 Personalisierte
NIVEA-Dose. (Foto: NIVEA)

widmen. Begriffe wie „consumer centricity" (Kundenzentriertheit) und „customer satisfaction" (Kundenzufriedenheit) werden zu Mantras in der Marketing-Welt. Es geht letztlich nur noch darum, wie kann ich den Verbraucher zufriedenstellen, ihn loyal stimmen und möglichst viele Informationen über ihn gewinnen, alles mit dem finalen Ziel, ihn zu einem treuen Fürsprecher (WOM), einem „Advocate" zu formatieren.

> Marketers need to make sure that when customers ask others about a brand, there will be loyal advocates who sway the decision in the brand's favor. (…) **Advocacy** itself is not a new concept in marketing. Also known as **"word of mouth"**, it has become the new definition of "loyalty" during the past decade. Customers who are considered loyal to a brand have the willingness to endorse and recommend the brand to their friends and family (Kotler et al. 2017, S. 19).

Kundenservice bekommt hiermit eine komplett neue Dimension und kann zum entscheidenden Differenziator der Produkte oder der Marke werden. Durch die gestiegene Konkurrenzsituation in fast allen Produktbereichen ist es zunehmend ein entscheidender Wettbewerbsvorteil, wenn man seinen Verbraucher genau kennt, und zwar besser als der Wettbewerber. Nur dann kann man ein gezieltes Marketing-Mix anwenden und ihn für sein Produkt oder seine Marke gewinnen und den Kunden zu seinem Ambassador machen.

Sicherlich einer der Gründe, warum in diesem Jahr z. B. Amazon Wholefoods akquiriert hat und Google mit Walmart kooperiert.

2.1.3 Preispolitik (P = PRICE) – NEU „dynamische und wertbasierte Preissetzung"

Ein weiteres „Zauberwort" im Marketing-Mix ist der Preis. Ein extrem komplexes Element für jeden Marketer und oft unterschätzt. Es ist das flexibelste Mix-Element, aber auch das schwierigste. Es ist das Mix-Element, welches den direktesten Einfluss auf den

Profit hat, und damit ist es oft auch das komplexeste Element in einem Unternehmen. Das Thema Preispolitik hängt nach wie vor von den traditionellen Variablen ab wie z. B. Kostenstruktur, Wettbewerberverhalten, Verkaufskanal, Unternehmensstrategie und Werteverständnis durch den Verbraucher.

Eine der grundlegenden Änderungen zum Thema Preis hat sicherlich das Internet mit sich gebracht. Höhere Transparenz, sofortige Vergleichsmöglichkeiten, vermehrte Online-Wettbewerber, sei es regionale, lokale oder globale, die Möglichkeit, Preise in Schnelligkeit zu variieren, die Meinung anderer Kunden, all dies ist extrem wichtig geworden. Damit muss die Preispolitik als Marketingtool agiler und flexibler und vor allem transparenter werden als früher. Faktoren wie Loyalität, Markentreue und Markeneinfachheit sowie Markenverständnis haben einen großen Effekt auf die Einschätzung des Verbrauchers zum Thema Preis und damit auf die Festsetzung.

Amazon, Alibaba und eBay, um nur einige Beispiele zu nennen, haben den Markt auch zum Thema Preispolitik revolutioniert. Neben den Niedrigpreisen, die oft nicht der einzig ausschlaggebende Grund für den Kauf sind (s. a. die Diskussion der Millennials unter Abschn. 2.1), beweisen die Online-Riesen, dass erst die Kombination aller Marketing-Mix-Variablen, vor allem der Service-Komponente und der einhundertprozentigen Transparenz, den Erfolg ausmachen. Insbesondere Online-Anbieter offerieren heute die Möglichkeit, verschiedene Preismodelle mit verschiedenen Service- und Zusatzeigenschaften anzubieten (siehe unterschiedliche Telefonanbieter, Low-Cost-Fluggesellschaften, Paketdienste etc.). All diese Beispiele bieten zusätzliche oder reduzierte Leistungen und Services an, um so den Preis zu variieren und unterschiedliche Konsumentengruppen anzusprechen. Die Preissetzung erfolgt somit vom Verbraucher und dem von ihm empfundenen Zusatznutzen, den das Produkt/Service bietet.

▶ **Value Based Pricing und Cost Based Pricing** Man spricht von einem sogenannten **Value Based Pricing,** auch wertbasierte Preissetzung genannt, wenn der Preis aufgrund der Werteinschätzung des Kunden zustande kommt. Es ist eine Preisstrategie, die auf den empfundenen und geschätzten Werten eines Produkts basiert, die der Verbraucher nach Abschätzung der Wettbewerbsprodukte bereit ist zu zahlen. Im Vergleich zum kostenbasierten Preisfindungsverfahren wird bei der wertbasierten Preisfindung der Preis nach dem empfundenen Kundennutzen ausgerichtet. Insbesondere bei Produkten oder Marken, wo gleichzeitig oder vorranging Emotionen und Prestige verkauft werden, wie z. B. bei alkoholischen Getränken, bei Parfüms oder bei Luxus-Mode- oder Automarken spielt das Value Bases Pricing eine ausschlaggebende Rolle.

Das **Cost Based Pricing,** auch kostenbasierte Preissetzung genannt, ist eine Preisstrategie, die sich vorrangig nach den Herstellkosten des Produktes richtet, meist wird dann noch ein gewisser Prozentsatz für die Gewinnspanne aufgeschlagen. Die beiden Preismodelle unterscheiden sich recht stark durch die unterschiedlichen Ausgangssituationen. Bei dem wertbasierten Preis steht die Einschätzung des Kunden im Vordergrund, während bei der kostenbasierten Preissetzung das Unternehmen (s. a. Abb. 2.5).

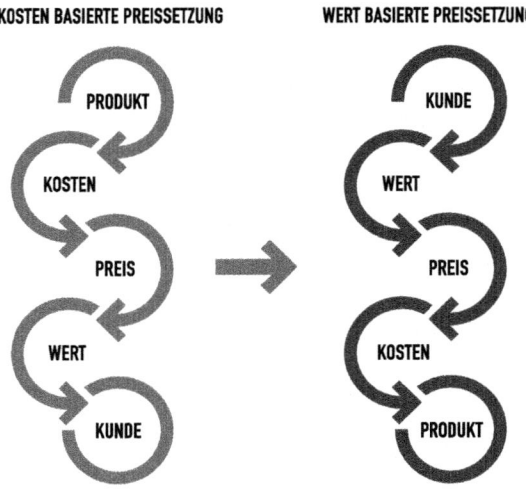

Da viele Unternehmen beim Vermarkten ihrer Produkte zunehmend mehr Fokus auf Emotionen (s. a. Storytelling Abschn. 2.1.3) legen, wird der wertbasierten Preissetzung im heutigen Marketing-Zeitalter mehr Aufmerksamkeit geschenkt.

Ein weiteres magisches Marketingwort, welches der Online-Handel erst perfektioniert hat, ist das **„dynamic pricing"**, eine dynamische Preisfestsetzung.

▶ **Dynamic Pricing** Von **dynamic pricing** oder auch **dynamischer Preissetzung** spricht man, wenn die Preise sich kontinuierlich verändern. Die Preise werden in kurzen Abständen variiert und individualisiert.

Jeder kennt sie schon seit Ewigkeiten, die ständig variierenden Preise der Mineralölkonzerne. Aber erst durch das Internet hat sich die dynamische Preisfestsetzung perfektioniert. Besonders die Reisebranche ist bekannt aufgrund ihres dynamischen und sogar mehrmals täglich wechselnden Preisverhaltens. Unternehmen wie „Ryanair", „EasyJet" und „booking.com", um nur einige Beispiele zu nennen, sind die Vorreiter einer dynamischen Preissetzung (Abb. 2.6). Programme steuern je nach Auslastung und Nachfrage die Anpassung der Preise, sodass es sein kann, dass nicht nur täglich, sondern teilweise auch stündlich, sich die Preise im Internet ändern.

Auch Amazon ist hier wieder ein Musterbeispiel. Fast jeder hat bestimmt schon mal die Erfahrung gemacht, dass sich die Preise bei Amazon teilweise in nur kurzer Zeit drastisch ändern. So kann es vorkommen, dass vor allem in Perioden wie kurz vor Weihnachten oder zu besonderen Anlässen wie Valentinstag oder Black Friday schon mal die Preise kurzfristig extrem hoch- oder runtergehen.

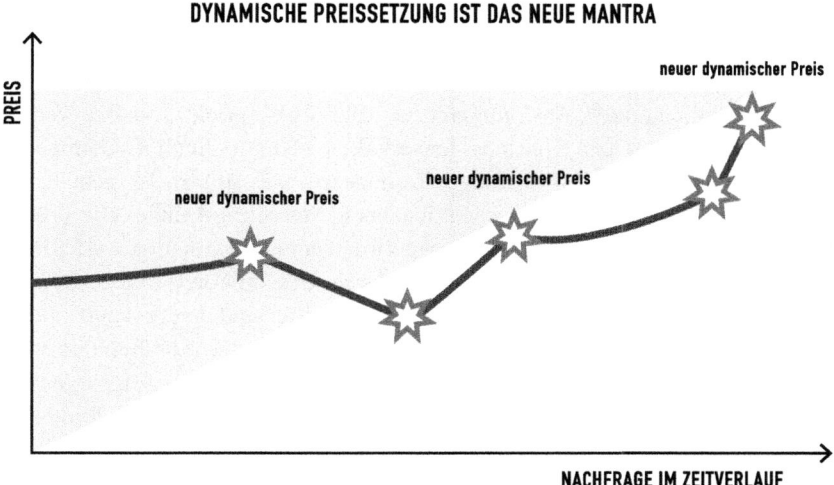

Abb. 2.6 Die Preissetzung variiert teilweise sehr kurzfristig

---

Beispiel dynamisches Preisverhalten

Ein weiteres Beispiel für perfektioniertes dynamisches Preisverhalten ist der Taxi-dienst „UBER"; je nach Nachfrage, Wetterlage, Feiertage etc. kann der Preis schon mal utopisch hoch werden, während er bei normalen täglichen Fahrten auf dersel-ben Strecke nur einen Bruchteil kosten kann. UBER setzt dabei auf die Berechnung sogenannter Preisschwellen, die dafür sorgen, dass bei hoher Nachfrage auch höherer Umsatz erzielt wird, und ebenso mehr Fahrer zum Einsatz motiviert werden. Das alles sind perfekte Beispiele für neue Geschäftsmodelle und ein neues Preisverhalten, dass es so vorher nicht gab.

Preispolitik ist und bleibt ein sehr entscheidendes P im heutigen Marketing-Mix, viel-leicht ist es sogar eines der wichtigsten Ps geworden, da das Internet die Transparenz und den Preisvergleich ermöglicht und durch wahrnehmbare Zusatzleistungen, herausra-genden Service- und Qualitätsgarantien der Verbraucher eher bereit ist, einen bestimm-ten Preis zu akzeptieren. Word of Mouth (WOM) spielt auch bei diesem P eine große Rolle, denn Bewertungen von anderen Peers führen zu einer schnelleren Bestätigung der Kaufentscheidung und erhöhter Kaufzufriedenheit und teilweise auch zu Akzeptanz eines höheren Preises. Preisvergleiche und Meinungen anderer im Netz haben einen gro-ßen Einfluss auf die Akzeptanz und Absicherung von gesetzten Preisen. Preisverglei-chende Websites wie Yahoo!, Shopping, NexTag.com, Ciao.com, günstiger.de, idealo.de, Amazon.com und viele mehr geben dem Verbraucher die nötige Transparenz, aber auch Bestätigung, die richtige Entscheidung getroffen zu haben und den richtigen Preis gezahlt zu haben.

2.1.4 Distributionspolitik (P = PLACE) – NEU „integriertes Multichannel-Denken"

E-Commerce, E-Commerce, E-Commerce … alle Welt spricht von der Veränderung im Handel und dem neuen Konsumentenverhalten bedingt durch E-Commerce. Und da ist viel dran, aber es ist nicht alles E-Commerce, was glänzt. Es geht heute mehr als jemals zuvor um eine integrierte Multichannel- Marketing-Denke. Die größten Veränderungen bei dem Thema Distributionspolitik stammen von den veränderten und agilen Verbraucher-Erwartungen, ausgelöst durch das Internet. Neue Begriffe wie **„Showrooming" oder „Webrooming"** (diese Begriffe sind leider kaum zu übersetzen, daher nachfolgend zwei Beispiele, s. Definition) sind eine Kombination von neuen Verbraucher-Verhaltensweisen, entstanden aufgrund des immensen Angebotes im Internet und des agilen Mediengebrauchs des Kunden auf der Suche nach Produkten und Dienstleistungen und beeinflusst von anderen Kundenmeinungen (Abb. 2.7).

Beispiel für Webrooming und Showrooming

Webrooming: Man stelle sich einmal eine Situation vor, in der sich ein Kunde z. B. ein neues E-Bike kaufen möchte. Er wird durch eine Banner-Anzeige an seinem PC darauf aufmerksam. Um sich weiter zu informieren, geht der Kunde nun auf Informationssuche im Internet. Er surft mit seinem Smartphone durch diverse Social-Media-Kommentare

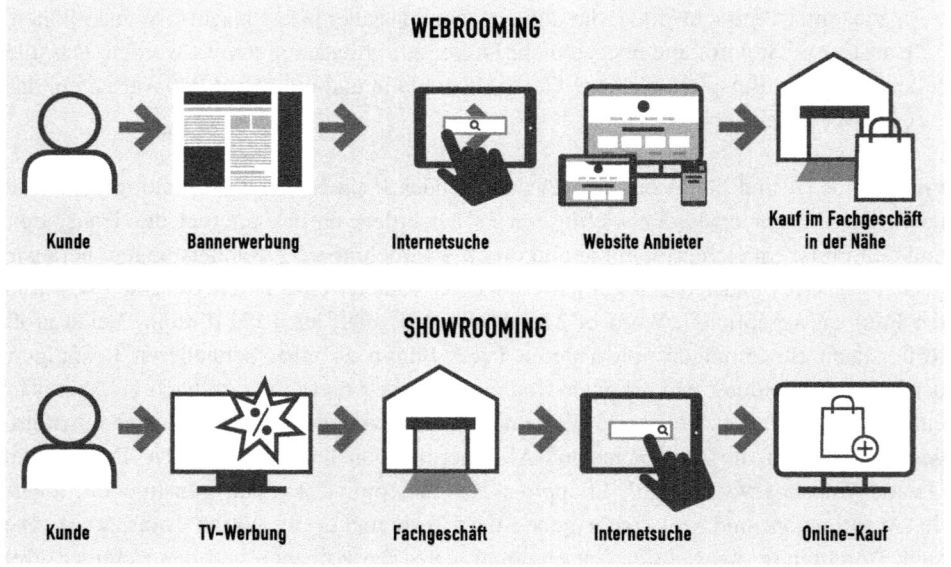

Abb. 2.7 Die neue Dynamik im Distributionsbereich

und Foren, sieht sich die Bewertungen genau an, gelangt so auch auf diverse Anbieter-Webseiten und landet am Ende auf einer produktvergleichenden Webseite. Diese bestätigt ihm seine ursprünglich angedachte Produktwahl. Zufrieden geht er nun auf die Suche nach dem Store in seiner Nähe, der dieses Produkt führt, um das E-Bike letztlich dort zu kaufen. Dieses Beispiel zeigt zum einen die enge Vernetzung verschiedener Kanäle, den Einfluss von „Word of Mouth", von Empfehlungen anderer, aber auch das veränderte Such- und Kaufverhalten des heutigen Konsumenten. In diesem Fall spricht man von **„Webrooming".**

Showrooming: Man verwendet hingegen den Begriff **„Showrooming",** ein anderes neues Einkaufsphänomen, wenn ein Kunde beispielsweise durch eine TV-Werbung auf ein Produkt, sagen wir mal eine neue besonders hochwertige Kaffeemaschine, aufmerksam geworden ist und daraufhin in ein Fachgeschäft geht, um sich diese Kaffeemaschine genauer anzusehen und sogar dort auszuprobieren. Wenn ihm die Kaffeemaschine gefällt und überzeugt, und der Kaffee schmeckt, geht der Kunde nun ins Internet, vergleicht Preise und kauft diese neue Kaffeemaschine dann online zu einem besseren Preis als offline. (Übrigens ist Kaffee eines der am meisten online gekauften Produkte im Lebensmittelbereich). Dieses Kaufverhalten wird „Showrooming" genannt, man holt sich die „Erfahrung und Erlebnisse" mit dem Produkt offline und kauft dann online. Besonders die Millennials sind große „Webrooming-Shopper" laut einer aktuellen Studien von Koeppeldirect (Koeppel 2016).

Diese veränderte Dynamik im Distributionsbereich muss zu einem starken und schnellen Umdenken im Handel in enger Zusammenarbeit mit dem Anbieter führen.

Der Handel ist bereits aktiv dabei, sich auf diese geänderten Käuferverhalten einzustellen und neue Modelle, wie spezielle Lieferservices, Lieferstationen, besondere Einkaufserlebnisse oder spezielle Kooperationen zu entwickeln, um den Kunden loyal zu stimmen und zufriedenzustellen. Auch die Marketingexperten sind sich dieser Herausforderung bewusst und arbeiten eng mit dem Handel an Lösungen, wie z. B. an speziellen Sensoren-Technologien, die es ermöglichen mit dem Kunden und seinen Smartphones während des Einkaufserlebnisses zu kommunizieren und in Kontakt zu bleiben (Kotler et al. 2017, S. 60 f.). Ein innovatives Beispiel hierfür ist ein Sportartikelhersteller, der neuerdings kostenlose Yogakurse in seinen Räumlichkeiten anbietet, nur um den Kunden loyal zu stimmen und zusätzliche Anreize zu geben, damit er auch weiterhin im Geschäft kauft, und nicht online.

2.1.5 Kommunikationspolitik (P = PROMOTION) – NEU „inbound, outbound, second screen, integrierte Kommunikation, neue PR und INFLUENCER"

Die Welt der Kommunikation hat sich am schnellsten und extremsten verändert. Dieses P ist gleichzeitig eines der beliebtesten Ps der Marketingfachleute. Wer sich bei diesem P als Kommunikationsexperte geben möchte, der muss sich am stärksten dem Wandel des Marketings unterwerfen, weiterbilden, Trends analysieren und neue Jobprofile definieren. Dieses P steht für jegliche Art der Kommunikation mit dem Kunden.

▶ **Outbound- und Inbound-Marketing Outbound-Marketing** wird auch als „old" Marketing oder Marketing „von gestern" bezeichnet und beschreibt die traditionelle Art der Kommunikation. Unternehmen verbreiten ihre Werbebotschaft über verschiedene klassische Kanäle, wie z. B. Broschüren, Radio-, Fernsehen- oder Zeitschriftenwerbung, um so potenzielle Kunden zu erreichen. Der ausgewählte Kanal definiert die erzielte Reichweite. Einer der Hauptmotive, warum hier von einem Marketing von „gestern" gesprochen wird, ist die Tatsache, dass die traditionelle Art der Kommunikation, wie TV-Werbung hohe Kosten mit sich bringt und eine schwer zu messende Erfolgsquote hat. Außerdem ist es in einer Zeit der Spamfilter und „AdBlocker" (Programme, die das Anzeigen von Werbung im TV blockieren) schwierig geworden, mit dem Kunden in Kontakt zu treten. (OnlineMarketing.de o. J.).

Hingegen geht es bei dem „neuem" **Inbound-Marketing** darum, den Kunden mit relevanten und interessanten Inhalten anzusprechen und ihm in jeder Phase seines Kaufprozesses einen Mehrwert zu bieten. Dabei spielen alle Formen des digitalen Marketings, vor allem Content Marketing, Search Engine Optimization (SEO) und Social Media eine wichtige Rolle. Indem das Unternehmen Inhalte erstellt, die direkt auf den potenziellen Kunden und seine Bedürfnisse zugeschnitten sind, stellt sich das Unternehmen als vertrauenswürdig und partnerschaftlich dar (Hubspot 2017). Die Vorteile liegen auf der Hand: Es werden gezielter potenzielle Kunden erreicht, die Kosten liegen langfristig deutlich unter denen des Outbound-Marketings und es bietet sich somit vor allem auch für kleine Unternehmen an.

Warum hier die Rede von „gestern und morgen" oder „alt und neu" ist? Ganz einfach, viele Unternehmen sind noch weit im Gestern mit ihrer Art zu kommunizieren, nutzen vorwiegend die klassischen Kommunikationsformen, addieren eventuell eine Facebook-Seite oder einen Twitter-Account, verpassen dabei oft die so wichtige Integration und Koordination. Was allerdings noch weit entfernt vom richtigen **Inbound-Marketing** ist, denn das Führen einer Marke und das Verkaufen eines Produktes ist heute durchaus komplexer geworden (Abb. 2.8). Alles muss integriert betrachtet und koordiniert gesteuert werden. Ziel sollte dabei immer sein, den Verbraucher und seine Bedürfnisse ins Zentrum zu stellen, ihm, egal auf welchem Kommunikationskanal er sich befindet, immer dieselbe Message bzw. Image oder eine Art Rückversicherung über Peers zu seiner Produktsuche zu geben. Dass das alles andere als einfach ist, weiß jeder Marketer von heute.

Das Verhalten der Kunden hinsichtlich ihrer Informationsaufnahme oder Kommunikationsformen hat sich extrem verändert. Das Medium der bewegten Bilder ist mit dem Web verschmolzen. Den klassischen TV-Nutzer gibt es schon längst nicht mehr. Eine GfK-Studie belegt beispielsweise, dass neun von zehn deutschen Internetnutzern im Netz browsen, während sie TV schauen. Dieselbe Studie zeigt, dass 92 % der Nutzer

Abb. 2.8 Die Entwicklung zum integrierten Kommunikationsansatz

von Smartphones parallel im Internet unterwegs sind, während sie fernsehen (think with Google 2017). Ein weiteres Warnzeichen für notwenige Veränderungen ist laut der globalen Studie von Nielsen, dass weltweit bereits 67 % der Zuschauer zu einem anderen Kanal umschalten, sobald Werbung erscheint (Nielsen 2015). Diese Daten untermauern die Tatsache, dass die Marketingfachleute insbesondere bei der Kommunikationsentwicklung anders agieren müssen, sie müssen alle Kommunikationsformen integriert und eng miteinander verzahnt analysieren und einsetzen.

Andererseits bietet die heutige Auswahl an neuen Kommunikationskanälen diverse neue Möglichkeiten für Marken und Produkte, mit dem Kunden in Kontakt zu treten. So unterstreicht Megan Clarken, Executive Vice President von Nielsen, dass eine größere Medienauswahl nicht nur Komplexität kreiere, sondern auch neue Chancen biete. Er vertritt die Meinung, dass

> … the **second, third and fourth screen** is becoming a fundamental extension of the viewing experience, … while multiple screens give viewers more options, they also give content providers and advertisers more opportunities and ways to reach and engage with viewers. Well-designed experiences can not only make the viewing experience more enjoyable, but they maximize the time users spend interacting with brands, too (Nielsen 2015a).

Kunden und Werbetreibende müssen sich verändern in ihrer ursprünglichen Denke, sie müssen neue Kommunikationsstrategien erarbeiten und von dem klassischen einseitigen „**outbound**"-Marketing wegkommen hin zum interaktiven „**inbound**"-Marketing.

Eine weitere Neuheit in der Kommunikationspolitik und momentan der absolute Hype im Marketing, ist die „neue Art" der **klassischen Öffentlichkeitsarbeit,** die zusehends vom **Content und Influencer-Marketing** übernommen wird. **PR** als wichtiger Bestandteil des Kommunikations-Mixes eines Unternehmens ist starken Dynamiken unterworfen und existiert in seiner ursprünglichen Form kaum noch.

▶ **Public Relations (PR)** Die herkömmliche traditionelle Definition von **Public Relations (PR):** „(…) PR dient heute als professionell gestaltete Auftragskommunikation vor allem der Wahrung der Interessen der Auftraggeber im Markt der Meinungen. Dazu werden die eigenen Positionen definiert, Meinungen untersucht, Interessens- und Anspruchsgruppen lokalisiert, Informationen zielgruppenspezifisch aufbereitet und mit ausgewählten Kommunikationsmitteln von der Pressemitteilung über Blogs und Social Networks bis zum Hintergrundgespräch mit Journalisten ins öffentliche Bewusstsein gehoben. (…)." (Reisewitz o. J.) ist starken Veränderungen unterworfen.

Diese Definition macht deutlich, wie sich die ursprüngliche Aufgabe der klassischen Öffentlichkeitsarbeit von der Realität der heutigen Kommunikations-Dynamiken unterscheidet. Betrachtet man PR von der nicht traditionellen Seite, mit der Aufgabe, Nachrichten und Neuigkeiten über das Unternehmen und die Marke zwischen Freunden im Netz über Facebook und Twitter Posts, zu verteilen, so kann Influencer-Marketing diese Aufgabe heute perfekt übernehmen und wird somit ein Teil der Öffentlichkeitsarbeit (Abb. 2.9). Ein Unternehmen hat sicherlich immer noch den Wunsch und das Ziel, seine Inhalte zu Produkten und Marken zielgerichtet an die jeweiligen Interessanten weiterzugeben, nur liegt dies leider immer weniger in seiner Hand.

Es ist der Kunde selbst, der heute entscheidet, was er über die Produkte oder Marken eines Unternehmens kommuniziert. Es ist der Kunde selbst, der seine Meinungen und Einschätzungen zu einem Produkt in das sogenannte öffentliche Bewusstsein hebt, und es ist der Kunde selbst, der eher den Meinungen seiner Freunde, Verwandten oder

Abb. 2.9 Der Kunde wird zum aktiven Part der integrierten Markenkommunikation. (Foto: privat)

anderen Influencern vertraut. Laut einer Studie von Nielsen behaupten rund 92 % der Konsumenten, dass sie einer Empfehlung von Freunden oder Familienmitgliedern mehr vertrauen als anderen Formen der Werbung (Nielsen 2012). So liegt es auf der Hand, den Kunden in die Unternehmens-Kommunikationsstrategie einzubinden. Das Unternehmen muss sich dabei parallel um die Aufgabe kümmern, so viele Inhalte **(Content Marketing)** wie möglich über seine Produkte oder Marken zu kommunizieren. Dies kann im heutigen Kommunikations-Mix über Blogs, Websites, Foren, Twitter, Facebook, You-Tube, Instagram oder andere Kanäle erfolgen, jedoch immer in integrierter und gut koordinierter Form.

▶ **Content Marketing** Unter **Content Marketing,** ein weiteres entscheidendes Keyword unter Marketingexperten, wird eine Kommunikationsstrategie bezeichnet, die durch nutzenbringende gezielt eingesetzte Inhalte versucht, die Bekanntheit des Produktes oder der Marke bei der gewünschten Zielgruppe zu steigern, das Image zu verbessern oder neue Kunden zu gewinnen (Onlinemarketing-Praxis o. J.). Inhalte des Content Marketings sind z. B. Bilder, Videos, Infografiken, Blogartikel, Forenbeiträge, Facebook Posts.
(…) **Content Marketing** is also considered to be another form of brand journalism and brand publishing that creates deeper connections between brands and customers (…) Content Marketing shifts the role of marketers from brand promoters to storytellers (Kotler et al. 2017, S. 53 f.).

Für Marketingexperten beinhaltet **Content Marketing** eine komplexe Arbeit, denn sie müssen nicht nur Content (Inhalte) produzieren (z. B. Webseiten, Facebook, Twitter), sie müssen auch Inhalte gezielt verteilen (z. B. in Foren, Blogs, Social Media, klassische Werbung) und sie müssen letztlich den Content gezielt orchestrieren. Diese veränderten Aufgaben zwischen der richtigen Mischung aus Content Marketing vonseiten des Unternehmens, balanciert in der Zusammenarbeit mit Influencern, stellt eine große Herausforderung dar und bedeutet ein starkes Umdenken auch im Hinblick auf die klassische PR-Arbeit. Für Fachleute in der Öffentlichkeitsarbeit wird die Kombination unterschiedlichster Kommunikationsmaßnahmen, das sogenannte crossmediale oder auch 360-Grad-Arbeiten, ein wesentlicher Bestandteil ihres Erfolges. Der ganzheitliche Ansatz, insbesondere im Social Web, muss von der „neuen" PR als absolute Priorität ansehen werden.

2.1.6   Was denn noch? Die anderen Ps, Cs und Ms …

Neben den zuvor beschriebenen klassischen vier Marketing-Mix-Elementen werden noch weitere Ps und gelegentlich auch Cs angeführt (Wikipedia o. J.; Martin 2014). Dabei handelt es sich um ein zusätzliches **P für „Personen oder Personal".** Diesem P wird eine zunehmend wichtige Rolle zugeordnet, vor allem, wenn es um den Bereich Service geht. Jeder weiß, wie wichtig die Komponente „gutes Personal" im Service ist,

und wie oft dies ein entscheidendes Differenzierungsmerkmal zwischen konkurrieren-
den Unternehmen darstellt. Das „P" steht aber auch für **„Personen", für Mitarbeiter.**
Wie auch einer der bekanntesten amerikanischen Marketing-Gurus unserer Zeit, Simon
Sinek, in einem seiner Twitter-Kommentare betonte, „(…) *customers will never love a
company until* the employees love it first" (Sinek 2014). Man stelle sich beispielsweise
nur mal vor, wenn ein leitender BMW-Mitarbeiter jeden Morgen mit seinem Mercedes
zur Arbeit fährt (oder umgekehrt), wie kann da ein Kunde Vertrauen in das Unternehmen
gewinnen, wenn die Mitarbeiter es nicht vorleben. Eine hohe Identifizierung des Perso-
nals mit dem eigenen Unternehmen, mit den Produkten und Marken ist Voraussetzung
für einen dauerhaften Erfolg und zufriedene Kunden. Die Mitarbeiter selbst müssen zum
Ambassador der Marke werden.

Ein weiteres P, das häufig im Zusammenhang mit Service-Marketing angeführt wird,
ist das **P für „Physical Environment"** (nicht ganz einfach zu übersetzen mit **„Ausstat-
tungs-Politik"**). Dieses P beinhaltet hauptsächlich physische Serviceelemente wie Ausstattung eines Gebäudes oder Restaurants, Erscheinungsbild vom Personal, gedruckte
Unterlagen und anderes. Es kann aber auch als **P für „Planet"** stehen. Damit sind dann
alle Aspekte in Bezug auf ein umweltfreundliches, soziales oder auch „grünes" Marketing gemeint. Ein wesentlicher Bestandteil eines jeden Marketing-Managers ist es heute,
bei allen geplanten Aktivitäten, den ganzheitlichen Effekt seiner Aktionen in Bezug auf
die Umwelt und die Gesellschaft mit zu berücksichtigen.

Ein anderes „P", das auch im Zusammenhang mit Service-Marketing oft Erwähnung
findet, ist das **P für „Prozess".** Ein smarter Manager weiß, dass die internen Prozesse
eines im Servicebereich tätigen Unternehmens einen großen Anteil an der Kundenzufriedenheit und damit an dem Erfolg des Unternehmens haben.

Neben den klassischen Ps des Marketings, die schwerpunktmäßig als strategische
Elemente analysiert werden, wird gelegentlich auch über die **vier Cs des Marketings**
(Abb. 2.10) geschrieben.

Hierbei handelt es sich um eine Beschreibung des strategischen Marketing-Mixes
aus Sicht des Kunden. Dieses Modell stellt die Kundenbedürfnisse, die Kosten, um den
Kunden zu erreichen, die Einfachheit der Erreichbarkeit für den Kunden und die Kommunikation durch den Kunden in den Vordergrund. Nicht grundsätzlich anders als das
4-P-Modell, die Perspektive ist nur umgekehrt.

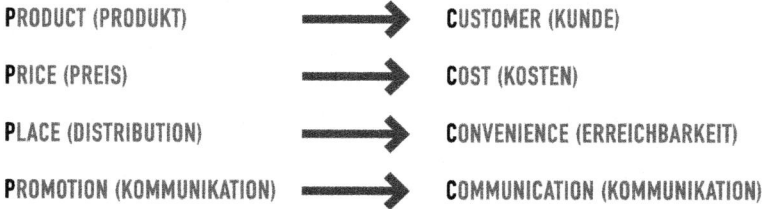

Abb. 2.10 Von den vier Ps zu den vier Cs des Marketings

Gelegentlich liest man auch von einer kontrovers diskutierten drastischeren Umgestaltung des Marketings-Mixes in vier Ms (Ries und Brandtner 2017). Dabei steht ein M für „**Merchandise**" (ein sehr weit gefächerter Begriff wie Handelsware aus der Kundenwahrnehmung), das zweite M steht für „**Market**" (Markt). Dies ist wohl die größte Veränderung zu dem ursprünglichen Marketing-Mix, denn es beinhaltet mit dem Markt eine komplett neue Dimension. Das nächste M steht für **Media;** in dieses M fließt der optimale Media-Mix für die Marke ein, der aufgrund der großen Anzahl von neuen Medien ein immer komplexer werdender Baustein der Marketing-Strategen geworden ist. Last but not least steht das vierte M für „**Message**" (Botschaft). Durch die zunehmenden Kommunikationsmöglichkeiten, die unter anderem Social Media bietet, wird es immer wichtiger, eine klare Markenbotschaft koordiniert zu verbreiten. Auch dieses Modell ist nicht so anders als das klassische Marketing-Mix-Modell, andere Begriffe und leicht veränderte Interpretationen.

Sicherlich gibt es noch viele andere strategische Modelle, Erklärungen oder Interpretationen des klassischen Marketing-Mixes, aber eines ist klar, die Marketing-Welt hat sich verändert (s. Abb. 2.11), muss sich vorrangig um den Kunden, seine Zufriedenheit und Treue drehen, und darum, wie er als aktiver Fürsprecher für die Marken und Produkte gewonnen werden kann. Dies ist Fokus des neuen Marketingansatzes 4.0, ein Ansatz, in dem der Kunde zum Advokat (Fürsprecher) des Unternehmens wird (Kotler et al. 2017, S. 27 ff.).

VOM TRADITIONALLEN MARKETING ZUM INFLUENCER MARKETING

	MARKETING 1.0	MARKETING 2.0	MARKETING 3.0	MARKETING 4.0
FOKUS	PRODUKT	KUNDE	UNTERNEHMENSWERTE	PARTNERSCHAFT
DIE ZIELE	Verkaufen von Produkten	Kunden zufriedenstellen	Welt verbessern	Kunden als Advokat
DIE TREIBENDE KRAFT	Industrialisierung	Technology	Neue Medien, Technologien	Communities
DER KUNDE	mit physischen Bedürfnissen	mit Verstand und Herz	mit Verstand, Herz, Geist	wird Partner und Freund
DAS MARKETINGKONZEPT	Produktentwicklung	Produktdifferenzierung	Ganzheitliche Werte	360 Grad Aktivierung
DER UNTERNEHMENSFOKUS	Produktspezifikation und Zertifizierungen	Marken- und Produktpositionierung	Corporate Vision, Mission und Werte und „Purpose"	Langzeit Beziehung Kunde und Unternehmen
DER ENDNUTZEN	Rationaler Endnutzen	Rationaler und Emotionaler Endnutzen	Rationaler, Emotionaler, Geistiger Endnutzen	Enge Beziehung Kunde und Marke
DIE AKTION	Kauf oder Nutzung	Aufbau einer Beziehung	Gegenseitige Zusammenarbeit	Der Kunde wird zum aktiven Fürsprecher der Marke

Abb. 2.11 Die Entwicklung des Marketings

2.2   Mediennutzung gestern und heute – alles neu?

Die Geschichten rund ums Lagerfeuer waren wohl das erste Medium der Menschheit. Die ersten Werbetreibenden dann die lautstarken Händler auf den Märkten schon weit vor unserer Zeitrechnung mit der aktiven Anpreisung ihrer Produkte. Möglichst stimmgewaltiger und überzeugender als die Konkurrenz. Erst nur verbal für Kosmetikartikel im alten Ägypten, aber dann zu Christi Zeiten auch schon mit dem ersten verfügbaren schriftlichen Medium: der Steintafel. Die folgenden Jahrhunderte wurden dann eher wieder ärmer an Werbung. Die mittelalterlichen Zünfte wollten die heimischen Produzenten schützen und setzten vielerorts Werbeverbote durch.

Erst im späten Mittelalter bildeten dann die Einführung von Handelscentern und die gleichzeitige Erfindung des Buchdruckes die Grundlage für das heute übliche Werben in Massenmedien. Seit Mitte des 15. Jahrhunderts war es relativ einfach möglich, Flugblätter in größerer Anzahl herzustellen. Doch Papier war teuer und die Verbreitung aufwendig. Das bremste das Wachstum der neuen Branche.

Mitte des 17. Jahrhunderts folgte dann die Einführung des ersten echten „Massenmediums" der Welt: Am 1. Juli 1650 erschienen die von Drucker Ritzsch neu konzipierte „Einkommenden Zeitungen" sechsmal wöchentlich in Leipzig. Ob die Tageszeitung auch das erste Medium sein wird, das noch vor seinem 400. Geburtstag wieder vom Markt verschwindet? Oder wird es die Erfindung von Ernst Litfaß 1854? Die nach ihm benannte Werbesäule an den Straßen? Tatsächlich verschwinden einige Technologien oder werden ersetzt. Wer erinnert sich noch an ein Werbefax oder an Teletext-Werbung?

Aber Vorsicht: Totgesagte leben länger. „Das Radio (seit 1923 in Deutschland auf Sendung) wird sterben, wenn sich Fernsehen durchsetzt", war Meinung unter Fachleuten, als die Mattscheibe in die Privathaushalte einzog (Abb. 2.12). Stattdessen stieg die Radionutzung noch lange stetig und hält sich nach wie vor auf hohem Niveau. Aber sie hat sich radikal gewandelt. Vom Einschaltmedium zu festen Sendeplätzen – wie bei den Senioren heute noch die Tagesschau – zum fröhlichen Begleitmedium über den Tag. Dank informativer und unterhaltender Morgensendungen bekommt der Zuhörer so ganz nebenbei während der Morgenroutine seine ersten Informationen aus aller Welt.

Der wesentliche Trend ist ein ganz anderer: Statt alte Medien zu verdrängen, gibt es mit den neuen Entwicklungen am Markt meist ein aktives Nebeneinander und Miteinander. Es lassen sich lediglich leichte, jährliche Verschiebungen des Nutzungskreises zueinander registrieren (s. Abb. 2.13). Stattdessen steigerten die Nutzer in den letzten Jahren

Abb. 2.12   Die Geburtsstunde der unterschiedlichen Medien

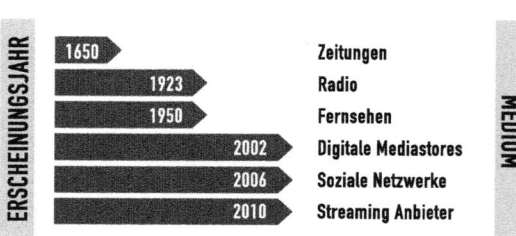

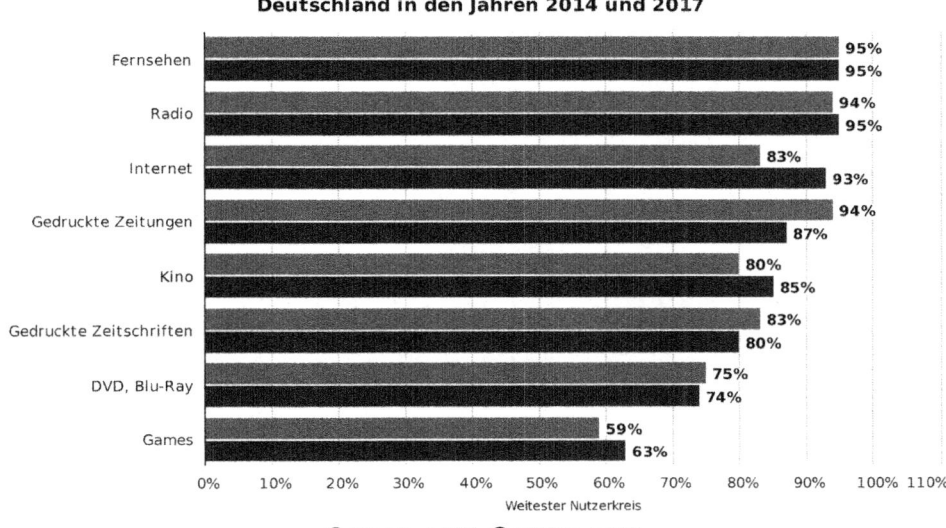

Abb. 2.13 Verschiebung der Mediennutzung in Deutschland (Statista)

ihren täglichen Medienkonsum besonders dank der digitalen und oft mobilen Nutzungs-
möglichkeiten stetig. Vorwiegend in Alltagssituationen, in denen früher Medien kaum
eine Rolle spielten, ist heute dank mobiler Endgeräte der Blick auf die neuesten Nachrichten oder sozialen Media Feeds üblich. Laut ACTA 2016 aus dem Institut für Demoskopie Allensbach nutzen bereits 60,6 % der Deutschen das Internet auf Handy oder
Smartphone. Knapp gefolgt von Notebooks (54,5 %) oder konventionellen PCs (39,8 %)
(Institut für Demoskopie Allensbach 2016).

Doch diese Betrachtung der Gesamtbevölkerung bekommt ein ganz anderes Bild,
wenn man verschiedene Alterskohorten vergleicht (Abb. 2.14). Am Beispiel Tageszeitung wird das besonders deutlich: Die über 50-Jährigen trennen sich kaum von ihrer
gewohnten Zeitungslektüre auf Papier. Bei den 30–40-Jährigen vermischen sich die Welten von analog und digital. Jüngere Semester geben den digitalen Informationen klar den
Vorzug. Auf die Inhalte wollen sie jedoch alle nicht verzichten. Doch die Lesezeit bei
den Jüngeren sinkt dramatisch. 81 % der 14–29-Jährigen geben an, dass sie täglich Internet und Onlinedienste nutzen, jedoch nur noch neun Prozent lesen täglich eine Tageszeitung (Behrens et al. 2014).

Es ist schon jetzt zu sehen, dass die gedruckte Zeitung langsam zum Nischenplayer
und digital ersetzt wird. Damit ändern sich das Medium und die Gestaltung. Das Infor-
mationsbedürfnis wird jedoch auf anderen Wegen befriedigt. Trotz der Verschiebung hin
zum Internet. So ist bei den 14–29-Jährigen dennoch die Glaubwürdigkeit von Aussagen,
Meldungen und Nachrichten in den öffentlich-rechtlichen Fernsehprogrammen mit 30 %

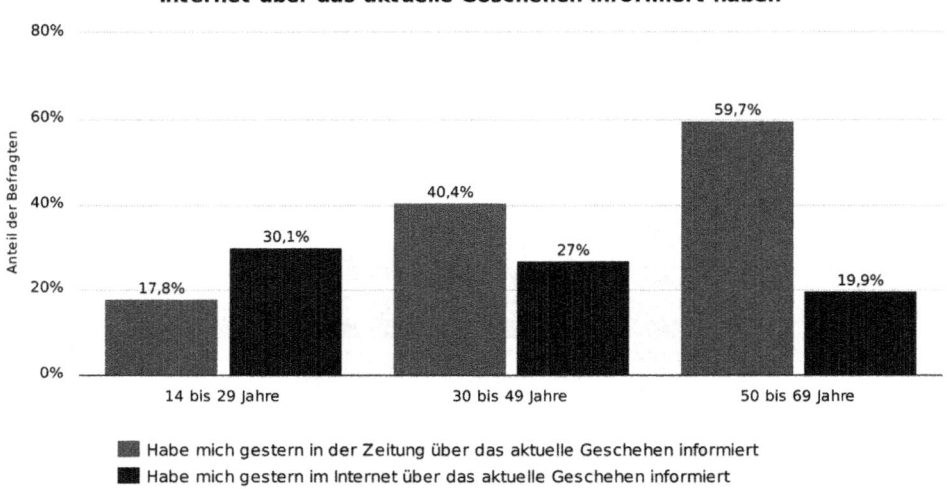

Abb. 2.14 Veränderung des Informationsverhaltens nach Altersgruppen. (Statista 2017)

immer noch wesentlich höher als Nachrichtenseiten aus dem Internet mit nur 15 %. Andererseits jedoch fühlt sich diese Altersgruppe am besten bei Freunden und Eltern aufgehoben, wenn es um Informationen geht, die sie persönlich interessieren (Behrens et al. 2014).

Eine der größten Unterschiede in der Nutzung der klassischen Medien, insbesondere des Fernsehens gegenüber früher, ist die Parallelnutzung (s. a. Abschn. 2.1.5). Zuschauer beschäftigen sich während des Fernsehens zunehmend mit dem Surfen im Web (40 %), sozialen Diensten (29 %), dem Verschicken von E-Mails oder SMS (31 %) oder stürzen sich gar ins Online-Shopping (15 %). Innerhalb des Segmentes der 14–18-Jährigen widmen sogar nur noch zwei Prozent dem TV ihre ungeteilte Aufmerksamkeit (Deloitte 2015).

Eine globale Übersicht (Abb. 2.15) der größten sozialen Netzwerke und Messenger macht nur ansatzweise deutlich, was in der Medienlandschaft alles passiert und miteinander koordiniert und kombiniert werden muss. Alleine über 20 unterschiedliche soziale Medienformate stehen global inzwischen zur Auswahl. Alleine in Deutschland nutzen bereits über zwei Drittel aller Internetnutzer Facebook und knapp 16 % Pinterest (Statista 2017).

Die Gewohnheiten der Gesamtbevölkerung ändern sich meist langsamer als die technische Entwicklung es ermöglichen würde. Eine fantastische Entwicklung oder eine Challenge aus Sicht der Marketingtreibenden? Immerhin belebt Konkurrenz bekanntlich das Geschäft und senkt die Preise. Doch in der Praxis bedeutet diese Entwicklung vor allem eines: mehr kleinteilige Arbeit für die Kommunikations- und Werbe-Profis. Immer mehr Medien mit völlig unterschiedlichen Gesetzmäßigkeiten müssen kompetent und

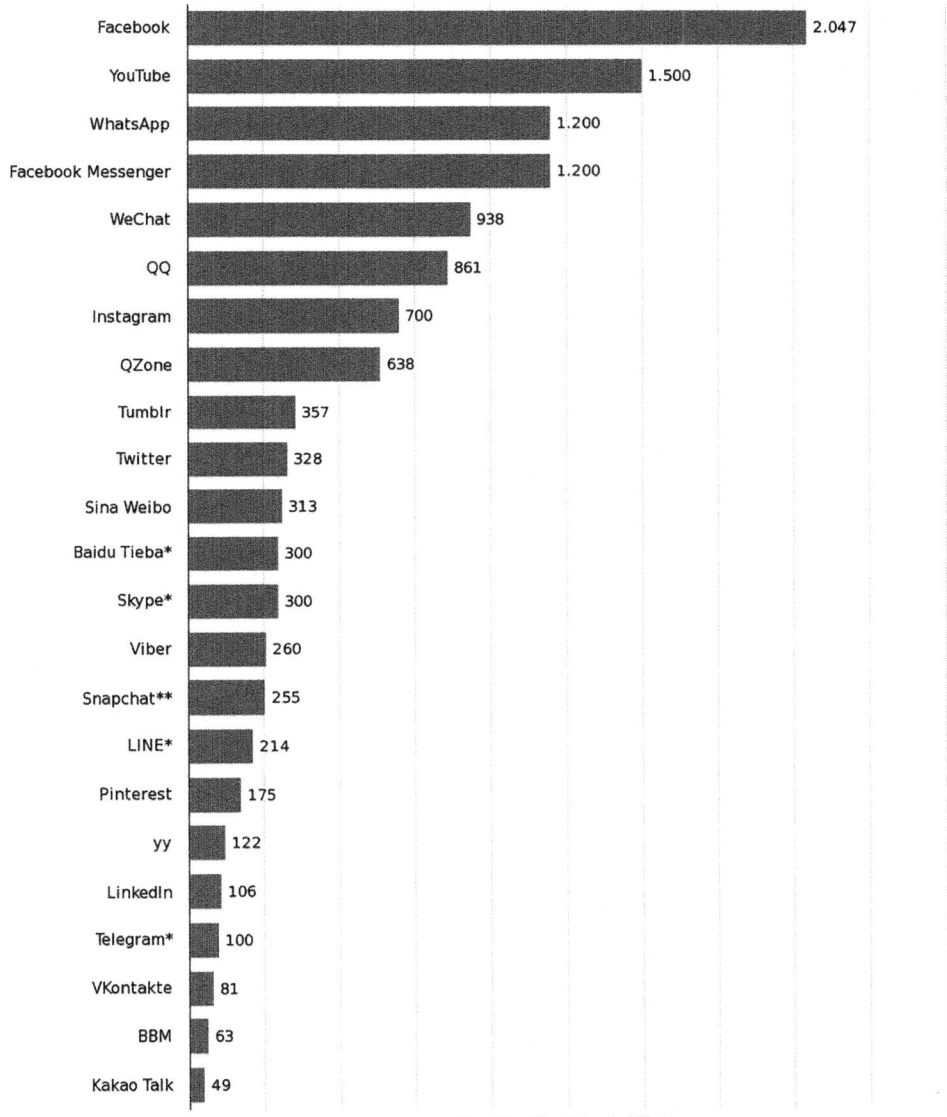

Ranking der größten Social Networks und Messenger nach der Anzahl
der monatlich aktiven Nutzer (MAU) im August 2017 (in Millionen)

Monatlich aktive Nutzer in Millionen

Abb. 2.15 Globale Übersicht über soziale Netzwerke und Messenger-Dienste

gut koordiniert bespielt werden. Als ob dem Organisten bei seinem Instrument immer mehr Tastenreihen wachsen. Und zu allerletzt, der Mediennutzer, der früher eher passiv war und sich auf ein Medium konzentriert hat, ist heute extrem aktiv und abgelenkt. Und aufgrund der diversen Parallelnutzungen in den sozialen Netzwerken wird er zunehmend selbst zum Kommunikationsmedium oder sogar zum Influencer.

2.3 Von der Zielgruppe zur Community – der NEUE Konsument

2.3.1 Die veränderte Bedeutung der Marktsegmentierung

Die **Zielgruppe** genau zu kennen und zu definieren ist das fundamentale Grundprinzip des Marketings. Wer ist der Kunde, wo lebt er, wie lebt er, was macht er in seiner Freizeit, wo kauft er ein, ist er Single oder lebt er in der Familie, lebt er in auf dem Land oder in der Stadt, wie hoch ist sein Einkommen und viele andere Varianten. Je detaillierter ein Unternehmen den Kunden definiert, desto einfacher und präziser wird dessen Marketingstrategie ausfallen. Diese Marketingaktivität fällt auch unter den Begriff der **Marktsegmentierung.** Je präziser das Marktsegment, je besser die Kenntnis über den Kunden, desto effizienter der definierte Marketing-Mix. Das dabei auch die starke Veränderung des Medienverhaltens eine Rolle spielt, liegt auf der Hand. Traditionell startet jede Marketingarbeit nach wie vor mit der Marktsegmentierung.

▶ **Marktsegmentierung** Unter Marktsegmentierung wird die Aufteilung eines Gesamtmarktes in voneinander klar abgrenzbare, in sich homogene Kundengruppen verstanden. Diese genau identifizierbaren Kundengruppen werden als Marktsegmente bezeichnet. Das Resultat der Marktsegmentierung sind Käufergruppen, die spezielle Produkte oder Services bzw. einen speziellen Marketing-Mix erfordern. Die Käufer unterscheiden sich in vielerlei Hinsicht, zum Beispiel in ihren Kaufgewohnheiten, ihrem Alter, ihrer Herkunft, ihren Einkommen, ihren Lebensumständen (Kirchgeorg o. J.).

Kotler definiert die Marktsegmentierung als ein Konzept, nach dem die Kunden bzw. Abnehmer nach unterschiedlichen Kriterien gruppiert werden, um eine bessere Anpassung unternehmerischer Entscheidungen an diese Kundenschicht bzw. Kundensegmente zu ermöglichen (Kotler und Bliemel 2001, S. 416 ff.).

Als **Zielgruppe** hingegen bezeichnet man die Gruppe von Personen, die mit einer bestimmten Marketingaktivität angesprochen werden sollen. Die Grundlage zur Zielgruppenfindung ist die Marktsegmentierung. (Kirchgeorg o. J. a).

Die klassische Zielgruppendefinition ist nach wie vor eines der Fundamente des Marketings, jedoch drängt sich zusätzlich das Wort „Community" (Gemeinschaft oder Gruppe), bzw. Online-Community in den Vordergrund.

▶ **Community** Eine Community ist eine Gemeinschaft, ein sogenannter virtueller Treffpunkt von Personen, die die gleichen oder ähnliche Interessen teilen. Im Internet bezeichnet man Nutzer eines Portals, von Foren, Chats oder sozialen Medien als Online-Community. Die Kommunikation untereinander ist ein wichtiges Merkmal (Onlinemarketing-Praxis o. J. a).

Unternehmen müssen es sich als Ziel setzen, durch Online-Gemeinschaften eng in den Dialog mit ihren Zielgruppen zu treten. Sie müssen sich einer digitalen Welt anpassen, die durch „Fürsprecher" bestimmt wird, von denen eine Marke oder ein Produkt zunehmend abhängig werden (s. a. Abb. 2.11) und in der der Kunde Partner und Freund werden muss. Die Kunden kommunizieren im Web innerhalb ihrer Communities wie z. B. Facebook oder Blogs, informieren sich und teilen ihre Einschätzung und Meinung über Produkte oder Marken. Unternehmen müssen in den Dialog mit diesen „Communities" treten, ehrlich und authentisch, sonst wird der Kunde nicht zu ihrem Freund und „Advokat".

Philip Kotler beschreibt die Online-Gemeinschaften als

> (…) communities are the new segment. Unlike segments, communities are naturally formed by customers within the boundaries that they themselves define. Customer communities are immune to spamming and irrelevant advertising. In fact, they will reject a company's attempt to force its way into these webs of relationship (Kotler et al. 2017, S. 25 ff.).

Damit hat die klassische Segmentierung für viele Unternehmen bereits eine neue Richtung eingeschlagen und ihr Fokus liegt auf der Definition und Ansprache von Communities. Marketingexperten müssen sich dieser neuen Realität ebenfalls anpassen und ihre Marken und Produkte so authentisch und nähbar wie möglich den Communities vorstellen. Marken und Produkte müssen einen „human touch" (gewisse Menschlichkeit) bekommen, ihre Perfektion und Unnahbarkeit verlieren, damit sie leichter das Vertrauen und den Zuspruch von den Communities erhalten und letztlich dort ihre Befürworter gewinnen.

2.3.2 Vertrauen bekommt eine neue Dimension

Marketers haben eine große Herausforderung vor sich, wenn sie nach wie vor versuchen, Kunden über klassische Werbung zu erreichen, denn der Konsument von heute traut diesem Medium als alleinigem Medium nur noch begrenzt. Kunden vertrauen heute nur noch wenig der traditionellen Werbung allein, sie hören zusätzlich verstärkt auf die Meinung ihrer Freunde, Familienangehörigen oder anderen Community-Mitgliedern. Sie möchten eine ehrliche Meinung zu einem Produkt, Service oder einer Marke erhalten und vergewissern sich bei Gleichgesinnten über deren Einschätzung und Erfahrung. Es wird für Unternehmen immer schwerer, das Vertrauen der Kunden zu gewinnen und zu halten. Ohne die aktive Nutzung von Word-of-Mouth (WOM)-Kampagnen, dem Einsatz des Kunden selbst als Influencer, ist es kaum möglich, Vertrauen für die Marke aufzubauen.

Eine Nielsen-Studie zum Thema „Global Trust" belegt, dass 84 % der weltweit Befragten einer Empfehlung von Freunden und Bekannten am meisten vertrauen. Was diese Studie allerdings ebenso belegt ist, dass auch das traditionelle Fernsehen noch von 62 % als vertrauenswürdiges Medium bewertet wird (Nielsen 2013). Dies wird auch durch die nur wenig gesunkenen TV-Medianutzungszahlen belegt.

Insbesondere die sogenannte **Millennial-Generation** (s. Definition unter Abschn. 2.1) hat ein anderes Verhalten, wenn es um Vertrauen geht. Sie wollen Transparenz, Ehrlichkeit und Authentizität einer Marke, sie wollen wissen wofür die Marke steht, bevor sie ihr vertrauen und sie als „Freund" akzeptieren und empfehlen. Sie wollen mehr erfahren als nur über die Qualität der Produkte, sie möchten über den gesamten Produktions- und Logistikprozess informiert sein. Sie wollen auch deren Fehler erfahren, dann erst sind sie bereit, ihnen zu vertrauen und sie weiterzuempfehlen (Landrum 2017). Knapp 25 % der Millennials in Deutschland versuchen Markenprodukte zu kaufen, dabei spielen ethische Grundsätze eine große Rolle. Sechs von zehn Millennials wird es immer wichtiger, dass die Marken einen positiven gesellschaftlichen Beitrag leisten. Einer internationalen Studie zufolge vertrauen 51 % der Millennials eher einem Unternehmen, wenn es einen guten Zweck verfolgt bzw. einen sozialen Nutzen liefert (Global Shaper Community 2016).

Anders als andere Generationen zuvor hat diese digital vernetzte Gruppe die Möglichkeit, alle Informationen über Marken und Unternehmen zeitnah zu erfahren bzw. zu „er-googeln". Es ist daher wichtig, in direktem Dialog mit dem Millennial-Konsumenten zu stehen, ihn dort zu treffen, wo er „sich aufhält" (beispielsweise Pinterest, LinkedIn, spezielle Foren) und ihm so viele Informationen zur Verfügung zu stellen, wie er sich wünscht (gratis versteht sich), um so sein Vertrauen zu gewinnen (Quora 2017).

> Millennials (…) don't trust and respect brands that do not post 'the good and the bad' on their fan pages. They expect an open book approach where brands tell consumers who they are, what they expect/want from them, and what exactly they're offering. (…) The best-case scenario for brands is that Millennial consumers take the initiative and advocate for a brand (…) (Mobolade 2016).

2.3.3 Die Beziehung zum Kunden im 21. Jahrhundert

Ein extrem komplexes Thema. Da der Kunde im „21. Marketing-Zeitalter" mehr denn je der König ist, müssen Unternehmen all ihren Fokus darauf richten, ihn zunächst genau zu identifizieren, alles über ihn zu erfahren, um ihn dann präzise im Marketing-Mix anzusprechen und zufriedenzustellen. Denn nur ein zufriedener Kunde ist ein glücklicher Kunde, und ein glücklicher Kunde ist der beste Influencer.

Durch die ständige Vernetzung von online und offline wird der Kunde heute permanent diversen Informationen über Produkte, Markenversprechen, Verkaufsgesprächen und „zu schön um wahr zu sein"-Werbebotschaften ausgesetzt. Daher vertrauen Kunden lieber Empfehlungen und Meinungen aus ihrem Freundes- und Bekanntenkreis. Ein Kunde hat heute zu viele sogenannte Touchpoints mit dem Produkt/Service, der Marke oder dem Unternehmen und ist oft überfordert. Unternehmen sollten daher genau wissen, welches die entscheidenden Berührungspunkte mit dem Kunden sind und sich dann auf wenige konzentrieren (Kotler et al. 2017, S. 29 ff.).

▶ **Touchpoints** Touchpoints sind alle möglichen Berührungspunkte des Kunden mit dem Produkt, der Dienstleistung oder dem Unternehmen. Dies kann der Kontakt zum Beispiel über eine Website, ein direktes Verkaufsgespräch, ein Telefonat oder auch eine Radiowerbung sein. Wird jeder dieser Momente genau erkannt und analysiert, kann sich daraus eine sehr fokussierte Strategie der Kundenansprache entwickeln.

Touchpoints in marketing communications are the varying ways that a brand interacts and displays information to prospective customers and current customers. (…) Touchpoints are an element in the integrated marketing communication (Wikipedia o. J. a, b, c)

Verbindet man all diese sogenannten **Touchpoints** vom Moment der Bedürfnisweckung, der Abwägung, der Informationssuche bis hin zum Kauf und dem weiteren Empfehlen, so spricht man von der sogenannten **Customer Journey** (Konsumentenreise).

Neben klassischer Werbung und Online-Werbeformen beinhaltet die Customer Journey auch alle Berührungspunkte, die nicht vom Unternehmen initiiert wurden, wie z. B. Pressemeldungen oder Empfehlungen von Freunden und Bekannten.

Um zu wissen, welches die besten und wirkungsvollsten Touchpoints mit dem Kunden sind, muss ein Unternehmen zunächst die gesamte Konsumentenreise bis ins Detail kennen und analysieren und alle möglichen Berührungspunkte mit dem Kunden transparent machen. Dabei gilt es im Wesentlichen fünf Phasen zu analysieren (s. Abb. 2.13).

In der ersten Phase der „Bewusstmachung" wird der Kunde entweder aus eigener Erfahrung oder unbewusst durch WOM oder klassische Werbung dem Produkt oder der Marke ausgesetzt. Der Kunde wählt dann aus einer Vielzahl von Marken oder Produkten einige aus, die er aufgrund seiner eigenen Erfahrung oder Erfahrung anderer bevorzugt. Dies ist dann die zweite Phase der Customer Journey. Durch Neugierde und Informationshunger getrieben wird sich der Kunde dann in der dritten Phase über alle möglichen Kanäle online und offline (z. B. Webseiten, Customer Service Chats, Bewertungen, Anrufe bei Freunden, Foren etc.) über die „Shortlist" der Produkte und Marken informieren. Ist der Kunde überzeugt und entschieden mit seiner Wahl, geht es in die vierte Phase der Konsumentenreise, in die Kaufphase. Dies ist der Moment, in dem die Marke den Kunden überzeugen muss, auf emotionaler, funktionaler und spiritueller Ebene. Die Unternehmen müssen in dieser Phase alles tun, damit der Kunde eine Art Bindung zu der Marke oder dem Produkt/Service aufbaut, das Produkt wiederkauft und ein „freiwilliger" aktiver Fürsprecher oder Influencer wird – dies ist dann die letzte Phase (Kotler et al. 2017, S. 31 ff.).

Der Ablauf dieser vernetzten Customer Journey ist nicht immer linear, und ein Kunde muss nicht automatisch durch alle fünf Phasen der „Reise" gehen, es kann beispielsweise aufgrund von Erfahrungen oder Zeitaspekten oder bei Produkten von geringem Interesse schon mal eine Phase überspringen. Das Endziel des Marketings 4.0 ist es, den Kunden von der Bewusstmachung zum Fürsprecher und Influencer zu bringen (Abb. 2.13 und 2.11).

Ein weiterer magischer Begriff in dem Zusammenhang der detaillierten Analyse des Kunden ist das **CRM, Customer-Relationship-Management.** In all den Veränderungen, die im Laufe der Zeit das Marketing revolutioniert haben, ist deutlich geworden, wie wichtig das Wissen über den Kunden ist.

Viele Unternehmen haben noch nicht den Stein des Weisen zu diesem komplexen Thema gefunden. Die Kunden sind schwieriger zufriedenzustellen, sie haben höhere Ansprüche und Erwartungen. So erwarten sie z. B., dass die Firmen sofort und nicht erst nach drei Tagen auf ihre Anfrage reagieren, dass alle Informationen offen und ehrlich dargelegt werden, dass Probleme ernst genommen, angegangen und gelöst werden und dass das Unternehmen immer mit gutem Vorsatz (purpose) handelt.

▶ **Customer-Relationship-Management (CRM) oder auch Kundenbeziehungsmanagement** Customer-Relationship-Management (CRM) oder auch übersetzt Kundenbeziehungsmanagement, bezeichnet eine Strategie, die alle interaktiven Prozesse zwischen dem Unternehmen und dem Kunden in den Mittelpunkt stellt, mit dem Ziel eine langfristige Kundenbeziehung aufzubauen. CRM umfasst das gesamte Unternehmen und den kompletten Kundenlebenszyklus und hat als oberste Priorität die optimale Kundenorientierung und -zufriedenheit.

CRM startet mit der entscheidenden Frage, die sich jedes Unternehmen stellen sollte, welche Kundenbeziehung ist besonders wichtig für mein Business. Denn nicht jeder Kunde spielt die gleiche Rolle und nicht bei jeder Beziehung geht es „nur" ums Geldverdienen. Mit Hilfe von Software-Programmen und Analysen müssen Fragen beantwortet werden, wie z. B.: Welcher Kunde ist besonders wichtig, welche Bedürfnisse, welche Beziehungen bestehen, welche Historie weist er auf und vieles mehr. Erst nachdem die Kunden identifiziert wurden, deren Verhalten eng mit dem Erfolg des Unternehmens korreliert, macht der gezielte Einsatz weiterer Marketingaktivitäten Sinn.

> Often the most valuable people in your network are those who are most engaged, who take the time to learn about your brand, who proactively share their enthusiasm or who are simply well connected to potential new customers (Brown 2016).

Das entscheidende Ziel von CRM-Strategien ist, den Kunden genau zu kennen und langfristig loyal zu stimmen. Die schwierige Frage, die sich in dem Zusammenhang stellt, ist, wie kann ich die zukünftigen Veränderungen im Käuferverhalten, die neuen Kaufprozesse und die steigenden Interaktionen zwischen Kunden untereinander am besten erkennen und abbilden.

> (…) In order to build a potential relationship, the first step is to make the other party aware of yourself. In personal relationships, this can be achieved by being particularly witty, funny, or well groomed, and in business relationships by having a particularly good offer,

attractive price, or irresistible promotion. Once awareness has been achieved, the next step is to explore the relationship. (…), in firms this usually means moving from the trial purchase to the repeat purchase stage. This then lays the groundwork for relationship (…) (Haenlein 2017, S. 579 ff.).

Unternehmen stehen heute vor einer schwierigen Aufgabe, da immer mehr Kunden auch untereinander in Beziehungen zueinanderstehen und Einfluss aufeinander nehmen. Wie kann erkannt werden, welche Kunden mit welchen bereits vernetzt sind und welchen Einfluss sie aufeinander haben? Welchen Einfluss haben Opinion Leader und WOM auf die jeweilige Kaufentscheidung? Verlässt sich derselbe Kunde immer auf dasselbe soziale Netzwerk, egal um welches Produkt es sich handelt? (Haenlein 2017, S. 578 ff.) Schwierige Frage, auf die kaum ein Unternehmen bereits eine Antwort gefunden hat.

In demselben Kontext sind auch die Influencer zu erwähnen, die es vor wenigen Jahren noch nicht als professionelle Berufsgruppe gab. Verhalten sich professionelle Influencer identisch wie organische, bzw. Opinion Leader? Wie geht ein Unternehmen mit negativer WOM um? Wie steht es mit den ethischen Aspekten im Zusammenhang mit dem Sammeln und Verarbeiten von Kundendaten um.

Auch diese Fragen und viele weitere sind kaum präzise für ein Unternehmen zu beantworten. Es fehlt die Erfahrung, wie am effektivsten mit all diesen Informationen und Fragen umgegangen werden soll. Die Erfahrung wird es wohl mit sich bringen und es wird sich zeigen.

2.4 Messbarkeit im Umbruch

2.4.1 Ohne Messbarkeit kein Budget – alles gar nicht so leicht

Die beschriebene Customer Journey (Abb. 2.16) mit all ihren Touchpoints, CRM, die Flut an neuen sozialen Netzwerken (Abb. 2.15), Big Data, all dies hat dazu geführt, dass es für einen Marketer mehr denn je wichtig, aber auch schwieriger geworden ist, die durchgeführten Aktivitäten richtig zu messen.

> „Every week I have to go to a gun fight, the senior executive leadership meeting, and I am tired of going to this gunfight carrying only a knife," said a Marketing Senior Manager.
>
> Why 80% of Companies don't make data-driven marketing decisions-and those who do are the leaders (Jeffrey 2010, S. 14).

Zwei aussagekräftige Zitate, die die Brisanz und Widersprüchlichkeit des Themas Marketing-Messbarkeit in den Fokus stellen. Das erste spiegelt perfekt die heutige Sichtweise vieler Marketing-Manager wider; es fehlen präzise Daten und Fakten, um alle Fragen bezüglich der Wirksamkeit ihrer Marketingaktivitäten zu messen. Das zweite Zitat hingegen unterstreicht, dass die Mehrheit von Unternehmen (80 %) keine datenbezogenen Marketingentscheidungen treffen, während diejenigen, die es tun, die Marktführer sind. Was stimmt denn nun?

Es geht heute schon lange nicht mehr darum, dass ein Unternehmen nicht die nötigen Zahlen und Informationen zur Verfügung hat, sondern eher, wie kann ein Unternehmen aus der Flut von Informationen und Daten die richtigen auswählen und bewerten. Ein wichtiger erster Schritt, um diesem Problem näherzukommen, ist eine genaue Aufstellung aller Marketingkampagnen zu machen, bevor sie gestartet werden und nicht erst im Nachhinein versuchen, sie zu messen. Dafür müssen zunächst die Ziele definiert werden, die mit der jeweiligen Maßnahme erreicht werden sollen. Mögliche Ziele können zum Beispiel sein: Markenbekanntheit steigern, neue Kundenkontakte generieren oder Umsatz steigern.

Wie können Marketingaktivitäten gemessen werden? Die **Messmöglichkeiten** oder auch **Marketing-Metriken** oder oft nur verkürzt als **KPI** (Key Performance Indicators) bezeichnet, müssen präzise vor jeder Marketingaktivität bestimmt werden, damit jedem Verantwortlichen im Unternehmen klar ist, wo die Reise hingeht. Da dies bei der Vielzahl an Aktivitäten und Messmöglichkeiten nicht einfach ist, liegt auf der Hand.

▶ **Key Performance Indicator (KPI)** Der Begriff Key Performance Indicator (KPI) bzw. Leistungskennzahl bezeichnet in der Betriebswirtschaftslehre Kennzahlen, anhand derer der Fortschritt oder der Erfüllungsgrad hinsichtlich wichtiger Zielsetzungen oder kritischer Erfolgsfaktoren innerhalb einer Organisation gemessen und/oder ermittelt werden kann (Wikipedia o. J. d).

Die beschriebene Customer Journey (Abb. 2.16) hat gezeigt, wie rasant sich das Konsumentenverhalten verändert. Der Kaufentscheidungsprozess ist nicht mehr gradlinig,

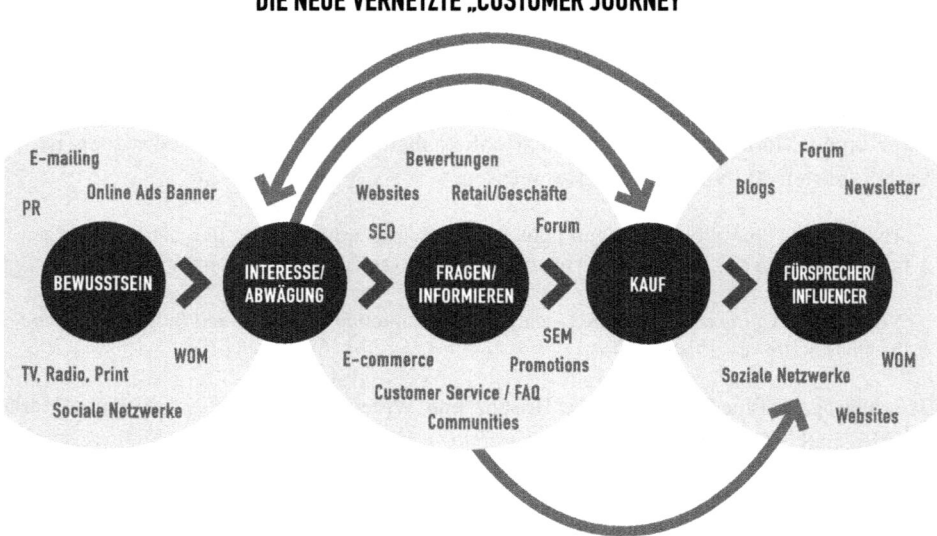

Abb. 2.16 Die fünf Phasen der veränderten Customer Journey mit multiplen Touchpoints

sondern führt durch diverse Phasen, beeinflusst von diversen Medien und Touchpoints, unterschiedlich informierten Konsumenten und einer Flut von Informationen. Eine Studie von Millward Brown in den US legt das überraschende Ergebnis dar, dass 55 % der befragten Marketingleiter eingestehen, dass ihr Unternehmen noch kein klares Verständnis über die Customer Journey der eigenen Zielgruppe hat (Millward Brown 2016). Wie kann man auf dieser Basis einen geeigneten Marketing-Mix entwickeln? Wie kann ein Unternehmen ohne die Kenntnis der detaillierten Touchpoints eine Beziehung zum Kunden aufbauen und ihn zum loyalen Fürsprecher machen?

In den Marketingkreisen ist man sich einig, dass die Messung der Marketingaktivitäten, die Messung des **Return on Investments (ROI),** die größte Herausforderung darstellt und noch viel Nachholbedarf erfordert.

▶ **Return on Investment (ROI)** Return on Investment (ROI) ist eine Kennzahl, die das Verhältnis zwischen Gewinn und investiertem Kapital angibt (Wirtschaftslexikon24 2017).

Auf die Marketing-Welt umdefiniert sind es die Marketingkosten im Verhältnis zum erzielten Erfolg.

Zunehmender Konkurrenzdruck stellt das Marketing mehr denn je unter Effizienzdruck. Der Ruf nach „Marketing muss zur Wertsteigerung des Unternehmens beitragen" wird lauter. Investoren und CEOs verlangen nachdrücklich von ihrem Marketing-Chef einen Nachweis über die Effizienz ihrer Marketingmaßnahmen.

Die Marketing-Welt befindet sich im Umbruch, weg von der Massenansprache durch Fernsehen oder Zeitungen hin zu individualisierten und dialogorientierter Mediennutzungen. Das Marketing kann seine Mittel nur dann effizient einsetzen, wenn genau definiert wurde, wer wann und über welchen Kanal und mit welcher Aktivität erreicht wird. 74 % der Marketingleiter würden ihr Budget in den digitalen Kanälen erhöhen, würde es nicht nach wie vor eine gewisse Unsicherheit bei der Messbarkeit der ROI einiger Kanäle wie zum Beispiel Content Marketing oder auch Konferenzen und Events geben. Um die Unsicherheit weiter zu reduzieren, sind in den kommenden Jahren insbesondere für die Analyse entlang der Customer Journey erhöhte Research Budgets prognostiziert (Herzberger 2016).

2.4.2   Digitales Marketing macht das Messen einfacher … wirklich?

Der richtige Mix zwischen Marketingausgaben in digitalen und in traditionellen Kanälen ist ein großes Fragezeichen vieler Marketingexperten. Nur 19 % aller Marketingverantwortlichen geben zu, den idealen Mix im Budget gefunden zu haben (Millward Brown 2016).

Während die klassischen Medien wie zum Beispiel TV oder Radio recht „vereinfacht" über ihre Reichweite, Zeitschriften und Zeitungen über Auflagen oder Kosten pro Nutzer gemessen wurden und werden, so hat das digitale Marketing einen deutlichen Unterschied, es ist in vielen Bereichen präziser, gleichzeitig aber auch komplexer messbar. Es gibt unzählige Marketing-Metrics für den digitalen Bereich, von der „Klickrate" auf der Website, über die „Bouncerate" (= die Zeit, die eine Person auf der Webseite verweilt, bevor sie sie wieder verlässt), CPC (= Cost per Click), Anzahl von „likes" und „shares" auf der Facebook-Seite, Anzahl von „Twitter-Kommentaren", Anzahl von „likes" über LinkedIn, Anzahl von „Forenbeiträgen", „Conversionrate (= als Conversion oder Umwandlung wird im Online-Marketing-Kontext die Umwandlung eines Besuchers einer Webseite, also eines Interessenten, zum Kunden oder wenigstens zum registrierten Nutzer verstanden), Anfragen über die Service-Hotline und viele weitere. Auf alle detailliert einzugehen, würde hier den Rahmen sprengen.

Um die Wichtigkeit der Rolle des zufriedenen Kunden zu unterstreichen, werden im Folgenden drei relevante Messmöglichkeiten zum Thema Kundenzufriedenheit näher definiert.

▶ **Customer Satisfaction (CSAT) auch Kundenzufriedenheits-Metrik** Customer Satisfaction (CSAT) auch Kundenzufriedenheits-Metrik genannt. Es ist eine der einfachsten und besten Messmöglichkeiten, um die Kundenzufriedenheit schnell zu ermitteln. Mit der simplen Frage: *„Wie wahrscheinlich ist es, dass Du dieses Produkt einem Freund empfehlen würdest?"*, werden zufriedene Kunden identifiziert, und zwar sind das nur diejenigen, die einen Wert von 9 oder 10 auf einer Skala von 0–10 ankreuzen (Jeffrey 2010, S. 58 ff.).

▶ **Churn Rate (=Absprungrate)** Churn Rate bezeichnet eine Messmethode, die über die Kundenloyalität aussagt. Es ist der Prozentsatz von existierenden Kunden, die aufgehört haben, das Produkt oder den Service zu nutzen/kaufen, üblicherweise gemessen innerhalb eines Jahres.

▶ **Customer Lifetime Value (CLTV oder auch CLV)** Customer Lifetime Value bezeichnet den Wert, den ein Kunde über die komplette Zeit seiner Kundschaft für ein Unternehmen darstellt. Dies ist eines der innovativsten Messzahlen und am komplexesten zu errechnen, denn neben den historischen Erlösen müssen auch die zukünftigen berücksichtigt werden. Unternehmen verwenden den CLV, um Marketingmaßnahmen effizienter auf Kunden zuzuschneiden. So rechtfertigt zum Beispiel ein hoher CLV höhere Budget für die Betreuung eines bestimmten Kunden (Wikipedia o. J. e).

Viele Unternehmen entwickeln diverse Content- und Social-Media-Strategien, stecken aber bei der Erfolgsmessung noch in den Kinderschuhen. Eine Studie unterstreicht, dass es 18 % Unternehmen gibt, die überhaupt keine Metriken definieren, messen und auswerten. Diejenigen hingegen, die Messmöglichkeiten verwenden, stürzen sich vorangig auf die Analyse von Statistiken aus den sozialen Netzwerken. Das heißt, sie richten ihr Augenmerk auf die Interaktionsrate mit dem Kunden, wie viele Fans und Follower haben sie. Dies sind zwar wichtige Kennzahlen, bieten aber keine direkte Erfolgsmessung für Marketingaktivitäten. Nur knapp die Hälfte der Unternehmen werten hingegen auch Daten aus verschiedenen „Social-Media-Listening-Aktivitäten" aus, eine extrem wichtige Maßnahme, da dort viele Konversationen stattfinden, die das Unternehmen oder deren Produkte betreffen (Firsching 2013).

▶ **Social Media Listening (Social Media Monitoring)** Social Media Listening, oft auch als Social Media Monitoring bezeichnet, beschreibt den Prozess, bei dem man identifiziert, analysiert und bewertet, was im Internet und allen sozialen Medien über ein Unternehmen, ein Produkt, eine Marke oder eine Person geschrieben wird.

2.4.3 Die neue Rolle des CMOs

Die Veränderungen im Marketing-Mix, die rasanten Entwicklungen im Online-Business, neue Social-Media-Plattformen, neue Messmethoden, ein Kunde, der sich bei Freunden und Familienmitgliedern informiert und dann eventuell selbst zum Influencer wird, das und vieles mehr hat auch die Rolle des Marketingverantwortlichen neu positioniert. Der **Marketingverantwortliche (CMO = Chief Marketing Officer)** der „alten Outbound-Zeit" ist zwar vielerorts noch in den Unternehmen anzutreffen, er muss jedoch stark umdenken und agil werden, wenn er „überleben" möchte. Früher ging es primär um eindimensionale Werbung und Kommunikation auf den Kunden bzw. auf die Zielgruppe ausgerichtet. Heute geht es um einen ganz anders gerichteten Kundenfokus, um das Management von „Content", um die Kenntnisse and Analyse von einer Unmenge von Daten und um die Kommunikation und Interaktion mit Communities. Es geht darum, dem Kunden ein Erlebnis mit der Marke oder dem Produkt zu offerieren, damit ich ihn als Fürsprecher und loyalen Kunden gewinne. Der Marketingexperte muss dabei die komplette „Customer Journey" mit all seinen Touchpoints kennen, messen und analysieren. Man spricht daher heute viel mehr von einem **„Präzisionsmarketing",** das ein CMO mit seinem Team beherrschen muss.

▶ **Präzisionsmarketing (Precision Marketing)** Präzisionsmarketing zielt auf den bestehenden Kunden ab. Es geht darum, ihm für das Produkt/Service oder die Marke als loyalen Kunden zu gewinnen und ihn zum Kauf anzuregen. Es geht dabei weniger um die Entwicklung von klassischer Werbung als vielmehr um die Kreation von personalisierten, individuellen Angeboten und darum, dem Kunden ein Erlebnis mit der Marke oder dem Produkt/Service zu bieten (Marketing Schools.org o. J.).

Der „neue" CMO muss sich ein Team aus Experten unterschiedlicher Richtungen zusammenstellen, muss ein guter Coach und Teamplayer sein und insbesondere über IT-Kenntnisse verfügen. Er muss bereichsübergreifende Netzwerke nutzen und Impulse zur digitalen Transformation setzen.

Der CMO von heute und morgen muss immer zuallererst an den Kunden denken, an die Customer Journey, und alle Maßnahmen (die des gesamten Teams und Unternehmens) auf den Kunden ausrichten. Ihm dabei ein besonderes Erlebnis mit der Marke bieten, und eine besondere Beziehung zwischen ihm und der Marke aufbauen. Michael Meier von Egon Zehnder sagte in einem Interview, der Kunde solle nicht mehr nur als König, sondern er müsse heutzutage als Kaiser behandelt werden (Günther 2017).

Daher gibt es in einigen innovativen Unternehmen bereits neu erschaffene Funktionen, wie z. B. die des Chief Digital Officers (Verantwortlicher für das digitale Geschäft) oder ein Chief Experience Officer (Verantwortlicher fürs Erlebnis-Marketing) oder ein Chief Customer Officer (Verantwortlicher für Kunden).

> (…) CMO's are indeed at a crossroad with four potential paths: up, over, down, or out. The reasons for these new roles is that we're entering a new era of digital transformation. (…) So, leaders have turned to what ultimately drives growth: creating value for the customer and using new technologies to transform the customer experience. Today's consumers and business buyers (…) want companies to be more human: to remember who they are, knew what they like, and use that understanding to help them achieve their purpose. (…) this poses a deep challenge to companies organized by product and function rather than a customer-centric model like experience and value (Bronchek und Cornfield 2017, S. 3 ff.).

Diese einschneidenden Veränderungen im Marketing berühren natürlich auch die Rolle der Werbeagenturen. Die Bedeutung der klassischen Mediawerbung ist gesunken. Insbesondere die klassischen Werbegiganten müssen sich neu ausrichten. Traditionelles Outbound-Marketing hin zum Inbound-Marketing, zunehmende Anzahl von neuen sozialen Netzwerken und Messenger-Diensten, SEO, Sem, Instagram-Spezialisten, Influencer-Agenturen, präzisere Messbarkeit, Datenfluten und komplexere Customer Journeys führt zu immer mehr Spezialdienstleistern. Etats, die zu Google oder Facebook umgeschiftet werden. Agenturen müssen integrierter arbeiten, müssen alle Touchpoints abdecken, müssen die Marke als Ganzes betrachten und emotional aufladen und gleichzeitig zum beratenden Partner der Unternehmen werden.

Zusammenfassung

Analytik und integrierte Kommunikation, Dynamik, Flexibilität, Integration, Koordination und Schnelligkeit, sind nur einige Eigenschaften, die heute vom Marketing gefordert sind. Aufgrund der rasanten digitalen Transformation, die in alle Lebensbereiche Einzug hält, muss sich der Marketingverantwortliche neuen Aufgaben stellen, die es vor zehn Jahren (nicht einmal vor drei Jahren) so nicht gegeben hat. Insbesondere das Kundenverhalten und die -erwartungen haben sich um 360 Grad verändert. Angefangen von der Generation der Millennials, die ein anderes Vertrauensverhältnis zu Marken und Unternehmen aufbauen, bis hin zur komplexen Customer Journey mit all ihren Touchpoints. Die unzähligen neuen sozialen Medien, von Pinterest über Musica.ly, von WhatsApp bis Yo, eine Flut an neuen Medien, die neben den traditionellen Kanälen in integrierter Weise bespielt werden müssen. Die Community, die zunehmend als Zielgruppe in den Fokus der Aktivitäten rückt, das und vieles mehr muss das Marketing von heute und morgen berücksichtigen und in seinem veränderten Marketing-Mix bedenken.

Der Kunde wird mehr denn je zum König und zum Markenbotschafter. Er möchte Erlebnisse mit der Marke oder dem Produkt/Service, er möchte verstanden und fair behandelt werden, er möchte authentische Marken mit einer ehrlichen Kommunikation, Marken und Unternehmen, die für etwas stehen, einen Standpunkt vertreten. Dann, aber auch nur dann, wird er zum loyalen Fürsprecher oder Influencer für die Marke oder das Produkt. Und das sollte das Ziel eines jeden Unternehmens sein.

Literatur

Behrens, P. et al (2014). Mediennutzung und Medienkompetenz in jungen Lebenswelten. https://www.lfk.de/fileadmin/media/medienkompetenz_fortbildung/04-2014_Behrens_Calmbach_Schleer_Klingler_Rathgeb.pdf. Zugegriffen: 03.12.2017

Ben & Jerry's (2017) http://www.benjerry.de/unsere-mission, Zugegriffen: 28.11.2017

Ben & Jerry's (2017a). http://www.benjerry.de/aktuelle-initiativen/ehe-fuer-alle, Zugegriffen: 28.11.2017

Bronchek, M., Cornfield, G (2017), There are 4 Futures for CMOs (some better than others), Harvard Business Review Mark, S. 3 ff.

Brown, C. (2016), Too many executives are missing the most important part of CRM, Harvard Business Review

Deloitte (2015), Media Consumer Survey. https://www2.deloitte.com/content/dam/Deloitte/de/Documents/technology-media-telecommunications/Video%20Interaktiv%20-%20Media%20Consumer%20Survey20150608_neu.pdf. Zugegriffen: 02.12.2017

Firsching, J. (2013), Studie: Wie messen Unternehmen den Social Media ROI. http://www.future-biz.de/artikel/studie-wie-messen-unternehmen-social-media-roi/. Zugegriffen: 05.12.2017

Günther, V. (2017), http://www.horizont.net/marketing/nachrichten/Umfrage-CMO-Der-Eierlegende-Wollmichsau-CMO-161445. Zugegriffen: 06.12.2017

Global Shaper Community (2016). http://shaperssurvey.org/static/data/GSC_AS16_Report.pdf. Zugegriffen: 02.12.2017

Haenlein, M. (2017), How to date your clients in the 21st century: Challenges in managing customer relationships in today's world, Kelley School of Business, S. 579 ff.

Herzberger, G., (2016), Messbarkeit des ROI ist die größte Herausforderung im Marketing. https://www.marconomy.de/digital/articles/552941/. Zugegriffen: 05.12.2017

Hubspot (2017), Was ist inbound Marketing. https://www.hubspot.de/inbound-marketing, Zugegriffen 30.11.2017

Institut für Demoskopie Allensbach (2016), http://www.ifd-allensbach.de/fileadmin/ACTA/ACTA2016/Codebuchausschnitte_ACTA_2016/ACTA2016_Stationaere_Mobile-Internetnutzung.pdf. Zugegriffen: 02.12.2017

Ipsos (2017), https://www.ipsos.com/sites/default/files/%23MeetTheMillennials_Teaser.pdf. Zugegriffen: 27.11.2017.

Jeffrey, M. (2010), Data Driven Marketing, the 15 Metrics Everyone in Marketing Should know, Kellogg School of Management, New Jersey: Wiley & Sones

Kirchgeorg, M. (o. J.), http://wirtschaftslexikon.gabler.de/Definition/marktsegmentierung.html, Zugegriffen 12.12.2017

Kirchgeorg, M. (o. J. a), http://wirtschaftslexikon.gabler.de/Definition/zielgruppe.html. Zugegriffen: 02.12.2017

Koeppel, P, (2016), https://www.koeppeldirect.com/business/webrooming-vs-showrooming-retail-marketing-guide/. Zugegriffen: 22.09.2017

Kotler, R., Bliemel, F. (2001), Marketing Management, S. 416 ff., Stuttgart: Schäffer Poeschel

Kotler P., & Armstrong (2013), Principles of Marketing (15. Aufl.). Harlow: Pearson, S. 76

Kotler, P., Kartajaya, H., Setiawan, I. (2017). Marketing 4.0: Moving from Traditional to Digital. New Jersey: Wiley & Sons

Landrum, S. (2017), Millennials and Quality: The search for a better everything", Forbes. https://www.forbes.com/sites/sarahlandrum/2017/04/14/millennials-and-quality-the-search-for-a-better-everything/#6456be1e347a. Zugegriffen: 02.09.2017.

Marketing Schools.org. http://www.marketing-schools.org/types-of-marketing/precision-marketing.html. Zugegriffen: 06.12.2017

Martin (2014), https://www.cleverism.com/7ps-additional-aspects-marketing-mix/, Zugegriffen: 29.11.2017

Millward Brown (2016), Getting Digital Right. https://www.millwardbrown.com/docs/defaultsource/insight-documents/articles-and-reports/Millward-Brown_Getting-Digital-Right.pdf. Zugegriffen: 05.12.2017

Mobolade, O., (2016), How to market effectively to Millennials. https://www.iab-switzerland.ch/wp-content/uploads/2016/06/millwardbrown_article_how-to-market-effectively-to-millennials.pdf. Zugegriffen 01.12.2017

NIVEA (2017), website. https://www.nivea.de/shop/creme-40059002647870001.html#user=1. Zugegriffen: 29.11.2017

Nielsen (2012), Global trust in advertising and brand messages. http://www.nielsen.com/us/en/press-room/2012/nielsen-global-consumers-trust-in-earned-advertising-grows.html. Zugegriffen: 02.12.2017

Nielsen (2013), Global trust in advertising and brand messages. http://www.nielsen.com/us/en/insights/reports/2013/global-trust-in-advertising-and-brand-messages.html. Zugegriffen: 01.12.2017

Nielsen (2015), Screen Wars, The Battle for eye Space in a TV Everywhere world, http://www.nielsen.com/content/dam/corporate/us/en/reports-downloads/2015-reports/nielsen-global-digital-landscape-report-march-2015.pdf. Zugegriffen: 01.12.2017

Nielsen (2015a), screen wars: The battle for eye space in a tv everywhere world. http://www.nielsen.com/us/en/insights/reports/2015/screen-wars-the-battle-for-eye-space-in-a-tv-everywhere-world.html. Zugegriffen: 04.12.2017

Nielsen (2016), Report Global Trust in Advertising, http://www.nielsen.com/content/dam/nielsenglobal/de/docs/Nielsen_Global_Trust_in_Advertising_Report_DIGITAL_FINAL_DE.pdf. Zugegriffen 02.12.2017

OnlineMarketing.de (o. J.). https://onlinemarketing.de/lexikon/outbound-marketing. Zugegriffen: 29.11.2017

Onlinemarketing-Praxis (o. J.). https://www.onlinemarketing-praxis.de/glossar/content-marketing. Zugegriffen 28.11.2017

Onlinemarketing-Praxis (o. J. a). https://www.onlinemarketing-praxis.de/glossar/community-online-community. Zugegriffen: 02.12.2017

Quora (2017). https://www.forbes.com/sites/quora/2017/05/24/want-to-market-more-effectively-to-millennials-its-all-about-trust/#6ade09a63176. Zugegriffen 12.12.2017

Reisewitz, P. (o. J.). http://wirtschaftslexikon.gabler.de/Definition/public-relations-pr.html#erklaerung. Zugegriffen: 12.12.2017

Ries, A., Brandtner, M. (2017). http://www.absatzwirtschaft.de/der-neue-marketingmix-oder-warum-man-in-zukunft-in-vier-ms-statt-in-vier-ps-denken-sollte-94397. Zugegriffen: 26.11.2017

Sinek, Simon (2014). https://twitter.com/simonsinek/status/456545886143643649?lang=de. Zuge-
    griffen: 29.11.2017.
Statista, (2017), Marktanteile von sozialen Medien in Deutschland. https://de.statista.com/statistik/
    daten/studie/559470/umfrage/marktanteile-von-social-media-seiten-in-deutschland/.   Zugegrif-
    fen: 12.12.2017
Stecher, N. (2015), Storytelling, http://www.digitalwiki.de/storytelling/. Zugegriffen: 29.11.2017
Steimer, S. (2017), How Ben & Jerry's Took both its ice cream and mission global, https://www.
    ama.org/publications/MarketingNews/Pages/how-ben-jerrys-took-both-its-ice-cream-and-mis-
    sion-global.aspx. Zugegriffen: 26.11.2017
think with Google (2017), Zunehmende Parallelnutzung von TV zu online. https://www.thinkwi-
    thgoogle.com/intl/de-de/infographic/zunehmende-parallelnutzung-von-tv-online/. Zugegriffen:
    05.12.2017
Wikipedia (o. J). https://de.wikipedia.org/wiki/Marketing-Mix. Zugegriffen: 12.12.2017
Wikipedia (o. J.a). https://en.wikipedia.org/wiki/Marketing Zugegriffen: 12.12.2017
Wikipedia (o. J.b). https://en.wikipedia.org/wiki/Brand Zugegriffen: 12.12.2017
Wikipedia (o. J.c). https://en.wikipedia.org/wiki/Touchpoint. Zugegriffen: 03.12.2017
Wikipedia   (o. J.d).   https://de.wikipedia.org/wiki/Key_Performance_Indicator.   Zugegriffen:
    04.12.2017
Wikipedia (o. J.e). https://de.wikipedia.org/wiki/Customer_Lifetime_Value. Zugegriffen: 05.12.2017
Wirtschaftslexikon24 (2017). http://www.wirtschaftslexikon24.com/d/return-on-investment/return-
    on-investment.htm. Zugegriffen: 05.12.2017

Über die Autorin

Regina Brix ist eine passionierte und erfahrene Marketingexpertin
mit über 20 Jahren Berufserfahrung in leitenden Funktionen verschiedener internationaler Konzerne (Beiersdorf, Danone, Lavazza),
in Ländern wie Deutschland, China und Italien. Sie arbeitet als Mar-
keting- und Strategieberaterin (Sevendots) für Unternehmen und
doziert seit vielen Jahren an verschiedenen Universitäten und Business Schools in Italien. An der ESCP Europe, einer der renommier-
testen Business Schools der Welt, ist sie Affiliate Professor für
Marketing und Academic Co-Director für den Master in International Food & Beverage Management. Mit ihrem Wissen und ihrer
Erfahrung hilft sie als aktive Mentorin und Tutorin vielen Studenten
auf ihrem Weg ins Berufsleben. Außerdem ist sie selbst seit knapp
zehn Jahren Bloggerin zum Thema „Leben in Italien".

Markenstrategischer Fit im Influencer-Marketing: Die Marke im Spannungsfeld zwischen Kontinuität und Freiheit

3

Annette Bruce und Christoph Jeromin

Inhaltsverzeichnis

Zusammenfassung

Marken und somit Markenverantwortliche stehen heute in einem Spannungsfeld zwischen der Kontinuitätsfunktion markenstrategischer Instrumente, wie der Markenpositionierung und den dynamischen, veränderungsintensiven Märkten. Das Influencer-Marketing ist als ein neuer Kommunikationskanal für Marken Teil dieser Veränderungen. Die Beteiligung grundsätzlich unabhängiger Persönlichkeiten in Form von Influencern an der Markenkommunikation stellt Unternehmensentscheider

A. Bruce (✉) · C. Jeromin
Creative Advantage GmbH, Hamburg, Deutschland
E-Mail: annette.bruce@creative-advantage.de

C. Jeromin
E-Mail: christoph.jeromin@creative-advantage.de

© Springer Fachmedien Wiesbaden GmbH, ein Teil von Springer Nature 2018
M. Jahnke (Hrsg.), *Influencer Marketing*,
https://doi.org/10.1007/978-3-658-20854-7_3

vor die Herausforderung, die Ziele der Marke mit den Freiheits- und Authentizitätsaspekten des Influencer-Marketings zu vereinbaren. Wie dies gelingen kann, zeigt dieser Beitrag anhand eines konkreten Lösungsansatzes auf.

3.1   Die Marke im Spannungsfeld zwischen Kontinuität und Freiheit

Ob im Kundenverhalten, in der Wettbewerbs-, Medien- und Vertriebslandschaft – die Geschwindigkeit und die Anzahl an Veränderungen, die auf das Marketing einwirken, haben zugenommen. Märkte sind gekennzeichnet durch Volatilität und Dynamik. Neue Strukturen entstehen, oder Akteure kommen ins Spiel. Beziehungen zwischen Marktakteuren reißen ab oder werden neu aufgebaut.

Besonders anschaulich sind diese Entwicklungen im Bereich der Markenkommunikation. Gerade dieses Teilgebiet der Markenführung hat sich mit am stärksten gewandelt. Die Möglichkeiten, Markenbotschaften zu kommunizieren, sind nahezu unüberschaubar vielfältig geworden. Keller listet allein 56 Kommunikationsoptionen in zwölf verschiedenen Kategorien auf (Keller 2013, S. 218). Mit dieser Vielfalt und der steigenden Wettbewerbsintensität geht eine Zunahme der von der Marke gesendeten Botschaften einher. Diese treffen allerdings auf eine gleichbleibende Aufnahme- und Verarbeitungskapazität der Menschen, die diese Botschaften erreichen sollen. Hinzu kommt, dass die Bereitschaft zur Aufnahme der Botschaften eher sinkt. Technische Entwicklungen wie Video-Streaming oder digitale Video-Rekorder ermöglichen es, „Unterbrecherwerbung" zu umgehen. Adblocker-Software unterbindet diverse Werbeformate in Internet-Browsern. Außerdem haben insbesondere jüngere Zielgruppen ihren Nutzungsschwerpunkt von traditionellen Massenmedien auf Online-Kanäle verschoben.

Das Influencer-Marketing – von Keller in seinen 56 Kommunikationsoptionen noch gar nicht genannt – bietet eine Option für Marken an, in dieser herausfordernden Marktsituation effektiv zu kommunizieren. Marken stehen jedoch heute in einem entscheidenden Spannungsfeld. Der beschriebenen Dynamik und den damit einhergehenden neuen Handlungsmöglichkeiten – wie dem Influencer-Marketing – stehen die strategischen Instrumente der Markenführung gegenüber. Von der 1963 durch Reeves geprägten „Unique Selling Proposition" über das „Positioning"-Konzept von Ries und Trout entwickelte sich das Konzept der Markenpositionierung weiter zum zentralen Instrument der Markenführung (Reeves 1963; Ries und Trout 1981). Seine klassische Funktion besteht in der Sicherstellung von Konsistenz und Kontinuität in der Markenwahrnehmung der Kunden.

Dieses Spannungsfeld zwischen Kontinuität und Freiheit in der Markenführung wird beim Influencer-Marketing besonders deutlich. Das Unternehmen als Inhaber der Marke gibt in einem oft völlig ungewohnten Maße die Kommunikationshoheit ab. Gerade darin und mit der damit einhergehenden Authentizität und Glaubwürdigkeit des Influencers gegenüber seinen Fans und Followern liegt jedoch die große Stärke dieser

Art von Markenkommunikation. Wie können Markenentscheider nun das Spannungs-feld im Influencer-Marketing optimal aussteuern und das Potenzial von Influencern mit dem Kern und den Zielen ihrer Marke in Einklang bringen? Einen Lösungsansatz zu dieser Frage stellt dieser Beitrag im Folgenden vor.

3.2 Die markenstrategischen Grundlagen für das Influencer-Marketing

3.2.1 Die Markenpositionierung als Orientierungsinstrument

Unserer Überzeugung nach brauchen Marken gerade auf veränderungsintensiven Märkten nach wie vor einen inhaltlich stabilen Kern. Dieser übernimmt die Orientie-rungsfunktion nach innen ins Unternehmen und gegenüber Kunden und externen Stake-holdern, wie z. B. Influencern. Denn ohne Orientierung und Ziel werden Entscheidungen beliebig. Hat eine Marke eine klare Haltung, ist die Gefahr, sich in der Dynamik der Kommunikationsmedien zu verlieren und in Aktionismus zu verfallen, anstatt durch-dachten Strategien zu folgen, deutlich geringer. Aus dem Kern einer Marke muss hervor-gehen, wie für den Kunden Zusatznutzen geschaffen werden soll und als Folge dessen Brand Equity für das Unternehmen entstehen kann.

Die Bedeutung der Orientierungsfunktion von Marken hat sich erweitert. Ursprüng-lich bezog sie sich so gut wie ausschließlich auf ihre Kunden. Die Rolle des Marketings konzentrierte sich auf das Durchsetzen und die Kontrolle der angestrebten Markenposi-tionierung. Aufgrund der veränderungsintensiven Märkte muss das Marketing heute mehr gestalten als verwalten. Es gilt, mehr und häufiger Entscheidungen zu treffen, wofür auch Markenverantwortliche im Arbeitsalltag klare Orientierung brauchen. Dies gilt für Angestellte des Markeninhabers genauso wie für Influencer, die quasi im Namen der Marke sprechen. Ohne einen Markenkern als Bezugspunkt kann das Management einer Marke nur in dem Hinterherlaufen von kurzfristigen Moden und Trends enden.

Die nach wie vor hohe Bedeutung eines langfristig ausgelegten und relevanten Mar-kenkerns mit Orientierungsfunktion ist die mehrheitliche Meinung in der Marketing-Li-teratur (Seidel 2014, S. 369; Jowitt und Lury 2012, S. 101 ff.; Jausen 2014, S. 204). Darüber hinaus wird auch in der Management-Literatur die Wichtigkeit eines exakt defi-nierten unternehmerischen Kerns hervorgehoben. Dieser ist die Ausgangsbasis für alle Unternehmensaktivitäten und gibt die strategische Richtung vor. Entsprechend eindeutig und bildhaft wird dieser Aspekt dargestellt: „center of gravity" (Dawar 2013), „winning aspiration" (Lafley und Martin 2013) oder – etwas direkter – „well differentiated core" (Zook und Allen 2012).

Eine Markenpositionierung gehört seit mehr als 20 Jahren zum festen Inventar jeder Marketingabteilung. In Wissenschaft und Praxis existieren daher sehr viele unter-schiedliche Modelle, die zur Definition einer Markenpositionierung genutzt werden. Vor allem große internationale Konsumgüterunternehmen, Unternehmensberatungen,

Marktforschungsunternehmen und Werbeagenturen haben eigene Modelle zur Markenpositionierung entwickelt (Kapferer 2012, S. 170 ff.; Zednik und Strebinger 2008, S. 301 f.). Auf die zunehmende Komplexität der Marktumwelt hat die Marketing-Community mit zunehmend komplexeren Marken-Modellen geantwortet. Reichte in den „guten, alten Zeiten" noch ein Einzeiler als USP- oder Positionierungs-Statement, wurden die Modelle immer vielschichtiger und detaillierter. Die teilweise ausufernde Komplexität hat gleich mehrere Nachteile. Vor allem leidet darunter die Verständlichkeit der Modelle. Je mehr Elemente ein Modell hat, desto größer ist die Wahrscheinlichkeit von Redundanz. Dies kann die inhaltliche Entwicklung einer Marke enorm erschweren. Außerdem kommt noch ein sehr menschliches Problem hinzu. Je mehr Elemente man in einem Modell ausfüllen muss, desto schneller kann die Motivation dazu sinken. Der Aufbau vieler Modelle macht es jedoch einfach, einen Mangel an Gründlichkeit und Denkarbeit zu kaschieren. Meistens gibt es ein zentrales Element mit der höchsten Wichtigkeit – sei es der Markenkern, die Markenessenz oder die Brand Proposition. Auf die Definition dieses Elementes wird – zu Recht – die meiste Zeit verwendet. Ist hierfür eine Wahl getroffen, besteht die Möglichkeit, alle anderen Elemente rückwärts, ausgehend vom zentralen Element, zu definieren. Dies resultiert zwar in einer vordergründigen Konsistenz, da alle Inhalte des Modells gut zueinanderpassen und keine Widersprüche auftauchen. Die strategische Definition der Marke verkommt so aber mehr zu einer formalen Übung, anstatt ein relevanter Treiber für den Unternehmenserfolg zu sein (Kapferer 2012, S. 172 f.).

Eine mangelnde Orientierungsfunktion oder Beliebigkeit in der Anwendung einer Markenpositionierung kann bei allen operativen Marketingaktivitäten zu einem Problem werden. Für das Influencer-Marketing gilt dies besonders: Ein externer Stakeholder, der unter Umständen bisher wenig Kontakt zur Marke oder dem Markenprodukt hatte, soll zielgerichtet in die Markenkommunikation eingebunden werden. Um dies durch eine fundierte markenstrategische Grundlage sicherzustellen, verwenden wir als beispielhaftes Positionierungsmodell den „Brand-Market Connector" (vgl. Abb. 3.1; Bruce und Jeromin 2016, S. 86). Dieses Modell verfolgt durch eine Minimierung der Anzahl an

Abb. 3.1 Das Brand-Market-Connector-Modell zur Markenpositionierung. (Bruce und Jeromin 2016)

Modell-Elementen das Ziel, eine hohe Orientierungsfunktion bei geringer Komplexität zu ermöglichen. Der Aufbau des Modells ist in Abb. 3.1 zu sehen und seine drei Elemente werden im Folgenden näher erläutert.

Desirability
Das zentrale Element des Modells definiert, wie die Marke beim Kunden Begehrlichkeit erzeugt und einen Kaufwunsch auslöst. Inhaltlich kann man sich dem anhand von zwei Leitfragen nähern: „Welche(s) Bedürfnis(se) des Kunden erfüllt die Marke?" und „Womit stiftet sie Identifikationspotenzial für den Kunden?". Die Beantwortung dieser Fragen stellt sicher, dass die Marke ein attraktives Angebot schafft, welches für Kunden persönlich relevant ist. Das Desirability-Statement, das letztlich für die Marke formuliert wird, muss eine unmissverständliche Haltung ausdrücken. Diese ist der Anker, an dem sich sowohl Kunden, Mitarbeiter und Influencer klar orientieren können.

Differenziation
Das Differenziation-Statement definiert, wie die Marke eine Bevorzugung gegenüber Konkurrenzangeboten erreicht und welche Stellung sie dadurch im Wettbewerbsgefüge einnimmt. Als Markenverantwortlicher wird man so gezwungen, Position zu beziehen und es entsteht ein Anspruch, der für das gesamte Unternehmen und auch externe Stakeholder wie Influencer relevant ist.

Deliverability
Das Deliverability-Statement definiert das Leistungsversprechen der Marke. Gemeint ist genau die eine Selbstverpflichtung, die erfüllt werden muss, um die beiden anderen Dimensionen der Positionierung realisieren zu können. Die Leistungskomponente der Deliverability kann mithilfe faktischer Produkteigenschaften, Kompetenzen oder Marken-Assoziationen definiert werden. Diese Faktoren müssen von der Marke sowohl zuverlässig geleistet als auch gegenüber dem Kunden glaubhaft kommuniziert werden können (Bruce und Jeromin 2016, S. 88 ff.).

Eine Markenpositionierung auf Basis des dargestellten Brand-Market-Connector-Modells bietet die Grundlage, für die Marke operative Entscheidungsprinzipien abzuleiten, anhand derer sich Influencer ganz konkret orientieren können. So wird die Wahrscheinlichkeit erhöht, dass beide Seiten von einer Influencer-Kampagne profitieren. Im Abschn. 3.2.2 wird dieser weitere Schritt zur Etablierung der nötigen markenstrategischen Grundlagen für erfolgreiches Influencer-Marketing vorgestellt.

3.2.2 Die Non-Negotiables als operative Entscheidungsprinzipien

In der praktischen Markenführung mangelt es in der Regel nicht an Strategien. Oft bleiben diese allerdings auf einem sehr abstrakten Niveau, da es keine oder wenige Anknüpfungspunkte für die operative Arbeit gibt. So besteht das Risiko, dass aufwendig entwickelte Markenstrategien und -positionierungen am Ende in die Schreibtischschublade wandern und sich nicht am Markt entfalten können. Auf dynamischen Märkten, die häufig schnelle Entscheidungen fordern, braucht auch das Influencer-Marketing Werkzeuge, die die Entscheidungsfindung unterstützen.

Zur Überbrückung der Lücke zwischen Strategie und operationalem Influencer-Alltag ist das Konzept der „Non-Negotiables" das zweite Instrument neben der Markenpositionierung, das als markenstrategische Grundlage dienen kann. Das Konzept wurde von Zook und Allen (2012, S. 82 ff.) entwickelt und eingeführt und von Bruce und Jeromin (2016, S. 94 ff.) auf die Markenführung übertragen. In enger Anlehnung an Zook und Allen definieren sich „Non-Negotiables" im Rahmen der Markenführung wie folgt:

▶ **Non-Negotiables** Non-Negotiables sind die Übersetzung der Markenpositionierung in wenige, unternehmens- und hierarchieübergreifend gültige Prinzipien, die in Auswahlsituationen als Entscheidungsgrundlage dienen.

Non-Negotiables können also Influencern konkrete Prinzipien an die Hand geben, um zu jedem Zeitpunkt im Sinne der Markenstrategie zu kommunizieren und zu handeln. Diese sind somit ein wesentlicher Faktor zur Implementierung der markenstrategischen Ziele am Touchpoint „Influencer". Die Markenpositionierung und die Non-Negotiables sollten aber nicht nur für die eigentliche Kommunikationsarbeit der Influencer maßgeblich sein, sondern für die gesamte operative Ausgestaltung der Influencer-Marketing-Aktivitäten einer Marke. Die Details zu diesem Vorgehen folgen im Abschn. 3.3. Zuvor soll das Konzept der Non-Negotiables noch an zwei konkreten Beispielen verdeutlicht werden.

Motel One

Die Marke ist einer der Marktführer im Budget-Segment der Hotellerie in Deutschland. Erreicht hat Motel One diese Position durch eine konsequent umgesetzte Markenstrategie. Dafür ist in erster Linie nur ein „Non-Negotiable" nötig, das Gründer Dieter Müller aufgestellt hat: „Konzentriere dich aufs Wesentliche – aber genüge damit den höchsten Ansprüchen." Das bedeutet z. B. für die Ausstattung des Hotels und der Zimmer: Es bietet kein vollwertiges Restaurant. Das ist kein Problem, aufgrund der zentralen Lage gibt es eine Vielzahl an Gastronomie-Alternativen in unmittelbarer Nähe. Das – qualitativ hochwertige – Frühstück wird in den meisten Hotels in der großzügigen Lobby eingenommen. Die Zimmer sind gerade ausreichend geräumig, es gibt keinen Safe, keine Minibar und keinen Zimmerservice. Dafür ist das Wesentliche durchgehend hochwertig: Bett und Bettwäsche, der Flachbildfernseher von Loewe, hochwertige Marken-Armaturen im Bad. Diese Mischung aus Verzicht und Hochwertigkeit erlaubt Motel One ein sehr gutes Preis-Leitungs-Verhältnis, das bei den Kunden auf große Nachfrage stößt. Dabei ist der wirtschaftliche Erfolg aus unserer Sicht bei Motel One in besonderem Maße auf die stringente Einhaltung der positionierungstechnischen Vorgaben zurückzuführen, an die sich quer durch Europa in einmalig konsistenter Art und Weise von allen – eben z. B. auch dem Architektenteam – gehalten wird.

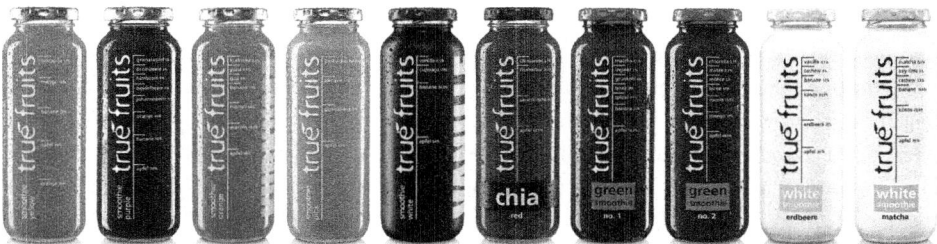

Abb. 3.2 Sortiment True Fruits Smoothies, (true fruits GmbH)

True Fruits

True Fruits ist einer der Marktführer für Smoothies in Deutschland, siehe Abb. 3.2. Der Leitgedanke der 2006 als Start-up gegründeten Marke ist „No Tricks". Dieses Motto kann man quasi als oberstes Non-Negotiable auslegen, das sich durch die komplette Angebotsgestaltung zieht. Am deutlichsten wird das bei den Produkten selbst. Natürlichkeit und Transparenz stehen dabei im Fokus. Auf jedem Fläschchen ist genau zu erkennen, welche und wie viele Früchte zur Herstellung verwendet wurden. Auf Konzentrate, Farbstoffe oder Zuckerzusätze wird verzichtet. Die Markenphilosophie endet aber nicht damit, sondern spiegelt sich z. B. auch in der Verpackungsgestaltung wider. Die transparent und sparsam bedruckten Flaschen richten den Blick auf das Wesentliche, das Produkt. Alle Elemente des Marketing-Mixes zahlen somit auf die Markenpositionierung ein.

Beispiele wie diese zeigen die Kraft der konsequenten Anwendung markenstrategischer Grundlagen. Die in Markenpositionierung und Non-Negotiables festgelegten Grundsätze und Handlungsprinzipien müssen somit auch im Influencer-Marketing durchweg ihre Geltung finden, damit Marken die Chancen des Kommunikationsinstruments im Spannungsfeld zwischen Kontinuität und Freiheit voll ausnutzen können.

3.3 Die operative Ausgestaltung des Influencer-Marketings

3.3.1 Die Entwicklung der Kampagnenidee auf Basis der Markenpositionierung

Auch im Influencer-Marketing bedarf es einer klar definierten Kampagnenidee bzw. der Einbindung in die laufende Kommunikationskampagne der Marke. Wurde mit dem Aufkommen des Influencer-Marketings allein darauf gesetzt, der Marke an sich Reichweite zu verleihen, erfährt zunehmend die konkrete Kommunikation einer relevanten Botschaft an Bedeutung. Wie jede andere Kommunikationsform, sollte auch dem Influencer-Marketing eine genau definierte Rolle im Rahmen des Marketing-Mixes zufallen.

Das Sich-Brüsten mit dem Votum des Influencers allein macht keine relevante Botschaft und schon gar keine Marke.

Grundlage dieser Einbindung kann immer nur die Markenpositionierung sein, auf die das Influencer-Marketing im Ergebnis einzahlen soll. An sich ist das selbstverständlich, wäre nicht gerade die Idee des Influencer-Marketings, dass es so viel weniger werblich erscheinen soll als klassische Kommunikation. Im Gegenteil: Es soll quasi einer authentischen Meinung eines Influencers über die Marke entsprechen. Das klassische Dilemma aller Kommunikationskanäle macht in diesem Sinne auch vor dem Influencer-Marketing nicht halt: Wie viel Kontrolle sollte das Marketing über die Marke behalten bzw. wie viel Freiheit kann dem Influencer bei der Kommunikation der Markenidee übertragen werden?

Aus unserer Sicht ist der Freiheitsgrad in diesem Fall eine Funktion der Qualität der Klarheit, Verständlichkeit und Relevanz der Markenpositionierung. Oder um es anders zu sagen: Je eindeutiger die Markenpositionierung formuliert ist, desto mehr Freiheit kann das marken führende Unternehmen dem Influencer geben. Deshalb kommt gerade beim Einsatz von Influencer-Marketing der Positionierung eine besondere Bedeutung zu. Statt die Marke am Gängelband zu führen, ermöglicht eine einfache, klar strukturierte und langfristig verbindliche Positionierung dem Influencer größtmöglichen Handlungsspielraum.

▶   Ein gutes Briefing ist unabdingbare Grundvoraussetzung für eine erfolgreiche
     Kampagne.

Ein gutes Briefing des Influencers bedarf zweier Faktoren: eine aussagekräftige Markenpositionierung und die aktuelle Botschaft, die mit dieser Kampagne kommuniziert werden soll. Statt dem Influencer ins Heft zu diktieren, was er über die Marke sagen soll, gibt die Positionierung dem Influencer größtmöglichen Spielraum für seine eigene Inszenierung der Marke in seinem authentischen Kontext. Ein rein kommunikatives Briefing nimmt dem Influencer dagegen jeglichen Spielraum für die eigene Kreativität und eigene Interpretation der Marke.

Dementsprechend sollte das Briefing des Influencers beim ersten Einsatz umfassend sein und bestenfalls einen Besuch des Unternehmens einschließlich Kennenlernen aller Ansprechpartner und Mitarbeiter sowie der Produktion beinhalten.

Darüber hinaus und bei jedem weiteren Einsatz sollten Influencer – wie alle anderen Mitarbeiter des Unternehmens – über neue Kampagnen, Kampagnenziele und Mechanismen umfassend informiert werden. Nur so kann ein Influencer entscheiden, ob er die kommunikative Maßnahme mitträgt und sich in der Lage sieht, diese authentisch gegenüber seiner Followerschaft zu kommunizieren.

Optimalerweise sollte die Zusammenarbeit zwischen Unternehmen und Influencer langfristig angelegt sein und sich über Jahre erstrecken. Das Funktionieren der Zusammenarbeit kann für das Unternehmen in diesem Sinne auch immer ein Indikator für die Stringenz der Markenführung sein. Wollen Influencer nach einer gewissen Zeit die

Marke nicht mehr vertreten, lohnt es sich, hier sehr genau nachzuvollziehen, warum die Zusammenarbeit nicht fortgeführt werden kann. Hat sich der Influencer verändert oder haben wir bewusst die Marke auf andere Wege geschickt, die sich nicht mehr mit denen des Influencers kreuzen? Oder fährt die Marke gegebenenfalls einen Schlingerkurs, auf den das Ausscheiden des Influencers hinweisen kann?

Heiligtum Markenpositionierung
Derzeit sind viele Marketers noch sehr zurückhaltend damit, für ihre Positionierungen Influencern Preise zu geben. Zu groß ist die Sorge, einerseits zu viel Einblick in die Marke zu gewähren und andererseits den Influencer zu sehr in seiner Kommunikation zu beeinflussen. Der Preis dafür sind Influencer-Kampagnen, die Gefahr laufen, trotz ernsthaftem Bemühen haarscharf an der gewünschten Positionierung der Marke vorbei zu kommunizieren. Als Lösung dieses Dilemmas bieten sich hier die Non-Negotiables als eine Art halbem Einblick ins Heiligtum Positionierung an, da Influencer aber in jedem Fall konkrete Richtlinien für ihre Arbeit benötigen.

Sonderfall: Wenn Influencer und Marke eins sind
Den extremsten Weg des Influencer-Marketings hat in jüngerer Vergangenheit „Bibi" – mit bürgerlichem Namen Bianca Heinicke – und ihr „Beauty Palace" mit der Einführung der Kosmetik-Marke bilou bestritten. Zusammen mit ihrem Manager und einer Kreativagentur hat sie die Marke bilou entwickelt und allein über ihre Plattform „BibisBeautyPalace", einen der erfolgreichsten deutschen Influencer-YouTube-Kanäle, äußerst erfolgreich in den Markt eingeführt.

Die Kampagne wurde ein riesiger Erfolg. Mit extrem geringem Budget konnte eine sehr große Reichweite generiert wurde. Nachdem Heinicke in einem auf ihrem YouTube-Kanal hochgeladen Video ihre beiden ersten Produkte in Form von Duschschäumen vorgestellt hatte, startete sie eine Aktion, bei der ihre Zuschauer möglichst viele Bilder mit dem Hashtag #bilou posten sollten. Dies führte dazu, dass der Hashtag mehrere Stunden die Twitter-Trends anführte und innerhalb von nur vier Stunden über 10.000 Bilder mit dem Hashtag gepostet wurden. Die Webseite von bilou wurde außerdem innerhalb kurzer Zeit mehr als 1,4 Mio. Mal besucht, was dazu führte, dass diese zeitweise nicht mehr erreichbar war.

Bei diesem Marken- und Kommunikationsmodell besteht die Positionierung in einer „Produktifizierung" der Person Heinickes alias Bibi. Das heißt, Markenpositionierung, Testimonial und Influencer werden quasi eins und eine enorme Reichweite wird generiert, noch bevor das Produkt überhaupt am Markt erhältlich ist.

Bei allem kommunikativen Erfolg stellt sich die Frage, ob es mithilfe der „Produktifizierung" eines Influencers möglich ist, eine nachhaltig identitätsstiftende Marke zu entwickeln. Anja Bettin, Geschäftsführerin von Heinickes nuwena GmbH, erklärt dazu in einem Interview: „bilou hat mit der Produkteinführung der beiden Duschschäume Pionierarbeit in der zukünftigen Markenwelt geleistet. Noch nie zuvor hat ein deutscher YouTube-Star seine eigenen Produkte – und wir grenzen uns hier klar von

Merchandise-Produkten ab – gelauncht und damit den Weg in den Einzelhandel gefunden" (Menzel 2015).

Während kleine Teenie-Mädchen noch ihr ganzes Taschengeld in die sich ständig erweiternde bilou-Range stecken, mehren sich erste kritische Stimmen – nicht nur aus der Marketing-Welt, wie die Autorin persönlich erlebte: Auf einem Berufsberatungsabend mit Abiturienten beschwerten sich die 15- und 16-Jährigen darüber, dass Bibi bilou promotet, obwohl doch ein jeder wisse, dass sie keine Ahnung von Körperpflege-Produkten habe. Kurzum – so die Schüler – sie missbrauche ihre Bekanntheit dafür, dass junge Menschen Produkte kaufen, die sie nicht brauchen, oder noch schlimmer, die nicht gut für sie sind.

Der kritische Verbraucher möchte im Zweifelsfall doch mehr als „ein schönes Gesicht" zu einer Marke sehen. Besonders kritisch betrachteten die Schüler die Tatsache, dass nicht nachvollziehbar war, wer genau die Produkte produziert. Der Hinweis auf der Website, dass die Produkte in „Süddeutschland (…) von sorgfältig ausgewählten mittelständischen Familienbetrieben" (bilou 2017) produziert würden, reichte den kritischen Jugendlichen so nicht.

Entscheidend bei dieser extremen Art des Influencer-Marketings bleibt die Frage, ob der Markenaufbau jenseits der „Produktifizierung" der Persönlichkeit des Influencers erfolgreich gelingen kann. Der Entwicklung einer klar definierten Markenpositionierung und eindeutig formulierter Non-Negotiables kommt hier eine besondere Bedeutung zu. Nur wenn die Positionierung eindeutig formuliert ist, kann neben der Markenaufladung durch den Influencer auch über andere Touchpoints ein sinnvoller Markenaufbau betrieben werden, sodass bei dieser Form des Influencer-Marketings der Positionierung sogar noch eine größere Bedeutung zukommt als beim klassischen Influencer-Marketing.

3.3.2   Nutzung der Non-Negotiables als Leitplanken für die Influencer-Kommunikation

Um den perfekten Fit zwischen Marke und Influencer herzustellen bzw. zu überprüfen, kann eine gute Markenpositionierung wertvolle Dienste leisten. Über ein Positionierungsmodell wie den Brand-Market Connector bekommt ein Influencer einen guten ersten Überblick darüber, wie das Unternehmen die Marke sieht.

Will das Unternehmen seine Positionierung nicht herausgeben, sind die Non-Negotiables die beste Wahl, um einen Influencer optimal zu briefen. Die Non-Negotiables geben klar vor, was bei einer Marke in jedem Fall gewährleistet sein muss. Der Influencer hat so die Möglichkeit, sich sehr schnell ein Bild zu machen, wofür die Marke steht, das heißt wofür auch er in letzter Konsequenz stehen muss, wenn er seinen Einfluss auf seine Follower im Sinne einer Marke geltend machen will. So wie die Non-Negotiables durch alle Hierarchieebenen hindurch und über alle Funktionsbereiche innerhalb des Unternehmens definieren, was für jeden Touchpoint mit Kunden, Lieferanten, Dienstleistern etc. verpflichtend ist, können sie das auch gegenüber dem Influencer in effizienter und vor allem eindeutiger Art und Weise tun.

Optimaler Freiheitsgrad für den Influencer dank klarer Vorgaben

Der Influencer kann Punkt für Punkt anhand der Non-Negotiables für sich entscheiden, ob die Marke zu ihm passt oder nicht. Da die Non-Negotiables für alle Touchpoints in jedem Moment verbindlich sind, sind sie ein sehr effektives und hilfreiches Instrumentarium, um den optimalen Fit zwischen Influencer und Marke sicherzustellen. Kann sich ein Influencer mit einem der Non-Negotiables nicht identifizieren oder die Einhaltung einer der Non-Negotiables nicht sicherstellen, sollte von einer Zusammenarbeit in jedem Fall abgesehen werden. Hier geht Marken-Fit klar vor Reichweite. Denn nur so kann das Besondere am Influencer-Marketing sich auch tatsächlich entfalten: Mit Influencern, die komplett hinter der Marke stehen und sie ganz selbstverständlich anhand der Non-Negotiables nach außen hin vertreten.

Denn noch eines gilt es beim Influencer-Marketing zu bedenken: Der Influencer ist dann überzeugend, wenn er auf seine Art mit der Zielgruppe kommunizieren kann. Die Non-Negotiables sind in diesem Sinne keine Einschränkung seiner Freiheit, sondern im Gegenteil der Garant dafür, dass er authentisch und damit überzeugend mit der Zielgruppe kommunizieren kann. Ohne verbindliche Richtlinien laufen Unternehmen und Influencer Gefahr, entweder nicht im Sinne der Marke zu kommunizieren oder in der Kommunikation so eingeschränkt zu sein, dass der Influencer unnatürlich und „platt" rüberkommt. Dies wäre für beide Seiten kein befriedigendes Ergebnis.

3.3.3 Die Auswahl geeigneter Influencer

Die Auswahl geeigneter Influencer und die operative Abwicklung der Zusammenarbeit stellen Marketers vor große Herausforderungen. Die Szene der Influencer ist extrem divers und damit unübersichtlich und adäquate Recherche-Tools über alle Kanäle sind in Unternehmen und auch in vielen Influencer-Agenturen nicht vorhanden. Strategisch ist darüber hinaus eine Integration mehrerer Plattformen (also eine Kombination von Instagram, YouTube, Blogs etc.) oft inhaltlich sinnvoll, erfordert aber in der operativen Abwicklung eine hohe Fachkompetenz und entsprechend gute Software.

Auch wenn manch ein Influencer bereit ist, für mehr oder weniger alles seinen Namen und seine Reichweite zur Verfügung zu stellen, sollten Unternehmen sich hier nicht von großen Zahlen und Reichweiten blenden lassen. Welchen Influencer würden Sie für die Vermarktung einer neuen Angel-Technologie als sinnvoller erachten: Den passionierten Angler, der einen Blog mit 750 Abonnenten betreibt oder die Outdoor-Fashion-Ikone, die stolze 25.000 Follower auf Instagram hat. Beide qualifizieren sich. Der eine lockt mit Reichweite, der andere mit Kompetenz.

Die Antwort erscheint einfach, aber in der Realität und getrieben vom Wunsch nach großen Zahlen, wird doch oft anders entschieden. Im Ergebnis gilt es, die für alle profitable Schnittmenge zu finden, zwischen der authentischen Persönlichkeit des Influencers und der authentischen Persönlichkeit der Marke. Keine der beiden Persönlichkeiten sollte sich verbiegen müssen. Denn sonst ist die sogenannte Authentizität auch nicht mehr oder weniger als ein Werbegag.

Darin liegt aber die größte Herausforderung einer erfolgreichen Kampagne. Inzwischen sind Beispiele wie z. B. Coral mit ihrer Kampagne #coralliebtdeinekleidung bekannt (Absatzwirtschaft 2017), bei deren Vermarktung mehr auf Reichweite statt auf Relevanz gesetzt worden ist. Zwar hat die Kampagne reichlich Reichweite und Aufmerksamkeit bekommen, nur leider war wenig Relevantes dabei über die Marke zu erfahren. Das Waschmittel fügte sich kaum nachvollziehbar in die Kommunikation der Influencer ein und sorgte so für reichlich digitalen Spott.

Für eine funktionierende und möglichst authentische Influencer-Kampagne ist eine direkte Beziehung zwischen Influencer und Marke dringend erforderlich: Bestenfalls sollte der Influencer persönlich in die Kampagne integriert sein, sonst bleibt es leicht bei einfachem Product Placement, was der Marke in der Regel nichts nutzt. Wenn es das Ziel der Influencer-Kampagne ist, einen authentischen Kontakt zwischen der Marke und der Zielgruppe herzustellen, kann der Influencer das natürlich auch nur in seiner eigentlichen Followerschaft erreichen. Ein Transfer eines Influencer-Status in „fremde" Zielgruppen gelingt in der Regel nicht.

Da Influencer-Marketing letztlich Beziehungsmarketing ist, sollten sich „Marke" und Influencer optimalerweise persönlich kennen, um einschätzen zu können, ob ein Influencer wirklich einen optimalen Fit zur Marke darstellt. Auch wenn Influencer selbstverständlich unabhängig vom Unternehmen sind und bleiben sollten, so sollten sie doch in die gesamte Kommunikation des Unternehmens eingebunden sein und nicht nur ad hoc und auf die Schnelle für eine Botschaft oder eine Kampagne genutzt werden. Eine gute Einbindung gibt Influencern die Chance, sich mit Produkt und Botschaft, für die sie stehen sollen, aktiv zu involvieren.

So kann sich über Jahre eine lebendige Beziehung zwischen Influencer, Agentur und Marke zum Wohle aller entwickeln. Denn eines ist klar: Von der Kooperation müssen alle profitieren, soll sie nachhaltig erfolgreich sein.

3.4   Fazit

Um die Chancen, die ohne Frage im Influencer-Marketing liegen, optimal nutzen zu können, bedarf es in besonderem Maße einer klar formulierten, eindeutigen und gut strukturierten Markenpositionierung, optimalerweise ergänzt um ebenso eindeutige Non-Negotiables als Entscheidungsprinzipien für Influencer und die operative Abwicklung. Denn erst die klaren Vorgaben ermöglichen es den Markenverantwortlichen, dem Influencer die Freiheit zu geben, die er braucht, um authentisch und auf seine Art die Marke an seine Followerschaft zu empfehlen. Dabei liegt der Schwerpunkt auf dem Aufbau einer langfristigen, nachhaltigen und für beide Seiten erfolgreichen Zusammenarbeit.

Denn nur wenn Marke und Influencer profitieren, kann eine Zusammenarbeit den Erfolg bringen, den wir uns vom Influencer-Marketing erhoffen.

Literatur

Absatzwirtschaft (2017). #Coralliebtdeinekleidung: Ist das die peinlichste Instagram-Kampagne 2017?. http://www.absatzwirtschaft.de/coralliebtdeinekleidung-ist-das-die-peinlichste-instagram-kampagne-2017-110571/. Zugegriffen: 27.11.2017.

bilou (2017). Produkte. http://www.bilou.de/#produkte. Zugegriffen: 30.11.2017.

Bruce, A., Jeromin, C. (2016). Agile Markenführung – Wie Sie Ihre Marke stark machen für dynamische Märkte. Springer Gabler. Wiesbaden.

Dawar, N. (2013). Tilt – Shifting Your Strategy from Products to Customers. Harvard Business Review Press, Boston.

Jausen, M. (2014). Markenbildung im digitalen Zeitalter: Alles neu, nicht anders?. In S. Dänzler, T. Heun (Hrsg.), Marke und digitale Medien (S. 187–206). Springer Fachmedien, Wiesbaden.

Jowitt, H., Lury, G. (2012). Is it time to reposition positioning?. In Journal of Brand Management, Vol. 20, 2 (S. 96–103).

Kapferer, J.-N. (2012). The New Strategic Brand Management – Advanced Insights & New Strategic Thinking. 5. Aufl. Kogan Page, London.

Keller, K. L. (2013). Strategic Brand Management – Building, Measuring and Managing Brand Equity. 4. Aufl. Pearson, Harlow.

Lafley, A. G., Martin, R. L. (2013). Playing to Win – How Strategy Really Works. Harvard Business Review Press, Boston.

Menzel, L. (2015). Mit der eigenen Marke zum Erfolg: Wie BibisBeautyPalace die Markenwelt aufwühlt. https://broadmark.de/allgemein/mit-der-eigenen-marke-zum-erfolg-wie-bibisbeauty-palace-die-markenwelt-aufwuehlt/41346/. Zugegriffen: 27.11.2017.

Reeves, R. (1963). Werbung ohne Mythos. Kindler, München.

Ries, A., Trout, J. (1981). Positioning – The Battle for Your Mind. McGraw-Hill, New York.

Seidel, É. (2014). Die Zukunft der Markenidentität – Zur Kritik des Markenidentitätsmodells im digitalen Zeitalter. In S. Dänzler, T. Heun (Hrsg.), Marke und digitale Medien (S. 363–378). Springer Fachmedien, Wiesbaden.

Zednik, A., Strebinger, A. (2008). Brand Management models of major consulting firms, advertising agencies and market research companies: A categorization and positioning analysis of models in Germany, Switzerland and Austria. In Brand Management, 15, 5 (S. 301–311).

Zook, C., Allen, J. (2012). Repeatability – Build Enduring Businesses for a World of Constant Change. Harvard Business Review Press, Boston.

Über die Autoren

Dr. Annette Bruce ist Geschäftsführerin der Marketing-Strategieberatung Creative Advantage in Hamburg. 2014 wurde sie als Vorbild-Unternehmerin vom Bundeswirtschaftsministerium ausgezeichnet. Sie verfügt über langjährige internationale Führungserfahrung in Marketing und Strategieberatung (Unilever, McKinsey). Sie ist Autorin, Sprecherin auf vielfältigen Veranstaltungen und lehrt an Hochschulen und in der Management-Weiterbildung.

    Kontakt: annette.bruce@creative-advantage.de

Christoph Jeromin ist Diplom-Kaufmann mit mehrjähriger Erfahrung in der nationalen und internationalen Marketing- und Strategieberatung mit den Schwerpunkten Markenpositionierung, Marken-Management sowie Markt- und Geschäftsfeldentwicklung. Seit 2008 ist er Senior Berater bei Creative Advantage.

    Kontakt: christoph.jeromin@creative-advantage.de

Influencer-Marketing ist nicht nur Instagram

4

Fabian Held

Inhaltsverzeichnis

Zusammenfassung

YouTube und Instagram sind die wohl meist erwähnten Social-Media-Plattformen, wenn es in der medialen Berichterstattung um Influencer-Marketing geht. Das hat durchaus seine Berechtigung, da es eben jene Plattformen sind, die regelmäßig Social-Media-Stars

F. Held (✉)
HashtagLove, Hamburg, Deutschland
E-Mail: fabian.held@hashtaglove.de

© Springer Fachmedien Wiesbaden GmbH, ein Teil von Springer Nature 2018   67
M. Jahnke (Hrsg.), *Influencer Marketing*,
https://doi.org/10.1007/978-3-658-20854-7_4

mit Millionenreichweiten hervorbringen. Doch Influencer-Marketing ist viel diverser. Neben den beiden Vorreitern existiert eine Vielzahl weiterer Kanäle, die für eine erfolgreiche Kommunikationsstrategie ebenso relevant sein können.

4.1 Die Klaviatur des Influencer-Marketings besteht aus vielen Kanälen

Das Kombinieren mehrerer Kanäle erfordert eine detaillierte Kenntnis der sozialen Netzwerke und der darauf vertretenen Influencer-Community. Es gilt, plattformspezifische Trends und Üblichkeiten auszumachen und zu beobachten, um Verhaltens- und Nutzungsmuster der Community verstehen zu können. Parallel spielt die technische Komponente eine ebenso große Rolle. Egal, ob neue Features, Posting-Formate oder Anpassungen im Newsfeed-Algorithmus: Jede Neuerung kann Einfluss auf die Konzeption einer Influencer-Kampagne haben. Oftmals verbergen sich darin Chancen, die gewinnbringend für die eigene Kampagne genutzt werden können – vorausgesetzt, sie werden zuvor berücksichtigt. Einzig Blogs sind in technischer Hinsicht gesondert zu betrachten. Sie werden nicht durch einen zentralen Plattformbetreiber entwickelt und erfahren somit keine einheitliche Weiterentwicklung. Aus diesem Grund lässt sich kein eindeutiges Gründungsjahr für Blogs ermitteln, sodass sie auf dem folgenden Zeitstrahl (siehe Abb. 4.1) keine Erwähnung finden.

Spezialisierte Influencer-Marketing-Dienstleister sehen hier die Chance, sich mit tief greifendem Know-how, persönlichen Kontakten zu Influencern und smarten technischen Lösungen am Markt zu positionieren. Plattformen wie HashtagLove® sind mit den API-Schnittstellen der sozialen Netzwerke verbunden und ermöglichen somit plattformübergreifend Zugriff auf relevante Live-Kennzahlen wie z. B. Reichweiten oder Interaktionswerte.

▶ **API – Application-Progamming-Interface** Die Abkürzung API steht für „Application Programming Interface" und bezeichnet eine Programmierschnittstelle, die es externen Anwendungen erlaubt, eine Anbindung zur Software herzustellen. Im Falle sozialer Netzwerke ist es somit möglich, wichtige Marketing-KPIs automatisiert zu erfassen. Aktuell stellen insbesondere Facebook, Instagram und YouTube in ihren Schnittstellen Werte zur Verfügung, die für das Influencer-Marketing relevant sind.

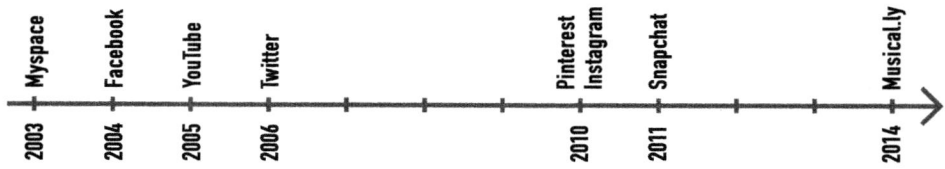

Abb. 4.1 Erinnern Sie sich noch? Mit Myspace ging alles los. Die Gründungsjahre

In alphabetischer Sortierung nachstehend die am häufigsten eingesetzten Plattformen im Rahmen von Influencer-Marketing-Kampagnen. Die Vielfalt möglicher Kombinationen ist immens und hängt von den strategischen Vorzügen der jeweiligen Kanäle ab.

4.1.1 Vielseitig, flexibel und unabhängig: Blogs

Blogs spielen im Influencer-Marketing eine besondere Rolle. Im Gegensatz zu allen anderen hier thematisierten Kanälen finden Blogs nicht auf einer zentralen Plattform statt und sind somit nicht an eine einheitliche Infrastruktur gebunden. Vielmehr handelt es sich um ein Publikationsformat, welches mithilfe unterschiedlicher Content-Management-Systeme (z. B. WordPress oder Google Blogger) aufgesetzt werden kann. Das macht Blogs sehr flexibel und vielseitig – im gleichen Zuge aber auch schwerer zu erfassen und auszuwerten.

Blogger stehen mit ihrem Kanal auf eigenen Beinen und sehen sich kaum äußerlichen Einwirkungen wie z. B. der Anpassung von Algorithmen und damit verbundenen Reichweiteneinbrüchen ausgesetzt. Die Unabhängigkeit bedeutet im Gegenzug jedoch auch einen großen Arbeitsaufwand. Neben der eigentlichen Content-Produktion müssen sich Blogger mit Themen wie z. B. Design, Programmierung und Suchmaschinenoptimierung auseinandersetzen, um ihren Kanal erfolgreich betreiben zu können.

Kennzahlen wie Reichweiten oder Interaktionswerte sind nicht öffentlich einsehbar. Ebenso existiert keine Schnittstelle, die eine technische Abfrage jener Werte ermöglicht. Auch die Reichweiten anderer Social-Media-Kanäle eines Bloggers sind kein zuverlässiger Indikator. Professionelle Blogger, die regelmäßig mit Marken kooperieren, verfügen daher über eigens aufbereitete Mediakits. Diese enthalten in der Regel die wichtigsten Kennzahlen und werden Interessenten bei Bedarf bereitgestellt. Das Mediakit eines Bloggers ist jedoch lediglich eine Momentaufnahme. Um jederzeit auf dem neuesten Stand zu sein, bedarf es regelmäßiger Updates, die Bloggern und Marketing treibenden gleichermaßen Aufwand bereiten. Arbeitet ein Unternehmen mit mehreren Bloggern zusammen, multipliziert sich der Workload schnell um ein Vielfaches. Influencer-Marketing-Plattformen haben aus diesem Grund einen technischen Ansatz entwickelt, um Blog-Reichweiten automatisiert und fortlaufend aktuell erfassen zu können. Sie stellen Bloggern einen eigens produzierten Tracking-Pixel (teilweise in Form von CMS-optimierten Plug-ins) zur Verfügung, der vom Blogger auf der Startseite und in den betreffenden Sponsored Posts integriert wird. Je nach Tiefe der Einbindung ist ein solcher Pixel in der Lage, Statistiken über Traffic auf der Homepage und betreffender Sponsored Posts an den Plattformbetreiber zu kommunizieren.

Trotz alledem: Das Generieren großer Reichweiten sollte bei der Zusammenarbeit mit Bloggern nicht im primären Fokus stehen, denn die großen Stärken des Kanals heißen Authentizität und Content. Blogs sind erzählende Medien. Sie können Geschichten erzählen, Zusammenhänge erläutern und selbst erklärungsbedürftigen Produkten den Raum zugestehen, den sie benötigen. Blogartikel konkurrieren im Moment des Lesens nicht mit dem Content anderer Absender in einem Newsfeed. Die Leserschaft hat dementsprechend mehr Zeit, einen Inhalt zu konsumieren. Ein weiterer Vorteil ist die thematische Bandbreite: Egal ob Food, Fashion, Sport, Familie, Reisen, Automotive, Interieur, DIY, Technik oder Entertainment – nahezu jede Thematik ist mit relevanten (deutschsprachigen) Blogs besetzt. Da sie nicht unter dem Dach einer Plattform aggregiert werden, ist es lediglich nicht immer einfach, sie zu identifizieren.

4.1.2   Gefällt mir immer noch: Facebook

Facebook wurde 2004 von Mark Zuckerberg gegründet und ist heute eines der wertvollsten Internetunternehmen der Welt. Laut eigener Aussage zählt das Social Network weltweit mehr als zwei Milliarden aktive Nutzer im Monat. In Deutschland sind monatlich 30 Mio. User aktiv (Statista 2017).

Die Plattform gilt als Pionier: Einige mittlerweile allgemeingültige Social-Media-Begrifflichkeiten sind auf einstige Kreationen Facebooks zurückzuführen, so wie beispielsweise die „Gefällt mir"-Angabe („Like"), welche sich (teilweise in Form anderer Symboliken) im gesamten Social-Media-Kosmos als Ausdruck der Zustimmung oder des Mitgefühls etabliert hat. Mittlerweile gehören auch das Foto-Netzwerk Instagram und der Messenger-Dienst WhatsApp zu Facebook und werden technisch/funktional zunehmend miteinander verknüpft.

Als Generalist unter den sozialen Netzwerken fokussiert Facebook, im Gegensatz zu vielen jüngeren Plattformen, kein bestimmtes mediales Format, sondern bietet seinen Usern eine Vielzahl verschiedener Posting-Typen wie z. B. Text, Fotos, Videos oder Links an. Influencer verstehen ihre Facebook-Seiten daher oftmals als ergänzenden Kanal, auf dem die Inhalte ihrer Fokus-Kanäle (z. B. Blog oder YouTube) geteilt werden. Mit dem sogenannten Newsfeed-Algorithmus filtert Facebook die Inhalte, die ein User zu sehen bekommt, nach individueller Relevanz und beschneidet somit die Sichtbarkeit und Reichweite des Absenders. Abhilfe schafft die Buchung spezieller Anzeigen-Formate unter Einsatz von Werbebudget. Neben der generierten Reichweite eröffnet dies beispiellose Targeting-Möglichkeiten auf Basis des gigantischen Nutzerdaten-Bestands. 2017 reagierte Facebook auf den anhaltenden Trend des Influencer-Marketings und führte mit dem Branded Content Tool als erstes soziales Netzwerk ein Feature zur offiziellen Kennzeichnung von Influencer-/Marken-Kooperationen ein, siehe Abb. 4.2.

A mother's love - Mutterliebe with Inpromo GmbH.
July 11 · Paid · ⊖

Wie alt sind eure Jungs?! Ich glaube wir sind schon in der Vorpubertät!
😊 Denn hier wird jetzt gerne „coole" Jungsmusik gehört. Mehr über die
vier gibt es jetzt auf unserem Blog zu erfahren!:

http://www.amotherslove.de/.../powerboys-musik-von-und-fur-co...

Abb. 4.2 Das Branded Content Tool von Facebook. (Foto: Frank Lothar Lange)

▶ **Branded Content Tool** Das Branded Content Tool ist ein Feature sozialer Netzwerke,
das es Influencern ermöglicht, ihre Posts offiziell als werbliche Kooperation zu kennzeichnen. Dabei kann optional der konkrete Auftraggeber im Beitrag markiert werden.
Dies hat für den Kooperationspartner einen klaren Mehrwert, denn er erhält Einblick in
die statistische Auswertung des Posts. Darüber hinaus kann der Marketer den Post unter
Einsatz von Ad-Budget bewerben, somit einen Reichweiten-Boost erzeugen und das Targeting präzisieren. Facebook war 2017 das erste soziale Netzwerk, das eine solche Funktion in Deutschland zur Verfügung stellte.

4.1.3 Perfektion im Quadrat: Instagram

Instagram wurde 2010 in San Francisco gegründet und ist eine Mobile-App-basierte,
stark visuell getriebene Plattform zum Teilen von Fotos und Videos. Aktuell verzeichnet das Netzwerk mehr als 800 Mio. aktive Nutzer (Statista 2017a) – 15 Mio. davon in
Deutschland (Statista 2017b). Seit April 2012 gehört Instagram zu Facebook. Der Soci-
al-Media-Gigant übernahm die aufstrebende App zu einem Preis von einer Milliarde
Dollar (Instagram o. J.).

Instagram ist derzeit einer der beliebtesten Kanäle für Influencer-Marketing. Die Plattform bietet ein breites Themenspektrum. Influencer beschäftigen sich beispielsweise mit Fashion, Food, Sport, Kosmetik, Interieur oder Reisen. Ungeeignet sind lediglich Inhalte, die visuell nicht ansprechend inszeniert werden können. Jene finden in der Community wenig bis gar keinen Gefallen. Darüber hinaus gewährt Instagram viel Einblick. Über die API lassen sich marketingrelevante Kennzahlen wie z. B. Follower, Likes, Comments, Reach oder Impressions erfassen. Weiterhin ist das Hashtag ein starkes Tool, um Inhalte zu clustern, sie auffindbar zu machen und sie gegebenenfalls im Rahmen einer Kampagne als Social Wall zu aggregieren. Die Messbarkeit der Maßnahmen ist für Marketer von hoher Relevanz und somit einer der Gründe dafür, warum Influencer-Marketing insbesondere auf Instagram intensiv betrieben wird.

Die Möglichkeit der Linkplatzierung tritt hingegen in den Hintergrund. Ohne den Einsatz von Werbebudget lassen sich klickbare Links lediglich in der sogenannten „Bio", dem Kopfbereich der Instagram-Profilansicht, integrieren. Der Weg zur relevanten Conversion ist somit weit. Auch erklärungsbedürftige Marken und Produkte haben es schwer: Die durchschnittliche Lebensdauer eines Instagram-Posts beträgt ca. 21 h. Danach ist der Beitrag im Newsfeed der User verschwunden (Weck 2017). Dementsprechend hochfrequentiert bespielen Influencer ihre Kanäle. Die Werbebotschaft muss demnach schnell und rein visuell vermittelbar sein. Es lässt sich resümieren, dass sich Instagram hervorragend für messbare Brandbuilding-Kampagnen eignet. Marketer mit performance-getriebenen Anforderungen sehen sich womöglich nach anderen Ziel-Plattformen um.

4.1.4 Auf dem Weg zur Lip-Sync-Krone: musical.ly

musical.ly wurde 2014 in Schanghai gegründet und zählt heute 200 Mio. registrierte User (Statista 2017c). Im Fokus der Social-Video-App steht das Lip-Syncing von Songs, in Kombination mit kurzen, selbst kreierten Choreografien. Die entstehenden kurzen Clips lassen sich ergänzend mit verschiedenen Effekten editieren. Besonders typisch ist der Einsatz von Timelaps.

Natürlich kann musical.ly Musik promoten (siehe Kap. 7, case der Musikbranche). Das liegt auf der Hand und ist bereits im Grundkonzept des Kanals verankert. Doch längst ist klar, dass die Plattform nicht nur für die Musikbranche relevant ist. Die vertretenen Influencer – auch „Muser" genannt – erreichten bereits kurz nach Bekanntwerden der Plattform schwindelerregende Reichweiten von mehreren Millionen Followern. Das Schwestern-Duo „Lisa und Lena" ist wohl das bekannteste deutsche Beispiel für den Boom der Lip-Sync-App. Gamification-Elemente fördern Aktivität, Interaktion und Kreativität der Community. In sogenannten „Challenges" stellen sich Muser beispielsweise lustigen Aufgabenstellungen zu verschiedensten Themen. Hier verbirgt sich Potenzial für Marketer. So besteht beispielsweise die Möglichkeit, Challenges mit Markenbezug zu kreieren und sie initiativ von Influencern lancieren zu lassen. Einfache, visuell funktionierende Produkte können natürlich auch über herkömmliche Product Placements eingeschleust werden. So erregt es beim Follower sicherlich Aufmerksamkeit, wenn die zehn Lieblings-Muser in ihren neuesten Choreos das gleiche T-Shirt tragen.

Die relevanten Kennzahlen sind mit Followern, Likes und Kommentaren die üblichen Social-Media-KPIs. Jene lassen sich von Drittanbietern noch nicht automatisiert verfolgen, da noch keine Programmierschnittstelle zur Verfügung steht. Auch Hashtags und @-Mentions sind bei musical.ly gängige Mittel. Text hingegen tritt noch weiter in den Hintergrund als bei anderen visuell getriebenen Plattformen (z. B. Instagram) und spielt so gut wie keine Rolle.

Bei Marketern stößt musical.ly auch aufgrund seiner klaren, jungen Zielgruppe auf offene Ohren: Muser sind zu 60 % jünger als 30 Jahre, oftmals gar noch minderjährig und zu großen Teilen weiblich (Das 2017).

4.1.5   Inspiriert bis in die Nadelspitzen: Pinterest

Pinterest wurde 2010 gegründet und zählt aktuell weltweit mehr als 200 Mio. registrierte Nutzer (Statista 2017d).

Auch Pinterest fokussiert visuelle Inhalte, unterscheidet sich jedoch maßgeblich in Konzept und technischer Veranlagung von seinen Konkurrenten. Im Gegensatz zu anderen sozialen Netzwerken fokussiert Pinterest nicht die Kreation eigens für den Kanal produzierter Inhalte, sondern konzentriert sich auf das Sammeln und Entdecken inspirierender Inhalte. Influencer aggregieren („pinnen") Fotos und Bilder externer Webseiten auf meist thematisch geclusterten „Boards". Was im ersten Augenblick nach Zweitverwertung klingt, hat einen strategisch smarten Hintergrund. Jedes Bild enthält einen Backlink zu seiner Quell-Website. Mit einer Aktion konvertiert der Follower zur entsprechenden Seite. Für die davon ausgehende Link-Power ist Pinterest in Marketingkreisen bekannt geworden und verschafft sich mit der Strategie ein klares Alleinstellungsmerkmal.

Auch Influencer machen sich diese Eigenschaft zunutze. Insbesondere bei Bloggern ergänzt Pinterest den Kanalmix strategisch sinnvoll, um Traffic auf bebilderte Blogposts zu lenken. Somit kann die Reichweite einer Werbeplatzierung verstärkt werden. Der thematische Schwerpunkt der Inhalte auf Pinterest liegt auf inspirationsrelevanten Themen wie z. B. DIY, Food, Interieur, Fashion oder Reisen. Mit einer Lebensdauer von ca. vier Monaten ist ein Post (bzw. „Pin") deutlich länger aktuell als auf anderen sozialen Netzwerken (Weck 2017). Deutschland ist einer der am stärksten wachsenden Märkte für Pinterest (Steger 2017). Passend dazu steht der Launch diverser Advertising-Optionen bevor, die konzeptionell in die Influencer-Marketing-Maßnahmen eingebunden werden können. Die Plattform wird somit für die Strategien einiger Brands zum Pflichtkanal.

4.1.6   Zwischen Let's Plays und Beauty-Hauls: YouTube

YouTube wurde bereits 2005 gelauncht und gehört somit zu den Social-Media-Kanälen mit der längsten Historie (Vergleich Facebook Launch: 2004). Insbesondere durch die Let's Play Community, die für mehr Video-Content und erhöhten Videokonsum sorgte, konnte die Plattform schnell an Reichweite gewinnen. Allein in Deutschland verzeichnet YouTube inzwischen 31 Mio. monatliche Nutzer (Statista 2017e).

Aufgrund der langen Historie ist der Professionalisierungsgrad der Influencer auf YouTube überdurchschnittlich hoch. Die Plattform ermöglichte diese Entwicklung unter anderem durch das Angebot von Features, die vielfältige Möglichkeiten für das Branding von Kanal und Videos zur Verfügung stellen. Als Teil dieser Bestrebungen, den Influencern bei der Professionalisierung Unterstützung zu geben, sind auch die Multi-Channel-Netzwerke (MCNs) einzuordnen. Ein MCN schließt über einen Drittanbieter mehrere YouTube-Kanäle zu einem Netzwerk zusammen und bietet den einzelnen Influencern dabei Unterstützung und Tools für den Vertrieb, die Monetarisierung und den Reichweitenaufbau an (Google und YouTube o. J.). Das MCN-System wurde aufgrund der oft sehr langfristigen und exklusiven Vertragsbindung mit dem jeweiligen Drittanbieter in den letzten Jahren auch durchaus kritisch unter den Influencern diskutiert (Winterbauer 2014).

Es gibt inzwischen neue Modelle zur Vermarktung von Influencern und deren Content, die sich anders als die MCNs bei YouTube auch nicht mehr nur auf Videomaterial fokussieren, sondern zum Beispiel auch Blogger ansprechen. Es sind Anbieter wie Patreon und Steady, die Influencern neue, attraktive Erlösmodelle anbieten. Konkret handelt es sich hier um auf Influencer spezialisierte Crowdfunding-Plattformen.

YouTube ist nicht nur durch den hohen Professionalisierungsgrad seiner User für Influencer-Marketing-Kampagnen prädestiniert, sondern auch durch die große Themenbandbreite, die durch die verschiedenen Channels abgebildet wird, das zeitlich unbegrenzte Bewegtbildmaterial, das für eine Kampagne zum Einsatz kommen kann, sowie die hohe Nachhaltigkeit des geposteten Contents. Durch die enge Verknüpfung mit Google bergen YouTube-Influencer-Kampagnen auch ein hohes Potenzial für SEO.

Über die Google Universal Search werden YouTube-Suchergebnisse auch in die Google Suchergebnisse eingespeist. Google stellt diese Suchergebnisse analog zur Abbildung in der YouTube-Suche dar; also mit einem kleinen Teaserbild links inklusive Playbutton, sowie einem Teasertext rechts. Durch diese Darstellung fallen YouTube-Clips stärker ins Auge als die restlichen, nur textbasierten Suchergebnisse.

4.1.7   Und was ist mit Snapchat?

Natürlich bietet die Social-Media-Landschaft weitere Kanäle, die für individuelle Influencer-Marketing-Strategien relevant sein können. Gerade Snapchat genießt eine große Aufmerksamkeit in der Online-Marketing-Szene. Bekannt geworden ist die App durch den ursprünglichen Fokus auf Inhalte, die kurz nach ihrer Veröffentlichung wieder verschwinden und somit für den Empfänger nur für einen bestimmten, kurzen Zeitraum sichtbar sind. Mittlerweile fasst man diese Art von Content unter dem Begriff „Ephemeral Media" zusammen. Dennoch – oder gerade deswegen – existieren bislang nur wenig bekannte Fallbeispiele mit Influencer-Kooperationen. Der Dienst bietet mittlerweile zwar Advertising-Möglichkeiten, öffnet sich jedoch aus eigener Initiative kaum für Influencer-Marketing und zeigt sich in puncto Kennzahlen/Messbarkeit deutlich verschlossener als andere Plattformen. Gründer Evan Spiegel kündigte jedoch an, die bislang vernachlässigte Creator-Community ab 2018 mit Möglichkeiten zur Monetarisierung versorgen zu wollen (Constine 2017).

Auch die Livestreaming Plattform Twitch ist durchaus relevant, hat mit seinem Gaming-Fokus allerdings eine extrem spitze Zielgruppe und ist somit vorwiegend für die Games-Branche von Interesse.

Twitter spielt im Influencer-Marketing bislang keine große Rolle. Dies liegt sicherlich mitunter am plattformbedingten Fokus auf kurze Text-Inhalte, die attraktive Produktplatzierungen kaum zulassen. Dennoch ist der Kanal bei konzeptionellen Überlegungen nicht gänzlich außer Acht zu lassen, verfügt er doch mit seiner Ausrichtung über klare Alleinstellungsmerkmale in der Social-Media-Landschaft.

4.1.8   Alles hat seine Vor- und Nachteile – die Kanäle im Überblick

Das Team von HashtagLove hat auf Basis der eigenen Erfahrungen eine Matrix (siehe Abb. 4.3) entwickelt, die relevante Kriterien der verschiedenen Social-Media-Plattformen in einem Punktesystem bewertet und somit eine simplifizierte Orientierungshilfe für den Einstieg in die strategische Beratung bietet.

Stellt man die genannten Bewertungen den Produkteigenschaften und Marketingzielen eines Kunden gegenüber, so ergeben sich im Rückschluss erste Hinweise auf die konzeptionelle Ausrichtung einer Influencer-Marketing-Kampagne. Durch technische Updates der Social-Media-Plattformen verändern sich die in der Matrix abgebildeten Einschätzungen/Bewertungen regelmäßig. Sie werden daher im monatlichen Rhythmus überprüft und angepasst. Sie bleiben subjektiv und helfen bei der Grobplanung.

Die in der Matrix abgebildeten Plattformkriterien definieren wir wie folgt:

1. **Link:** Bewertet die Möglichkeit, klickbare Links zu externen Websites zu platzieren. Dies ist insbesondere bei Kampagnen, die einen Performance-Gedanken verfolgen und ihr Publikum auf bestimmte Landingpages, Shops oder Ähnliches führen sollen, ein wichtiges Kriterium. Was beispielsweise bei Facebook kein Problem ist, ist bei Instagram schon komplizierter: Aktuell ist hier lediglich ein klickbarer Link in der Profilbeschreibung (genannt „Bio") zugelassen. Diese befindet sich auf der Profil-Ebene und ist im Newsfeed – also dem Bereich, in dem sich der User hauptsächlich bewegt – nicht sichtbar. Der Weg zur Conversion ist dementsprechend lang und

	Link	Engagement	Tracking	Produktionsaufwand	Content-Tiefe	Lebensdauer
BLOGS	+++	+	++	+++	+++	+++
INSTAGRAM	+	+++	+++	++	+	+
YOUTUBE	++	+++	+++	+++	+++	++
FACEBOOK	+++	++	+++	+	+	+
PINTEREST	+++	+	++	+	+	+++
MUSICAL.LY	+	++	+	++	+	++

Abb. 4.3 Der Überblick: Vor- und Nachteile im Kanal-Dschungel. (HashtagLove 2017)

umständlich, sodass sich die Plattform weniger eignet, um Traffic zu erzeugen. Einzig die Verknüpfung mit einer Werbeanzeige ermöglicht es, direkt klickbare Link-Posts im Newsfeed zu platzieren.

2. **Engagement:** Bewertet die Interaktionsfreude der jeweiligen Community. Das ist immer dann von Bedeutung, wenn das Publikum nicht nur passiv konsumieren, sondern mit den veröffentlichten Inhalten aktiv interagieren soll. Abhängig von den technischen Gegebenheiten der jeweiligen Plattform kann Interaktion in verschiedenen Formen stattfinden, z. B. in Form von Likes, Kommentaren oder Shares. Darüber hinaus nimmt die Interaktion teilweise Einfluss auf das Ranking durch Newsfeed-Algorithmen. Inhalte, mit denen überdurchschnittlich viel interagiert wird, bewertet der Algorithmus von Facebook beispielsweise als relevant und generiert somit eine höhere Sichtbarkeit des Posts.

3. **Tracking:** Bewertet die Tiefe der Messbarkeit von Profilen und veröffentlichten Beiträgen auf den jeweiligen Plattformen. Die sozialen Netzwerke lassen verschieden tief blicken, was die statistische Auswertung von Profilen und Posts angeht. Es ist längst kein Geheimnis mehr, dass Newsfeed-Algorithmen die Sichtbarkeit von Content regulieren und ein Post nicht mehr alle Follower eines Profils erreicht. Instagram ist ein gutes Beispiel, um dies zu verdeutlichen: Während anfangs lediglich Abonnenten/Follower reportet wurden, können mittlerweile deutlich präzisere Werte wie Impressions (tatsächliche Kontakte) und Reach (individuelle tatsächliche Kontakte) für jeden

einzelnen Post erfasst werden. Sogar demografische Informationen über die erreichten Follower (Abschn. 4.2.3) lassen sich inzwischen analysieren. Grundvoraussetzung, um effizient und sicher tracken zu können, ist eine entsprechende API-Anbindung an das soziale Netzwerk. Abhängig von der jeweiligen Plattform variieren die Werte, die vom Betreiber über die Schnittstelle zur Verfügung gestellt werden.

4. **Produktionsaufwand:** Bewertet den Arbeitsaufwand für Influencer. Die Produktion eines YouTube-Clips ist beispielsweise durchschnittlich aufwendiger als ein Pin auf Pinterest. Dies spiegelt sich im Regelfall auch in der Honorarvorstellung wider, da neben der Reichweite natürlich auch der Produktionsaufwand (je nach Kanal und konkretem Briefing) ein definierendes Kriterium für die Preisgestaltung eines Influencer-Beitrages ist.

5. **Content-Tiefe:** Bewertet die Ausführlichkeit, in der Content präsentiert werden kann. Blogs und YouTube stechen als Kanäle heraus, die eine besonders umfangreiche Berichterstattung ermöglichen. Artikel bzw. Videos sind in ihrer Länge unbegrenzt und bieten eine größere Aufmerksamkeitsspanne. Sie werden vom User intensiver konsumiert als Posts, die direkt in einem Newsfeed stattfinden (z. B. Facebook oder Instagram) und unmittelbarer mit anderen Inhalten konkurrieren. Insbesondere bei Kampagnen für erklärungsbedürftige Marken/Produkten ist dies ein entscheidendes Kriterium.

6. **Lebensdauer:** Bewertet die Länge des Zeitraums, in dem ein Beitrag aktuell ist und vom Publikum gefunden und konsumiert wird. Posts auf Facebook oder Instagram verschwinden beispielsweise schon kurz nach ihrer Veröffentlichung in den Tiefen des Newsfeeds. YouTube-Clips und Blogbeiträge hingegen profitieren vom Longtail-Effekt: Sie bleiben länger aktuell und generieren ihre Reichweite über einen größeren Zeitraum hinweg – nicht zuletzt, weil sie möglicherweise von Google gut gelistet werden.

Die Punktematrix gab außerdem den Denkanstoß zur Entwicklung des kostenfreien Tools www.influencerplanner.de. Die fortlaufend aktualisierte Punktebewertung ist ein Bestandteil des darin verwendeten Empfehlungsalgorithmus.

4.2 Wie hat man all diese Kanäle im Griff?

Strategisch gesehen ist eine Integration mehrerer zuvor genannter Plattformen oftmals sinnvoll. Die Kombination von Instagram, YouTube, Blog etc. ist jedoch schwierig im Handling. Sowohl die Identifizierung der jeweils richtigen Influencer als auch die operative Abwicklung

der Zusammenarbeit stellt Marketer vor große Herausforderungen. Der Aufwand – ein Work-
flow aus Arbeitsschritten wie z. B. Identifikation, Briefing, Honorarverhandlung, Umsetzung,
Rücksprache und Dokumentation – multipliziert sich mit jedem in die Kampagne eingebun-
denen Influencer. Dazu kommen jeweils plattformspezifische Vorgaben, individuelle Produk-
tionsanforderungen und gegebenenfalls verschiedene Timings und Vorlaufzeiten.

Abhilfe schaffen spezialisierte Dienstleister wie z. B. HashtagLove®, die technische
Lösungen für Influencer-Marketing entwickelt haben und somit in der Lage sind, im
Rahmen einer Kampagne plattformübergreifend und mit Beteiligung mehrerer hundert
Influencern zu arbeiten.

4.2.1   Identifizierung der Influencer

Die Influencer-Szene ist extrem dynamisch und divers. Sie erstreckt sich nicht nur über
die zahlreichen verschiedenen sozialen Netzwerke, sondern innerhalb dieser auch über
alle erdenklichen Themenspektren – von Automotive, über Beauty, Fashion, Food, Travel, bis hin zu spitzen Nischenthemen wie z. B. Aquaristik. Die gegebene Komplexität
ist per händischer Dokumentation schlichtweg nicht mehr zu erfassen. Eine entsprechende Excel-Liste mit zigtausend Datensätzen müsste beinahe täglich aktualisiert werden, um bei den rasant wachsenden Reichweiten Aktualität zu gewährleisten. Auch hier
bieten Influencer-Marketing-Plattformen entscheidende Vorteile.

Influencer, die prinzipiell an Marken-Kooperationen interessiert sind, registrieren sich
auf Influencer-Marketing-Plattformen mit einem Profil. Alle Social-Media-Kanäle des
Influencers werden in diesem Zuge per API-Schnittstelle mit dem Plattform-Profil verbunden. Die Anbindung gewährleistet ein Live-Tracking aller relevanten Messwerte wie
Reichweiten oder Interaktionsraten. Gepaart mit einem klugen Clustering nach Parame-
tern wie z. B. Alter, Interessen/Themen entsteht eine komplexe Datenbank, welche in der
Lage ist, die rasant wachsende Influencer-Szene sinnvoll abzubilden und eine Antwort
auf nahezu jede Zielgruppen-Frage hat.

Die finale Auswahl eines Influencers erfolgt nach diversen Kriterien (siehe Abb. 4.4) –
die Reichweite ist hierbei keineswegs das einzig wichtige Kriterium. Die für den Auswahlprozess relevanten Kriterien lassen sich grob in zwei Felder einordnen. Zu den
quantitativen Daten gehören z. B. Demografie, Reichweite und Preis. Dem gegenüber
stehen die **qualitativen Daten** mit Kriterien wie z. B. Brandfit, Produktionsqualität und
Themenfokus. Beim Identifikationsprozess sollten die qualitativen und quantitativen
Daten gleichermaßen berücksichtigt werden.

Erfüllt ein Influencer alle Auswahlkriterien zufriedenstellend, ist es darüber hinaus
ratsam, bereits im Vorfeld einer Kampagne einen Blick auf die Follower des Influencers zu werfen. Auch wenn das Profil eines Influencers sicherlich Rückschlüsse auf die
Struktur seiner/ihrer Follower zulässt, besteht keine finale Gewissheit über das anvisierte
Publikum. Analyse-Tools wie z. B. **deep.social** sind in der Lage, jene Informationen
zuverlässig zu liefern und stellen somit sicher, die gewünschte Zielgruppe auch tatsächlich zu erreichen.

Abb. 4.4 Wie wählt man den richtigen Influencer aus?

Mit zunehmender Professionalisierung drängen auch fragwürdige Anbieter auf den Markt, die Influencern und denen, die es werden möchten, gefälschte Reichweite (Follower, Abonnenten etc.) oder Interaktion (Likes, Kommentare etc.) verkaufen. Unter Marketingverantwortlichen ist die „Reichweite first"-Mentalität noch immer weit verbreitet, sodass angehende Influencer sich von Fake-Followern die erhoffte Aufmerksamkeit der Marken und Unternehmen versprechen. Mit etwas Know-how und den richtigen Tools lassen sich „Betrüger" jedoch recht schnell als solche entlarven. Spezialdienstleister wie z. B. HashtagLove® arbeiten bereits nach standarisierten Prozessen, die den Ausschluss jener Kandidaten sicherstellen.

Es gibt Anbieter, die ausschließlich als Influencer-Datenbank fungieren, ohne die Umsetzung von Kampagnen anzubieten. Marken und Agenturen werden hier Recherchemöglichkeiten mit größerer Detailtiefe geboten, als dies über die Suchalgorithmen auf den einzelnen Social-Media-Plattformen selbst möglich ist. So kann je nach Anbieter zum Beispiel für die Recherche nach passenden Instagram Influencern kategorie-, länder-, sprach-, alters- oder geschlechtsbasiert gefiltert werden. Auch die Filterung basierend auf Follower-Anzahl und Anzahl der Engagements/Interaktionen auf einem Kanal ist möglich.

4.2.2 Handling der Influencer

Auf die Identifizierung passender Influencer folgen Kontaktaufnahme, Honorar-Verhandlung, Briefing, Koordinierung sowie Dokumentation und Auswertung der Influencer-Kooperation. Der aufkommende Workload wird von unerfahrenen Marketing treibenden oftmals drastisch unterschätzt. Die daraus resultierenden Fehler führen zwangsweise zu minderwertigen Ergebnissen. Erfahrung im operativen Handling ist demnach mitentscheidend über den Erfolg einer Influencer-Kampagne.

Ein Influener-Briefing sollte unbedingt kanalbasiert erfolgen, da sich mit der Umgebung des sozialen Netzwerks auch die technischen Möglichkeiten und Gegebenheiten verändern. Im Folgenden einige Beispiele für Punkte, die in einem Briefing berücksichtigt werden müssen:

Briefing-Bestandteile
Wie soll die Marke/das Produkt visuell inszeniert werden?

– Welche Produktnamen, Kampagnentitel, Markenclaims etc. müssen genannt werden?
– Was sind die zu kommunizierenden Key-Messages?
– Welche Websites/Landingpages/Online-Shops sollen verlinkt werden?
– Welche Hashtags sollen eingesetzt werden?
– Welche Timings/Deadlines sind einzuhalten?
– Gibt es explizite Freigabeprozesse?
– Aufforderung zur korrekten Werbekennzeichnung

Dazu kommen plattformspezifische Anweisungen, die sich konkret auf Funktionen der jeweiligen Social-Media-Plattform beziehen, wie z. B. die korrekten Privatsphäre-Einstellungen oder die Verwendung des richtigen Posting-Formats. Es gilt: Alles, was zuvor nicht präzise gebrieft wurde, ist im Nachhinein nur noch schwer zu korrigieren – in jedem Fall jedoch ein erheblicher Mehraufwand.

Die allgemeinen Regeln und No-Go's bei werblichen Kooperationen sind professionalisierten Influencern in der Regel zwar bewusst, dennoch sollten sie der Sicherheit halber noch einmal benannt werden. Ein gutes Beispiel dafür ist die Platzierung anderer (im schlimmsten Fall sogar konkurrierender) Marken im Zuge der Kooperation. Negativ-Beispiele, in denen mehrere Product Placements in einem Beitrag aggregiert werden und sich gegenseitig kannibalisieren, existieren zuhauf. Das kann nicht im Interesse eines Werbekunden sein.

Ein vollumfängliches Influencer-Briefing lässt sich demnach in drei Säulen aufteilen, siehe Abb. 4.5.

PRODUKTSPEZIFISCHES BRIEFING **PLATTFORMSPEZIFISCHES BRIEFING** **ALLGEMEINES BRIEFING**

wie z. B.
■ Stelle sicher, dass der Logo-schriftzug klar erkennbar und deutlich lesbar ist
■ Kommuniziere, dass das Produkt ab dem 31.12.2028 bei Mustermarkt erhältlich ist

wie z. B.
■ Nutze die Hashtags #Muster-Produkt und #MusterMarkt (Instagram)
■ Integriere den Link www.musterlink.de im sichtbaren Bereich der Videobeschreibung (YouTube)

wie z. B.
■ Platziere keine anderen Marken/Produkte in deinem Post
■ Kennzeichne deinen Post direkt zu Beginn des Beitrags als Werbung

Abb. 4.5 Was beinhaltet ein gutes Influencer-Briefing?

4.2.3   Alle Kunden lieben Reportings

Auch im Reporting kommen die technischen Vorzüge einer Plattform zum Tragen, denn die Beiträge der teilnehmenden Influencer können über die API-Schnittstelle live mitgeschnitten werden. Darauf basierend kann die Plattform übersichtliches Echtzeit-Reporting über alle kampagnenrelevanten Posts entwickeln und es seinem Kunden zur Verfügung stellen. Alle KPIs wie Reichweiten, Interaktionen und deren Entwicklung sind somit ständig einsehbar.

Wie bereits zuvor im Rahmen der Identifizierung von Influencern besprochen, wird ein Reporting umso wertvoller, je tiefer man in der Reichweiten/Kontakt-Analyse in die Daten vordringt und dabei auch eine Follower/Publikums-Analyse integriert. Tools wie **deep.social** bieten die Möglichkeit, nicht nur den Influencer selbst, sondern auch seine Follower statistisch zu analysieren. Kampagnen-Reportings können somit um demografische Daten, Interessen und Markenaffinität des erreichten Publikums erweitert werden.

▶   Eine visuell eindrucksvolle Reporting-Möglichkeit ist die sogenannte **Social Wall.** Mithilfe spezieller Tools lassen sich die einzelnen Posts verschiedener Influencer in einem gemeinsamen Content-Feed aggregieren. Dies funktioniert zudem plattformübergreifend, sodass je nach Art und Umfang der Kampagne eine bunte, facettenreiche Content-„Wand" entsteht. Möchte der Marketer diese Sammlung seiner Influencer-Inhalte für die eigene Außendarstellung nutzen, so lässt sich die Social Wall per iframe-Code unkompliziert in jede externe Website einbinden. Auf Basis eines zuvor definierten Kampagnen-Hashtags kann die Aggregierung der Influencer-Posts vollautomatisch abgewickelt werden. Bei einer Einbindung auf der eigenen Corporate Website bedarf es hingegen immer einer Moderation, um Missbrauch durch Social-Media-Trolle zu vermeiden.

4.2.4   Und wenn es mit der Beziehung klappt, dann klappt's auch mit der Kampagne

Nicht zuletzt ist Influencer-Marketing nah an der Relations-Disziplin (siehe Kap. 1) und beschleunigt alle anfallenden Prozesse. Die Betreiber der Plattformen kennen viele ihrer Mitglieder persönlich. Influencer und Auftraggeber haben bereits mehrfach miteinander gearbeitet, haben gemeinsam Veranstaltungen besucht und sind optimal aufeinander eingestellt.

Das Leistungsportfolio der Plattformen am Markt ist sehr divers und reicht von Selfbooking-Tools, die vor allem den Identifizierungs-Prozess unterstützen, bis hin zu kombinierten Full-Service-Plattformen, wie HashtagLove®, welche die gesamte Abwicklung einer Kampagne übernehmen. Der Kunde sollte vor Beginn einer Zusammenarbeit eruieren, welches Modell für ihn geeignet ist. Dabei ist Achtsamkeit geboten, denn falsche Entscheidungen oder Missverständnisse in der Planungsphase werden mit schlechten Ergebnissen bestraft.

4.3   Zusammenfassung

Für Marketer gilt es, die Mechaniken und Besonderheiten aller relevanten Kanäle zu kennen, um für jede Zielformulierung das richtige Konzept entwickeln zu können. Dies gestaltet sich bei der großen Diversität, der hohen Dynamik und schnellen Entwicklung der Social-Media-Landschaft schwierig, was wiederum die Position von spezialisierten Dienstleistern und Influencer-Marketing-Plattformen am Markt festigt.

Auch die großen sozialen Netzwerke reagieren auf die aufstrebende Marketing-Disziplin und stellen Marken und Creators technische Features bereit, welche die Umsetzung von Influencer-Kooperationen weiter professionalisieren. Die kluge Kombination aus Influencer-Marketing und Social Advertising spielt eine immer größere Rolle. Hochwertige, authentische Influencer-Inhalte werden ihre Zielgruppe mithilfe der ausgereiften Targeting-Möglichkeiten der sozialen Netzwerke noch effektiver erreichen. Somit steigt die Relevanz der Content-Qualität eines Influencers, während die organische Reichweite weiter in den Hintergrund rückt.

Abschließend ist festzustellen, dass Social-Media-Fachkompetenz eine unabdingbare Voraussetzung ist, um Influencer-Marketing vollumfänglich denken und arbeiten zu können. Dabei gilt es, fortlaufend die Augen nach neuen Entwicklungen und Trends offen zu halten. Beispiele wie musical.ly verdeutlichen, in welch kurzer Zeit neue Apps und Plattformen eine erhebliche Relevanz für den Influencer-Markt aufbauen können. Andersherum kann ein gestriger Hype seinen Stellenwert natürlich genauso schnell verlieren. Jede Veränderung in der Social-Media-Landschaft wirkt sich mit hoher Wahrscheinlichkeit auch auf die Gegebenheiten im Influencer-Marketing aus und erfordert gegebenenfalls eine agile Anpassung der individuellen Strategie.

Literatur

Constine, J. (2017): Snapchat share price craters on weak revenue and user growth in Q3 2017 in: www.techcrunch.com, https://techcrunch.com/2017/11/07/snap-earnings-q3-2017/. Zugegriffen: 20.11.2017

Das, Lilian (2017): Ist musical.ly das neue Snapchat? in: www.statista.com, https://de.statista.com/infografik/8421/musically-nutzung/. Zugegriffen: 16.10.2017

Google/YouTube (o. J.): Multi-Channel-Netzwerke (MCNs) für YouTuber in: www.support.google.com, https://support.google.com/youtube/answer/2737059?hl=de. Zugegriffen: 17.10.2017)

Hashtaglove (2017), Der Überblick: Vor- und Nachteile im Kanal-Dschungel, http://bit.ly/HTL_Influencer, zugegriffen: 11.12.2017

Instagram (o. J.): A quick walk through our history as a company in www.instagram-press.com, https://instagram-press.com/our-story/. Zugegriffen: 30.10.2017

Statista (2017): Anzahl der monatlich aktiven Facebook Nutzer weltweit vom 3. Quartal 2008 bis zum 3. Quartal 2017 (in Millionen) in: www.statista.com, https://de.statista.com/statistik/daten/studie/37545/umfrage/anzahl-der-aktiven-nutzer-von-facebook/. Zugegriffen: 16.10.2017

Statista (2017a): Statistiken zu Instagram in: www.statista.com, https://de.statista.com/themen/2506/instagram/ Zugegriffen: 30.10.2017

Statista (2017b): Anzahl der Nutzer von Facebook und Instagram in Deutschland im Jahr 2017 (in Millionen) in: www.statista.com, https://de.statista.com/statistik/daten/studie/503046/umfrage/anzahl-der-nutzer-von-facebook-und-instagram-in-deutschland/. Zugegriffen: 30.10.2017

Statista (2017c): Anzahl registrierten Nutzer von musical.ly weltweit im Dezember 2016 und Februar 2017 (in Millionen) in: www.statista.com, https://de.statista.com/statistik/daten/studie/741227/umfrage/anzahl-der-registrierten-nutzer-von-musically-weltweit/.   Zugegriffen: 16.10.2017

Statista (2017d): Anzahl der monatlich aktiven Nutzer von Pinterest weltweit in ausgewählten Monaten von September 2015 bis September 2017 (in Millionen) in: www.statista.com, https://de.statista.com/statistik/daten/studie/628444/umfrage/montaich-aktive-nutzer-von-pinterest-weltweit/. Zugegriffen: 20.10.2017

Statista (2017e): Anzahl der monatlich aktiven YouTube-Nutzer in ausgewählten Ländern weltweit im Jahr 2015 (in Millionen) in: www.statista.com, https://de.statista.com/statistik/daten/studie/554542/umfrage/anzahl-der-monatlich-aktiven-youtube-nutzer-in-ausgewaehlten-laendern-weltweit/. Zugegriffen: 20.11.2017

Steger, J. (2017): Pinterest tritt aus dem Schatten von Instagram und Co. in: www.handelsblatt.com, http://www.handelsblatt.com/unternehmen/it-medien/soziale-netzwerke-pinterest-tritt-aus-dem-schatten-von-instagram-und-co/20327932.html. Zugegriffen: 17.10.2017

Weck, A. (2017): 21 Tipps, um die Lebensdauer von Beiträgen auf Facebook, Twitter und mehr zu verlängern in: www.t3n.de, http://t3n.de/news/lebensdauer-postings-verlaengern-826107/. Zugegriffen: 16.10.2017

Winterbauer, S. (2014): Unge vs. Mediakraft: bekannter YouTuber probt die Revolte gegen seinen Vermarkter in: www.meedia.de, http://meedia.de/2014/12/22/unge-vs-mediakraft-bekannter-youtuber-probt-die-revolte-gegen-seinen-vermarkter/. Zugegriffen: 18.10.2017

Über den Autor

Fabian Held ist Ideengeber und Projektleiter von HashtagLove®, einer der ersten deutschen Influencer-Marketing-Plattformen. Auf dem exklusiven Marktplatz treffen Influencer auf Ausschreibungen zahlreicher Marken und können sich bei Interesse für die Teilnahme an einer Kampagne bewerben. Seit dem Launch der Plattform in 2014 hat Fabian Held mehr als 200 Kampagnen für Kunden verschiedenster Branchen konzipiert und umgesetzt. Dafür schöpft er gemeinsam mit dem Team von HashtagLove® aus einem Pool von registrierten Influencern. HashtagLove® versteht sich als Full-Service-Dienstleister für Influencer-Marketing, bietet eine kuratierte Plattform-Lösung und betreut Kunden von der Konzeption, über die Umsetzung bis zum detaillierten Reporting.

Fabian Held lebt mit seiner Familie im idyllischen Alten Land, eine Autostunde südlich von Hamburg. Wenn das Internet aus ist, erholt er sich dort inmitten unzähliger Apfelbäume vom digitalen Alltagstrubel. Damit der Puls dabei nicht gänzlich verschwindet, verfolgt er regelmäßig und begeistert die Spiele des FC St. Pauli.

fabian.held@hashtaglove.de

Menschen vertrauen Menschen. Influencer in der B2B-Kommunikation

5

Franziska von Lewinski

Inhaltsverzeichnis

F. von Lewinski (✉)
fischerAppelt, Hamburg, Deutschland
E-Mail: fvl@fischerappelt.de

© Springer Fachmedien Wiesbaden GmbH, ein Teil von Springer Nature 2018   85
M. Jahnke (Hrsg.), *Influencer Marketing*,
https://doi.org/10.1007/978-3-658-20854-7_5

Zusammenfassung

Influencer in der Kommunikation – für die meisten B2C-Marken selbstverständlicher Teil des Marketing-Mixes. Im B2B-Sektor stellen Influencer aber häufig noch eine Seltenheit dar. Doch wenn man genauer hinschaut, ist die Zusammenarbeit mit Influencern auch dort kein Novum. Ohne die entsprechenden Personen „Influencer" zu nennen, werden sie schon lange umworben und auf viele verschiedene Arten eingesetzt. Denn gerade für den B2B-Sektor sind Kooperationen mit Influencern besonders interessant und relevant. Denn hier dreht es sich oft um komplexe Themen, um Produkte oder Dienstleistungen, bei denen man Bekannte oder Experten zurate zieht. Deren Meinungen, Empfehlungen und Ratschläge haben für B2B-Marken einen immens hohen Stellenwert. In diesem Beitrag erfahren Sie, was Influencer-Kommunikation im B2B-Sektor ausmacht. Wir wenden dafür das Kommunikationsmodell „Paid, Owned, Earned" an, da es eine ganzheitliche Betrachtung des Themas ermöglicht. Wir zeigen, wie man die passenden Influencer findet und Beispiele von Unternehmen, die mit Influencern arbeiten. Zum Abschluss lesen Sie, wie Sie die Influencer-Kommunikation in ihrer Unternehmensorganisation verorten.

5.1   Hintergrund – Wie sich Influencer im B2B-Marketing-Mix einordnen und welchen Stellenwert sie besitzen

Seit einigen Jahren wird der Influencer-Kommunikation verstärkt Aufmerksamkeit geschenkt. Was derzeit als junge Disziplin in der Fachpresse diskutiert wird, ist aber schon seit über zehn Jahren gelebte Praxis.

Schon 2007 zitierte der Autor Duncan Brown Marketing- und PR-Legenden wie Richard Edelman, Philip Kotler oder Robert Scoble mit Aussagen, die zusammengefasst aussagen, dass „das klassische Marketing-Modell der Überzeugung durch Werbung kaum noch Wirkung entfaltet" (Brown und Hayes 2007, S. 2–3).

Heute entsteht Vertrauen eher in horizontalen als in vertikalen Beziehungen. Verbraucher glauben einander mehr als den Unternehmen. 70 % halten die ins Internet gestellten Meinungen von Kunden für zuverlässig. Rund 90 % glauben den Empfehlungen von Bekannten (Kotler et al. 2010, S. 48).

Verschärfend kommt hinzu, dass wir als Konsumenten und Entscheider täglich mehreren Tausend Werbeimpulsen ausgesetzt sind (AMA 2017). Alles, was nicht relevant ist, wird radikal ausgeblendet.

In vielen Ländern liegt daher die Nutzung von Adblockern bereits bei über 25 % der dortigen Internet-Nutzer (Pagefair 2017). Eine direkte Folge exzessiver Online-Werbung ohne Mehrwert für die Nutzer. Zusätzlich gibt es Branchen, in denen der Einsatz von Kommunikation stark reglementiert ist, beispielsweise im Pharma-Bereich. Gesucht werden kreative Maßnahmen, um sich die Aufmerksamkeit der Zielgruppen wieder zu verdienen.

Eine mögliche Lösung für diese Herausforderungen und Tatsachen sehen viele Marketers im Einsatz von Influencer-Kommunikation. Im B2C-Sektor nutzt man YouTuber, Instagrammer oder Blogger, die als Vermittler zwischen Marke und Zielgruppe fungieren, bereits selbstverständlich.

Aktuell stehen sie im Fokus der Medienaufmerksamkeit und gelten als Synonym für die Disziplin Influencer-Marketing. Man sollte Influencer jedoch nicht auf die bekannten „Schminktutorials" reduzieren, denn es gibt viele verschiedene Arten, Influencer für die eigene Marke zu nutzen: Sie teilen und kreieren Inhalte, präsentieren Produkte oder treten als Gesicht einer ganzen Kampagne auf.

Nun kommt Influencer-Kommunikation auch im B2B-Sektor an. Der Einsatz in diesem Bereich des Marketings ist aus meiner Sicht noch interessanter als im klassischen FMCG-Bereich. Denn oft sind die Produkte und Dienstleistungen im B2B-Sektor erklärungsbedürftiger und komplexer als beispielsweise ein Kosmetikprodukt.

Sie eignen sich deswegen besonders für Influencer mit thematischer Expertise. Richtig eingesetzt können B2B-Influencer das Bild eines Unternehmens in Fachöffentlichkeiten prägen. Neben den klassischen Journalisten sind Influencer auch in der PR zur wichtigen und umgarnten Zielgruppe geworden. B2B-Influencer-Kommunikation greift also in viele Bereiche der Marketingkommunikation ein.

Auch bei fischerAppelt stellen wir eine wachsende Anzahl von B2B-Unternehmen fest, die gezielt mit Influencern zusammenarbeiten möchten. Ob als ein Bereich des Content-Marketings oder als Erweiterung klassischer Journalistenkontakte. Die allgemeine Digitalisierung der B2B-Kommunikation und der Überfluss an Inhalten beschleunigt diese Entwicklung. Nur Relevanz schafft Aufmerksamkeit. Das gilt für Fachthemen umso mehr.

Zusätzlich sprechen einige Spezifika der B2B-Kommunikation besonders für den Einsatz von Influencern: langfristige Entscheidungsprozesse im Buying Center, tief gehende, anspruchsvolle Themen, kontroverse Einstellungen und oft Gruppen von verschiedenen Personen, die in die Kommunikation einbezogen werden müssen.

Und natürlich arbeiten in B2B-Unternehmen Menschen, die nicht nur rational, sondern auch emotional agieren. B2C- und B2B-Kommunikation verschwimmt aus diesem Verständnis heraus immer stärker. Das zeigt sich in der Markenführung aber auch in der Kommunikation. B2B heißt nicht „Boring to boring".

Die Vorteile des Einsatzes von Influencern liegen auf der Hand. Unternehmen bauen Beziehungen mit Personen auf, die als inhaltliche Experten eine Mittlerrolle einnehmen. Ihre Meinung hat Gewicht und überzeugt. Der Fokus liegt nicht auf einfachem Product Placement, sondern komplexeren Agenda-Setting-Prozessen.

Wenn Unternehmen Themen besetzen wollen, Thought Leadership demonstrieren möchten und langfristige Kundenbeziehungen aufbauen wollen, kommen sie auch im B2B-Sektor ohne Influencer-Einsatz nur noch schwer aus. Denn die Zahl der Journalisten in der Fachpresse sinkt oder stagniert: 23 % der Unternehmen bauten Mitarbeiter ab, 61 % erwarten Stagnation bei der Anzahl der Beschäftigten (Deutsche Fachpresse 2017). Influencer können das Spektrum der Medienansprache erweitern.

Zudem haben 47 % der allgemeinen Bevölkerung kein Vertrauen mehr in die Wirtschaft (Edelman 2016). Influencer können Unternehmen ein zusätzliches Gesicht geben, sie humanisieren und personalisieren die Kommunikation. Mit Influencern gewinnt man Glaubwürdigkeit und Vertrauen und schafft es, in die berühmte Filter-Bubble der potenziellen Kunden zu gelangen.

Entscheidend dabei ist, die passenden Influencer zu finden, den Bezug zur Marke nicht zu verlieren und die Influencer zielgerichtet in die Kommunikation einzubinden.

5.2   Begriffsbestimmung „Influencer"

Im B2C-Umfeld wird meist allgemein vom „Influencer" oder vom „Testimonial" gesprochen. Testimonials können auch Personen sein, die über keine oder nur geringe digitale Reichweite verfügen und die auch nicht zwangsläufig Experten für ein bestimmtes Thema sind. Im B2B-Sektor gibt es mehrere ältere Begriffe, die je nach Branche oder Kommunikationsdisziplin verwandt sind. Diese unterscheiden sich zum Beispiel nach interner oder externer Nutzung von Influencern oder der Ansprache in oder außerhalb einer Organisation.

Am häufigsten sind dies die Bezeichnungen Multiplikator, Key Opinion Leader, Digital Opinion Leader, Markenbotschafter oder Experte. Die Begriffe Evangelist und Meinungsbildner tauchen seltener auf, erfüllen in Schnittmengen aber ähnliche Funktionen wie ein Influencer. Neuer ist die Verwendung der Mitarbeiter oder des CEO als Influencer. Im Rahmen des Konzeptes der „Employee Advocacy" spielen diese in letzter Zeit eine immer größere Rolle (Tab. 5.1).

Tab. 5.1 Wichtige Begriffe im Influencer-Marketing

Begriff	Erläuterung
Testimonial	Prominenter Influencer, der von vornherein der breiten Masse durch Medien bekannt ist. Abgrenzung zum KOL im Bereich Multiplikatoren: Unternehmen gewinnen Testimonials für die Vermarktung einzelner Produkte in Kampagnen. Sie erhalten genaue Vorgaben und eine Gage und distribuieren das Produkt nicht aus reinem Interesse
Influencer	Die Abgrenzung zum Testimonial besteht in der Nahbarkeit. Ein Influencer ist nicht immer schon eine prominente Persönlichkeit. Dennoch kann sich ein Influencer im Laufe der Kooperation mit einem Unternehmen aufgrund seiner medialen Reichweite zu einer Art Testimonial und demnach zu einer Persönlichkeit mit Prominentenstatus entwickeln
Multiplikator	Multiplikatoren sind Personen des öffentlichen Lebens, die die öffentliche Meinung aufgrund ihrer Position und Tätigkeit beeinflussen (z. B. Journalisten, Politiker, Wissenschaftler). Im Zentrum steht die Verbreitung bestimmter Meinungsbilder, Wertvorstellungen oder Verhaltensweisen
Key Opinion Leader (KOL)	Der KOL kann als Influencer im B2B-Bereich angesehen werden, da er ein fundiertes Wissen und Interesse zu einem bestimmten Thema offen bekundet und somit die interessierte Zielgruppe in ihrer Meinung deutlich beeinflussen kann. Er ist jedoch kein klassischer Influencer, da er in der Regel nicht von einem Unternehmen für seine positive Haltung zur Marke gekauft wird
Digital Opinion Leader (DOL)	Während KOLs ihren Einfluss vornehmlich durch Publikationen in Fachmedien und Veranstaltungen ausüben, finden DOLs ausschließlich digital – vornehmlich in sozialen Netzwerken – statt. Sie zeichnen sich weniger durch gehobene Autoritäts- oder Senioritätslevel aus. Vielmehr werden sie durch das Teilen und Erstellen von relevantem Content als vertrauter Experte bei ihren Followern angesehen

▶ **Employee Advocacy** umfasst die Einbindung von Mitarbeitern in die externe Kommunikation eines Unternehmens. Mitarbeitern werden Inhalte bereitgestellt, die diese in ihren eigenen Netzwerken teilen können, um die Organisation sowie deren Produkte und Dienstleistungen zu bewerben. Mitarbeiter können durch die zielgerichtete Distribution von Content Mehrwerte schaffen, ihre fachliche Kompetenz untermauern und sich auf diese Weise eine Personal Brand aufbauen.

Auch wenn die verschiedenen Begriffe Unterschiede in punkto thematischer Expertise, Art des Einsatzes und Langfristigkeit der Maßnahme aufweisen, lassen sie sich aus unserer Sicht unter dem allgemeinen Begriff des „Influencers" gut zusammenfassen.

Denn bei allen Personengruppen geht es darum, andere für eine Marke, ein Produkt oder Inhalte eines Unternehmens zu begeistern und eine Mittlerrolle zwischen Unternehmen und Zielgruppe einzunehmen. Weiterhin ist die Nutzung des Begriffes „Influencer" auch im B2B-Sektor legitim, da im B2C-Bereich Kern der Definition des „Influencers" auf der Wirkung im digitalen und sozialen Raum liegt und somit auch der allgemeinen Digitalisierung der B2B-Kommunikation Rechnung trägt. Wenn wir also nachfolgend vom „Influencer" sprechen, schließt dieser Begriff die zuvor genannten Begriffe mit ein.

▶ **B2B-Influencer-Kommunikation** bezeichnet die Nutzung von Personen mit einer thematischen Expertise innerhalb und außerhalb eines Unternehmens, die als nahbarer Vermittler zwischen Unternehmen und Zielgruppe agieren. Dies bezieht sich einerseits auf das bezahlte Erstellen und Teilen von Inhalten durch Influencer. Andererseits werden auch Maßnahmen einbezogen, die darauf abzielen, Influencer als Zielgruppe zu erreichen, sie zu involvieren, zum Teilen von Inhalten anzuregen und längerfristig zu binden. Dies geschieht meist ohne Bezahlung. Ziel bei beiden Taktiken ist die Weiterempfehlung von Produkten und Dienstleistungen, die Imageverbesserung oder das Teilen von Inhalten für das jeweilige Absenderunternehmen. Influencer-Kommunikation findet in allen drei Bereichen des **„Paid, Owned, Earned"-Kommunikationsmodells** statt.

5.3   Paid, Owned, Earned – Wie sich Influencer in den verschiedenen Kanälen einsetzen lassen

„Paid, Owned, Earned" strukturiert die Kanäle, welche für Kommunikationsmaßnahmen zur Verfügung stehen. **Paid** sind hierbei alle Kanäle, die nur gegen Bezahlung belegt werden können. **Owned** steht exemplarisch für die unternehmenseigenen Kanäle. **Earned** sind wiederum Kanäle Dritter, die Inhalte unbezahlt teilen oder Medien, die über das Unternehmen berichten. Influencer spielen in allen drei Bereichen eine Rolle. Die Grenzen sind dabei oft fließend. Eine anfänglich bezahlte Kooperation mit einem Influencer kann im Laufe der Zeit auch zur „Earned"-Kommunikation werden. Unter diesem Gesichtspunkt betonen B2B-Influencer-Experten immer wieder die Partnerschaft auf Augenhöhe, die wichtig ist, um das Engagement langfristig wachsen zu lassen.

„When brands ask influencers to write, speak or attend events on their behalf, payment should be considered not as a means of buying loyalty, but as a fair exchange for taking someone's time and leveraging their ideas to build your own business." sagt dazu Daniel Newman, CEO von Futurum Research (Newman 2014).

Optimal aufgestellt ist die Arbeit mit Influencern, wenn sie in allen drei Bereichen des Modells stattfinden und untereinander vernetzt sind. Viele sogenannte „One-offs" sind reine Stunts, die nicht nachhaltig sind und keine Schnittstellen zu anderen Inhalten des Unternehmens bieten. Diese Integrationsarbeit zwischen Paid-, Owned- und Earned-Kanälen kann aufwendiger sein, da man oft mit verschiedenen internen Stakeholdern kommunizieren muss, steigert aber den Wert der Kommunikationsmaßnahmen.

In der Übersicht sehen Sie die gängigsten Arten, Influencer in der Kommunikation einzusetzen.

Eine strikte Trennung der Bereiche ist jedoch unrealistisch, es gibt häufig fließende Übergänge von den einen in den anderen Bereich oder Schnittmengen, wo z. B. Owned- und Paid-Content zusammen verwendet werden (Abb. 5.1).

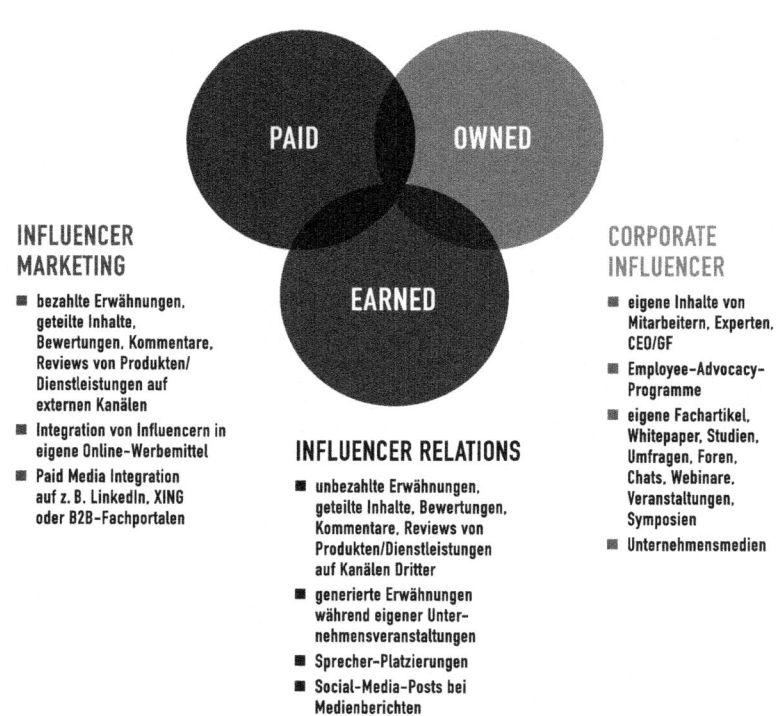

Abb. 5.1 Influencer-Kommunikation im „Paid, Owned, Earned"-Modell. (Quelle: fischerAppelt)

5.4   Image vs. Sales – Ziele der Influencer-Kommunikation

Wie man Influencer in der B2B-Kommunikation einsetzt, hängt von den individuellen Kommunikationszielen des jeweiligen Unternehmens ab. Möglich ist das eher kurzfristige Absetzen von Botschaften in bestimmte Communities mit dem Ziel Conversions zu erreichen, was meist digital umgesetzt wird (**Content Sharing**). Langfristig können aber auch Themen durch Influencer besetzt oder verstärkt sowie der Dialog zwischen Influencern und Zielgruppen und dem Unternehmen ausgebaut werden (**Content Creation & Dialogue**). Im B2B-Sektor steht insbesondere die Stärkung des Images und der Reputation (**Thought Leadership**) sowie die Emotionalisierung durch ein persönliches Interesse des Influencers im Vordergrund. Influencer-Kommunikation ist **nahbar, echt und authentisch.** Die Unternehmen profitieren vom Reputationstransfer der Influencer auf die Marke.

Des Weiteren lässt sich die Reichweite der eigenen Botschaften verlängern, der Traffic auf Owned-Kanälen erhöhen oder das Engagement steigern. Indem Influencer auf herunterladbare Inhalte verweisen, können sie so auch zur Leadgenerierung eingesetzt werden.

Weitere Ziele sind auch **Crowdsourcing** und **Crowd-Aktivierung,** mit denen man Insights zu Zielgruppen und dem Markt gewinnt: sozusagen eine „Beratung" durch Influencer. Dies kann sowohl intern wie extern, öffentlich oder nicht-öffentlich erfolgen und bezieht sowohl die Bewertung von Kommunikationsmaßnahmen (z. B. als Soundingboard für Inhalte) als auch die Produktentwicklung (z. B. Tests von Pilotprodukten) mit ein.

Klassischer wird es bei dem Einsatz von Influencern, die erklärungsbedürftige Produkte greifbar darstellen und dabei die „Sprache der Zielgruppe" sprechen oder die Einblicke in ein Unternehmen geben oder neue Zielgruppen für ein Unternehmen erschließen.

Einen direkten Upsale, wie er im B2C-Bereich häufig beim Einsatz von Influencer-Kommunikation zu beobachten ist, findet man im B2B-Sektor allerdings bisher eher selten. Dennoch wird es auch hier mit einer guten Idee möglich sein, mit Influencern messbar mehr Produkte zu verkaufen. Die Beweisführung, welchen Anteil die Arbeit mit Influencern am Kauf eines Produktes gehabt hat (Attribution), dürfte sich aufgrund der längeren Entscheidungsprozesse und der verschiedenen Beteiligten im B2B-Sales-Cycle jedoch schwieriger gestalten.

5.5   Markenfit – Wie sich zur Marke passende B2B-Influencer finden lassen

Die geeigneten Influencer finden

Von dem Bild eines „klassischen", meist jugendlichen YouTubers oder Instagrammers sollte man sich im B2B-Sektor verabschieden. Die Suche unter den üblichen B2C-Influencern, welche die breite Masse bedienen, ist nur für sehr wenige Themen Erfolg versprechend. Potenzielle B2B-Influencer sind eher Thought-Leader, Branchenanalysten, Social-Media-Multiplikatoren, Wissenschaftler, Journalisten, Marktexperten oder Redner auf Konferenzen. Auch die Autoren relevanter Publikationen, CEOs und die eigenen Mitarbeiter kommen infrage.

Qualität vor Quantität

Unternehmen benötigen einen individuellen Mix aus qualitativen und quantitativen Auswahlkriterien. Wichtig ist nicht nur die Anzahl der jeweiligen Follower. Gerade im B2B-Sektor ist vielmehr die Relevanz des Netzwerkes und die Engagement Rate der Follower der entscheidende Faktor neben der persönlichen Expertise des Influencers. Seine authentische Meinung ist umso wertvoller, je größer der Expertenstatus in seiner Community ist. Damit steigt der Einfluss auf die Kaufentscheidung und auch die Qualität und Quantität der Leads, die mit dem Influencer generiert werden.

▶ **Recherche und Analyse: Wo kann ich passende Influencer finden?**
  - Recherche nach (Special-Interest-)Bloggern, Buchautoren, Wissenschaftlern und weiteren Themenexperten im Medienumfeld (TV, Radio, Podcasts etc.).
  - Klassische Identifikation von Engagement- und reichweitenstarken Influencern im Social-Media-Umfeld (z. B. LinkedIn Influencer, XING Insider).
  - Durchführung einer Umfeldanalyse bei (potenziellen) Kunden: Wem folgen die Kunden? Auf wessen Beiträge reagieren sie?
  - Aufmerksames Beobachten und Connecten auf Fachmessen sowie Branchenveranstaltungen mit Rednern und Diskussionsteilnehmern.
  - Einsatz von Mitarbeitern, Kunden oder Unternehmenspartnern, die das Unternehmen kennen, verstehen und dessen Mehrwert schätzen.
  - Befragung von (potenziellen) Kunden, um direkte Präferenzen zu erfahren. (Wen hält das Fachpublikum für kompetent und authentisch?)
  - Nutzung von Tools wie Traackr, Klout, InfluencerDB, Blogfoster oder Brandwatch

Markenfit: Wer passt zu meinem Unternehmen?
  - Ziele definieren, die interne oder externe Influencer für das Unternehmen erreichen sollen.
  - Recherchieren und analysieren:
    - Passen meine Themen zu denen des Influencers?
    - Erfüllt der Influencer für die Marke wichtige Qualitätskriterien (z. B. Tonalität, Visualität)?
    - Kann der Influencer die Marke authentisch vertreten?
    - Wie hoch ist die Aktivität seiner User?
    - Welche Reichweite kann erzielt werden?
    - Mit welchen anderen Unternehmen bestehen bereits Kooperationen?
    - Waren die bisherigen bezahlten Engagements des Influencers transparent gekennzeichnet?
  - Auswahl und Operationalisierung
  - Kontinuierliche Erfolgsmessung und Optimierung

Set-up: Wie fange ich an?
Klein starten und wachsen: Es ist ratsam, erst mal nur mit einer Handvoll Influencer gleichzeitig zu arbeiten, da dies die Möglichkeit bietet, Erfahrungen zu sammeln und laufend zu optimieren.

Klare Regeln und Verträge
Gestalten Sie die Vertragsbeziehungen mit Influencern sorgfältig und sorgen Sie für Verbindlichkeit. Definieren Sie No-Gos und Freigabeprozesse vor dem Start.

Anreize schaffen
Es gibt verschiedene Möglichkeiten, Influencer zu motivieren, Inhalte für ihr Unternehmen zu kreieren oder zu teilen:

- Im Paid-Bereich sind dies zum Beispiel die Bezahlung auf Stundenbasis oder Pauschalbeträge, die Incentivierung durch überlassene Teststellungen, Übernahme von Hotel- und Reisekosten oder Aufwandsentschädigungen.
- Im Earned-Bereich kommt der Beziehungsaufbau durch hochkarätige Kontakte eines Unternehmens infrage. Auch Einladungen zu Events oder die Bereitstellung exklusiver, relevanter Inhalte sind gängige Maßnahmen. Auszeichnungen von Personen, die für Sie als Unternehmen wichtig sind, in Form von Awards sind ebenfalls eine gute Möglichkeit, Fürsprecher für das eigene Unternehmen zu gewinnen.
- Im Owned-Bereich geben Sie Ihren Mitarbeitern eine Bühne und stellen Sichtbarkeit auf digitalen oder Offline-Kanälen zur Verfügung. Auch der CEO kann mit eigenen Inhalten vorangehen. Tools können Mitarbeiter motivieren, Inhalte auch auf privaten Kanälen zu teilen.

5.6 Die Umsetzung – Welche Formate kann man für B2B-Influencer-Marketing nutzen?

Folgt man weiter dem Paid-, Owned-, Earned-Kommunikationsmodell, gibt es diverse Möglichkeiten, interne oder externe Influencer zu nutzen. Diese möchte ich anhand von interessanten Beispielen aus der Praxis darstellen. Wie eine integrierte Kampagne mit Influencern aussehen kann, erfahren Sie von unserem Kunden Merck in Abschn. 5.6.2.

5.6.1 Beispiele für Maßnahmen im Owned-Bereich

Employee Influencer Blog, Postings von Experten, CEO-Kommunikation, digitale Inhalte wie namentlich gekennzeichnete Fachartikel, Expertenumfragen, Meinungsbeiträge, Mitarbeiterzitate, Videos, Interviews, Podcasts, Tutorials, Listicles oder Reviews. Als ausführlichere Formate eignen sich Whitepaper, Studien oder unternehmenseigene Veranstaltungen, Foren oder Symposien (Abb. 5.2).

Abb. 5.2 Ein OTTO-Mitarbeiter im Gespräch mit einer Bewerberin. (Quelle: Otto)

Best-Practice-Bereich Owned 1: Die OTTO-Corporate Influencer
Um Bewerbern und Fachkräften Kultur und Arbeitsatmosphäre näherzubringen, startete die OTTO Gruppe im Oktober 2017 ein internes Jobbotschafter-Programm.

Hier werden über 100 Mitarbeiterinnen und Mitarbeiter zu Botschaftern für das Unternehmen aus- und weitergebildet. Die internen, sogenannten OTTO-Influencer sollen in Zukunft über die Arbeitsatmosphäre, anstehende Aufgaben und das potenziell neue Team berichten. Sie werden demnach im Bereich der Owned Media aktiv in den Recruiting-Prozess mit eingebunden. OTTO bietet den Jobbotschaftern Seminare zum Thema Social Media, HR-Kommunikation und Präsentations- sowie Diagnostiktraining. Die Influencer sollen die Unternehmensgruppe künftig auf Branchenveranstaltungen oder in sozialen Netzwerken als attraktiven Arbeitgeber kommunizieren und authentisch präsentieren. Diese neue Form der Influencer-Kommunikation soll die Bindung und Identifikation mit dem eigenen Unternehmen nachhaltig und langfristig stärken. Hinzugezogen werden zukünftig auch Medienkanäle im Bereich Paid sowie Owned Media.

Weitere Information dazu

https://t3n.de/news/otto-influencer-ausbildung-862529/ (Hüfner 2017).

Mehr zum Corporate Influencer Programm bei Otto (https://www.otto.de/unternehmen/de/newsroom/news/2017/Corporate-Influencer-OTTO-Botschafter.php).

Best-Practice-Bereich Owned 2: Der C-Level-Influencer am Beispiel T-Mobile USA
John Legere, der CEO von T-Mobile US, gilt als innovativer C-Level-Influencer und Markenbotschafter. Er nutzt die sozialen Medien als festen Bestandteil seiner Führungsstrategie und hat sich dadurch eine große mediale Reichweite in einer breit gefächerten Community aufgebaut. Er verzeichnet ca. 3,5 Millionen Follower bei Twitter. Er betreibt authentische und aktive Influencer-Kommunikation für T-Mobile US und überrascht seine Community positiv mit seiner unerwarteten direkten und unverblümten Tonalität. Er verzichtet gezielt auf das klassische Image eines Top-Managers und gibt sich leger mit Magenta-Shirt und Lederjacke (Lazarovic 2014) (Abb. 5.3).

Auf der Jahreskonferenz 2016 wurden Business und Entertainment in Form eines „Bullshit-Business-Bingos" verbunden. Die Regeln hatte der Konzern im Voraus in einer Pressemitteilung herausgegeben. Mit diesem PR-Gag wurden Stereotypen durchbrochen und eine breitere Zielgruppe angesprochen. Nicht nur klassische Finanzanalysten, sondern auch die Tech-Szene. John Legere überzeugt in seinen Reden, Tweets und öffentlichen

Abb. 5.3   John Legere, CEO von T-Mobile US, Inc. (Quelle: T-Mobile US, Inc.)

Auftritten millionenfach User durch seine Expertise und die Tatsache, dass er sich selbst nicht allzu ernst nimmt. Diese Eigenschaft macht ihn zu einem Key Opinion Leader der besonderen Art.

Weitere Informationen dazu

Die Jahreskonferenz auf YouTube

Kommentar in NTV

5.6.2 Beispiele für Maßnahmen im Paid-Bereich

Content auf digitalen Kanälen externer Influencer (Videos, Sponsored Content, Teilen von Unternehmens-Content), von Influencern erstellter Content, Gastbeiträge auf der Website des Influencers, Einbindung in Konferenzen des Unternehmens als Speaker oder Beiträge auf Fachmessen.

Auf LinkedIn können gezielt sogenannte „InMails" verschickt werden, sodass das Netzwerk vergrößert wird und man mit Mitgliedern in Kontakt treten kann, mit denen man vorher nicht vernetzt war.

Auf XING stehen ca. 20 Branchen-Newsletter zur Verfügung, in denen man Sponsored Content platzieren kann. Auch fachspezifische Portale wie DocCheck oder coliquio als Beispiel aus der Kommunikation mit Ärzten sind für streuverlustarme Schaltungen geeignet.

Last but not least können Influencer auch in ganze Werbekampagnen integriert werden, sei es als Testimonial, Fachbeirat oder zum Teilen der Inhalte der Kampagne.

Best-Practice-Bereich Paid 1: Mit #catchcurious der Neugier auf der Spur, Merck
Merck Curiosity-Kampagne von fischerAppelt (siehe Interview mit Axel Löber, siehe Kap. 7) (Abb. 5.4).

Abb. 5.4   Die Curious Minds in der Merck-Kampagne: curiosity.merck.de/curious-minds. (Quelle: Merck/Fork Unstable Media)

Best-Practice-Bereich Paid 2: Wenn künstliche Intelligenz auf einen Fashion-Designer trifft, IBM
Die Plattform für künstliche Intelligenz IBM Watson nutzte der Fashion-Designer Gaurav Gupta, um den weltersten AI inspirierten Sari zu kreieren. Kontextgerecht wurde dieses Kleidungsstück auf den „Vogue Women of The Year Awards" vorgestellt (IBM 2017).

Weitere Informationen dazu

IBM zu „This is the world's first AI-inspired saree"

Watson AI Saree auf YouTube

5.6.3 Beispiele für Earned-Kanäle

Unbezahltes Teilen von Unternehmens-Content in Social Media durch Dritte, Tweets und Postings von Unternehmensveranstaltungen, Social-Media-Resonanz, die durch Medienberichte über die Marke ausgelöst wurde.

Auch das Platzieren von Inhalten auf Plattformen wie XING oder LinkedIn bietet sich an. Über 100 Influencer veröffentlichen Meinungsbeiträge als sogenannte XING-Insider auf der Businessplattform. Dieter Zetsche platzierte ein Statement während der Diesel-Affäre direkt auf LinkedIn als Teil der sogenannten „LinkedInfluencers". Diese Inhalte spielen vor allem für das Image des Unternehmens eine Rolle.

Näher dran an den Konsumenten sind unbezahlte Reviews, Kommentare zu Produkten oder Dienstleistungen. Besonders gute Influencer-Kommunikation wird durch das Angebot von Speaker-Platzierungen des Unternehmens auf externen Konferenzen belohnt.

Best-Practice-Bereich Earned 1: Das Télefonica Basecamp
Das Télefonica Basecamp in Berlin Mitte ist seit 2012 Mobilfunkshop, Café und Eventlocation in einem (Abb. 5.5). Im Jahr finden hier neben dem täglichen Vertrieb bis zu

Abb. 5.5 Mobilfunkshop, Café und Eventlocation in einem. (Quelle: © O_2)

Abb. 5.6   Vorträge im Basecamp. (Quelle: © O$_2$, Foto: Henrik Andree)

250 Veranstaltungen statt, die der digital interessierten Community als Plattform für Austausch und Diskussion dient (vgl. Abb. 5.6). Zentrale Themen des Hotspots sind das digitale Leben, Internet of Things, Arbeit 4.0 und die Digitalpolitik. Redner auf den Events sind Unternehmer, Entscheider, Wissenschaftler und Einflussnehmer aus Politik, Wirtschaft, Forschung und Trendentwicklung. Speaker waren bisher unter anderem Bill Gates, Otto Schily oder Jared Cohen. Sie sind thematische Influencer mit hoher Glaubwürdigkeit.

Das Télefonica Basecamp betreibt eigene Kanäle auf Facebook, Twitter und YouTube und bewegt sich im Segment der Owned und Earned Media. Weiterhin streuen die Gäste den Content auf gängigen Social-Media-Kanälen. 400 Twitter-Aktionen werden in der Regel pro Event von anwesenden Gästen gepostet.

Télefonica Basecamp auf YouTube

Best-Practice-Beispiel Bereich Earned 2: Dell entwickelt Content gemeinsam mit Influencern

Dell verfolgt einen integrativen Influencer-Relations-Ansatz. Ziel ist die langfristige Kollaboration bei der Erstellung und Distribution von Content.

Im Rahmen der Zusammenarbeit werden Influencer zu Veranstaltungen, Think Tanks und Treffen mit Führungskräften eingeladen. Die Influencer werden nicht auf einer finanziellen Basis vergütet, sondern erhalten Zugang zu Wissen und Inhalten sowie profitieren von der Berichterstattung auf Earned- und Owned-Kanälen von Dell. Aber auch für Dell macht sich der Einsatz bezahlt: Die Influencer treten als glaubwürdige Repräsentanten auf und sorgen für positiv gestimmte Konversationen im Web. Zudem wurden bereits einige Veröffentlichungen der Influencer von der Presse aufgegriffen und Vertreter von Dell wurden verstärkt zu Fachkonferenzen eingeladen.

Bericht zur Dell Influencer-Arbeit auf incite. (Kersteen 2015)

5.6.4 Best Practice Content Sharing durch Mitarbeiter bei Microsoft: Interview mit Bianca Bauer, Internal Communications Manager, Microsoft Deutschland GmbH

IT- und Tech-Firmen sind meist die „First Mover", welche innovative Ansätze in der Kommunikation zum Leben erwecken. Microsoft beispielsweise wird in vielen Beispielen für zeitgemäße B2B-Kommunikation genannt. Hier setzt man auf die Mitarbeiter, die freiwillig als Influencer auf Social-Media-Kanälen agieren.

Von Bianca Bauer, Internal Communications Managerin bei Microsoft Deutschland möchte ich erfahren, wie man Mitarbeiter bei Microsoft in die Kommunikation mit einbindet.

Wie gestaltet Microsoft B2B-Influencer-Kommunikation und welchen Stellenwert hat in dem Kontext das sogenannte „Global Employee Advocacy Program", in dem Mitarbeiter Inhalte von Microsoft auf privaten Kanälen teilen?

Unsere Mitarbeiter/innen sind unsere wertvollsten Multiplikatoren – wir nennen sie daher auch Markenbotschafter. Früher war es so, dass meist das Unternehmen an sich mit dem Kunden kommuniziert hat – heute sind es zusätzlich als Mittler unsere Mitarbeiter und Mitarbeiterinnen, die mit ihren eigenen Erfahrungen eine authentische Kommunikation und ein sympathisches Bild von Microsoft überliefern. Als Kunde oder potenzieller Kunde kann man sich viel leichter mit einer realen Person als mit einem Corporate Account identifizieren.

An wen sich die Kollegen und Kolleginnen wenden, hängt natürlich von ihren persönlichen Netzwerken ab. Ich zum Beispiel bin auf vielen Social-Media- und Kommunikationsevents unterwegs. In meiner Zielgruppe treffe ich daher auf viele Journalisten, Influencer und Kommunikationsprofis. Auf dem LinkedIn-Kanal von unserem Mitarbeiter Thorsten Herrmann, der bei uns das Großkundengeschäft betreut, sind die Follower in diesem Bereich angesiedelt.

Sie nutzen für Employee Advocacy in über 40 Ländern das Tool „Sociabble" (Stand Januar 2018), welches das Teilen der Inhalte erleichtert. Wie funktioniert das Tool? Wie gelangen die relevanten Meldungen zu den passenden Mitarbeitern?

Bei Sociabble kann sich jeder unserer Employees mit seinen privaten Social-Media-Kanälen anmelden und sich seine eigene Wall individuell ausspielen lassen, je nachdem auf welche Themen er oder sie sich fokussiert. Dort werden alle Microsoft-Deutschland-Kanäle, Kanäle unserer Geschäftsleitung und auch wichtige US-Kanäle eingespeist (Abb. 5.7).

Die Mitarbeiter/innen können auch eigene Links zur Verbreitung vorschlagen. Damit die Richtigkeit und Relevanz des Beitrages gewährleistet ist, gibt das Communications-Team ein Mal pro Tag die eingereichten Beiträge frei oder lehnt sie ab oder schlägt eine Änderung vor.

Für Themen wie Krisen oder Dinge, die wir nicht aktiv kommunizieren wollen, nutzen wir die Sociabble Newsletter-Funktion und versenden z. B. ein sogenanntes „Do-Not-Comment Social Advisory", das den Kollegen und Kolleginnen die Richtung weist.

Ihr französischer Kollege Sébastien Imbert rechnet vor, dass 10.000 Microsoft-Mitarbeiter, die Inhalte teilen, potenziell 350–500 Mio. Views pro Jahr erreichen, welche einen Mediawert von fünf bis zehn Millionen Dollar haben. Wie nehmen die deutschen Mitarbeiter das Angebot an, wie motivieren Sie diese?

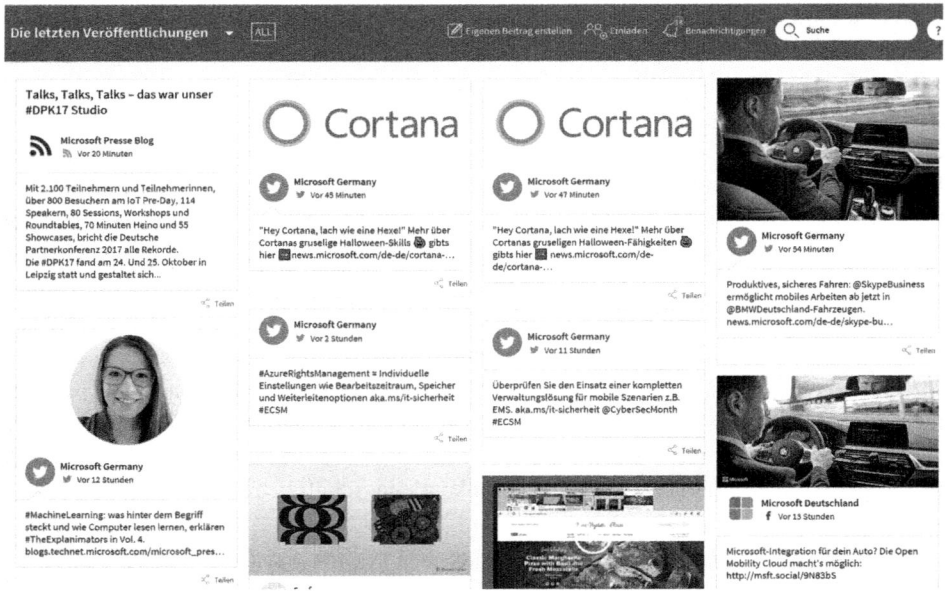

Abb. 5.7 Das Tool Sociabble. (Quelle: Microsoft Deutschland)

Wir haben ca. 600 aktive Mitarbeiter und Mitarbeiterinnen von Microsoft Deutschland, die Sociabble regelmäßig nutzen. Viele sind stolz auf die Projekte, an denen sie mitgewirkt haben und wollen das natürlich auch kommunizieren.

Sociabble hat einen Gamification-Faktor: Mit dem Teilen eines Beitrags werden Punkte gesammelt und dadurch können Badges gewonnen werden, z. B. das Copywriter- oder das Top-Influencer-Badge. Bei besonderen Aktionen, die wir verbreiten wollen, legen wir Challenges an, die zeitlich begrenzt sind, und dafür gibt es dann schon mal einen Gewinn, wie z. B. ein Teamessen.

Die Nutzung von Sociabble und von Social-Media-Kanälen ist bei Microsoft Deutschland natürlich freiwillig. Das Tool wird von social-affinen Mitarbeitern akzeptiert, weil es wirklich eine Vereinfachung für das Publizieren von Inhalten darstellt. Viele Kollegen und Kolleginnen nutzen es auch, um einen Überblick über die News von Microsoft zu erhalten.

Themen, die besonders gerne geteilt werden, sind z. B. Kulturthemen, wie die Vielfalt in unserer Unternehmenskultur oder Unterhaltungsthemen, wie etwa der #Sysadminday (Abb. 5.8).

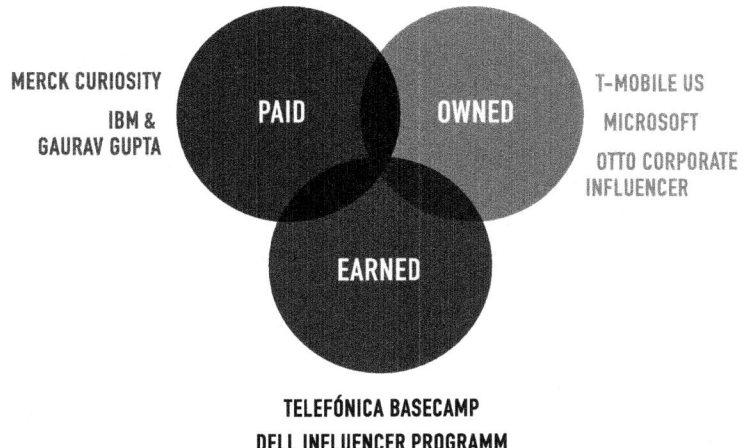

Abb. 5.8 Alle genannten Best Practices mit ihrem Schwerpunkt im Paid-, Owned-, Earned-Modell. (Copyright: fischerAppelt)

5.7 Operationalisierung – Wie man Influencer-Kommunikation in der eigenen Organisation implementiert

Wie der Beitrag zeigt, ist Influencer-Kommunikation im B2B-Bereich auf vielen Ebenen einsetzbar.

Dennoch stellt sich wie bei jeder neuen Disziplin die Frage der Verortung in der Unternehmensorganisation. Nach einer Umfrage des Tool-Anbieters Traackr und Top-Rank-Marketing wird in 65 % der PR-Abteilungen Influencer-Kommunikation operativ ausgeführt, jedoch haben nur 16 % dieser Abteilungen die Hoheit über das Thema (Marx 2017). Neben der Verortung in Marketing und PR spielen auch weitere Bereiche im Unternehmen eine Rolle: HR, Vertrieb, Customer Service oder die Produktentwicklung. Was fehlt ist eine ganzheitliche Strategie. Nur 15 % der befragten Unternehmen im B2B-Bereich haben nach der Traackr-Umfrage ein laufendes, integriertes Programm. Die meisten Unternehmen befinden sich noch im Experimentierstadium.

Autor und Berater Brian Solis empfiehlt daher, sich zuerst die Customer Journey der Kunden zu verdeutlichen und an den verschiedenen Stellen zu prüfen, wo Influencer eine entscheidende Rolle einnehmen (Marx 2017). Danach definiert man die Aktivitäten mithilfe des Paid-, Owned-, Earned-Modells. Die Suche nach Antworten beginnt also beim Kunden und nicht beim Influencer.

Sinnvoll ist auch ein Vorgehen, welches viele Unternehmen bei der Professionalisierung ihres Social-Media-Einsatzes angewendet haben: Die Gründung einer Taskforce mit Vertretern verschiedenster Abteilungen, für die Influencer eine Rolle spielen könnten. Eine Ansprache von Influencern durch verschiedene Abteilungen, die nichts voneinander wissen, sollte man unbedingt vermeiden. Auch eine Bestandsanalyse zu Beginn ist sinnvoll. Wo gibt es bereits Kontakte? Wer plant Influencer einzusetzen? Welche der Mitarbeiter posten besonders häufig über ihr Unternehmen? Welcher CEO oder Geschäftsführer kann infrage kommen? Welche Tools können bei der Implementierung helfen?

Das anschließende Aufsetzen einer Strategie für den Einsatz von Influencern gleicht danach dem Ansatz, den man für die meisten Kommunikationsprozesse einsetzt: Zieldefinition, Zielgruppen festlegen, Kanalfindung nach dem Paid-, Owned-, Earned-Modell, Influencer-Recherche, Kampagnen/Maßnahmen-Konzeption, Kontaktaufnahme und Briefing, Umsetzung und Auswertung. Die laufende Kontrolle der KPIs erfolgt in Form von Reportings oder Dashboards. Im Bereich der operativen Umsetzung gibt es die Möglichkeit, virtuelle Teams aufzubauen oder die Influencer-Kommunikation in bestehende Newsroom-Ansätze zu integrieren.

5.8   Fazit

Influencer-Kommunikation ist sicher kein Allheilmittel. Sinnvoll eingesetzt wird sie dennoch in den nächsten Jahren gerade im B2B-Sektor eine größere Rolle spielen.

Schon 2017 sagten 84 % der in einer Studie befragten Marketer, dass sie in den nächsten zwölf Monaten eine Kampagne in diesem Bereich umsetzen wollen (Cole 2016).

Um Phänomenen wie Werbeblindheit, Adblocking und Reizüberflutung zu begegnen, kann B2B-Influencer-Kommunikation ein wirksames Mittel sowohl im Branding- als auch im Performance-Bereich sein. Denn der persönliche Zugang zu einem Unternehmen und seinen Produkten, die emotionale Bindung an bestimmte Marken erlangt man nicht durch anonyme Verlautbarungskommunikation.

Menschen vertrauen Menschen. Das gilt heute und auch morgen.

Literatur

AMA (2017). Why Your Customers' Attention is the Scarcest Resource in 2017. https://www.ama.org/partners/content/Pages/why-customers-attention-scarcest-resources-2017.aspx. Zugegriffen: 20. November 2017.
Brown, D., & Hayes, N. (2007). Influencer Marketing: Who Really Influences Your Customers?. London: Routledge.

Cole, N. (2016). In 2017 Influencer Marketing Is About To Go Through The Roof. https://www. inc.com/nicolas-cole/in-2017-influencer-marketing-is-about-to-go-through-the-roof.html. Zugegriffen: 20. November 2017.

Deutsche Fachpresse (2017). Fachpresse-Statistik 2016. http://www.deutsche-fachpresse.de/fileadmin/fachpresse/upload/bilder-download/markt-studien/fachpresse-statistik/2016/Fachpressestatistik_2016_Final.pdf. Zugegriffen: 20. November 2017.

Edelman (2016). 2016 Edelman Trust Barometer. https://www.edelman.com/insights/intellectual-property/2016-edelman-trust-barometer/global-results/. Zugegriffen: 20. November 2017.

Hüfner, D. (2017). Kein Scherz: Otto bietet Ausbildung zum Influencer an. http://t3n.de/news/otto-influencer-ausbildung-862529/. Zugegriffen: 20. November 2017.

IBM (2017). Presenting the Indian Saree, in its most intelligent form yet. Designed by Gaurav Gupta, powered by IBM Watson. http://www-07.ibm.com/events/in-en/ibminvogue/index.html?lnk=in-youtothepoweribm. Zugegriffen: 20. November 2017.

Kersteen, M. (2015). Dell is winning fans with its long-term approach to social influencers. http://www.incite-group.com/brand-marketing/dell-winning-fans-its-long-term-approach-social-influencers. Zugegriffen: 20. November 2017.

Kotler, P., & Kartajaya, H. & Setiawan, I. (2010). Die neue Dimension des Marketings: Vom Kunden zum Menschen. Frankfurt a. M.: Campus Verlag.

Lazarovic, S. (2014). T-Mobile-US-Chef wird zum Fluch der Branche – John Legere lehrt Konkurrenz das Fürchten. http://www.n-tv.de/wirtschaft/John-Legere-lehrt-Konkurrenz-das-Fuerchten-article12171076.html. Zugegriffen: 20. November 2017.

Marx, W. (2017). Why Influencer Marketing needs to grow up. http://adage.com/article/digitalnext/influencer-marketer-grow/309146/. Zugegriffen: 20. November 2017.

Newman, D. (2014). Why Brands Should Pay Influencers. https://www.forbes.com/sites/danielnewman/2014/11/19/why-brands-should-pay-influencers/#7bd464157715. Zugegriffen: 20. November 2017.

OTTO (2017). Über 100 Mitarbeiter als Corporate Influencer präsentieren OTTO als attraktiven Arbeitgeber. https://www.otto.de/unternehmen/de/newsroom/news/2017/Corporate-Influencer-OTTO-Botschafter.php. Zugegriffen: 20. November 2017.

Pagefair (2017). 2017 Adblock Report. https://pagefair.com/blog/2017/adblockreport/. Zugegriffen: 20. November 2017.

Telefónica Basecamp (2017). Das Telefónica BASECAMP. https://www.youtube.com/watch?v=mpWEgJ243FI. Zugegriffen: 20. November 2017.

T-Mobile (2016). T-Mobile Q4 & Full-Year Earnings Call: Behind-the-Scenes Livestream. https://www.youtube.com/watch?v=U9cidDFDTQE. Zugegriffen: 20. November 2017.

Über den Autor

Seit 17 Jahren ist **Franziska von Lewinski** im digitalen Marketing in verschiedenen Führungspositionen auf Agenturseite tätig. Im Vorstand der fischerAppelt AG steht sie seit 2014 dem Ressort Digital und Innovationen vor und verantwortet die Geschäftsführung der Agenturen Fork Unstable Media, Die Krieger des Lichts sowie fischerAppelt, performance.

Zuvor machte sich die gelernte Bau-Ingenieurin einen Namen als Geschäftsführerin und CEO bei Interone. Franziska von Lewinski verfügt über langjährige Erfahrung in den Bereichen Digitales Marketing, E-Commerce, Cross- und Multi-Kanal-Kommunikation sowie Verbraucherverhalten. Sie betreute Kunden wie BMW, Hilti, O_2 und Unilever und verantwortet zusammen mit Merck die globale Curiosity-Kampagne des Wissenschafts- und Technologieunternehmens.

Sie hat zwei Kinder, lebt mit ihrem Mann in Hamburg und engagiert sich für die Vereinbarkeit von Karriere und Familie im Unternehmenskontext.

Kontakt: fvl@fischerappelt.de, twitter.com/flewinski

Wie Unternehmen aus Micro-Influencern Co-Marketer machen

6

Melanie Lammers

Inhaltsverzeichnis

Zusammenfassung

Das Influencer-Marketing hat sich zu einem differenzierten Marketing-Bereich mit sehr unterschiedlichen Ansätzen und Zielsetzungen entwickelt. Dabei ist Influencer nicht gleich Influencer. Dieser Artikel stellt die unterschiedlichen Kategorien von Meinungsmachern vor. Ein besonderer Schwerpunkt liegt dabei auf der Zusammenarbeit mit Micro- bzw. Real-Life Influencern im Rahmen des Word-of-Mouth-Marketings. Zum Abschluss zeigen Unternehmen, wie sie das neue Verhältnis zwischen

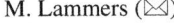

M. Lammers (✉)
Bamboo Consulting, Hamburg, Deutschland
E-Mail: ml@bambooconsulting.de

© Springer Fachmedien Wiesbaden GmbH, ein Teil von Springer Nature 2018   107
M. Jahnke (Hrsg.), *Influencer Marketing*,
https://doi.org/10.1007/978-3-658-20854-7_6

Marken und Konsumenten nutzen können, um Influencer als Co-Marketer wertsteigernd für sich zu gewinnen.

6.1 Ein neues Vertrauenssiegel

„94 % zufriedene Verwender" – „90 % bewerteten die Wirksamkeit mit sehr gut oder gut" und „96 % begeisterte Verwender" – „Von 573 Frauen würden 94 % die verbesserte Formel ihrer besten Freundin empfehlen". Dies sind aktuelle Beispiele, in denen Markenhersteller die Zufriedenheits- oder Weiterempfehlungsquote von realen Produkttestern aktiv in ihrer Kommunikation einsetzen. Bayer (Aspirin) und Johnson & Johnson (Dolormin) setzen die Zufriedenheitsquoten der „Verwender", so der allgemein gebräuchliche Begriff für Produkttester, sehr prominent mit einem großen Störer in ihren jeweiligen TV-Spots ein (s. Abb. 6.1).

Dort, wo lange Zeit Prüfinstitute (Institut-Fresenius, TÜV Rheinland etc.) Qualitätssiegel wie der „Blaue Engel", das Bio- und das Fairtrade-Siegel oder auch die Testergebnisse von Stiftung Warentest und Öko-Test insbesondere Qualität und Nachhaltigkeit vermitteln sollten, setzen die Marketingentscheider immer häufiger auf die Glaubwürdigkeit realer Konsumenten. Ob in TV, Print, Online oder in Out-of-Home-Kampagnen, die Weiterempfehlungsquote hat sich inzwischen als eigenständiges Vertrauenssiegel in der Konsumgüter-Landschaft etabliert. Ermittelt werden diese Ergebnisse durch gezielt angesteuerte Produkttests in der jeweiligen Zielgruppe. Männer über 50, junge Mütter oder Sportler mit jeweils hoher Affinität zum Produkt testen für sie relevante Produkte,

Abb. 6.1 Bayer setzt in der TV-Werbung für sein Schmerzmittel „Aspirin Complex" auf die Zufriedenheit der Verwender. (Bayer Vital GmbH 2017)

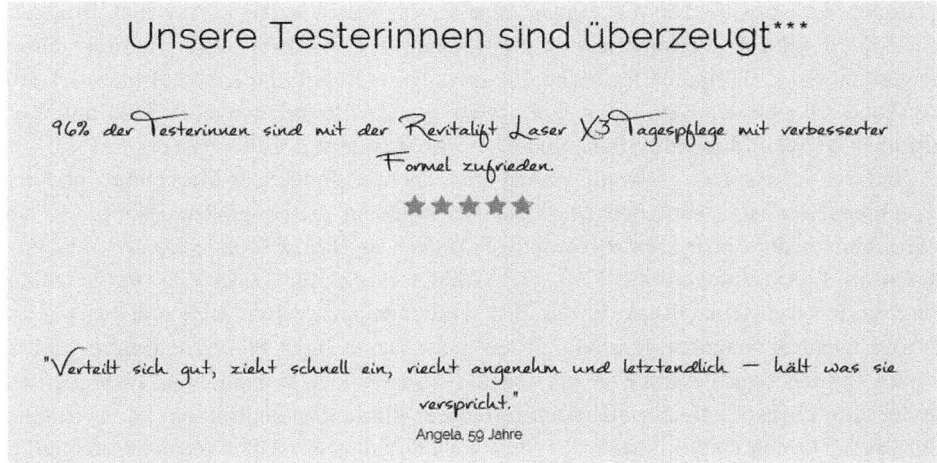

Abb. 6.2   L'Oréal lässt seine Produkttesterinnen persönlich zu Wort kommen. (L'Oréal Paris 2017)

geben Bewertungen ab und verfassen eigene Kommentare. Diese können dann vom Hersteller in ihre Kommunikationskampagne integriert werden. So setzt der Kosmetikhersteller L'Oréal für seine Anti-Age-Pflegeserie „Revitalift Laser X3" in Deutschland seit 2014 auf der einen Seite auf Heike Makatsch als prominentes Gesicht. Die Überzeugung, die die 47-jährige Schauspielerin vermitteln soll, wird jedoch unterstützt durch einen Produkttest mit über 570 Frauen. „96 % der Testerinnen sind mit der Revitalift Laser X3 Tagespflege mit verbesserter Formel zufrieden" – so das Gesamturteil und laut L'Oréal sagen neun von zehn Testerinnen „Dranbleiben lohnt sich bei dieser Anti-Age-Creme!". Doch L'Oréal geht noch einen Schritt weiter und lässt auf seiner Webseite die Testerinnen persönlich zu Wort kommen: „Meine Haut wirkt aufgepolstert, straffer und jünger, das macht mich sehr glücklich", so Katrin, 38 Jahre. Und Angela (59) wird so zitiert: „Verteilt sich gut, zieht schnell ein, riecht angenehm und letztendlich – hält was sie verspricht" (s. Abb. 6.2).

Katrin und Angela, zwei glaubwürdige und damit wichtige Testimonials für die Marke Revitalift, die sicherlich auch in ihrem direkten Umfeld über die Anti-Aging-Serie von L'Oréal sprechen werden. Doch wo lassen sich diese Micro-Influencer im Gesamtspektrum des Influencer-Marketings einsortieren?

6.2   Vom Macro- zum Micro-Influencer-Marketing

Das Influencer-Marketing hat sich in den ersten Jahren auf Personen mit einer eigenen, großen Community insbesondere auf ihrem Blog, auf YouTube oder Instagram fokussiert. Über diesen Weg sollte unter anderem der Reichweitenrückgang klassischer Medien aufgefangen und ersetzt sowie die Relevanz dieser Meinungsmacher

(„Influencer") positiv für die eigene Marke eingesetzt werden. Aus den Bloggern, YouTubern oder Instagramern sind inzwischen echte Promis und „Internet Stars" geworden. So z. B. Bianca Heinicke, die mit „Bibis Beauty Palace" auf über 4,5 Mio. YouTube-Abonnenten verweisen kann, oder die Zwillingsschwestern Lisa und Lena mit über 20 Mio. Musical.ly-Fans und 11,5 Mio. Instagram-Followern.

Und so verwundert es wenig, wenn das Thema „Influencer-Marketing" und ihre Hauptdarsteller längst aus den Marketing-Fachmedien in die großen Publikums- und Wirtschaftsmedien übergesprungen sind. So haben es Bibi, Caroline Daur, Vreni Frost & Co. in Tageszeitungen wie Welt, die Süddeutsche Zeitung oder die Stuttgarter-Zeitung, in den Deutschlandfunk, in das ZDF-Frauenmagazin Mona Lisa und sogar in das seriöse manager magazin geschafft. Doch nicht nur in ihrer PR-Vermarktung sind die großen Influencer professioneller geworden. Sie lassen sich von Agenturen betreuen und stellen ihre Dienste auf spezialisierten Influencer-Marketing-Plattformen zur Verfügung. Ein Markt, in den auch immer mehr Online-Unternehmen und Publisher einsteigen. So kaufte Google im Jahr 2016 die Agentur Famebit, Gruner + Jahr geht mit der Plattform Incircles an den Start, und Ende 2017 stieg die ProSiebenSat.1 Group als Teilhaber bei BuzzBird ein und Burda fasste alle seine Aktivitäten in der Marketing-Plattform „brands you love" mit nach eigenen Angaben über 200.000 Influencern zusammen.

Für Marketingverantwortliche bringt diese Professionalisierung auf der einen Seite klare Vorteile, ermöglicht sie doch neben dem Zugang zu einer großen Reichweite klare Absprachen, Abläufe und Leistungen im Rahmen einer bezahlten Influencer-Kampagne.

Einher geht damit jedoch auch:

- eine deutliche Steigerung des einzusetzenden Budgets,
- die Inkaufnahme von Streuverlusten in der Zielgruppenansprache durch eine heterogene Followerschaft,
- ein Verlust an Authentizität und damit Glaubwürdigkeit, wenn der Influencer für zahlreiche Produkte wirbt oder gar eine eigene Produktlinie betreibt,
- ein deutlicher Rückgang an Interaktion mit den Followern und Abonnenten.

So hat die US-amerikanische Influencer-Marketing-Agentur Markerly in einer Studie fünf Millionen Instagram-Posts von über 800.000 Instagram-Nutzern analysiert. Die Kernaussage der Analyse ist eindeutig: „The key finding of our data is that as an influencer's follower total rises, the rate of engagement (likes and comments) with followers decreases" (Markerly 2016). Laut Markerly erzielen Instagramer mit weniger als 1000 Followern mit ihren Posts eine durchschnittliche Like-Rate von acht Prozent. Diese Quote sinkt nun umgekehrt proportional zum Anstieg der Follower-Zahl. Instagramer mit 1000–10.000 Followern generieren eine durchschnittliche Like-Rate von etwa vier Prozent, während sie bei mehr als zehn Millionen Followern auf 1,6 % sinkt (Markerly 2016). Die Studie ergab einen ähnlichen Verlauf beim Verhältnis zwischen Follower-Zahl und der Comment Rate (Anzahl der Kommentare). Hier nimmt die durchschnittliche Kommentaraktivität bei zunehmender Anzahl der Follower eines Instagram-Accounts kontinuierlich ab. Markerly zieht aus den Untersuchungsergebnissen folgenden Schluss: „We believe influencers in the 10–100k follower range offer the best combination of engagement and broad reach, with like and comment rates that exceed influencers with higher followers" (Markerly 2016). Es ist also nicht verwunderlich, wenn im Bereich des Influencer-Marketings immer stärker ein Trend zur Zusammenarbeit mit den sogenannten Micro-Influencern zu erkennen ist.

6.3   Abgrenzung Macro- vs. Micro-Influencer

Im allgemeinen Sprachgebrauch des Influencer-Marketings haben sich zwei Größenkategorien zur Klassifizierung herauskristallisiert: Macro- vs. Micro-Influencer. Dabei liegt zwar keine einheitliche und allgemeingültige Definition vor, ab welcher Follower-Größe ein YouTuber, Snapchatter oder Instagramer überhaupt als Influencer gilt und ab wann er die notwendige Reichweite vorweisen kann, um als Macro-Influencer angesehen zu werden. Dennoch hat sich eine Richtgröße für diese Einschätzung in weiten Teilen der Marketing-Welt etabliert.

▶ **Definition Macro- und Micro-Influencer** Bezogen auf die Anzahl der Follower auf der jeweiligen Online-Plattform (wie Blog, YouTube, Instagram, Facebook, Snapchat, Musical.ly etc.) ergeben sich zwei Influencer-Kategorien:
    Macro-Influencer: > 100.000 Follower
    Micro-Influencer: < 100.000 Follower (vgl. Clifton 2016; Mediakix 2016; Wolfson 2017)

Unterschiedliche Bewertungen gibt es hinsichtlich der Follower-Reichweite eines Micro-Influencers. Solberg Audunsson, Mitgründer des isländischen Unternehmens Takumi. einem Marktplatz für Markenkommunikation zwischen Unternehmen und Micro-Influencern, beziffert diese wie folgt: „Micro-Influencer sind im Allgemeinen diejenigen, die in den sozialen Medien sehr aktiv kommunizieren. Ihre Anhängerschaft bewegt sich dabei zwischen 1000 und 100.000 Followern" (Audunsson 2017). Damit entspricht er der Reichweitendefinition von Jess Clifton von Edelman Digital (Clifton 2016).
    Eine noch differenziertere aber wenig verbreitete Klassifizierung findet sich im Blog von We Are Anthology (van Gogh 2017). Dort wird unterschieden in Micro-Influencer (500–10.000 Follower), Macro-Influencer (10.000–1 Mio. Follower) sowie Mega-Influencer oder auch Celebrity Influencer (>1 Mio. Follower).
    Eduard Andrae und Philipp Rodewald beschreiben diese „schwammige" Definition von Micro-Influencern in einem Beitrag für das Upload-Magazin und führen dort als weitere Zwischenkategorie die „Medi-Influencer" ein. Diese soll hier aber nicht weiterverfolgt und vertieft werden: „Die Definition von Micro-Influencern ist derzeit noch etwas schwammig. Einige Agenturen sprechen von 250 bis 5000 Followern, andere von

1000 bis 10.000 Followern. ... Zudem gibt es noch die sogenannten Medi-Influencer. Diese besitzen eine deutlich größere Wahrnehmung, bis zu 100.000 Follower, haben sich aber inhaltlich ebenfalls spezialisiert" (Andrae und Rodewald 2017).

Neben der Definition über Follower-Zahl und der damit verbundenen Reichweite ist es vielleicht diese von Andrae und Rodewald angesprochene inhaltliche Spezialisierung, die den eigentlichen Unterschied zwischen Macro- und Micro-Influencern ausmacht. Dort, wo die großen, prominenten Macro-Influencer über Reisen, Mode, Kosmetik und andere Themen kommunizieren, fokussieren sich Micro-Influencer auf ein Spezialthema. Diese Spezialisierung grenzt – je nach Themenbereich – die mögliche Reichweite ein, erhöht aber gleichzeitig die Glaubwürdigkeit eines Influencers für dieses Thema.

Eva Ihnenfeldt von SteadyNews sieht diverse Vorteile in der Zusammenarbeit mit Influencern unterhalb der 100.000 Follower-Grenze: „Ein neuer Trend ist es anscheinend, sich mehr auf die kleineren Creator zu konzentrieren, die zwischen 1000 und 100.000 Fans und Abonnenten haben. Hier wird nicht so leicht vermutet, dass es eine kommerzielle Absprache gibt – hier kann man länger im Verborgenen werben. Abgesehen davon sind natürlich die Micro-Influencer sehr viel günstiger als die Stars. Marken können ihr Budget für Influencer-Marketing weiter streuen und gezielt ganz bestimmte Zielgruppen ansprechen" (Ihnenfeldt 2017).

6.4   Der Übergang zum Word-of-Mouth-Marketing

Den Übergang vom Influencer-Marketing als Bestandteil des Online-Marketings zum Word-of-Mouth (WoM)-Marketing beschreibt der Social Influencer und Mundpropaganda Anbieter Linkilike, wenn er Micro-Influencer als „Privatpersonen" beschreibt, „die zwischen 250–5000 Follower haben" (Linkilike 2017). Auch Christina Dreher, bei der Burda-Plattform „brands you love" für das Micro-Influencer-Marketing verantwortlich, beschreibt in einem Gespräch mit der Autorin Micro-Influencer wie folgt: „Es sind Consumer Influencer gemeint, die sich selbst nicht als Influencer per se verstehen, sondern einfach Spaß an neuen Produkten und Produkttests haben und ihre Erfahrungen und Empfehlungen gerne mit ihren Freunden über Social Media teilen. Unsere Micro-Influencer haben durchschnittlich 350 Follower." Als eine wesentliche Differenzierung zu den Macro-Influencern sieht Dreher, dass die Micro-Influencer auf der Burda-Plattform für ihr Engagement nicht bezahlt, sondern ausschließlich über Produkte incentiviert werden.

Der Betreiber von „Europas größter Community für Mitmach-Marketing", trnd, führt neben den Macro- und Micro-Influencern die Kategorie der „Real-Life Influencer" ein und definiert diese wie folgt:

▶ Definition Real-Life-Influencer „The Real-Life-Influencer – also known as friend, colleague, parent, sibling, neighbour and most importantly – your existing consumer. ... Compared to the reach of influencers, or even micro-influencers their circle of influence is much smaller – approximately 200–300 per person. … They're the gatekeeper to the heart of the brand experience in real time, whether it happens at the breakfast table or over a coffee at work" (James 2017).

Als Freunde, Kollegen, Eltern, Nachbarn oder Kunden verlassen diese Influencer nun auch die reine Online-Welt und werden Teil des „realen" Lebens – der Offline-Welt.

Welchen Einfluss haben diese Durchschnittskonsumenten, die Privatpersonen aus dem direkten Umfeld auf die Kaufentscheidung von Konsumenten? Dieser Frage ist eine Studie von Dr. Jonah Berger, Marketing-Professor an der Wharton School der University of Pennsylvania, und der Keller Fay Group, einem auf Word-of-Mouth-Marketing spezialisierten Research Institut aus New Brunswick, USA, nachgegangen. Im Rahmen der Studie haben sich zwei zentrale Ergebnisse herauskristallisiert (Berger 2016):

- Diese „Real-Life Influencer" führen bis zu 22,2-mal so viele Gespräche („buying conversations") mit Produktempfehlungen wie ein durchschnittlicher Konsument.
- 82 % aller befragten Konsumenten gaben an, dass sie mit großer Wahrscheinlichkeit einer Kaufempfehlung dieser Influencer folgen würden.

Um die Ursache für den großen Einfluss auf die Kaufentscheidung von Konsumenten zu verstehen, ist es wichtig, die spezifischen Eigenschaften dieser Real-Life-Influencer zu kennen:

- Sie sind keine traditionellen und anonymen Prominente oder Celebrities, sondern Menschen aus dem unmittelbaren, täglichen Umfeld.
- Ihre Kaufempfehlungen haben keinen finanziellen Hintergrund, da sie nicht dafür bezahlt werden und da sie nicht in einer Verbindung mit dem Produktanbieter stehen.
- In der Regel verfügen sie über spezifisches Wissen in einem bestimmten Bereich, sei es durch ihren Beruf, ihr Hobby oder ihre Interessenslage.
- Sie haben das perfekte „Touchpoint Knowledge". Dort, wo Werbetreibende versuchen, ihre Werbebotschaften durch umfangreiche Customer-Journey-Analysen und den Einsatz von Big Data zum richtigen Zeitpunkt an den richtigen Konsumenten auszuspielen, weiß der Real-Life-Influencer, wann seine Nachbarn in den Strandurlaub fliegen und welche Sonnencreme seinen Kindern im letzten Jahr gut geholfen hat.
- Daher sind ihre Empfehlungen authentisch und werden als glaubwürdig angesehen.

Für Marketing- und Sales-Verantwortliche stellen diese Influencer im Bereich des Word-of-Mouth-Marketings damit wertvolle Multiplikatoren dar, denn sie haben unmittelbaren Zugriff auf exakt ihre Zielgruppe und können dieser intuitiv zum richtigen Zeitpunkt die richtigen Informationen zu einem Produkt vermitteln.

6.5   Word-of-Mouth-Marketing

Word-of-Mouth-Marketing basiert auf der Weitergabe einer persönlichen Produkt- oder Markenempfehlung durch Konsumenten. In der analogen Welt geschieht dies, verbunden mit einer geringen Reichweite, durch klassische Mundpropaganda.

▶ Definition Word-of-Mouth-Kommunikation, Mund-zu-Mund-Kommunikation, Empfehlungsmarketing, Mund-zu-Mund-Propaganda, Mund-Propaganda „Form der direkten persönlichen Kommunikation (sprichwörtlich: von Mund zu Mund) zwischen Konsumenten innerhalb eines sozialen Umfeldes. Im Marketing wird Word-of-Mouth als eine informelle, wertende Meinungsäußerung über Marken, Produkte, Services und Unternehmen zwischen Konsumenten verstanden. Diese kann sowohl positiv als auch negativer Art sein" (Springer 2017).

Die klassische Mundpropaganda ist eigentlich die älteste, glaubwürdigste und effektivste Form von Markenkommunikation überhaupt. Allerdings ist sie aus der Perspektive des Marketing- oder Sales-Verantwortlichen kaum plan- und steuerbar.

Über Produkt-Sampling (ich stelle meinen neuen Energy-Drink im Fitness-Zentrum zur kostenlosen Mitnahme bereit) wird versucht, die Zielgruppe zum Testen des neuen Produktes anzuregen, in der Hoffnung, so auch positive Produktempfehlungen generieren zu können. Allerdings leidet das Produkt-Sampling unter zahlreichen Unabwägbarkeiten:

- Das Verteilen der Produkte erfolgt im Gießkannenprinzip, denn wer tatsächlich das Produkt bekommt und auch nutzt, ist nicht steuerbar.
- Die tatsächliche Nutzungsrate eines Produkt-Samples ist recht gering.
- So muss eine große Menge an Produkten zur Verfügung gestellt werden, um die Streuverluste und die hohe Anzahl an Nicht-Testern auszugleichen.
- Es findet keinerlei direkte Rückmeldung seitens des Testers mit der Marke statt. Wie findet er das Produkt? Hat er Fragen? Hat er Vorschläge oder Wünsche?
- Das Unternehmen erhält somit auch keine Rückmeldung, ob und zu welchen Produktempfehlungen es kommt. Es kann diese auch nicht aktiv für weitere Kommunikation nutzen.

Als Mundpropaganda-Marketing-Pionier im deutschsprachigen Raum wurde im Jahr 2005 trnd gegründet. Das Unternehmen bot erstmals die Möglichkeit, das hocheffektive Instrument der Mundpropaganda im Marketing-Mix plan- und messbar einzusetzen und damit gezielt private Gespräche von Konsument zu Konsument anzuregen. Ermöglicht wurde diese Entwicklung durch den Einsatz moderner, digitaler Technologien wie E-Mail-Marketing, Customer-Relationship-Management (CRM) und webbasierter Technologieplattformen. Gleichzeitig ist durch den Siegeszug von Social Media das öffentliche Bewusstsein für die Meinung des Einzelnen gestiegen. So musste zwar schon im Jahr 1995 der Mineralölkonzert Shell auf Druck eines massiven Konsumenten-Boykotts davon abrücken, eine ausgemusterte Bohrinsel in der Nordsee zu versenken. Doch damals stand hinter den lautstarken Konsumentenäußerungen und dem Boykott eine globale und PR-erfahrene Umweltorganisation: Greenpeace. Heute kann jedes Individuum mit einem kurzen Text, einem Bild oder Video einen Shitstorm auslösen und Marken und Unternehmen zum Handeln zwingen.

Word-of-Mouth-Kampagnen können sowohl analog und digital – oder auch in beiden Welten – gestartet, umgesetzt und ausgespielt werden. Dabei profitiert das digitale WoM-Marketing von der Vernetzung und Kommunikation der Konsumenten über Blogs, Communities, Facebook, Twitter & Co. und der damit zusätzlich generierten Reichweite. Doch unabhängig ob offline oder online gilt: Da persönliche Empfehlungen von bestehenden Kontakten aus dem unmittelbaren Umfeld glaubwürdiger als herkömmliche Werbebotschaften wirken, haben sie relevanten Einfluss auf die Meinungsbildung und Markenwahrnehmung und erhöhen so die Kaufwahrscheinlichkeit – dies belegen diverse Studien und Untersuchungen.

Laut der Nielsen „Global Trust in Advertising Survey" aus dem Jahr 2015 ist die Glaubwürdigkeit einer Empfehlung eines Freundes oder Bekannten aus dem analogen, persönlichen Umfeld um ein Vielfaches höher als die Werbebotschaft eines Online-Banners. 83 % der international Befragten vertrauen demnach der Empfehlung eines Bekannten aus dem Freundes- und Familienkreis; 70 % gaben an, den Informationen von Unternehmenswebseiten zu vertrauen, und immer noch 66 % halten Kundenbewertungen im Internet sowie redaktionelle Artikel in Zeitungen für vertrauenswürdig (Nielsen Global 2015). In der Studie hat Nielsen das Vertrauen der Verbraucher in Werbung in 60 Ländern weltweit untersucht.

Auf die Top-3 der vertrauenswürdigsten Werbeformen der deutschen Konsumenten haben laut Nielsen Unternehmen nur indirekten Einfluss. Denn diese sind – so das Institut (Nielsen Deutschland 2015):

1. Persönliche Empfehlungen mit 78 %
2. Verbrauchermeinungen im Internet mit 62 %
3. Zeitungsartikel mit 61 %

Erst auf dem vierten Platz folgen die Markenauftritte von Unternehmen mit 50 %.

Eine von Harris Poll im Auftrag von Lithium Technologies im Januar 2016 unter 4085 Konsumenten in Deutschland, Großbritannien und USA durchgeführte Online-Umfrage bestätigte diese Ergebnisse. Zum Thema „Bildung ihrer Kaufentscheidung" befragt, stehen bei den deutschen Konsumenten ganz oben auf der Rangliste der Vertrauensquellen Familie und Freunde (81 %), gefolgt von Online-Produktbewertungen (65 %) sowie der Firmenwebseite (57 %) (Lithium 2016).

Und auch für die mobile Suche und Information außer Haus gilt: Im mobilen Zeitalter stellen persönliche Empfehlungen einen entscheidenden Kaufimpuls dar. Dies hat die Kurzstudie „Shopping 2016: Können Ihre Kunden heute mit der Technologie Schritt halten?" des ECC Köln in Zusammenarbeit mit CoreMedia, IBM und T-Systems Multimedia Solutions aus dem Jahr 2016 ergeben: „Bei jedem fünften Kauf mit externen Anreizen verlassen sich die Befragten bei der Produktwahl darauf, was ihnen Freunde, Bekannte oder Kollegen empfehlen. Damit liegt die Mundpropaganda an der Spitze der externen Kaufimpulse. In dichtem Abstand folgen Werbung oder Push-Nachrichten (17,8 %). Auch Kaufempfehlungen eines Online-Shops und Kundenbewertungen sind mit jeweils

Anteile kaufauslösender externer Impulse außer Haus

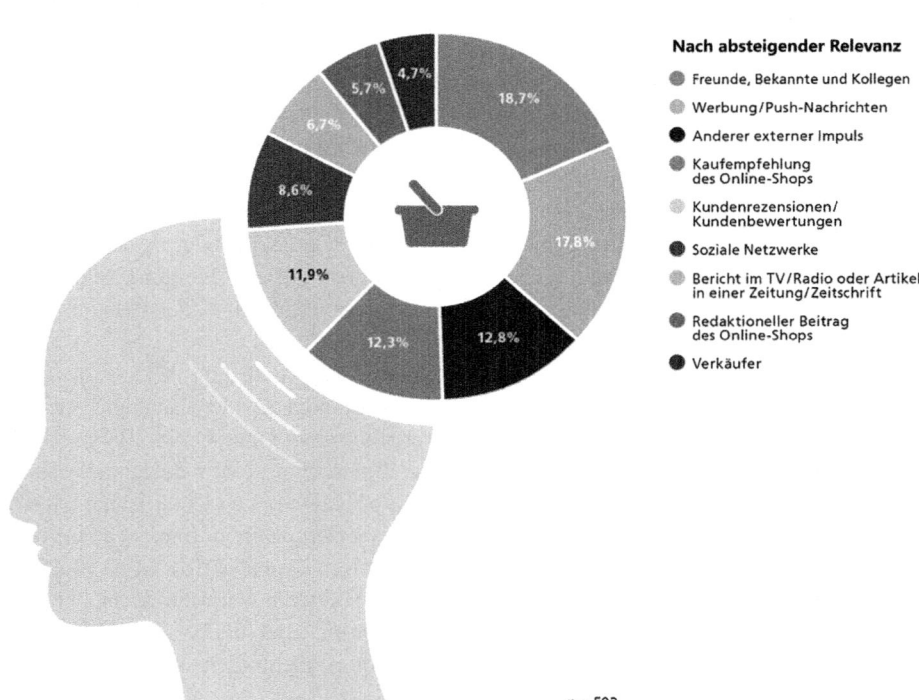

Abb. 6.3 Freunde, Bekannte und Kollegen liefern außer Haus den wichtigsten Kaufimpuls für Smartphone-Besitzer. (ECC Köln 2016)

rund zwölf Prozent wichtige externe Impulsgeber" (ECC Köln 2016). Für die Studie wurden 2000 Smartphone-Besitzer im Rahmen einer internetrepräsentativen Online-Umfrage zu ihren Kaufimpulsen außer Haus befragt (s. Abb. 6.3).

6.5.1 Beispiel einer WoM-Kampagne

WoM-Testkampagnen für die gezielte Generierung von Kundenempfehlungen sind insbesondere prädestiniert für Produkte aus den Branchen Beauty, Ernährung, Gesundheit sowie Consumer Electronics. So setzen Markenhersteller wie Henkel, Philips, P&G oder L'Oréal auf die Durchschlagskraft und Nachhaltigkeit von Konsumentenempfehlungen. Doch auch Handelsunternehmen und Luxusartikelhersteller erkennen immer stärker die vielfältigen Einsatzmöglichkeiten des WoM-Marketings und verknüpfen diese eng mit ihren übrigen Marketing- und Sales-Kanälen.

Am Beispiel des Outdoor-Küchen-Herstellers Big Green Egg lässt sich der Aufbau und Ablauf einer WOM-Kampagne erläutern.

Das Big Green Egg wurde nach dem über 3000 Jahre alten, asiatischen Entwurf eines Erd- und Lehmofens („Kamado") weiterentwickelt. Durch die Kombination des Prinzips des traditionellen Tonofens mit hochwertiger Keramik, die mit modernen Technologien hergestellt wird und enorm hitze- und kältebeständig ist, ist ein Outdoor-Kochgerät in sieben Variationen zum Grillen, Räuchern, Garen, Kochen bis hin zum Backen und Slow-Cooking entstanden. In 2016 möchte der Hersteller seine Kochgeräte über Word-of-Mouth in Deutschland weiter bekannt machen und startet dazu seine erste Kampagne gemeinsam mit trnd. Gesucht werden 20 Tester, die ihre Erfahrungen und Erlebnisse on- und offline teilen, wobei der Kampagnenschwerpunkt auf der Online-Reichweite liegen soll.

In einer einwöchigen Startphase werden die bei trnd registrierten Mitglieder per Mail und Blog zur Teilnahme an der Kampagne aufgerufen (s. Abb. 6.4).

In der folgenden Ideenphase werden nach einem virtuellen Kennenlernen der Produkte, ersten Online-Gesprächen auf dem Blog sowie einem anschließenden kurzen Wissenstest aus den eingegangenen Bewerbungen die finalen 20 Teilnehmer als Big Green Onlinereporter ausgewählt.

Die Tester werden dann auf zwei Teams aufgeteilt: Eine Gruppe probiert die verschiedenen Zubereitungstechniken mit dem Big Green Egg MiniMax aus, die andere mit dem Big Green Egg Large. Während der nun folgenden Aktionsphase teilen die Tester ihre Erfahrungen online auf den diversen Social-Media-Plattformen, auf Plattformen wie Amazon oder Ciao, in Form eines YouTube-Videos (s. Abb. 6.5), auf ihren persönlichen Blogs oder auch offline in ihrem unmittelbaren Umfeld.

In der gesamten Aktionsphase stehen die trnd-Community-Mitarbeiter in engem Kontakt mit den ausgewählten Testern (s. Abb. 6.6). Als Plattform für diesen Austausch steht insbesondere der projekteigene Blog zur Verfügung, über den Rückmeldungen und Erfahrungen eingesammelt werden, aber auch zwei Umfragen oder Aufgaben gestartet werden (s. Abb. 6.7).

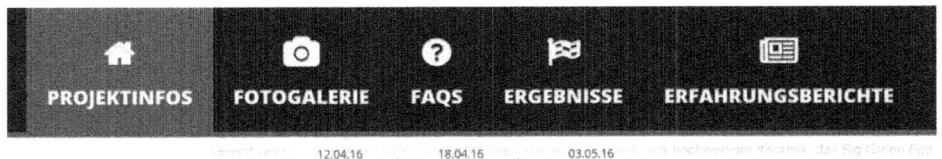

PROJEKTINFOS   FOTOGALERIE   FAQS   ERGEBNISSE   ERFAHRUNGSBERICHTE

12.04.16   18.04.16   03.05.16
STARTPHASE > IDEENPHASE > AKTIONSPHASE

So läuft das Projekt mit Big Green Egg ab:

- *Bewirb Dich* für das Projekt.
- Lerne das Big Green Egg sowie seine vielfältigen Zubereitungstechniken *zunächst virtuell* kennen, diskutiere mit und beweise nach zwei Wochen Dein Wissen in einem *kurzen Wissenstest*.
- Werde mit etwas Glück einer von 20 trnd-Partnern, die das Big Green Egg selbst zusammen mit Freunden, Bekannten und Verwandten *ausprobieren* dürfen.
- Lass andere Interessierte an Deinen Erfahrungen und Erlebnissen teilhaben, indem Du *Fotos und Videos* machst und diese in Sozialen Netzwerken teilst.
- Gib Deine Meinung in *zwei Online-Umfragen* ab.

Abb. 6.4 Der Aufruf zur Bewerbung an der Big Green Egg WoM Kampagne. (trnd 2016a)

Abb. 6.5 Online-Reichweite durch 190 Aufrufe eines Test-Videos. (YouTube 2016)

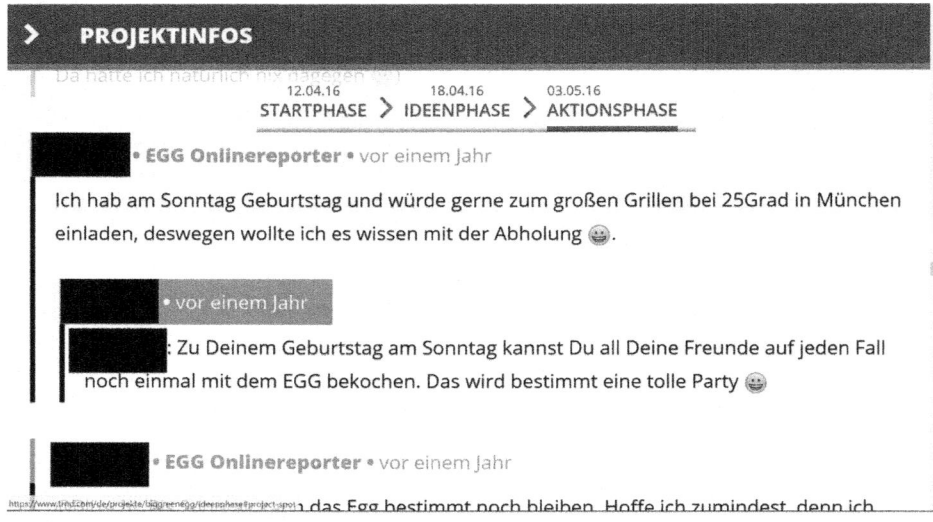

Abb. 6.6 Community-Management als Bestandteil der WoM-Kampagne. (trnd 2016b)

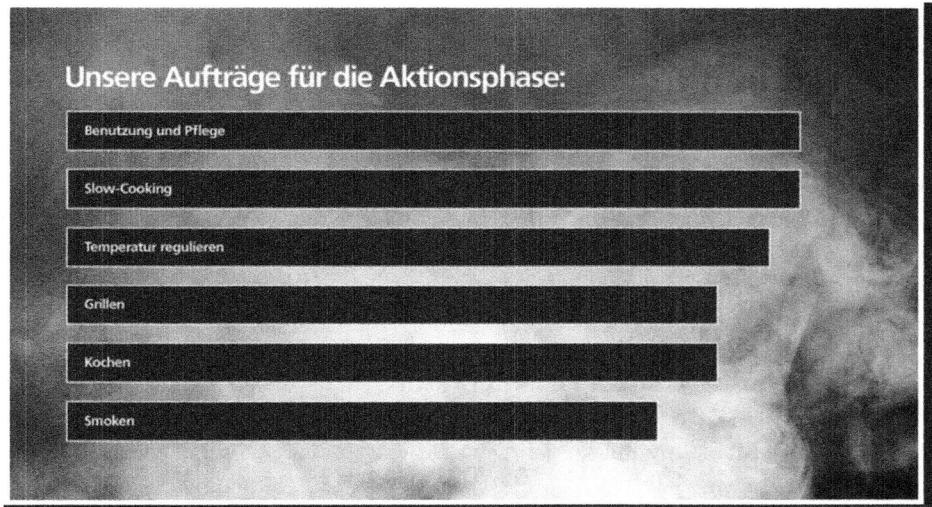

Abb. 6.7 Über den Projekt-Blog erhalten die 20 Produkttester ihre Aufgabenstellungen. (trnd 2016b)

6.5.2   Skalierung von WoM-Marketing im Media-Mix

Big Green Egg hat sich als Hersteller eines hochpreisigen Luxusartikels explizit für eine sehr exklusive Community von Produkttestern und damit auch für eine relativ kleine Online-Reichweite entschieden. Einen anderen, reichweitenstarken Ansatz wählte der Waschmittelhersteller Persil. Über 48.000 Konsumenten aus der Marken-Zielgruppe beschäftigten sich zunächst mit dem Konzept einer neuen Produktentwicklung. Anschließend wurden die besten 10.000 Teilnehmern zu Markenbotschaftern ausgebildet und mit Produktsamples ausgestattet.

Big Green Egg dagegen veröffentlichte im Anschluss zur Aktionsphase eine Markenanzeige mit besonders herausragenden Fotos und Kommentaren in der BEEF!, einem Kochmagazin für Männer, und erhöhte damit die Reichweite der WoM-Kampagne.

Damit nutzt diese Test-Kampagne den online generierten User-Content für eine Verlängerung in Paid-Media und ist damit ein gutes Beispiel, wie sich WoM-Marketing direkt in den Media-Mix des werbenden Unternehmens integrieren lässt. Insbesondere digitales WoM ist ideal über eigene Markenreichweiten skalierbar. Diese Möglichkeiten zur Reichweitensteigerung ergeben sich sowohl über Owned-Media-Kanäle (Webseite, Blog, Newsletter oder auch die eigene Facebook-Fanpage) als auch über Paid-Media (wie TV, Print, Online, Out-of-Home etc.).

Und auch umgekehrt lässt sich dieser Verstärkungsmechanismus feststellen. Als „Amplifier-Effekt" bezeichnet daher trnd die Beobachtung, dass eine crossmediale Verknüpfung von Markenkampagnen in Print und Online mit einer WoM-Kampagne besonders stark die Wirkung bei Markenbekanntheit und Kaufabsicht erhöht. Das Unternehmen bezieht sich dabei auf eine gemeinsame Studie mit der Europa-Universität Viadrina Frankfurt (Oder) und dem Institut für Marketing und Mundpropaganda-Forschung (ifwom), in deren Rahmen über 27.000 Konsumenten zur Werbeerinnerung und Kaufabsicht einer FMCG-Markenkampagne befragt wurden. Die Studie habe belegt, dass sich die Brand-Awareness bei Verbrauchern, die sowohl über klassische Medienkanäle als auch per WoM-Kampagne erreicht wurden, im Verhältnis zu einer rein klassischen Ansprache durchschnittlich mehr als verdoppelt (+109 %) habe. Die durchschnittliche Steigerung der Werbewirkung auf die Purchase Intention belaufe sich auf 194 % (trnd 2012).

6.6   Vom Influencer zum Co-Marketer

Der „Deutsche Marketing-Preis", jährlich verliehen vom Deutschen Marketing Verband (DMV), ging im Jahr 2017 an die Vorwerk Marke „Thermomix". In der offiziellen Pressemitteilung begründet die DMV Jury: „Die Erfolgsstory beruht unter anderem auf dem Weitererzählen einer Geschichte und der erlebten Erfahrung mit dem Produkt. Thermomix hat es geschafft, auf der Basis einer multifunktionalen Küchenmaschine mit Kochfunktion ein übergreifendes vernetztes System aufzubauen, das aus Rezepten, der Community, Zeitschriften und der Lieferung von Kochzutaten besteht" (DMV 2017). Und Prof. Dr. Ralf E. Strauß, Präsident des Deutschen Marketing Verbands und Vorsitzender der Jury, ergänzt: „Die erlebbare Digitalisierung plus Word-of-Mouth wird in ein vernetztes System bestehend aus dem Serviceangebot, der Community, dem CRM und dem Vertrieb eingebunden. All das geschieht auf Knopfdruck. Die Kundenloyalität und -Bindung sind beispiellos" (DMV 2017).

Vorwerk und seinem Top-Selling-Produkt, dem Thermomix, geht es also auch deshalb so gut, weil sie Verkaufsgespräche zu Erlebnissen machen, aus denen wiederum persönliche Weiterempfehlungen entstehen. Durch eine solche direkte Word-of-Mouth-Empfehlung werden laut einer Studie von McKinsey 20–50 % aller Kaufentscheidungen von Konsumenten beeinflusst:

> Indeed, word of mouth is the primary factor behind 20 to 50 percent of all purchasing decisions. Its influence is greatest when consumers are buying a product for the first time or when products are relatively expensive, factors that tend to make people conduct more research, seek more opinions, and deliberate longer than they otherwise would. And its influence will probably grow: the digital revolution has amplified and accelerated its reach to the point where word of mouth is no longer an act of intimate, one-on-one communication. Today, it also operates on a one-to-many basis: product reviews are posted online and opinions disseminated through social networks. Some customers even create web sites or blogs to praise or punish brands (Bughin et al. 2010).

Doch nicht alle Marken und Produkte sind im Verkauf Tupperparty-fähig. Um das Vorwerk-Prinzip des Direktvertriebs auf ihr Marketing zu übertragen, gehen immer mehr

Markenhersteller den Weg, ihre besten Kunden zu Co-Marketern zu promoten. Dies sind Fans der Marke oder des Produktes, die aus einer rein intrinsischen Motivation und ohne jede Entlohnung Teil der Kommunikation für „ihr" Produkt sein wollen. Es sind Menschen unterschiedlichen Alters, mit unterschiedlichen Einkünften, Familienkonstellationen, Lebensmodellen und Interessen, die das Marketing als Teil ihres Hobbys, ihrer Leidenschaft verstehen – wie der Triathlet, der aus persönlicher Erfahrung und Überzeugung seit Jahren die Spezialschuhe einer Marke nutzt und diese Erfahrung gerne an sein Umfeld weitergeben möchte.

▶ **Einen „Co-Marketer" zeichnet aus:**
- Er ist aus persönlicher Erfahrung und Überzeugung Fan einer Marke oder eines Produktes.
- Er möchte aktiv seine Erfahrungen und seine Begeisterung an sein Umfeld weitergeben.
- Er hat Interesse an einer direkten Kommunikation und Zusammenarbeit mit der Marke.
- Er möchte aktiv mithelfen, das Produkt bekannt und erfolgreich zu machen.
- Er hat großes Interesse an einer weiteren Verbesserung des Produktes und möchte dafür seine eigenen Ideen einbringen.
- Er kennt die Interessen seiner Freunde, Verwandten, Kollegen und Bekannten genau.
- Er kennt bestenfalls sogar deren aktuellen Bedürfnisse und Kaufabsichten.
- Er pflegt den permanenten Austausch mit seinen Freunden und Bekannten.
- Er ist rein intrinsisch an seiner Mitarbeit motiviert.

Wenn Unternehmen ihren Co-Marketern auf Augenhöhe begegnen, fühlen sich diese als geschätzte Partner. Dabei ist der kontinuierliche Dialog auf Basis gegenseitigem Respekts essenziell. Vorankündigungen bei Neu-Vorstellungen, Einladungen zu Veranstaltungen oder die Bereitstellung eines direkten Ansprechpartners sorgen für eine enge Markenbindung. Verbundenheit und ein enges Verhältnis entstehen, wenn die Unternehmen ihren freiwilligen Co-Marketern das Gefühl vermitteln, auf derselben Wellenlänge zu sein.

Ein kleines Rechenexempel mag die Durchschlagskraft dieser Marketing-Strategie belegen. Ein Hersteller von digitalen Kompaktkameras hat über einen Auswahlprozess 100 Co-Marketer für sich gewinnen können. Diese sind begeisterte Hobby-Fotografen, teilen regelmäßig ihre Fotos und sind fester und kommunikativer Bestandteil diverser Communities (online und offline). Jeder dieser Co-Marketer investiert durchschnittlich fünf Stunden pro Monat, um „seinen" Kamera-Hersteller und sein Modell in gutem Licht zu präsentieren, Fragen zu beantworten, Tipps zu geben und Kaufempfehlungen auszusprechen. Dies sind Monat für Monat 500 h zusätzlicher Marketing-Power – direkt und glaubhaft direkt an der Zielgruppe.

Noch weit über das reine Empfehlungsmarketing hinaus, können Co-Marketer in jeder Phase des Produktlebenszyklus einen erheblichen Mehrwert für die Marke beisteuern:

- Die Konsumenten können als praxisorientierte und erfahrene Produktspezialisten in die Weiter- oder Neuentwicklung von Produkten mit einbezogen werden. Eine besondere Form dieser „Co-Creation" durch Online-Crowdsourcing, also die Ausgliederung von traditionellen internen Teilaufgaben an eine Gruppe freiwilliger externer User über eine Online-Plattform, nutzt z. B. Vorreiter Tchibo mit „Tchibo Ideas". Und der für seine außergewöhnlichen Marketing-Strategien bekannte Schokoladen-Hersteller Ritter, startete am 1. November 2016 zum Tag des Einhorns den Verkauf einer ganz besonderen Edition: Die limitierte „Einhorn-Schokolade" wurde auf der hauseigenen Crowdsourcing-Plattform www.sortenkreation.de von den Ritter-Sport-Freunden kreiert.
- Im Rahmen von Pre-Tests können Markenhersteller über ihre Co-Marketer die Funktionalität und Handhabung von Prototypen einer neuen Produktlinie vor dem Markteintritt testen und bewerten lassen und so die Risiken bei Markteinführung minimieren.
- Co-Marketer können wertvolle Partner bei der Erstellung von glaubwürdigen und emotionalen Inhalten z. B. für die Webseite, für Social-Media-Plattformen wie Facebook oder Instagram, den eigenen Blog oder – wie im Big-Green-Egg-Beispiel gezeigt – für klassische Markenkampagnen sein. Online-Marketer schätzen zudem die hohe SEO-Relevanz exklusiver Nutzer generierter Inhalte.
- Im Rahmen der Marktforschung können Hersteller authentische Consumer-Insights quasi in Echtzeit und zu geringen Kosten gewinnen.
- In anderen Einsatzszenarien kann die Produkterweiterung um sekundäre Anwendungsbereiche („Backen mit Cornflakes") im Vordergrund stehen.
- Hersteller wie Henkel („Henkel Lifetimes") oder Procter & Gamble („for me") betreiben eigene Online-Plattformen, um gemeinsam mit ihren Co-Marketern an unterschiedlichen Projekten zusammenzuarbeiten und zu kommunizieren.
- Doch auch regionale Offline-Sales-Maßnahmen, um einzelne Verkaufsstandorte zu stärken und den Abverkauf vor Ort anzukurbeln, sind in Zusammenarbeit mit den Co-Marketern möglich, indem diese z. B. über einzelne Produkte geschult und dann Freunde, Bekannte und Kollegen mit Gutscheinen in die einzelnen Filialen einladen.

6.7   Grenzen des WoM-Marketings

Die Vorteile und Einsatzmöglichkeiten des WoM-Marketings sind ausreichend belegt, wo aber liegen die Grenzen der Zusammenarbeit mit Micro-, Real-Life-Influencern und Co-Marketern?

Beim WoM-Marketing geben Unternehmen einen Teil ihrer Markenverantwortung in die Hände der Konsumenten. Und diese entscheiden, ob, wann und wie sie über die Marke oder das Produkt im Social Network posten, ob sie positive Kommentare veröffentlichen oder ob sie mit Freunden und Bekannten darüber sprechen. Auf alle diese Bewertungen und Gespräche hat das Unternehmen nur indirekten Einfluss, z. B. durch die Auswahl und die Betreuung der Influencer.

Eine professionelle Zusammenarbeit mit Macro-Influencern ist daher dann sinnvoll und erstrebenswert, wenn

- die Influencer-Kampagne stark durch die eigene Marke gesteuert werden soll,
- das Unternehmen größtmögliche Kontrolle über den Auftritt der Marke behalten möchte,
- eine große Reichweite erzielt werden soll,
- ein unmittelbarer Imagetransfer vom Influencer auf die Marke, das Produkt stattfinden soll,
- es um professionell aufbereiteten Content mit Hochglanz-Inhalten (Texte, Bilder, Videos) geht,
- es sehr konkrete Vorstellungen über Art, Umfang und auch Timing der zu produzierenden Inhalte geht,
- professionelle Betreuung, Umsetzung und auch Reporting notwendig sind.

6.8 Neues Verhältnis zwischen Marken und Konsumenten

Aber zurück zu den Durchschnittskonsumenten als Influencer. Wollen diese die Rolle als öffentlicher Co-Marketer einer Marke tatsächlich übernehmen? Ist ihnen die Nähe zu einer Marke so wichtig?

In der Tat belegen Studien ein neues Verständnis und Verhältnis zwischen Marken und Konsumenten.

So konstatiert die internationale „Markenstudie Brandshare 2014" der PR-Agentur Edelman, dass sich 90 % der Konsumenten in Deutschland eine wertschätzende, gleichberechtigte Beziehung mit ihren Marken wünschen, aber lediglich 14 % glauben, dass sie sich bereits in einer solchen Beziehung befinden. Und nahezu drei Viertel (73 %) empfinden gar die Beziehung zu ihren Marken als einseitig (Edelman 2015).

Und in einer Fortführung ihrer Studien-Reihe identifiziert Edelman mit der Markenstudie „Earned Brand 2016", wo Unternehmen und Marken ansetzen sollten, um die Konsumenten von bloßen Käufern zu loyalen Botschaftern zu machen, die für Marken sprechen und diese aktiv verteidigen, denn „sobald der Konsument von einer ‚ich-basierenden Haltung' auf eine ‚wir-angetriebene Beziehung' wechselt, entwickelt sich ein neues Kauf- und Befürwortungspotenzial für eine Marke" (Edelman 2016). Für die repräsentative Studie wurden in 13 Ländern, darunter Deutschland, jeweils 1000 Konsumenten zu ihrer Beziehung zu einer von ihnen bereits verwendeten Lieblingsmarke befragt.

Laut Edelman-Studie gibt es Indikatoren dafür, „dass es Marken mit reichweitenstarker Push-Kommunikation zwar kurzfristig schaffen, ein Stück weit in das Relevant

Set des Konsumenten zu gelangen", aber „dass es den meisten Marken darüber hinaus kaum gelingt, eine nachhaltige Positionierung und eine echte ‚Brand Relationship' zu entwickeln."

Auf der anderen Seite belege die Studie jedoch die hohe Bereitschaft der Konsumenten, sich mit ihren Marken von einem „involved" (beteiligt) auf ein „committed" (engagiert) Level, auf die von Edelman als stärkste Beziehungsstufe definierte, zu begeben. Und gut zehn Prozent der Konsumenten in Deutschland sprechen Marken bereits ihr persönliches „Commitment" aus.

Um als Marke im Relevant Set nachhaltig verankert zu sein, reiche klassisches Marketing und reine Produktkommunikation bei Weitem nicht aus. Entscheidend seien relevante Inhalte und Botschaften zur Positionierung und deren richtige Aussteuerung über dialogorientierte soziale, aber auch klassische Kanäle. Edelman schlägt vier Handlungsmaxime vor, mit denen Marken ihre Beziehung zu den Konsumenten vertiefen und ausbauen können:

- „handelt sinnhaft und nachhaltig"
- „erzählt eine spannende Geschichte"
- „hört offen zu"
- „antwortet gezielt" (Edelman 2016).

6.9   Fazit

Unternehmen, die Micro- oder Real-Life-Influencer als Co-Marketer aktiv in ihr Marketing mit einbeziehen, haben die Chance, ihre Marketingprobleme dort zu lösen, wo sie aktuell stattfinden: beim Kunden. Denn jedes Marketingproblem ist im Wesentlichen ein Kundenproblem. Ein Sales-Problem ist ein „Kunden kaufen zu wenig"-Problem. Ein Awareness-Problem ist ein „Kunden wissen zu wenig"-Problem. Voraussetzung hierfür ist die Bereitschaft der Marketer, eine Kommunikation auf Augenhöhe zu führen – dialogorientiert und integrativ – sowie die Kontrolle über die User-generierten Markeninhalte ein Stück weit abzugeben. Erst dann kann ein neues Verhältnis zwischen Konsument und Marke entstehen.

Joe Tripodi, von 2007–2015 Chef-Marketer von Coca-Cola, formulierte es in einem Gastartikel für Harvard Business Review so: „Awareness is fine, but advocacy will take your business to the next level" (Tripodi 2011).

Literatur

Andrae, E. und Rodewald, P. (2017). Micro-Influencer: Wenn weniger Reichweite die bessere Wahl ist. In: Upload Magazin. http://upload-magazin.de/blog/19798-micro-influencer. Zugegriffen: 20. November 2017.

Audunsson, S. (2017). Micro-Influencer sorgen für mehr Engagement. In: Adzine. http://www.adzine. de/2017/02/micro-influencer-sorgen-fuer-mehr-engagement. Zugegriffen: 6. Oktober 2017.

Bayer Vital GmbH (2017). Aspirin Complex TV Spot, In: Website Aspirin: http://www.aspirin.de/ produkte/aspirin-complex. Zugegriffen: 30. September 2017.

Berger, J. (2016). Research shows Micro-Influencers have more impact than average consumers. http://go2.experticity.com/rs/288-AZS-731/images/Experticity-KellerFaySurveySummary_.pdf. Zugegriffen: 30. September 2017.

Bughin, J., Doogan, J. und Vetvik, O.J. (2010). A new way to measure word-of-mouth marketing. In: McKinsey Quarterly, April 2010. http//www.mckinsey.com/business-functions/marke- ting-and-sales/our-insights/a-new-way-to-measure-word-of-mouth-marketing. Zugegriffen: 03. Oktober 2017.

Clifton, J. (2016). Top 5 Influencer Marketing Trends and Implications. In: Edelman Digital: 2017 Digital Trends. http://edelmandigital.com/wp-content/uploads/2016/12/2017-Edelman-Digi- tal-Trends-Report.pdf. Zugegriffen: 03. Oktober 2017.

DMV (Deutscher Marketing Verband) (2017). Deutscher Marketing Preis 2017 – Die Jury hat ent- schieden. http://www.marketingverband.de/presse/pressemitteilungen/artikel/deutscher-marke- ting-preis-2017-die-jury-hat-entschieden. Zugegriffen: 28. November 2017.

ECC Köln (2016). Mundpropaganda ist wichtigster externer Kaufimpuls – auch bei Smartphone-Be- sitzern. Pressemitteilung des ECC Köln vom 13.04.2016. http://www.ifhkoeln.de/pressemitteilun- gen/details/mundpropaganda-ist-wichtigster-externer-kaufimpuls-auch-bei-smartphone-besitzern. Zugegriffen: 03. Oktober 2017.

Edelman (2015). Markenstudie Brandshare 2014: Bindungswilliger Konsument sucht Marke, die ihn wertschätzt. http://de.slideshare.net/EdelmanDE/edelman-markenstudie-brandshare-2014-bindungs- williger-konsument-sucht-marke-die-ihn-wertschtz. Zugegriffen: 01. Dezember 2017.

Edelman (2016). Earned Brand 2016: Edelman Earned Brand Markenstudie 2016. http://www. edelmanergo.com/newsroom/studien-insights/earned-brand-2016-von-respekt-zu-commitment. Zugegriffen: 01. Dezember 2017.

Ihnenfeldt, E. (2017). Macro- und Micro Influencer – Trends im Social Media Marketing. In: Stea- dyNews. http://steadynews.de/socialmedia/macro-und-micro-influencer-trends-in-social-me- dia-marketing. Zugegriffen: 03. Oktober 2017.

James, N. (2017). The three tiers of Influence Marketing. In: trnd. http://company.trnd.com/en/ blog/the-three-tiers-of-influencer-marketing. Zugegriffen: 30. September 2017.

Linkilike (Autor unbekannt) (2017). Was ist ein Micro Influencer? http://linkilike.com/micro-influ- encer. Zugegriffen: 30. September 2017.

Lithium (2016). Empfehlung statt Werbung: Lithium befragte Konsumenten zur Bildung ihrer Kaufentscheidung. http://www.lithium.com/company/news-room/press-releases/2016/empfeh- lung-statt-werbung-lithium-befragte-konsumenten-zur-bildung-ihrer-kaufentscheidung. Zuge- griffen: 20.11.2017.

L'Oréal Paris (2017): L'Oréal lässt seine Testerinnen persönlich zu Wort kommen. http://lounge. loreal-paris.de/revitalift-laser-x3. Zugegriffen: 03. Oktober 2017.

Markerly (Autor unbekannt) (2016). Instagram Marketing: Does Influencer Size Matter? http://mar- kerly.com/blog/instagram-marketing-does-influencer-size-matter. Zugegriffen: 03. Oktober 2017.

Mediakix (Autor unbekannt) (2016). How Brands Can Reach New Audiences With Micro-Influ- encers. http://mediakix.com/2016/06/micro-influencers-definition-marketing. Zugegriffen: 03. Oktober 2017.

Nielsen Deutschland (2015). Die beste Werbung machen Freunde und Bekannte – Deutsche ver- trauen auf persönliche Empfehlungen. http://www.nielsen.com/de/de/insights/reports/2015/ Trust-in-Advertising.html. Zugegriffen: 22. November 2017.

Nielsen Global (2015). Global Trust in Advertising. Winning strategies for an evolving media landscape. September 2015. http://www.nielsen.com/content/dam/nielsenglobal/apac/docs/reports/2015/nielsen-global-trust-in-advertising-report-september-2015.pdf. Zugegriffen: 22. November 2017.

Springer (2017). Springer Gabler Verlag (Hrsg.), Gabler Wirtschaftslexikon, Stichwort: Word-of-Mouth, online im Internet: http://wirtschaftslexikon.gabler.de/Archiv/81078/word-of-mouth-v6.html. Zugegriffen: 17. November 2017.

Tripodi, J. (2011). Coca Cola Marketing Shifts from Impressions to Expressions. In: Harvard Business Review, http://hbr.org/2011/04/coca-colas-marketing-shift-fro. Zugegriffen: 31. November 2017.

trnd (2012). trnd steigert die Wirkung von TV, Print, Online & Social Media. Studie der Europa-Universität Viadrina Frankfurt (Oder), ifwom und trnd. http://www.trnd.com/downloads/de/trnd_steigert_die_wirkung_von_tv_print_online_socialmedia.pdf. Zugegriffen: 31. November 2017.

trnd (2016a). trnd Projektblog zur Big Green Egg Kampagne, http://www.trnd.com/de/projekte/biggreenegg/info. Zugegriffen: 28. November 2017.

trnd (2016b). trnd Projektblog zur Big Green Egg Kampagne, http://www.trnd.com/de/projekte/biggreenegg/aktionsphase#project-spothttps://www.trnd.com/de/projekte/biggreenegg/info. Zugegriffen: 28. November 2017.

van Gogh, T. (2017). The Difference Between Micro, Macro and Mega Influencers. In: We Are Anthology. http://weareanthology.com/we-are-anthology-digital-influencer-and-social-media-marketing-blog/2017/4/26/the-difference-between-micro-macro-and-celebrity-influencers. Zugegriffen: 05. Oktober 2017.

Wolfson, C. (2017). Macro vs. Micro Influencers. In: Revolution Digital. http://www.revolutiondigital.com/article/macro-vs-micro-influencers. Zugegriffen: 05. Oktober 2017.

YouTube (2016), Pulled Pork auf dem Big Green Egg, https://www.youtube.com/watch?v=Rw148P2bMI4, Zugegriffen am 21.12.2017.

Über die Autorin

Die Autorin ist Inhaberin von Bamboo Consulting, einer 2011 gegründeten Agentur für PR und Social-Media-Kommunikation in Hamburg. Sie ist seit 20 Jahren in der Kommunikationsbranche tätig. Seitdem verantwortete sie in diversen Positionen auf Agentur- und Unternehmensseite die Kommunikationsaktivitäten zahlreicher Unternehmen – von internationalen Start-ups bis hin zu Multibrand-Konzernen. In den vergangenen Jahren initialisierte sie viele WoM-Kampagnen für Markenhersteller auf der Erdbeerlounge und den Plattformen von Ströer Digital und trnd. Zudem veröffentlicht sie regelmäßig Fachartikel zum Thema Influencer-Marketing.

Fallbeispiele: Influencer-Marketing-Cases aus 12 Branchen

7

Marlis Jahnke

Inhaltsverzeichnis

Zusammenfassung

Die Disziplin Influencer-Marketing ist noch jung und es ist zu früh für Resümees. Aber der Blick auf gelungene Kampagnen der letzten zwei Jahre lohnt – genügend Beispiele sind längst da. Die nachstehenden Cases basieren auf Interviews mit Marketingverantwortlichen aus ganz verschiedenen Branchen. Diese Entscheider über Marketing-Budgets gewähren uns Einblicke in ihre Herausforderungen, ihre KPIs und

M. Jahnke (✉)
Inpromo GmbH, Hamburg, Deutschland
E-Mail: marlis.jahnke@inpromo.de

© Springer Fachmedien Wiesbaden GmbH, ein Teil von Springer Nature 2018   127
M. Jahnke (Hrsg.), *Influencer Marketing*,
https://doi.org/10.1007/978-3-658-20854-7_7

ihre Erfahrungen. Die Diversität der Branchen – von FMCG bis B2B – ist beeindruckend und zeigt die Chancen und Einsatzmöglichkeiten für Influencer-Marketing. Die Beispiele rangieren von klassischen Testimonial-Kampagnen (Deutsche Telekom) über Multi-Micro-Influencer-Kampagnen (Ullstein Buchverlage) bis hin zur B2B-Kampagne des Wissenschafts- und Technologieunternehmen Merck. Es wird klar: Influencer-Marketing ist viel diverser als „nur Instagram".

7.1   Puh, ist das divers

Typischerweise begleitet Influencer-Marketing die Markteinführung eines Produktes, stellt besondere Produkteigenschaften (USPs) heraus oder stärkt den saisonalen Verkauf. Doch tatsächlich sind die Anwendungsbereiche viel diverser, als auf den ersten Blick angenommen. Influencer-Marketing kann verwertbare Erkenntnisse über das eigene Produkt gewinnen, Content für die eigenen Corporate-Kanäle generieren, Imagekampagnen tragen, Werbegesichter identifizieren oder sogar Personal rekrutieren. Die Möglichkeiten sind beinahe unbegrenzt und mit dem heutigen Stand sicher noch lange nicht ausgereizt. Wie Influencer-Marketing im Einzelfall eingesetzt wird, definieren die individuelle Ausgangslage und Ziele des werbenden Unternehmens.

Es fällt auf, dass die Branchen, die bereits auf langjährige Erfahrung mit Blogger Relations (siehe Kap. 1) zurückschauen, sehr intensiv und versiert Influencer-Marketing nutzen. So arbeitet z. B. die Buchbranche schon lange eng mit monothematischen Buch-Bloggern zusammen. Influencer-Marketing kommt nun zum Einsatz, um Gelegenheitsleser zu erreichen. Diese Zielgruppe liest keine Buch-Blogs, aber ist in den sozialen Medien aktiv und folgt Empfehlungen von Lifestyle-Influencern, z. B. auf Instagram.

Ähnlich ist es in der Film-, Musik- und Games-Branche. Die dort etablierte und sehr aktive Online-PR inkludiert die Beziehungspflege zu den Machern von starken Social-Media-Profilen – dies lange bevor diese sich Influencer nannten. So hat die Entertainment-Branche hoch attraktiven Content, den sie den Influencern zum Einsatz auf ihren Kanälen anbieten kann. Hier fokussieren die Budget-Entscheider insbesondere darauf, die Gelegenheitskonsumenten zu aktivieren und gehen auch heute noch oft davon aus, dass die Exklusivität des Contents ausreicht als Bezahlung für den Influencer.

Die Games-Branche bietet das Parade-Beispiel, wie wichtig Influencer im Marketing werden: Mit dem Start von YouTube entwickelte sich die Szene der Let's Player. Dies sind zumeist junge Männer, die sich beim Spielen filmen und dies kommentieren. Diese YouTube-Profile sind erstaunliche Reichweiten-Phänomene. Die Super-Stars wie der Schwede PewDiePie zählen 58 Mio. Abonnenten auf YouTube und sind hoch attraktiv für Marken – seine Popularität nutzte auch die Deutsche Telekom, siehe der Case Telekommunikation.

In der Mode- und Event-Branche startete die Zusammenarbeit mit Bloggern ähnlich früh – Influencer-Marketing ist nur eine Weiterentwicklung auf den neu entstandenen Plattformen. Hier sitzen die Influencer in der ersten Reihe bei Modenschauen, Premieren und ähnliche Events, siehe der Case Kultur. Die Aufgabe der Marketer besteht häufig darin, die stark nachgefragten Influencer wirklich verlässlich vor Ort zu bekommen und die Logistik der Reise zu organisieren. Der Fashion-Case von ABOUT YOU zeigt, dass Influencer-Marketing von Anfang an integraler und erfolgreicher Bestandteil der Philosophie eines Start-ups ist.

Und natürlich zeigen wir Cases zum Thema Food. Die FMCG-Branche setzt vermehrt auf reichweitenstarke Awareness-Kampagnen, die kurzfristige Aufmerksamkeit für das beworbene Produkt schaffen. Bei den meist selbsterklärenden Produkten steht häufig der visuelle Kontakt mit dem Packaging im Fokus. Hinweise zu eventuellen USPs und Verfügbarkeiten im POS können die Platzierung sinnvoll ergänzen. Was hier für den Menschen funktioniert, zündet auch in der Tierwelt:

Haustierbesitzer betreiben eigene Social-Media-Kanäle für ihre Lieblinge und vermarkten sie als sogenannte „Petfluencer". Die tierischen Social-Media-Stars bieten ideale Platzierungsmöglichkeit für die zugehörigen Futter-Hersteller.

Die Beispiele machen deutlich, dass Influencer-Marketing sowohl als alleinstehende Marketingdisziplin eingesetzt wird, aber auch zur Verlängerung und Verstärkung von klassischen Kampagnen, siehe die Cases des Sparkassen-Finanzportals. Die Finanzdienstleister müssen sich einer ganz anderen Herausforderung stellen: Wie sieht smartes Influencer-Marketing aus, um die Kundenbindung und Neukundengewinnung zu verbessern?

Bei erklärungsbedürftigen Produkten, wie z. B. technischen Produkten (Case Balmuda) muss Influencer-Marketing mehr leisten. Im Mittelpunkt der Kampagne steht ein Blog-Beitrag als Informations-Hub. Dort finden Nutzungsanleitung, Testbericht und detaillierter Feature-Vorstellung genügend Platz. Die anderen Kanäle dienen als (Reichweiten-)Verstärker, die auf diesen Blog-Beitrag hinweisen.

Der Interieur-Case zeigt die Herausforderung, langlebige Produkte ins Influencer-Marketing zu integrieren. Ein Produkt, das der Konsument nur alle zehn Jahre kauft, so wie in unserem Betten-Beispiel, muss in passenden Themenfeldern über Jahre verankert werden. Eine langfristige Kundenbindung bedingt dabei eine langfristige Zusammenarbeit mit Influencern.

Die zahlreichen Cases zeigen die Diversität bezüglich Zielen, Umfang und Integration im Marketing-Mix. Gleichzeitig ist mit der fortschreitenden Professionalisierung klar: Was zuvor eine Relations-Disziplin war, hat sich in den letzten Jahren rasant weiterentwickelt und nennt sich nun völlig zu Recht „Marketing". Spezial-Dienstleister und Marketing-Plattformen machen Kampagnen skalierbar, der technische Fortschritt sorgt für detaillierte Messbarkeit und nicht zuletzt professionalisiert sich auch die publizierende Influencer-Community zunehmend.

In seinem Beitrag in Kap. 10 stellt uns André Krüger Influencer-Kooperationen verschiedenster Konzeptions-Ansätze vor. Seine zehn Cluster reichen von Gewinnspielen und Co-Creation bis zu Live-Kommunikation und Take-over.

In diesem Kapitel stellen wir die unterschiedlichen Herausforderungen und Umsetzungen der jeweiligen Produkt-Kategorien vor. Nachstehend nun mehr als ein Dutzend Beispiele verschiedenster Branchen, in alphabetischer Reihenfolge:

7.2   Branchencase Buch/Literatur

▶   Kampagne von: **Ullstein Buchverlage**
      Produkt: **Buch „Calendar Girl – Verführt: Januar/Februar/März"**

„Calendar Girl – Verführt" ist der erste Band einer vierteiligen Buchreihe von Audrey Carlan. Der Mega-Bestseller aus den USA fesselte Millionen von Leserinnen, die der Protagonistin Mia durch ein Jahr voller Abenteuer und Leidenschaft folgen.

Das Buch erreichte Platz 3 der Spiegel Bestsellerliste.

Neun Fragen an Rosa Lehmann und Friederike Schönherr aus dem Digital Marketing der Ullstein Buchverlage
Rosa Lehmann und Friederike Schönherr ordnen den Verkaufserfolg unter anderem der umfangreichen Influencer-Marketing-Kampagne zur Veröffentlichung des Titels zu (s. Abb. 7.1).

1. Erfahrung: Hatten Sie vorher bereits Erfahrung mit Influencern?
Ja, allerdings weniger mit Lifestyle-Influencern als ausschließlich mit Buch-Bloggern.

2. Ziel/KPIs: Was war das Ziel Ihrer Influencer-Marketing-Kampagne? Was waren die wichtigsten KPIs?
Große Sichtbarkeit (Touchpoints) der Buchreihe – auch über Buch-Blogs hinaus, Einflussnahme nicht nur auf Vielleser, sondern auch Gelegenheitsleser.

Abb. 7.1 Influencer-Beitrag von @fashioneimi/Instagram (Reuber 2017), @yourownhazel/Instagram (Detmerowski 2017)

3. Herausforderung: Wo sahen Sie Herausforderungen in der Umsetzung/Realisierung Ihrer Influencer-Marketing-Kampagne?

Finden eines passenden Kooperationspartners, eines Partnerprodukts mit großer Begehrlichkeit für potenzielle Leser und Inszenierungspotenzial für Influencer.

4. Dienstleister: Haben Sie die Kampagne gemeinsam mit einer auf Influencer-Marketing spezialisierten Agentur oder Plattform umgesetzt?

Ja, sowohl mit auf Influencer-Marketing als auch Buch-Communities spezialisierte Agenturen.

5. Umfang: Wie viele Influencer waren an Ihrer Kampagne beteiligt?

250 Lifestyle-Influencer plus 150 Buch-Blogger.

6. Plattform: Auf welchen Social-Media-Kanälen/-Plattformen fand Ihre Kampagne statt?

Instagram, Facebook, Blogs und Buch-Communities.

7. Ergebnis: Wie bewerten Sie das Ergebnis Ihrer Kampagne?

Sehr positiv, mit allein via Influencern 2,6 Mio. generierten Touchpoints, großem nachhaltigen Viral-Effekt und Branchenvorbildfunktion. Bestseller-Listen-Platzierungen und Verkaufserfolge werden unter anderem der Kampagne zugeschrieben.

8. Wiederholung: Werden Sie erneut Influencer-Kampagnen umsetzen? Planen Sie eine feste Integration der Disziplin in Ihrem Marketing-Mix?

Es wurden mehrere ähnliche Kampagnen umgesetzt.

9. Sonstiges: Möchten Sie sonst noch etwas beitragen?

Professionalisierung der Lifestyle-Blogger läuft schnell, ein Plattform-Influencer ist zum Teil sechs Monate später schon Premium-Influencer. Hier wird es spannend, welche Influencer sich dauerhaft durchsetzen und damit zum Teil stark wachsende Media-Preise rechtfertigen.

Fazit Buchbranche

Die Buchbranche nutzt Influencer-Marketing intensiv und beurteilt den Einsatz als sehr positiv. Die Verlage haben schon früh inhouse eine enge Zusammenarbeit mit Buch-Bloggern oder sogenannten Bookstagrammer etabliert. Neue Kundengruppen, also Gelegenheitsleser erschließt die Buchbranche mit Hilfe von Lifestyle-Influencern. Um diese dynamische, diverse Gruppe für Kampagnen zu begeistern und zu akquirieren, arbeitet die Buchbranche stark mit Influencer-Agenturen oder Influencer-Plattformen zusammen – auch um mit einer sehr hohen Anzahl (> 100) von Influencern parallel arbeiten zu können.

Wichtigster KPI ist, die größtmögliche Reichweite in entsprechenden titelabhängigen Zielgruppen zu generieren, um auch Gelegenheitsleser über den Titel zu informieren und zum Kauf zu überzeugen.

Die Buchbranche begrüßt die zunehmende Professionalisierung der Lifestyle-Influencer, aber nimmt auch die damit verbundenen steigenden Honorarforderungen wahr.

7.3   Branchencase Drogerie/Healthcare

▶   Kampagne von: **TePe GmbH**
      Produkt: **TePe EasyPick™**

Der TePe EasyPick™ ist ideal zur Reinigung der Zahnzwischenräume für unterwegs und zwischendurch. Durch die einfache und schnelle Handhabung eignet sich der red dot design winner TePe EasyPick™ gut zum Einstieg in die Interdentalpflege.

Acht Fragen an Melanie Walter, Senior Marketing Manager bei TePe GmbH

1. Erfahrung: Hatten Sie vorher bereits Erfahrung mit Influencer-Marketing?
Wir haben in der Vergangenheit einzelne Kooperationen mit Influencern durchgeführt, die entweder von sich aus Kontakt zu uns aufgenommen hatten oder die wir von uns aus proaktiv angesprochen haben. Außerdem haben wir an einer Veranstaltung teilgenommen, bei der wir Influencern unsere Produkte vorstellten. Eine Influencer-Kampagne in der Form, wie wir sie für die TePe EasyPick™ umgesetzt haben, war für uns Premiere.

2. Ziel/KPIs: Was war das Ziel Ihrer Influencer-Marketing-Kampagne? Was waren die wichtigsten KPIs?
Unser Ziel war es, qualitativ gute Beiträge mit hoher Reichweite zu generieren und damit sowohl das Produkt, den Dental Stick TePe EasyPick™, bekannt zu machen als auch die Markenbekanntheit von TePe bei einer jüngeren Zielgruppe zu steigern.

3. Herausforderung: Wo sahen Sie Herausforderungen in der Umsetzung/Realisierung Ihrer Influencer-Marketing-Kampagne?
Mundhygiene ist doch auch ein sehr sensibles, intimes Thema. Daher war es für uns am Anfang schwierig einzuschätzen, wie groß das Interesse an unserem Produkt und die Bereitschaft sein würde, sich mit diesem Thema auseinanderzusetzen. Tatsächlich hat uns die Vielzahl an Bewerbungen für diese Kampagne sehr positiv überrascht.

4. Dienstleister: Haben Sie die Kampagne gemeinsam mit einer auf Influencer-Marketing spezialisierten Agentur oder Plattform umgesetzt?
Ja, die Kampagne wurde von unserer PR-Agentur gesteuert und über eine Influencer-Marketing-Plattform realisiert.

5. Umfang: Wie viele Influencer waren an Ihrer Kampagne beteiligt?
Insgesamt waren 50 Influencer beteiligt, die 92 Posts generiert haben (s. Abb. 7.2).

Abb. 7.2 Influencer-Beitrag
von @sophiaton_/Instagram
(Ton 2017),
@bibi_fashionable/Instagram
(Fellner 2017)

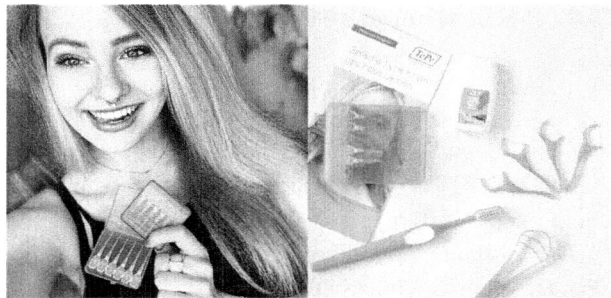

6. Plattform: Auf welchen Social-Media-Kanälen/-Plattformen fand Ihre Kampagne statt?
Da viele Influencer auf mehreren Kanälen aktiv waren, machten sie zum Teil verschiedene Posts, meistens auf Instagram und Facebook. Es waren allerdings auch ein paar Blogger dabei, die ihre Erfahrungen mit dem Produkt ausführlich auf ihrer Plattform darstellten.

7. Ergebnis: Wie bewerten Sie das Ergebnis Ihrer Kampagne?
Wir waren von den Ergebnissen wirklich begeistert. Sowohl die Qualität und Vielfältigkeit der Beiträge also auch die Anzahl der erreichten Gesamtkontakte haben unsere Erwartungen übertroffen.

8. Wiederholung: Werden Sie erneut Influencer-Kampagnen umsetzen? Planen Sie eine feste Integration der Disziplin in Ihrem Marketing-Mix?
Wir haben bereits eine weitere Kampagne mit genauso großem Erfolg umgesetzt und planen zurzeit eine weitere Kampagne – dieses Mal setzen wir auf eine Kombination aus Bloggern und 30 Instagrammern. Wir sind schon gespannt auf die Beiträge und Ergebnisse!

Fazit der Drogerie/Healthcare-Branche
Die Drogeriebranche setzt verstärkt auf Influencer-Marketing, da sich damit die Zielgruppe der jungen, beautyaffinen Frauen optimal erreichen lässt. Neue Sorten Duschgele, von Star-Influencern kreiert, verbreiten sich rasant in den sozialen Medien.

Bei Kampagnen zu intimeren Themen wie Mundhygiene, Bleaching-Produkte oder Nahrungsergänzungsmittel zur Gewichtsreduzierung, müssen die Produkte eine gewisse Ästhetik vorweisen, um von der jungen Zielgruppe akzeptiert und beworben zu werden.

Die Kampagnenstrategie sollte darauf ausgerichtet sein, thematisch sinnvolle, aber ästhetische Inszenierungen der Produkte liefern zu können.

7.4   Branchencase Fashion

► Case von: **Collins GmbH & Co. KG**
   Produkt: **Fashion-Online-Shop ABOUT YOU**

ABOUT YOU ist ein schnell wachsendes E-Commerce-Start-up, das den Modeeinkauf für die junge Zielgruppe inspirierender und persönlicher gestalten möchte.

Der Fashion-Online-Shop ABOUT YOU hat bereits mehr als eine halbe Million Kunden. Der Shop zeichnet sich durch eine große Auswahl, Inspiration und ein personalisiertes Einkaufserlebnis aus. Die Integration von Influencern in den Marketing-Mix ist seit Anfang erfolgreich vollzogen worden, siehe Abb. 7.3.

Neun Fragen an Julian Jansen und Chris Nickel, Direktor Content bei ABOUT YOU.

1. Erfahrung: Hatten Sie vorher bereits Erfahrung mit Influencer-Marketing?
Nicht direkt. Zu dem Zeitpunkt, als wir bei ABOUT YOU angefangen haben, steckte Influencer-Marketing noch in den Kinderschuhen, nicht nur in Deutschland, sondern weltweit. Julian hat aber vor seiner Zeit bei ABOUT YOU als Redaktionsleiter bei Germany's Next Topmodel gearbeitet und hat so den wachsenden Einfluss der Kandidatinnen auf den sozialen Plattformen aus erster Hand miterlebt.

2. Ziel/KPIs: Was war das Ziel Ihrer Influencer-Marketing-Kampagne? Was waren die wichtigsten KPIs?
Im ersten Jahr bei ABOUT YOU sind wir – für ein Start-up im Gründungsjahr unabdingbar – voll auf Performance gegangen. Insbesondere die Conversion Rate der Social Media Posts (allen voran Facebook) und der dadurch entstandene Umsatz waren unsere

Abb. 7.3 ABOUT YOU: Mobile App und Lena Gercke x ABOUT YOU Capsule Collection. (ABOUT YOU 2017)

wichtigsten Kennzahlen. Relativ schnell haben wir aber gemerkt, dass die Follower unserer Influencer sich im Shoppingverhalten deutlich von den Kunden, die durch „normale" Performance-Marketing-Kanäle wie SEA, Display etc. auf unsere Seite gelangen, unterscheiden. Auch wenn wir Conversion und Umsatz natürlich weiterhin im Auge behalten, ist Influencer-Marketing für uns primär ein Branding-Kanal. Influencer geben unserer Marke ein (vielschichtiges) Gesicht und machen die Marke auf unterschiedlichste Art erlebbar. Mit Performance-Marketing ist das so nicht möglich.

3. Herausforderung: Wo sahen Sie Herausforderungen in der Umsetzung/Realisierung Ihrer Influencer-Marketing-Kampagne?
Für uns ist es wichtig, dass der Influencer sich mit der Marke ABOUT YOU identifiziert, unsere Vision teilt und hinter der Partnerschaft steht. Wir nennen es bewusst Partnerschaft, da wir immer eine langfristige Zusammenarbeit mit den einzelnen Influencern anstreben. Die Herausforderung besteht darin, immer wieder gemeinsam neue Projekte wie Capsule-Kollektionen oder kleine Events zu entwickeln und so die Story von Influencer und Marke immer weiter zu entwickeln.

4. Dienstleister: Haben Sie die Kampagne gemeinsam mit einer auf Influencer-Marketing spezialisierten Agentur oder Plattform umgesetzt?
Die Akquisition und die Zusammenarbeit mit den Influencern geschieht komplett inhouse. Es ist Teil unseres Konzeptes, ganz nah mit den Influencern zu arbeiten. Nur über die direkte Kommunikation erfährt man, wie die Person tickt – so entstehen die spannendsten und authentischsten Storys.

5. Umfang: Wie viele Influencer waren an Ihrer Kampagne beteiligt?
Aktuell haben wir mit ca. 100 Influencern in der DACH-Region sowie den Niederlanden und Belgien langfristige Verträge. Dazu kommen noch einmal monatlich über 300 Micro-Influencer, die wir auf eine per Post-Basis engagieren.

6. Plattform: Auf welchen Social-Media-Kanälen/-Plattformen fand Ihre Kampagne statt?
Hauptsächlich bespielen wir Instagram und Facebook, nutzen aber auch Snapchat und YouTube. Mit einigen Idols haben wir zusammen eigene Apps gebaut, um von den gängigen Plattformen unabhängiger zu sein. Hier sammeln sich die Hardcore-Fans, denen wir dort exklusive Inhalte ihrer Idols präsentieren können. Die Apps gehören den Influencern, das heißt, sie managen auch, was gezeigt wird und was nicht.

7. Ergebnis: Wie bewerten Sie das Ergebnis Ihrer Influencer-Aktivitäten?
Influencer sind einer der USPs von ABOUT YOU. Die Marke wird mit Influencer-Marketing sowohl von Kunden als auch von Geschäftspartnern und Influencern sehr stark assoziiert. Daher werden wir auch langfristig diesen Bereich weiter besetzen und innovativ ausbauen.

7.5   Branchencase Finanzdienstleister

▶   Kampagnen von: **Sparkassen-Finanzportal GmbH**
    Produkte/Kampagnen: **Online bezahlen mit paydirekt, Handy-zu-Handy
    Geld senden mit Kwitt, Bezahlen mit der Sparkassen-Karte am PoS** und
    viele mehr

Das Sparkassen-Finanzportal GmbH (SFP) hat als Inhouse-Agentur für digitale Kommunikation bereits einige Influencer-Kampagnen durchgeführt. Dabei standen meist konkrete
Produkte aus der Finanzgruppe im Fokus der Maßnahmen. Zum Beispiel konnten SFP im
Social Web einen viralen Trend rund um einen Werbespot der Sparkasse identifizieren, der
dann durch Influencer verstärkt wurde. Im Winter 2017 ist die bisher größte Kampagne
umgesetzt worden. Dabei stand das Online-Bezahlverfahren paydirekt im Fokus. Ziel war
hier die Steigerung der Transaktionen mit dem Bezahlverfahren in einem Online-Shop.

**Neun Fragen an Ansis Schön, Leiter Social Media bei der Sparkassen-Finanzportal
GmbH (SFP)**

1. Erfahrung: Hatten Sie vorher bereits Erfahrung mit Influencer-Marketing?
Ja. SFP begleitet die Sparkassen-Finanzgruppe bereits seit mehr als zehn Jahren bei der digitalen Kommunikation. Schon bevor Influencer-Marketing in seiner aktuellen Ausprägung für
Marken relevant wurde, haben wir diverse Kampagnen konzipiert, umgesetzt oder strategisch
begleitet. Egal ob für den Dachverband der Sparkassen DSGV oder für Regionalverbände,
einzelne Sparkassen oder Verbundpartner. Dabei wurden ganz unterschiedliche Maßnahmen
umgesetzt. Von der Zusammenarbeit mit einzelnen Bloggern bis zur Kooperation mit Testimonials, die heute wohl eher den Charakter eines Influencers hätten, war da alles dabei.

**2. Ziel/KPIs: Was war das Ziel Ihrer Influencer-Marketing-Kampagne? Was waren
die wichtigsten KPIs?**
Das kommt natürlich ganz auf jeweilige Kampagne an. Wir haben Influencer-Kampagnen
umgesetzt, bei denen es ausschließlich um Reichweite und Image-Faktoren ging. Die
wesentlichen KPIs sind dann auch Impressionen und Sentiment in den Kommentaren der
Influencer-Profile unter den entsprechenden Beiträgen (s. Abb. 7.4).

Abb. 7.4 Beitrag
aus einer Influencer-
Kampagne im Rahmen der
Marketingkommunikation der
Sparkassen zu paydirekt von
@annvivien/Instagram
(Wozniak 2017), @lisatriforce/
Instagram (Grebe 2017)

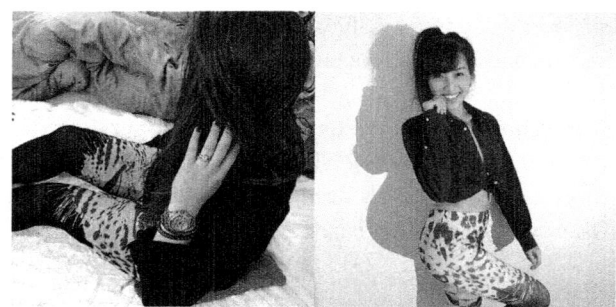

Wir haben durchaus aber auch Kampagnen umgesetzt, bei den validere KPIs angesetzt wurden. Hierbei standen dann Registrierungen bzw. Freischaltungen von Apps oder Anwendungen im Online-Banking im Fokus oder die Aktivierung und Steigerung von Online-Bezahlverfahren.

3. Herausforderung: Wo sahen Sie Herausforderungen in der Umsetzung/Realisierung Ihrer Influencer-Marketing-Kampagne?
Für Influencer-Kampagnen im Finanzbereich ist sicher eine Herausforderung, dass wir im Gegensatz zu anderen Marken oder Herstellern keine haptischen Produkte anbieten, sondern Dienstleistungen in Form von Finanzprodukten bewerben wollen. Deswegen ist sicher eine große Herausforderung, das jeweilige Produkt mit einer starken Botschaft zu versehen, die dann durch Influencer auch einfach und konsequent vermittelt werden kann. Daran schließt sich eine weitere Herausforderung an: Wie finden wir die richtigen, reichweitenstarken Personen, die als Botschafter auftreten. Hier muss letztendlich der Brandfit passen, um eine hohe Glaubwürdigkeit in den Zielgruppen zu erreichen. Bei allen Maßnahmen ist das Briefing der Influencer entscheidend und eine klare Herausforderung. Denn letztendlich geben Marken ja Kontrolle ab. Das möchte gut vorbereitet sein – am besten in einem einfachen aber präzisen Briefing.

4. Dienstleister: Haben Sie die Kampagne gemeinsam mit einer auf Influencer-Marketing spezialisierten Agentur oder Plattform umgesetzt?
Das ist ganz unterschiedlich und differenziert sich derzeit auch weiter aus. Es gibt mittlerweile eine Vielzahl von spezialisierten Agenturen oder Plattformen, die wir auch nutzen. Gleichzeitig bauen wir auch ein eigenes Netzwerk auf, um gezielt Influencer-Maßnahmen umsetzen zu können. Dafür haben wir nun auch Spezialisten bei uns beschäftigt.

5. Umfang: Wie viele Influencer waren an Ihrer Kampagne beteiligt?
Unterschiedlich. Wir haben Micro-Influencer-Kampagnen durchgeführt, bei denen rund 50 Influencer mit Reichweiten von bis zu 120.000 Personen involviert waren. Wir haben aber auch bereits Kampagnen umgesetzt, bei denen wir auf wirklich reichweitenstarke Personen gesetzt haben. Diese haben dann Reichweiten von 500.000 oder mehr.

6. Plattform: Auf welchen Social-Media-Kanälen/-Plattformen fand Ihre Kampagne statt?
Die höchsten Reichweiten generieren wir derzeit – wie wahrscheinlich viele andere auch – auf Instagram. Hier hat uns das Story-Format neue Möglichkeiten gegeben. YouTube ist ebenfalls ein wichtiger Kanal. Außerdem arbeiten wir auch viel mit Bloggern. Außerdem setzt SFP derzeit viele Content-Marketing-Maßnahmen um. Hierbei können Influencer und Blogger einen guten Beitrag leisten. Finanzthemen brauchen manchmal etwas mehr Raum, um erzählt zu werden.

7. Ergebnis: Wie bewerten Sie das Ergebnis Ihrer Kampagne?
Alle bisher durchgeführten Maßnahmen haben bei Kollegen, Verantwortlichen und
Kunden positive Resonanzen hervorgerufen. Insbesondere bei den Kampagnen, die
konsequent Reichweite und Image-Transfer im Fokus hatten, war dies relativ einfach.
Herausfordernder wird es bei den Kampagnen mit starkem Erfolgsdruck und messbaren
Ergebnissen. Aber auch hier konnten wir insgesamt immer die definierten Kampagnen-
ziele erreichen.

**8. Wiederholung: Werden Sie erneut Influencer-Kampagnen umsetzen? Planen Sie
eine feste Integration der Disziplin in Ihrem Marketing-Mix?**
Der Trend ist derzeit auf seinem Höhepunkt. In Deutschland wird 2018/2019 Influencer-Marketing auch weiterhin wichtig sein. Es wird Verschiebungen in Art, Umfang, Pricing, Legitimierung und Qualität geben. Das wirkt sich auch auf Kampagnen aus. Aber
natürlich werden wir Influencer-Marketing weiter stark, vielleicht sogar noch stärker,
berücksichtigen. Die bisherigen Erfolge sprechen dafür.

Fazit Finanzdienstleister
Für die Sparkassen hat der Einsatz von Influencer-Marketing bisher positive Effekte
gehabt. Das lässt sich bei Betrachtung der durchgeführten Maßnahmen gut erkennen.
Sowohl Kampagnen, die auf Reichweite ausgerichtet waren, als auch Kampagnen, die
eher Leads und Conversion erzielen sollten, haben funktioniert.

Insgesamt ist die Kommunikation von Finanzdienstleistungen sicher herausfordernder
als in anderen Segmenten wie z. B. FMCG oder ähnlichen, eher auf haptische Produkte
ausgerichtete, Branchen. Für etablierte Banken und Bankgruppen werden Direktban-
ken und Fintechs derzeit zur Herausforderung für die Kundenbindung und Neukundengewinnung. Eine adäquate Zielgruppenansprache ist in der Kommunikation deswegen
sehr wichtig. Um junge Zielgruppen anzusprechen, müssen also auch Finanzdienstleister
neue Formen der Kommunikation in den Marketing-Mix einfließen lassen. Das haben
branchenweit viele Banken und Sparkassen erkannt und bedienen sich des Instruments
Influencer-Marketing. Insgesamt wird es hier noch einen Professionalisierungsschub
geben.

Kritisch zu betrachten ist nach wie vor die eindeutige Kenntlichmachung von Werbung durch die Influencer – hier haben aber die Netzwerke selber einen Beitrag geleistet, zumindest Mindeststandards gewährleisten zu können. Aber gerade für Banken
ist Vertrauen ein wichtiges Thema. Positiv betrachtet: Influencer-Marketing kann hier
einen Beitrag leisten, Vertrauen zu stärken – sofern die Maßnahmen gut aufgesetzt
sind.

7.6   Branchencase Food/Beverage

▶   Kampagne von: **Allos-Hofmanufaktur GmbH**
      Produkt: **Brotaufstrich Allos aufs Brot**

Die Allos-Hofmanufaktur stellt Lebensmittel in Bio-Qualität her. Zum Markensortiment zählen unter anderem Allos, Tartex, Cupper und andere. Allos „aufs Brot" ist ein cremiger Brotaufstrich, welcher in sechs verschiedenen Sorten erhältlich ist.

Acht Fragen an Olga de Gast, Leiterin Kommunikation & Nachhaltigkeit bei der Allos-Hofmanufaktur GmbH
Olga de Gast plant definitiv weitere Influencer-Kampagnen, da in den sozialen Netzwerken die wichtige Kommunikation mit den Verbrauchern stattfindet.

1. Erfahrung: Hatten Sie vorher bereits Erfahrung mit Influencer-Marketing?
Ja, jedoch in geringerem Umfang. Wir haben uns in Einzelkooperationen mit Bloggern an das Thema Influencer herangetastet.

2. Ziel/KPIs: Was war das Ziel Ihrer Influencer-Marketing-Kampagne? Was waren die wichtigsten KPIs?
Beim Thema Influencer-Marketing geht es um Reichweiten und Glaubwürdigkeit. Auch wenn Blogger sich mittlerweile professionalisiert haben und Kooperationen mit einem „sponsored Post" als solche gekennzeichnet werden, setzen sich die meisten Influencer sehr liebevoll mit Produkten auseinander und werden gehört. Deshalb steht die qualitative Auswahl der Influencer, KPIs wie der Follower-Zahl, Clickrates usw. gegenüber. Wir legen bei Kampagnen Wert darauf, dass die Influencer zur Marke passen.

3. Herausforderung: Wo sahen Sie Herausforderungen in der Umsetzung/Realisierung Ihrer Influencer-Marketing-Kampagne?
Influencer sind keine PR-Agenturen, die maßgeschneiderten Content verkaufen. Wir sind von der Qualität unserer Produkte überzeugt, haben uns aber vor jeder Kampagne kritisch mit ihnen auseinandergesetzt, um auch entsprechend auf negative Beiträge reagieren können. Zum Glück gab es die aber nicht …

4. Dienstleister: Haben Sie die Kampagne gemeinsam mit einer auf Influencer-Marketing spezialisierten Agentur oder Plattform umgesetzt?
Ja, wir haben mit zwei Agenturen zusammengearbeitet. Zuletzt liefen unsere Kampagnen über eine Influencer-Marketing-Plattform der einen Agentur. Hier haben wir nicht nur sehr schöne Beiträge, sondern auch eine gute Einbindung in alle Social-Media-Kanäle erreicht.

5. Umfang: Wie viele Influencer waren an Ihrer Kampagne beteiligt?
Es waren 50 Instagrammer beteiligt (s. Abb. 7.5).

Abb. 7.5 Influencer-Beitrag
von @mattealaura/Instagram
(Braune 2017),
@die_alltagsfeierin
(Höchsmann 2017)

6. Plattform: Auf welchen Social-Media-Kanälen/-Plattformen fand Ihre Kampagne statt?
Hauptsächlich auf Instagram, es gab aber auch vereinzelt Blog Posts und Facebook Posts.

7. Ergebnis: Wie bewerten Sie das Ergebnis Ihrer Kampagne?
Wir sind alle sehr begeistert, insbesondere von dem Aufwand, mit dem sich viele Influencer mit unseren Produkten auseinandersetzen.

8. Wiederholung: Werden Sie erneut Influencer-Kampagnen umsetzen? Planen Sie eine feste Integration der Disziplin in Ihrem Marketing-Mix?
Definitiv. Eine gute Website ist die Visitenkarte einer Marke, aber Kommunikation mit den Verbrauchern findet heutzutage in großem Maße über soziale Netzwerke statt.

Fazit
Die FMCG-Branche setzt als eine der ersten Branchen schon seit einiger Zeit Influencer-Marketing ein. Einerseits um Rückmeldung zu den Produkten von den Verbrauchern zu erhalten, andererseits um die Marken bzw. Produkte in der jungen, konsumaffinen Zielgruppe bekannt zu machen. Die Umsetzungen der Kampagnen sind divers: Foodblogger kreieren ausgefallene Rezepte mit den Produkten und Instagrammer inszenieren ihr Essen bzw. das Produkt liebevoll kreativ. Was die Teilnehmer der Kampagnen angeht, reicht die Bandbreite von prominenten Testimonials bis hin zu kleinen Hobby-Testern.

Die Nachfrage nach Kampagnen aus dieser Branche ist sehr hoch, da Lebensmittel und deren Inszenierung attraktiv für die Influencer sind und Content für die Kanäle schafft, den auch die Follower schätzen. Die Umsetzungen der Kampagne sind qualitativ sehr hochwertig, da ein Inszenieren von Essen immer schon ein beliebtes Thema in den sozialen Netzwerken ist.

Bei der Realisation der Kampagnen setzen die Marken meist auf Agenturen oder Influencer-Marketing-Plattformen, da es gilt, aus der Fülle an Bewerbungen, die für die Marke geeignetsten und zielgruppenaffinsten Teilnehmer herauszupicken.

7.7   Branchencase Games

▶   Kampagne von: **Sony Interactive Entertainment Deutschland**
     Produkt: **PlayLink für PS4**

Mit PlayLink beginnt eine neue Art, wie Spieler vor der PlayStation 4 zusammenfinden. Bis zu acht Spieler können sich lokal miteinander verbinden und nutzen dabei Smartphone oder Tablet als vollwertigen Controller. Egal ob jung oder alt: ein Spielerlebnis für alle.

Sieben Fragen an Kamann So, Digital PR & Influencer Relations Associate

1. Erfahrung: Hatten Sie vorher bereits Erfahrung mit Influencer-Marketing?
Ja, aber überwiegend habe ich Erfahrungen mit Influencern aus dem Genre Gaming gemacht.

2. Ziel/KPIs: Was war das Ziel Ihrer Influencer-Marketing-Kampagne? Was waren die wichtigsten KPIs?
Das Ziel der Kampagne war, den Spaß durch die verschiedenen Spiele der PlayLink-Reihe zu kommunizieren. Gruppen, die vor der PS4 gemeinsam miteinander agieren und ein unterhaltsames Spieleabenteuer erleben. Schaffung von Aufmerksamkeit und Kunden anziehen, die sich normalerweise nicht für Gaming interessieren.

3. Herausforderung: Wo sahen Sie Herausforderungen in der Umsetzung/Realisierung Ihrer Influencer-Marketing-Kampagne?
Den passenden Content Creator finden und sich mal in einem bisher nicht vertrauten Genre (Lifestyle) bewegen.

4. Dienstleister: Haben Sie die Kampagne gemeinsam mit einer auf Influencer-Marketing spezialisierten Agentur oder Plattform umgesetzt?
Ja, mit Multichannel-Network-Agenturen, sowie mit anderen Influencer-Marketing-Plattformen.

5. Umfang: Wie viele Influencer waren an Ihrer Kampagne beteiligt?
Wir haben mit 40 Influencern zusammengearbeitet.

6. Plattform: Auf welchen Social-Media-Kanälen/-Plattformen fand Ihre Kampagne statt?
Dieses Mal nur auf Instagram (s. Abb. 7.6).

Abb. 7.6 Influencer-Beitrag von @dianosaurier/Instagram (Schwabauer 2017), @janinahrt/Instagram (Hartmann 2017), @iraundbellchen/Instagram (Ziegler 2017)

7. Und machen Sie es nochmal? Planen Sie eine feste Integration der Disziplin in Ihrem Marketing-Mix?

Ja, auf jeden Fall. Influencer-Kampagnen sind bei uns in der Kommunikation fest verankert und werden für die nächsten Produkte weiterentwickelt und fortgeführt. Um das Management von lokalen Influencer-Kampagnen besser zu gestalten, haben wir eine eigene Plattform entwickelt, die intern genutzt wird.

Fazit zur Branche Games

Für die Videospielindustrie ist Influencer-Marketing kein neues Phänomen. Es ist eine mittlerweile gängige Aktivität, die von Publisher zu Publisher unterschiedlich realisiert wird. Angefangen bei klassischen „Let's Plays" bis hin zu kreativen Ideen, die sich in der Themenwelt des Produkts bewegen. Alles kursiert seit einer Weile in der digitalen Welt der Videospielindustrie.

Dank der Vielfalt der Themenwelten durch Software und Hardware besteht die Möglichkeit, immer wieder anders ein Produkt kommunikativ zu unterstützen – so auch aus der Perspektive des Influencer-Marketings.

Ziele einer Influencer-Kampagne unterscheiden sich natürlich zwischen den verschiedenen allokierten Budgets, ob man ein komplett neues Produkt in den Markt einführen möchte oder eine Serie fortführt. Allgemein gilt, dass die digitale Kommunikationswelt um die Videospielindustrie dynamisch wächst, so wie sie selbst.

7.8   Branchencase Interieur

▶   Kampagne von: **Recticel Schlafkomfort GmbH**
     Produkt: **Schlaraffia**

Die deutsche RECTICEL SCHLAFKOMFORT GmbH produziert und vertreibt Produkte der Marke Schlaraffia, die mit ihrer Vielfalt an Matratzen, Unterfederungen und Betten seit Jahrzehnten für erholsamen Schlaf und beständige, beste Qualität steht.

RECTICEL hat bisher zwei Influencer-Kampagnen für die neuen Schlaraffia-Produktreihen „Smartline" und „ComFeel" umgesetzt.

Neun Fragen an den Geschäftsführer Christoph von Wrisberg

1. Erfahrung: Hatten Sie vorher bereits Erfahrung mit Influencer-Marketing?
Ja, seit einigen Jahren kooperieren wir regelmäßig mit Bloggern aus dem Interior- und Lifestyle-Bereich, die über unsere Produkte berichten und sie auch testen. Wir betrachten Influencer-Marketing als Verlängerung unserer Social-Media-Arbeit.

2. Ziel/KPIs: Was war das Ziel Ihrer Influencer-Marketing-Kampagne? Was waren die wichtigsten KPIs?
Wir wollen die Sichtbarkeit unserer Produkte steigern und persönliche Empfehlungen erzielen, und das in der primären Schlaraffia-Zielgruppe. Daher ist für uns ein passender Plattform-Mix aus Blogs, YouTube und Bildernetzwerken wie Instagram wichtig. Die reine Anzahl der Fans und Follower ist für uns weniger entscheidend als eine tiefe Verankerung in der Zielgruppe sowie der Marken-Fit.

3. Herausforderung: Wo sahen Sie Herausforderungen in der Umsetzung/Realisierung Ihrer Influencer-Marketing-Kampagne?
Der logistische Aufwand stellt mitunter ein Problem dar, denn wir können nicht jedem Influencer ein Bett oder eine Matratze zum Test überlassen. Ein so sperriges Produkt zeitgleich an mehrere Influencer zu schicken, macht eine Influencer-Kampagne sehr komplex und erfordert eine gute Planung. Um die Marke auch ohne Überlassung eines Bettes zu platzieren, ist mehr Kreativität im Vorfeld notwendig als bei Unternehmen mit kleinen, händlichen Produkten.

4. Dienstleister: Haben Sie die Kampagne gemeinsam mit einer auf Influencer-Marketing spezialisierten Agentur oder Plattform umgesetzt?
Ja, wir arbeiten ausschließlich mit spezialisierten Dienstleistern.

5. Umfang: Wie viele Influencer waren an Ihrer Kampagne beteiligt?
Zehn in der ersten Kampagne, zwölf in der zweiten. Da wir in beiden Kampagnen jeweils Matratzen zur Verfügung gestellt haben, wurde die Anzahl der Kampagnen-Teilnehmer exklusiv gehalten.

6. Plattform: Auf welchen Social-Media-Kanälen/-Plattformen fand Ihre Kampagne statt?
Bei beiden Kampagnen lag der Fokus auf Bloggern und ihren Social-Media-Kanälen bei Instagram und Facebook.

7. Ergebnis: Wie bewerten Sie das Ergebnis Ihrer Kampagne?
Beide Kampagnen haben sehr positive Blogberichte über unsere neuen Produktreihen erzielt. Besonders der Blogger-Event zur ComFeel® plus-Kampagne mit

Abb. 7.7 Influencer-Beitrag von @thekontemporary/Blog (Brahmstaedt 2017), @ svenjasuitcase/
Blog (Finger 2017)

einem persönlichen Kennenlernen der Kampagnen-Teilnehmer hat unsere Influencer Relation nachhaltig gestärkt und die PR zur Produkteinführung optimal begleitet
(s. Abb. 7.7).

**8. Wiederholung: Werden Sie erneut Influencer-Kampagnen umsetzen? Planen Sie
eine feste Integration der Disziplin in Ihrem Marketing-Mix?**
Wir arbeiten immer wieder fest mit Influencern als Testimonial für Schlaraffia zusammen. Seit Ende 2017 haben wir unsere erste Zusammenarbeit mit einem Testimonial als
Markenbotschafter für Schlaraffia gestartet. Die Instagrammerin verkörpert auf ihrem
Kanal eine besondere Bildsprache, die die Themenschwerpunkte „Schlaf", „Einrichtung" und „Träume" einbindet. Durch die Zusammenarbeit kam es zu sehr schönen,
authentischen Beiträgen. Darüber hinaus setzen wir regelmäßig Influencer-Aktionen bei
Produktneuheiten um, die unsere Vorreiterposition in der Branche in Social Media unterstreichen.

9. Sonstiges: Möchten Sie sonst noch etwas beitragen?
Bei der Auswahl passender Influencer ist uns die Glaubwürdigkeit und der Marken-Fit
wichtiger als kurzfristige Reichweite. Besonders das künstliche Hochtreiben von Fans
und Followern betrachten wir sehr kritisch.

Fazit zur Branche Interior/Bedding
Im Schnitt kauft ein deutscher Endverbraucher alle 15 Jahre eine neue Matratze oder ein
neues Bett. Daher geht es der Bedding-Branche eher um langfristige Kundenbindung
und eine dauerhaft hohe Sichtbarkeit der Marken.
   Influencer-Marketing ist in der Branche noch ein wenig eingesetztes Marketing-Tool.
Ausnahme sind hier die jungen Matratzen-Start-ups. Jedoch beäugen wir deren hoch
sichtbare aber sehr schnelllebige Social-Media- und Influencer-Aktionen eher kritisch.
Wir setzen eher auf langfristige Kooperationen mit Influencern.

7.9   Branchencase Kultur/Event

▶   Kampagne von: **Collien Konzert & Theater GmbH**
     Produkt: **Tanzshow „Break the Tango"**

„Break the Tango" ist eine Tanzshow mit dem künstlerischen Konzept, Tango und Street-dance miteinander zu kombinieren (Tradition vs. Moderne). Die Show wurde in Buenos Aires und Zürich entwickelt und seit September 2017 erfolgreich in Hamburg, Zürich und Wien aufgeführt. Als Veranstalter agieren die Collien Konzert & Theater GmbH (Deutschland) und die MAAG Music & Arts AG (Schweiz & Österreich).

Neun Fragen an Dagmar Berndt (Marketing Managerin) und Kora Thomas (Pressesprecherin) von der Collien Konzert & Theater GmbH.
Die Marketingverantwortlichen des Veranstalters sind überzeugt vom Potenzial des Influencer-Marketings, sehen die Disziplin aufgrund einiger Hürden (noch) nicht als festen Bestandteil ihres Marketing-Mixes.

1. Erfahrung: Hatten Sie vorher bereits Erfahrung mit Influencer-Marketing (eingeschlossen Word of Mouth und Blogger Relations)?
Kontakte zu Bloggern und Influencern haben wir im Vorwege schon für diverse Produktionen gehabt – darunter Mama- und Familienblogs sowie Lifestyle-Blogs. Konkrete Erfahrungen mit einer abgerundeten Influencer-Marketing-Kampagne – wie wir sie dann erstmals gestartet haben – hatten wir hingegen vorher nicht.

2. Ziel/KPIs: Was war das Ziel Ihrer Influencer-Marketing-Kampagne? Was waren die wichtigsten KPIs?
Das Ziel unserer ersten Influencer-Marketing-Kampagne war zunächst einmal die Schaffung von Aufmerksamkeit für unsere aktuelle Produktion. KPIs – in dem Sinne – wurden vor dem Start der Kampagne nicht bestimmt, da es sich um einen Testballon handelte, mit dem wir erstmalig den Wert eines sowohl zeitlich und über weitere Indikatoren genau abgestimmten Einbezugs von Influencern bezogen auf unsere „Produkte" ermitteln wollten. Anhand dieser ersten Erfahrungen können wir bei zukünftigen Kampagnen sicher konkreter planen bzw. konkretere Ziele definieren.

3. Herausforderung: Wo sahen Sie Herausforderungen in der Umsetzung/Realisierung Ihrer Influencer-Marketing-Kampagne?
Zunächst einmal sind wir ganz unvoreingenommen und ohne konkrete Vorstellungen in die Kampagne gegangen. Wichtig war für uns als Hamburger Unternehmen bzw. auf unsere Produktion mit Standort Hamburg bezogen jedoch der Gedanke, dass wir die Aufmerksamkeit primär auf Hamburg lenken. Auch wenn wir weitere Produktionstermine in Wien und Zürich auf der Liste hatten, wollten wir den Start der Produktion in Hamburg

gern fokussieren. Einen potenziell möglichen Streuverlust, der sich unseres Erachtens über die Zusammenarbeit mit Bloggern aus anderen Teilen von Deutschland ergeben haben könnte, fanden wir damit zunächst herausfordernd bzw. im Vorwege schwer einzuordnen, zumal es auch keine Informationen über die demografische Verteilung der Follower/Nutzer gibt.

4. Dienstleister: Haben Sie die Kampagne gemeinsam mit einer auf Influencer-Marketing spezialisierten Agentur oder Plattform umgesetzt?
Ja, mangels eigener Ressourcen auf diesem Gebiet und aufgrund von zu wenig umfassender Vorerfahrung/Know-how auf diesem Gebiet haben wir mit einer auf Influencer-Marketing spezialisierten Agentur zusammengearbeitet.

5. Umfang: Wie viele Influencer waren an Ihrer Kampagne beteiligt?
Bei unserer ersten umfassenden Kampagne waren zwölf Blogger/Influencer beteiligt (s. Abb. 7.8). Wobei acht aus Deutschland, davon wiederum vier aus Hamburg und vier aus der Schweiz und aus Österreich kamen.

6. Plattform: Auf welchen Social-Media-Kanälen/-Plattformen fand Ihre Kampagne statt?
Neben den zwölf Online-Blogs als Ausgangspunkt für die Kampagne, hat es außerdem Beiträge, Verlinkungen und Posts über Facebook, Instagram und Twitter gegeben.

7. Ergebnis: Wie bewerten Sie das Ergebnis Ihrer Kampagne?
Unsere Kampagne läuft aktuell noch. Somit können wir das Ergebnis noch nicht abschließend bewerten. Anhand der Reaktionen, die wenn auch je nach Beitrag/Post und je nach Blogger sehr unterschiedlich ausgefallen sind, sehen wir aber durchaus einen Zuwachs an Aufmerksamkeit auf diesem Zielgruppenbereich. Vorherige Kampagnen liefen oft über die typischen Marketing- und PR-Kanäle. Somit gehen wir zukünftig davon aus, dass wir mit Influencer-Kampagnen neue Zielgruppen erreichen und damit ein gutes Beiwerk für die allgemeine Aufmerksamkeit haben.

Abb. 7.8 Influencer-Beiträge von @mrs.brightside/Facebook (Schubert 2017), @leonie_rachel/Blog (Leonie-Rachel 2017), @overdivity/Blog (Kluk 2017)

8. Wiederholung: Werden Sie erneut Influencer-Kampagnen umsetzen? Planen Sie eine feste Integration der Disziplin in Ihrem Marketing-Mix?
Bei uns sind die Produktionen auch im Hinblick auf Zielgruppen sehr unterschiedlich. Damit werden wir Influencer-Kampagnen wahrscheinlich (noch) nicht als festen Teil in unserem Marketing-Mix integrieren. Grundsätzlich werden wir Influencer-Kampagnen aber für jede neue Produktion in Betracht ziehen und wenn passend auch integrieren.

Fazit
Die Eventbranche steht vor der Herausforderung, Influencer regional zu identifizieren und sie zu einem orts- und zeitgebundenen Besuch der Veranstaltung zu bewegen. Die koordinatorische Komponente in der Umsetzung einer Kampagne bekommt somit eine besonders große Bedeutung. Darüber hinaus erfordert vielseitige Show-Portfolio eines Event-Veranstalters wiederholt die erneute Identifikation von Influencern auf Basis der jeweiligen Zielgruppe. Ohne dafür vorgesehene Ressourcen sind demnach inhouse nur vereinzelte Influencer-Kooperationen realisierbar. Umfangreichere Kampagnen, die eine Beteiligung mehrerer Influencer vorsehen, sind durch den branchenbedingt hohen Arbeitsaufwand aktuell nur mit der Unterstützung eines spezialisierten Dienstleisters möglich. Das Potenzial, durch Influencer-Marketing neue Zielgruppen zu erschließen, wird von der Branche durchaus erkannt und geschätzt.

7.10   Branchencase Musik

▶   Kampagne von: **WARNER MUSIC GROUP GERMANY HOLDING GMBH**
      Produkt: **Song/Single „Feel it Still" von Portugal. The Man**

„Feel it Still" ist eine Single-Auskopplung aus dem Album *Woodstock* von Portugal. The Man. Das offizielle Video zu „Feel it Still" erfreut sich auf YouTube größter Beliebtheit und kann mittlerweile mehr als 34 Mio. Klicks verzeichnen.

Acht Fragen an Ali Hussein Jaber, Influencer Relations Manager bei Warner Music Group Germany

1. Erfahrung: Hatten Sie vorher bereits Erfahrung mit Influencer-Marketing?
Ich arbeite seit Mai 2012 intensiv im Bereich Influencer-Marketing und habe unter anderem Projekte für Marken aus dem Bereich Sport und Fitness umgesetzt. Für Warner Music arbeite ich seit Juni 2017 in diesem Bereich.

2. Ziel/KPIs: Was war das Ziel Ihrer Influencer-Marketing-Kampagne? Was waren die wichtigsten KPIs?
Die Erwartungshaltung hat einen signifikanten Einfluss auf die Wahrnehmung des Erfolgs einer Kampagne im Influencer-Marketing. Natürlich ist das langfristige Ziel immer eine gewinnbringende Interaktion des Kunden mit unserem Produkt. Im einfachsten Fall, also

der Kauf oder Stream eines Musikprodukts. Ob und inwieweit dieses Ziel erreicht wird, hängt aber vor allem von der Summe aller Marketingaktivitäten ab. Unser vorrangiges Ziel bei der Umsetzung einer Influencer-Kampagne ist somit die Schaffung von zusätzlichen Touchpoints auf der Customer Journey.

3. Herausforderung: Wo sahen Sie Herausforderungen in der Umsetzung/Realisierung Ihrer Influencer-Marketing-Kampagne?
Ich sehe keine Herausforderungen in der Umsetzung einzelner Kampagnen, sondern vielmehr im Influencer-Marketing insgesamt. Die größte Herausforderung sehe ich in der Professionalisierung von Influencer-Marketing in der Zukunft. Kampagnen lassen sich nach wie vor nur selten kurzfristig und mit geringem Koordinationsaufwand umsetzen.

4. Dienstleister: Haben Sie die Kampagne gemeinsam mit einer auf Influencer-Marketing spezialisierten Agentur oder Plattform umgesetzt?
Der Grad des Koordinationsaufwands spielt eine Rolle bei der Entscheidung, ob und inwieweit eine Agentur oder eine Plattform bei der Umsetzung hinzugezogen wird. In den meisten Fällen werden die Kampagnen ohne externe Hilfe umgesetzt.

5. Umfang: Wie viele Influencer waren an Ihrer Kampagne beteiligt?
Je nach Kampagne bis zu 50 Influencer (s. Abb. 7.9).

6. Plattform: Auf welchen Social-Media-Kanälen/-Plattformen fand Ihre Kampagne statt?
Auf allen Plattformen, aufgrund lizenzrechtlicher Gründe immer weniger auf YouTube. Die Entwicklung von musical.ly beobachten wir als Major-Label natürlich sehr genau und versuchen hier immer wieder spannende Kampagnen umzusetzen.

7. Ergebnis: Wie bewerten Sie das Ergebnis Ihrer Kampagne?
Bei der Bewertung einer Kampagne ist die verbale Kommunikation unabdingbar. Wörter wie Touchpoints, Engagement-Raten und Impressions allein sind nicht ausreichend, um eine Kampagne zu bewerten. Das Gesamtbild dieser KPIs muss mit dem allgemeinen

Abb. 7.9 Influencer-Clips von @sarahannaloves/ Instagram (Sarah Anna 2017), @andysparkles/Instagram (andysparkles 2017)

Eindruck der Kampagne abgeglichen zu werden. Bauchgefühl spielt also nach wie vor eine wichtige Rolle.

8. Wiederholung: Werden Sie erneut Influencer-Kampagnen umsetzen? Planen Sie eine feste Integration der Disziplin in Ihrem Marketing-Mix?
Ja, werden wir. Influencer-Marketing ist bereits fester Bestandteil unseres Marketing-Mixes.

Fazit
Die Musikbranche arbeitet bereits auf vielen Ebenen mit Influencern. Channels wie musical.ly, Instagram und Blogs werden dabei schon regelmäßig in den Vermarktungs-strategien berücksichtigt.

Bei Musik handelt es sich generell um ein sehr emotionales Thema. Deshalb ist es wichtig bei aller Professionalisierung, nicht die Authentizität aus den Augen zu verlieren. Für die Musikbranche ist das Influencer-Marketing ein wenig mit den damals innovati-ven Street-Teams der 90er-Jahre vergleichbar. Street-Team 2.0, wenn man so will. Nur über die Auswahl der wirklich passenden Influencer gelingt es, den emotionalen Inhalt, den Musik darstellt, authentisch zu transportieren.

Eine der größten Herausforderungen liegt für die Branche darin, sich auch mit You-Tube einen der einflussreichsten Kanäle für Influencer-Marketing nutzbar zu machen. Bei YouTube steht einer umfassenden Vermarktung vorrangig die zumeist schwierige Klärung von Musikrechten im Wege. Auf Seite der YouTube-Creator ist im Umkehr-schluss die Gefahr eines voreiligen Content Strikes schon ein Dealbreaker.

7.11 Branchencase Technik/Gadgets

▶ Kampagne von: **Balmuda Inc**
  Produkt: **Ventilator GreenFan**

Balmuda ist eine japanische Technologie-Firma, die hochwertige und minimalistisch designte Elektronikartikel herstellt. Viele Produkte von Balmuda sind mit dem red dot design Award ausgezeichnet. Der Ventilator GreenFan besticht aber nicht nur durch sein ästhetisches Design, sondern auch mit seinem angenehmen Wind, welcher durch eine patentierte Technologie erzeugt wird.

Acht Fragen an Shoko Fukuoka, Overseas Sales Dpt. Balmuda
Shoko Fukuoka setzt Influencer-Marketing für ihre Produkte ein, um gezielt Sales zu generieren, aber auch um die Marke Balmuda in Deutschland weiter bekannt zu machen.

1. Erfahrung: Hatten Sie vorher bereits Erfahrung mit Influencer-Marketing?
Ja, wir haben im vorherigen Jahr ebenfalls eine Blog-Kampagne für unseren Luftbe-feuchter Rain gemacht.

2. Ziel/KPIs: Was war das Ziel Ihrer Influencer-Marketing-Kampagne? Was waren die wichtigsten KPIs?

Unsere wichtigste KPI war die Erhöhung der Verkäufe. Da jedoch unsere Marke auf dem deutschen Markt noch relativ unbekannt ist und die meisten Leser der Blogs das erste Mal von der Marke Balmuda gehört haben, war es uns auch wichtig einen guten, ersten Eindruck für unsere Marke zu hinterlassen und neue Webseitenbesucher zu bekommen.

3. Herausforderung: Wo sahen Sie Herausforderungen in der Umsetzung/Realisierung Ihrer Influencer-Marketing-Kampagne?

Es gab eine kleine Herausforderung bei der Auswahl der passenden Influencer, die genau unseren Kriterien entsprechen. Unsere Produkte sind Luxus-Haushaltsgeräte, welche meistens eine höhere Altersgruppe ansprechen, die entweder an Inneneinrichtung oder technischen Geräten interessiert sind; dagegen sind viele Blogger eher jung und ihre Interessensbereiche liegen eher auf Mode und Beauty. Am Ende hatten wir eine gemischte Auswahl an Bloggern mit einer Bandbreite an Interessen und Alter, aber ich glaube, dass dies von Vorteil war, da wir ein größeres Publikum angesprochen haben, als wir es ursprünglich geplant hatten. Aber um ehrlich zu sagen, dank unserer Agentur gab es sehr wenige Probleme bzw. Herausforderung auf unserer Seite.

4. Dienstleister: Haben Sie die Kampagne gemeinsam mit einer auf Influencer-Marketing spezialisierten Agentur oder Plattform umgesetzt?

Ja, haben wir. Da unser Marketing-Team in Tokio sitzt und in Englisch kommuniziert wird, wäre es sehr schwierig für uns gewesen, einflussreiche Blogs lokal zu identifizieren und mit ihnen in Kontakt zu treten. Unsere Agentur hat jedoch, mit der Auswahl der Blogger und dem Kampagnenbriefing an die Blogger, großartige Arbeit geleistet.

5. Umfang: Wie viele Influencer waren an Ihrer Kampagne beteiligt?

Wir haben mit 21 Bloggern zusammengearbeitet.

6. Plattform: Auf welchen Social-Media-Kanälen/-Plattformen fand Ihre Kampagne statt?

Die Teilnehmer sollten eine ausführliche Produktvorstellung auf ihren Blogs veröffentlichen, aber viele haben auch auf Twitter/Facebook/Instagram zusätzlich etwas gepostet, (s. Abb. 7.10). Dank der Kampagne haben wir in Bezug auf Verkaufszahlen unser Ziel erreicht. Wir konnten ebenso einen erheblichen Anstieg an Aufrufen unserer Webseite verzeichnen. Da es uns später im Jahr möglich war, bei den neuen Webseitenbesuchern Retargeting-Werbung zu platzieren, die nichts mit dem GreenFan zu tun hatte, hat die GreenFan-Kampagne auch langfristig zum Verkauf unserer anderen Produkte beigetragen.

Abb. 7.10 Influencer-Beitrag von @eclectic_hamilton/Blog (Kohnert 2016), @kmplng/Blog (Kampling 2016), @saskiasblog/Blog (Schwarz 2016)

7. Wiederholung: Werden Sie erneut Influencer-Kampagnen umsetzen? Planen Sie eine feste Integration der Disziplin in Ihrem Marketing-Mix?
Nach der GreenFan-Kampagne 2016, haben wir mehrere, ähnliche Blog-Kampagnen durchgeführt. Ob wir dies dauerhaft fortführen werden, ist noch nicht final entschieden, aber wir ziehen es auf jeden Fall in Erwägung.

Fazit
Technologiekonzerne setzen bereits erfolgreich auf die Disziplin Influencer-Marketing und integrieren diese teils schon selbstverständlich in ihre Vermarktungsstrategien. Gerade bei Kaufentscheidungen in hochpreisigen Segmenten setzen Konsumenten auf Empfehlungen glaub- und vertrauenswürdiger Quellen. Eine fundierte Auseinandersetzung mit der Marke und dem Produkt sind essenziell – so gewinnen Unternehmen Markenbotschafter, die ihre Follower erreichen und überzeugen können. Das entscheidende Kriterium für eine erfolgreiche Kampagne im Tech-Segment ist die Identifikation der passenden Influencer sowie der zu bespielenden Plattformen.

7.12 Branchencase Telekommunikation

▶ Kampagne von: **Deutsche Telekom AG**
   Produkt: **Mobile game „Sea Hero Quest"**

Spielen gegen das Vergessen – Mit dem mobilen Spiel „Sea Hero Quest" unterstützt die Deutsche Telekom in Zusammenarbeit mit internationalen Partnern aus Wissenschaft, Interessensverbänden und dem Spieleentwickler die Demenzforschung. Die Mediastrategie zur internationalen Verbreitung des Spiels umfasste eine Ansprache zweier Kernzielgruppen: An Unterhaltung interessierte, mobile Gamer und Menschen, die bei der Erforschung der Krankheit unterstützen wollten. Der Launch wurde neben einer Digital- und PR-Kampagne mit prominenter Unterstützung von YouTube-Creator „PewDiePie" angeschoben, der zum Launch der Kampagne mit etwa 45 Mio. Abonnenten den meistabonnierten YouTube-Kanal weltweit betreibt.

Neun Fragen an Dennis Kubon aus dem Markenmanagement der Deutschen Telekom AG
Sea Hero Quest hat über drei Millionen Downloads generiert und zahlreiche nationale wie internationale Awards gewonnen (s. Abb. 7.11). Einer der Gründe für den Erfolg: Ein Video, das zu Beginn der Kampagne auf YouTube erschien und die App schlagartig in die Download-Bestenlisten katapultierte. Das Video wurde bisher über sieben Millionen Mal aufgerufen und 256.000 Mal positiv bewertet.

1. Erfahrung: Hatten Sie vorher bereits Erfahrung mit Influencer-Marketing?
Das hatten wir. Wir können auf mehrere Jahre Erfahrung zurückblicken. Mit Bloggern und Social-Media-Talenten haben wir schon vorher gearbeitet und diverse nationale und internationale Kampagnen umgesetzt, aber auch Erfahrungen mit ihnen in der Rolle eines klassischen Testimonials oder in Form von Event-Sponsorings rund um die Creator-Szene gesammelt.

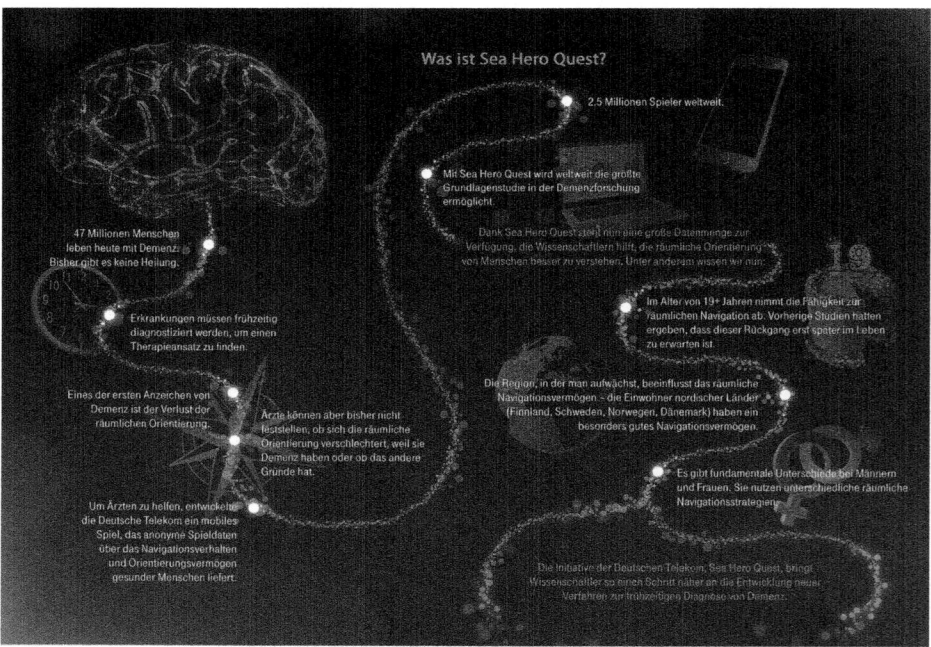

Abb. 7.11 Game for Good – Infografik. (Deutsche Telekom AG 2017)

2. Ziel/KPIs: Was war das Ziel Ihrer Influencer-Marketing-Kampagne? Was waren die wichtigsten KPIs?

PewDiePie erreicht in unseren Zielmärkten mitunter mehr Fans als bekannte lokale Stars. Er gilt auch als Trendsetter für andere Content Creator. Für die Demenzforschung war es zudem wichtig, international heterogene Zielgruppen anzusprechen, um möglichst umfangreiche Messwerte zu generieren. Ein hohes Ranking in den Bestenlisten durch hohe Download-Zahlen in kurzer Zeit sollte die Distribution der App unterstützen. Im Fokus standen somit Conversion gemessen an internationalen Download-Zahlen mit hoher Heterogenität der Nutzer, eine lokale Durchdringung in unseren europäischen Märkten und qualitativ ein besseres Verständnis für die Krankheit.

3. Herausforderung: Wo sahen Sie Herausforderungen in der Umsetzung/Realisierung Ihrer Influencer-Marketing-Kampagne?

Bei Kampagnen mit internationalen Creatoren dieser Größenordnung sitzen oft viele Ansprechpartner am Tisch. Schnell wurde klar, dass wir die Komplexität reduzieren mussten. So haben wir gemeinsam mit unseren Agenturen in Deutschland direkt mit den Ansprechpartnern in den USA gesprochen, anstatt über mehrere Mittler zu kommunizieren. Zudem hatten wir im Vorfeld diverse Alternativszenarien besprochen, unter anderem auch den Einsatz mehrerer lokaler Creator gepaart mit internationalen Stars. Das finale Szenario erschien am erfolgversprechendsten.

4. Dienstleister: Haben Sie die Kampagne gemeinsam mit einer auf Influencer-Marketing spezialisierten Agentur oder Plattform umgesetzt?

Ja, sowohl mit unserer Mediaagentur, der lokalen Vertretung des Multichannel-Networks in Deutschland und ihren Kollegen in den USA.

5. Umfang: Wie viele Influencer waren an Ihrer Kampagne beteiligt?

Es war ein Creator beteiligt, wobei einzelne Zielmärkte ergänzende Maßnahmen – auch mit lokalen Creatoren – durchgeführt haben. Zudem hat das Video weitere Creatoren zu Content zum Spiel animiert.

6. Plattform: Auf welchen Social-Media-Kanälen/-Plattformen fand Ihre Kampagne statt?

Der Fokus lag auf YouTube, begleitend wurden noch Tweets zur Kampagne veröffentlicht.

7. Ergebnis: Wie bewerten Sie das Ergebnis Ihrer Kampagne?

Ausgesprochen positiv. Das ausgezeichnete Bild der Bewertungen und Kommentare hat sich auch in den Rezensionen der Download-Stores gezeigt. Es wurde oft auf das Video verwiesen, eigene Erfahrungen geteilt, für das Engagement gedankt. Unsere quantitative Zielsetzung wurde mehrfach übertroffen, und das positive Stimmungsbild sowie das Feedback der Community haben uns signalisiert, dass wir ein relevantes Thema unterstützen.

8. Wiederholung: Werden Sie erneut Influencer-Kampagnen umsetzen? Planen Sie eine feste Integration der Disziplin in Ihrem Marketing-Mix?
Wir greifen in unseren Kampagnen regelmäßig auf Social-Media-Stars zurück und planen, das auch weiterhin zu tun. Was Sea Hero Quest angeht: Das Spiel wurde bereits weiterentwickelt: Es gibt nun eine VR-Version und erste veröffentlichte Forschungsergebnisse.

9. Sonstiges: Möchten Sie sonst noch etwas beitragen?
Auch in anderen Kampagnen hat sich gezeigt, dass eine direktere Absprache auf Augenhöhe hilft, gemeinsame Ideen zu verwirklichen. Viele Künstler sind eng mit ihrer Community verbunden und liefern Insights, die Unternehmen und Agenturen vielleicht verborgen bleiben. Wenn sie Spaß an der Zusammenarbeit haben, merkt man das dem finalen Content an.

Fazit Telekommunikation
Telekommunikationsunternehmen stehen vor einer besonderen Herausforderung: Ihre Produkte und Leistungen sind oft technisch und nicht greifbar. Emotionale Geschichten helfen, ein besseres Verständnis zu vermitteln. Social-Media-Stars können dafür perfekte Botschafter sein: Sie erreichen ihre Fans oft exklusiv im Netz und nutzen das Angebot stärker als andere Kundengruppen.

7.13   Branchencase Tiernahrung

▶   Kampagne von: **Natural Natural Living UG**
      Produkt: **Wildborn Hundefutter**

Wildborn – Getreidefreie Hundenahrung – ist eine natürliche und ausgewogene Hundenahrung mit einem extrem hohen Fleischanteil. Das Fleisch aus dem Wildborn Hundefutter stammt nicht aus der Massentierhaltung, sondern nur aus kontrollierter Freilandhaltung ihrer jahrelangen Partner.

Neun Fragen an Monika Sekara, Geschäftsführerin der Natural Natural Living UG
Monika Sekara ordnet den Erfolg sowie die Bekanntheitssteigerung der sogenannten Petfluencer-Kampagne zu. Während sich Influencer in sozialen Medien selbst vermarkten, tun Petfluencer das Gleiche mit ihrem Haustier.

1. Erfahrung: Hatten Sie vorher bereits Erfahrung mit Influencer?
Die Umsetzung einer Petfluencer-Kampagne war auch für uns das erste Mal. Mit dieser Art von Werbung wagten wir uns in ganz neues Gefilde. Wir erhofften uns mit dieser Kampagne, authentische Erfahrungsberichte mit emotional wirkenden Produktbildern. Daher hatten die Blogger auch die Möglichkeit, die Produkte über einen längeren Zeitraum zu testen.

2. Ziel/KPIs: Was war das Ziel Ihrer Influencer-Marketing-Kampagne? Was waren die wichtigsten KPIs?
Aufmerksamkeit auf die Produkte unserer Marke erzeugen und schaffen. Content für die Social-Media-Kanäle produzieren lassen, um diesen später zu teilen. Viralität und Sichtbarkeit (Touchpoints) der Marke „Wildborn" in den Social-Media-Kanälen erreichen.

3. Herausforderung: Wo sahen Sie Herausforderungen in der Umsetzung/Realisierung Ihrer Influencer-Marketing-Kampagne?
Aufgrund der wenigen Erfahrungen mit Petfluencer-Kampagnen, stand die Frage im Raum, welche Influencer (Petfluencer oder Lifestyle-Blogger) die geeigneten Markenbotschafter sind.

4. Dienstleister: Haben Sie die Kampagne gemeinsam mit einer auf Influencer-Marketing spezialisierten Agentur oder Plattform umgesetzt?
Ja, zusammen mit einer auf Influencer-Marketing und Blogger Relations spezialisierten Agentur.

5. Umfang: Wie viele Influencer waren an Ihrer Kampagne beteiligt?
Vier Premium-Blogger mit Tieren (s. Abb. 7.12).

6. Plattform: Auf welchen Social-Media-Kanälen/-Plattformen fand Ihre Kampagne statt?
Blog- bzw. Multichannel-Kampagne (Blog, Facebook und Instagram).

7. Ergebnis: Wie bewerten Sie das Ergebnis Ihrer Kampagne?
Sehr positiv. Es sind sehr informative Blog-Artikel entstanden, die einen hohen viralen Effekt und zugleich auch eine Branchenvorbildfunktion haben. Zudem ist wertvoller Content entstanden, wir wunderbar für Facebook, Amazon-Produktseiten oder den WILDBORN-Shop verwenden können.

8. Wiederholung: Werden Sie erneut Influencer-Kampagnen umsetzen? Planen Sie eine feste Integration der Disziplin in Ihrem Marketing-Mix?
Definitiv werden weitere Influencer-Kampagnen folgen. Wir sind gerade schon in der Planung für eine zweite Kampagne.

Abb. 7.12 Influencer-Beitrag von @choco flanell/Instagram (Merkel 2017), @jana kalea/ Blog (Schauff 2017)

9. Sonstiges: Möchten Sie sonst noch etwas beitragen?

Die Professionalisierung der Petfluencer hat in der Vergangenheit stark zugenommen. Aus der Warte der Tiernahrungsbranche ist es spannend zu beobachten, welche Kooperationen bzw. Kooperationsformen für uns nachhaltig sind. Sprich, ob die Kooperation mit Petfluencern oder eher mit Lifestyle-Bloggern für die Marke erfolgreicher sind.

Fazit Tiernahrungsbranche

Auch wenn die Professionalisierung von Petfluencern in Deutschland noch nicht soweit ist wie in den USA, erkennen wir durchaus eine positive Entwicklung. Die Werbung mit Tieren ist emotional, insbesondere Haustiere sind Teil der Familie.

Ob nun die Petfluencer oder die Lifestyle – Blogger die gewünschte Zielgruppe ansprechen bzw. die besseren Markenbotschafter sind, möchten wir von Kampagne zur Kampagne neu entscheiden. Wir sind uns aber sicher, dass wir auch das nächste Mal wieder mit Petfluencern zusammen arbeiten wollen.

7.14 Branchencase Wissenschaft/Technik

▶   Kampagne von: **MERCK**
     Markenkampagne: **„catchcurious"**

Innovationen entstehen durch Neugier – mit dieser These startete der Wissenschafts- und Technologiekonzern Merck wenige Monate nach dem Relaunch seines Markenauftritts die erste globale Markenkampagne der Firmengeschichte (s. Abb. 7.13). Wesentliches Element war die Zusammenarbeit mit internationalen Influencern aus Wissenschaft, Gesundheit und Technik, die über ihre sozialen Netzwerke eine Debatte über Entdeckerfreude als Triebfeder des Fortschritts anstießen.

Sieben Fragen an Axel Löber, Leiter Corporate Branding & Strategic Communication Projects bei Merck

Abb. 7.13 Digitaler Neugier-Content: Die Merck-Kampagnen website curiosity. (merckgroup.com © Merck)

Was war das Ziel Ihrer Influencer-Marketing-Kampagne?
Im Oktober 2015 präsentierte Merck die umfangreichste Neuausrichtung seiner Dachmarke in der fast 350-jährigen Unternehmensgeschichte. Ziel war es, den DAX-Konzern als lebendiges Wissenschafts- und Technologieunternehmen neu zu positionieren und die Marke mit Emotionalität und Strahlkraft aufzuladen. Die einige Monate später gestartete internationale Content-Marketing-Kampagne #catchcurious sollte in diesem Zuge die Bekanntheit von Merck in relevanten B2B-Zielgruppen steigern und die neue Markenpositionierung aufmerksamkeitsstark und zugleich glaubwürdig vermitteln.

Herausforderung: Wo sahen Sie Herausforderungen in der Umsetzung Ihrer Influencer-Marketing-Kampagne?
Zunächst investierten wir viel Zeit und Energie in die Erarbeitung des Contents, der die Grundlage für jeden Influencer-Dialog bildet. Da die Influencer der Kampagne und deren Netzwerke größtenteils über einen wissenschaftlichen Hintergrund verfügen, musste der Content relevant und fundiert sein. Dazu arbeiteten wir unter anderem mit international führenden Wissenschaftlern, die am Thema Neugier forschen, zusammen und führten eine Studie durch, um den Einfluss von Neugier auf Innovationskraft am Arbeitsplatz näher zu beleuchten. Eine weitere Herausforderung bestand darin, die ersten Influencer für die Merck-Kampagne zu gewinnen. Da eine solche Kampagne nicht nur für unsere Branchen, sondern auch für viele Key-Opinion-Leader, die als Influencer gewonnen werden sollten, Neuland war, gab es kaum Beispiele und Erfahrungswerte, auf die wir hätten verweisen können.

Umfang: Wie viele Influencer waren an Ihrer Kampagne beteiligt?
Uns ging es um Klasse statt Masse. Im Fokus stand die Relevanz der Influencer aus Wissenschaft und Technologie für unsere eng eingegrenzten Zielgruppen, die zudem global verteilt waren. Daher variierte die Zahl der Influencer je nach Land und Zielgruppensegment, meist zwischen fünf und zehn.

Plattform: Auf welchen Social-Media-Kanälen/-Plattformen fand Ihre Kampagne statt?
Vorrangig auf etablierten Plattformen mit internationaler Breitenwirkung: Facebook, YouTube, Twitter oder LinkedIn. Hinzu kamen lokal relevante Kanäle, etwa Weibo in China. Verbindendes Element waren die Hashtags #catchcurious und #alwayscurious. Den von Merck erarbeiteten Content – Videos, interaktive Features, Hintergrundartikel sowie die Studie zum Stand der Neugier in der Arbeitswelt – bündelten wir auf einer eigenen Kampagnen-Microsite. Vorbereitend auf das 350. Firmenjubiläum wurde diese nach rund anderthalb Jahren in die kurz zuvor runderneuerte Unternehmenswebsite merckgroup.com integriert und die Kampagne so noch enger mit der restlichen Unternehmenskommunikation verzahnt.

Ergebnis: Wie bewerten Sie das Ergebnis Ihrer Kampagne?
Sowohl Reichweiten- als auch Engagement-Zahlen sind überaus positiv. Die Curiosity-Influencer-Kampagne ist ein ideales Mittel, um jenseits von Produkt- oder Finanzkommunikation den Dialog mit unseren Stakeholdern aufzunehmen. Erfolgsrezept war dabei der Mix aus wissenschaftlich fundiertem, relevantem Content und unterhaltenden Elementen, etwa Gamification-Features.

Wiederholung: Werden Sie erneut Influencer-Kampagnen umsetzen? Planen Sie eine feste Integration der Disziplin in Ihrem Marketing-Mix?
Die Curiosity-Kampagne war von Beginn an nicht als Eintagsfliege geplant. Nach dem stark mit Advertisement flankierten Start 2016 und der vertieften inhaltlichen Weiterentwicklung 2017 nutzen wir die Kampagne 2018 als Plattform zur Kommunikation rund um das 350. Firmenjubiläum. Wie erwähnt sind Relevanz und Glaubwürdigkeit für uns wichtige Eckpfeiler der Kampagne. Dazu gehört auch eine langfristige Partnerschaft mit den Influencern, mit denen wir zusammenarbeiten.

Sonstiges: Möchten Sie sonst noch etwas beitragen?
Influencer-Kommunikation braucht Flexibilität. Einfach auf dem Reißbrett eine Kampagne zu konzipieren und sie dann nach festgelegtem Plan auszurollen wäre zu kurz gesprungen. Ansatz und Management einer Influencer-Kampagne benötigen ausreichend Spielraum, um auf Impulse aus dem Dialog mit den Influencern, die oft eigene Ideen einbringen, sowie auf kurzfristige Entwicklungen in den sozialen Kanälen reagieren – oder besser: Sie proaktiv für die Kampagne nutzen zu können. Flexibilität wiederum geht mit hoher Entscheidungsgeschwindigkeit und dem Mut zum gelegentlichen Experiment einher. Dazu ist freilich eine starke Licence to Operate für das Kommunikations- oder Marketingteam vonnöten.

Fazit zur B2B-Branche, hier im Bereich Wissenschaft und Technik
B2B und Emotionalität müssen sich nicht ausschließen – im Gegenteil. Das oft gehörte Argument, bei B2B gehe es in erster Linie um Faktenvermittlung an rationale Entscheidungsträger, blendet schlicht aus, dass Menschen Entscheidungen niemals nur rational treffen. In einem globalisierten Markt, geprägt von einer unüberschaubaren Masse an Angeboten und fragmentierten Kommunikationskanälen, kommt es für B2B-Unternehmen mehr denn je auf Identifizierbarkeit und Differenzierbarkeit an: Wer bin ich und was unterscheidet mich von anderen? Das hat auch Auswirkungen auf die Kommunikation. Die Produktanzeige im Fachmagazin kann nach wie vor sinnvoll sein. Die immer breiter werdende Klaviatur der Kanäle erfordert jedoch auch ein breiteres Denken. B2B kann dabei viel von B2C lernen. Beispiel Influencer: Kampagnen wie die von Merck zeigen, dass Influencer-Kommunikation auch in B2B zum Erfolg führen kann.
Warum also eine solche Chance ungenutzt lassen?

Literatur

ABOUT YOU (2017). https://corporate.aboutyou.de/de/presse. Zugegriffen: 12.12.2017

Brahmstaedt, K. (2017) Monday Musings #2: Wie sich Prioritäten verschieben, http://www.the-kontemporary.com/2017/05/monday-musings-2-wie-sich-prioritaeten-verschieben.html. Zugegriffen: 30.11.2017

Braune, M. (2017) Frühstück ist die wichtigste Mahlzeit am Tag, https://www.instagram.com/p/BUwPrjdgv4o/. Zugegriffen: 25.10.2017

Detmerowski, S. (2017) Mir wurde eine große Ehre zuteil, https://www.instagram.com/p/BGTm2SCoSI6/?taken-by=yourownhazel. Zugegriffen: 29.11.2017

Deutsche Telekom AG (2017), Game for Good Infografik, http://i13.mnm.is/anhang.aspx?ID=0ae197f39615214215. Zuletzt Zugegriffen: 03.01.2018

Fellner, B. (2017) Zahnpflege ist ein sehr wichtiges Thema, https://www.instagram.com/p/BGG-0nD3xZMN/?taken-by=bibi_fashionable. Zugegriffen: 25.10.2017

Finger, S. (2017). Der ultimative Schlaraffia Matratzentest, http://lovelysuitcase.de/der-ultimative-schlaraffia-matratzentest/. Zugegriffen: 30.11.2017

Grebe, L. (2017) Hey meine Lieben, Wisst ihr schon, dass ihr eure Einkäufe online jetzt ganz schnell und bequem mit #paydirekt zahlen könnt, https://www.instagram.com/p/BOVFrICjeee/. Zugegriffen: 13.12.2017

Hartmann, J. (2017) Kennt ihr schon die neuen #playlink Spiele auf der PlayStation, https://www.instagram.com/p/BcVLCGCAD_W/?taken-by=janinahrt. Zugegriffen: 13.12.2017

Höchsmann, B. (2017) Hallo ihr Lieben heute gibt es ein #latergram zu meinem sonntäglichen Frühstück, https://www.instagram.com/p/BUtQbG3DpMj/. Zugegriffen: 25.10.2017

Kampling, Jan (2016). Balmuda Green Fan, http://gdgts.de/balmuda-greenfan/. Zugegriffen: 04.12.2017

Kluk, A. (2017). Mein Outfit für Break The Tango, http://www.overdivity.com/2017/08/getting-ready-for-break-the-tango/. Zugegriffen: 29.11.2017

Kohnert, Ines. (2016) Frische Sommerbrise im Hamilton, https://eclectichamilton.blogspot.de/2016/06/frische-sommerbrise-im-hamilton-video.html. Zugegriffen: 04.12.2017

Leonie-Rachel (2017). Leidenschaft auf der Bühne: Break The Tango, https://www.leonierachel.com/2017/08/04/leidenschaft-auf-der-buehne-break-the-tango/. Zugegriffen: 25.10.2017

Merkel, L. (2017) Blogbeitrag mit viel Liebe für Max, https://www.instagram.com/p/BbHI-ctldek/. Zugegriffen: 29.11.2017

Reuber, E. (2017) Hier seht ihr noch mal eines meiner Lieblingsbücher zurzeit, https://www.instagram.com/p/BHRus0HgkqO/?tagged=einjahrvollerleidenschaft. Zugegriffen: 25.10.2017

Sarah Anna (2017). Listen to „Feel it still" from "Portugal. The Man", https://www.instagram.com/p/BY1JvJhDQm5/. Zugegriffen: 25.10.17

Schauff, J. (2017) Is Emmi A Wildborn? Wildborn Hundefutter im Test, http://www.comfort-zone.net/wildborn-hundefutter-test/. Zugegriffen: 29.11.2017

Schubert, V. (2017) Man hatte zwischenzeitlich das Gefühl, dass die beiden alles um sich herum vergessen, https://www.facebook.com/absolutebrightside/photos/a.1583695108370342.1073741827.258639970875869/1585150274891492/?type=3. Zugegriffen: 25.10.2017

Schwabauer, D. (2017) Gestern Abend haben wir das Thriller Spiel Hidden Agenda auf der PS4 gespielt, https://www.instagram.com/p/Bb-BwethB2P/. Zugegriffen: 29.11.2017

Schwarz, S. (2016). BALMUDA GreenFan – So angenehm kann Wind sein, http://saskiasblog.de/balmuda-greenfan-so-angenehm-kann-wind-sein/. Zugegriffen: 06.12.2017

Ton, S. (2017) Mir sind meine Zähne schon immer sehr wichtig gewesen, https://www.instagram.com/p/BGW-NsepD2O/?taken-by=sophiaton_. Zugegriffen: 25.10.2017

Wozniak, A. (2017) Na, wem von euch kommt diese Leggings noch bekannt vor, https://www.instagram.com/p/BOVhrjTh9tD/. Zugegriffen: 30.11.2017
Ziegler, I. Happy Sunday, https://www.instagram.com/p/BcPo-zvhruK/. Zugegriffen: 13.12.2017

Über die Autorin

Marlis Jahnke ist Unternehmerin – seit 1999 Managing Partner der INPROMO GmbH. Ihre Agentur für Online Kommunikation gründete sie, nachdem sie als Produktmanagerin bei Polydor (heute Universal) für Künstler wie Udo Lindenberg oder Nena mit ihren digitalen Ideen in der Musikindustrie (noch) auf taube Ohren stieß. Sie verabschiedete sich aus der Branche mit ihrem ersten Fachbuch „Der Weg zum Popstar", das heute noch ein Standardwerk ist. Mit INPROMO folgten 10 Jahre digitale Kommunikation, zunächst für die Film-, Games,- und Musikbranche, später für einen heterogeneren Kundenkreis.

2014 gründete Marlis Jahnke Deutschlands erste Influencer Marketing-Plattform: HashtagLove führt erfolgreich Marken mit Influencern aller Social Media Kanäle zusammen. Mit innovativer Matching-Logik, hoher Automatisierung und individueller Kuratierung setzt HashtagLove reichweitenstarke und authentische Kampagnen für Kunden verschiedenster Branchen um. 2018 startet die Plattform auch in Polen, Frankreich und Italien.

Marlis Jahnke ist Sprecherin auf wirtschaftlichen und politischen Veranstaltungen, engagiert sich für neue Ausbildungswege junger Menschen und begleitet ehrenamtlich das preisgekrönte deutsch-nordafrikanische Mentoring-Programm „Ouissal" der ema e. V. Marlis Jahnke lebt mit Mann, Kindern und Hund in Hamburg.

marlis.jahnke@inpromo.de

Was sind die medienrechtlichen Rahmenbedingungen des Influencer-Marketings? Kennzeichnung, Jugendschutz und Aufsicht

8

Thomas Fuchs und Caroline Hahn

Inhaltsverzeichnis

Zusammenfassung

Eine Branche professionalisiert sich. YouTuber, Blogger, Idols, Celebrities: Sprachlich und inhaltlich vielfältig hat sich in den letzten Jahren für die personengestützte Werbung auf Social-Media-Plattformen eine Werbeform entwickelt, die hier unter dem Begriff der Influencer-Werbung zusammengefasst werden soll.

T. Fuchs (✉) · C. Hahn
Medienanstalt Hamburg/Schleswig-Holstein, Norderstedt, Deutschland
E-Mail: fuchs@ma-hsh.de

C. Hahn
E-Mail: hahn@ma-hsh.de

© Springer Fachmedien Wiesbaden GmbH, ein Teil von Springer Nature 2018
M. Jahnke (Hrsg.), *Influencer Marketing*,
https://doi.org/10.1007/978-3-658-20854-7_8

Influencer-Werbung ist kein Hype, sondern inzwischen ein fester Bestandteil im Marketing-Mix, insbesondere für solche Produkte mit jugendlicher Zielgruppe. Bis etwa 2015 war Influencer-Werbung kein Gegenstand medienrechtlicher Aufsichtstätigkeit. Mit der zunehmenden Bedeutung, und damit auch mit zunehmender Konkurrenz zu etablierten Werbeträgern, bestand die Notwendigkeit zu prüfen, wie geltende werberechtliche Regelungen auf Influencer-Marketing anwendbar sind. Dieser Prozess dauert an, und die Spielregeln des Influencer-Marketings werden klarer und bekannter. Dies betrifft auch die Auslegung und die Durchsetzung des Rechts durch Aufsichtsbehörden.

8.1   Vorgeschichte: Was haben Medienanstalten mit Influencern zu tun?

Für die medienrechtliche Aufsicht über werbliche Inhalte im privaten Rundfunk, also beim Fernsehen und beim Radio, sind seit etwa 30 Jahren die **Landesmedienanstalten** zuständig. Ausgehend von der Kompetenzordnung des Grundgesetzes, nach dem die Medien eine Angelegenheit der Länder sind, ist auch die behördliche Aufsicht in Deutschland föderal organisiert. In 16 Bundesländern agieren 14 Landesmedienanstalten (Berlin/Brandenburg und Hamburg/Schleswig-Holstein haben Zwei-Länder-Anstalten).

Bei bundesweiten Entscheidungen im Bereich der Werbeaufsicht für TV-Sender entscheiden die Medienanstalten in einer bundesweit einheitlichen Kommission: **ZAK – Kommission für Zulassung und Aufsicht.** Außerdem treten die 14 Landesmedienanstalten in der **Direktorenkonferenz der Landesmedienanstalten (DLM)** zusammen, um Angelegenheiten von bundesweiter Bedeutung zu beschließen.

Mit der Konvergenz der Branche verändert sich auch das Tätigkeitsfeld der Behörden. Faktisch sind die Medienanstalten in vielen Rechtsbereichen eine Art **Aufsichtsbehörde für das Internet.** So sind die Medienanstalten seit über zehn Jahren beispielsweise für den Jugendmedienschutz im Internet zuständig oder auch für das Impressum von Anbietern im Netz.

Mit der zunehmenden Professionalisierung des Influencer-Marketings, zuvorderst auf Video-Sharing-Plattformen, und der Etablierung von Multi-Channel-Networks entstand in der Branche das Bedürfnis nach einer **Orientierungshilfe in Werbekennzeichnungsfragen.** Insbesondere Angebote auf YouTube, als Bewegtbildangebote sowohl inhaltlich als auch rechtlich fernsehähnlich, brauchten einen Rahmen für die richtige Werbekennzeichnung.

Die Herausforderung bestand darin, die bestehenden sehr exakten Werberegeln für bundesweite TV-Anbieter wie RTL oder SAT.1 auf das Medium YouTube zu übertragen. Dabei war klar, dass viele Kennzeichnungsvorschriften, die im Fernsehen ihre Berechtigung haben (beispielsweise der Hinweis auf die Unterbrechung des Programms), auf

Abrufangebote nicht anwendbar sind. Außerdem wurde früh deutlich, dass die Werbeformen bei Influencern sehr viel vielfältiger sind und der klassischen Platzierung eines Werbespots im TV kaum entsprechen.

Mit dem Leitfaden **„FAQs – Antworten auf Werbefragen in sozialen Medien"** (QR CODE: https://www.die-medienanstalten.de/themen/werbeaufsicht), den die DLM im Herbst 2015 veröffentlicht hat, wurden erstmals praxisrelevante Fragestellungen zur Werbekennzeichnung angesprochen und von den Aufsichtsbehörden mit Empfehlungen versehen. Die *FAQs* werden von den Medienanstalten fortlaufend weiterentwickelt und an neue Entwicklungen angepasst. Für Nutzer von Social-Media-Angeboten bieten sie eine verlässliche Grundlage zur Orientierung bezüglich der Kennzeichnung ihrer Beiträge. Insbesondere auch deshalb, weil es zu den vielen Einzelfragen der Kennzeichnung noch keine höchstrichterliche Rechtsprechung gibt und sich die wettbewerbsrechtliche Rechtsprechung zur Werbekennzeichnung im Internet nicht immer automatisch auf Social-Media-Angebote und die Kennzeichnungsvorschriften des Rundfunkstaatsvertrags (RStV) übertragen lässt.

Auf diese FAQs wird im Folgenden noch ausführlich eingegangen. In weiteren Überarbeitungen beziehen sich die FAQs nun auch auf die Kennzeichnung von Fotos und Texten auf Instagram, Facebook, Snapchat und Twitter.

So entwickelt sich sukzessive **ein eigenes Werberecht für das Influencer-Marketing.** Dass diese Empfehlungen nicht nur unverbindliche Leitfäden sind, sondern dass es um die Anwendung konkreten Rechts geht, ist 2017 erstmals deutlich geworden. Denn der Verstoß gegen die werberechtlichen Rahmenbedingungen durch den Influencer kann von den Landesmedienanstalten nicht nur festgestellt werden. Die Landesmedienanstalten fordern den Influencer im Falle einer falschen Kennzeichnung zur Nachbesserung auf, kommt er dieser Aufforderung nicht nach, droht ein Ordnungswidrigkeitenverfahren, das mit der Verhängung eines Bußgeldes enden kann.

Damit ist klar: Wer auf sozialen Plattformen professionell in Kooperation mit Unternehmen werblich unterwegs ist, muss sich an geltendes Recht halten. Im Folgenden werden die verschiedenen Aspekte des Medienrechts für die Influencer-Werbung dargestellt.

8.2   Vorgaben des Rundfunk- und Medienrechts an die Kennzeichnung der Influencer-Werbung

Bei Social-Media-Angeboten, wie YouTube, Facebook und Instagram, handelt es sich im Rechtssinne um Telemedien. Vorschriften für Telemedien finden sich im Rundfunkstaatsvertrag (RStV) und im Telemediengesetz (TMG). In diesen Gesetzen befinden sich auch spezielle Vorschriften für die Kennzeichnung von Werbung in Telemedien.

Da Influencer Einfluss auf die Inhalte ihrer Social-Media-Angebote nehmen können, sind sie im Rechtssinne **Telemedienanbieter.**

▶ **Telemedien** RStV und TMG bedienen sich zur Definition des Begriffs der Telemedien in § 2 Abs. 1 Satz 3 RStV und § 1 Abs. 1 Satz 1 TMG einer Negativabgrenzung. Danach sind Telemedien alle elektronischen Informations- und Kommunikationsdienste, soweit sie nicht spezielle Telekommunikationsdienste oder telekommunikationsgestützte Dienste nach dem Telekommunikationsgesetz (TKG) oder Rundfunk nach dem RStV sind. Nach der amtlichen Begründung zum 9. Rundfunkänderungsstaatsvertrag (RÄStV) gehören zu den Telemedien z. B. Online-Angebote von Waren/Dienstleistungen mit unmittelbarer Bestellmöglichkeit (z. B. Angebote von Verkehrs-, Wetter-, Umwelt- und Börsendaten, News-Groups, Chat-Rooms, elektronische Presse, Fernseh-/Radiotext) sowie Video auf Abruf, soweit es sich nicht nach Form und Inhalt um einen Fernsehdienst bzw. ein Fernsehprogramm handelt.

▶ **Audiovisuelle Telemedien** Bei Telemedien mit Inhalten, die nach Form und Inhalt fernsehähnlich sind und die von einem Anbieter zum individuellen Abruf zu einem vom Nutzer gewählten Zeitpunkt und aus einem vom Anbieter festgelegten Inhaltkatalog bereitgestellt werden, handelt es sich um **audiovisuelle Telemedien** auf Abruf. Hierunter fallen insbesondere auch YouTube-Kanäle.

8.2.1   Erforderlichkeit der Kennzeichnung (§ 58 RStV, § 6 Abs. 1 TMG)

Nach § 58 Abs. 1 Satz 1 RStV muss Werbung als solche klar erkennbar und vom übrigen Inhalt eindeutig getrennt sein. Diese Norm findet beispielsweise Anwendung auf Instagram-Posts.

Auf die klare Erkennbarkeit der kommerziellen Kommunikation stellt auch § 6 Abs. 1 Nr. 1 TMG ab.

▶ **Kommerzielle Kommunikation** Unter den Begriff der **kommerziellen Kommunikation** nach § 2 Abs. 1 Nr. 5 TMG werden umfassend alle Maßnahmen, die in irgendeiner Weise den Absatz fördern oder dem Erscheinungsbild einer wirtschaftlich tätigen Person dienen, gefasst (Spindler und Schuster 2015, § 2 TMG Rdnr. 11).

Obwohl der Begriff der kommerziellen Kommunikation, der aus der E-Commerce-Richt-linie in das TMG übernommen wurde (vgl. Spindler und Schuster 2015, § 6 TMG Rdnr. 15), weiter ist als der Begriff der Werbung, umfasst er jedenfalls auch Werbe-maßnahmen (Hartstein et al. 2016, § 58 RStV Rdnr. 3; Spindler und Schuster 2015, § 58 RStV Rdnr. 3; Spindler und Schuster 2015, § 6 TMG Rdnr. 17). Nach herrschen-der Ansicht (vgl. Spindler und Schuster 2015, § 6 TMG Rdnr. 15) findet § 6 TMG neben § 58 Abs. 1 RStV Anwendung. In Bezug auf die Kennzeichnung von Werbung in Social-Media-Angeboten sind die Anforderungen nach § 6 Abs. 1 Nr. 1 TMG insofern vergleichbar mit denen nach § 58 Abs. 1 Satz 1 RStV.

Insbesondere für YouTube-Kanäle als audiovisuelle Mediendienste auf Abruf macht § 58 Abs. 3 Satz 1 RStV weitere Vorgaben. Auf diese Dienste finden die §§ 7 und 8 RStV und damit die wesentlichen Bestimmungen des für den Rundfunk geltenden Werberechts entsprechend Anwendung.

8.2.2 Anforderungen an die rechtskonforme Kennzeichnung

Wie die klare Erkennbarkeit und eindeutige Trennung vom übrigen Inhalt der Angebote nach § 58 Abs. 1 Satz 1 RStV bzw. die klare Erkennbarkeit der kommerziellen Kommu-nikation nach § 6 Abs. 1 Nr. 1 TMG zu erfolgen hat, wird durch die Normen nicht näher konkretisiert.

8.2.2.1 Grundsätze

Grundsätzlich hat sich die Kennzeichnung der Werbung innerhalb von Telemedien an der jeweiligen Eigenart des Telemediums zu orientieren (Spindler und Schuster 2015, § 58 RStV Rdnr. 11). Maßstab ist hierbei der durchschnittlich informierte, situationsa-däquat aufmerksame und verständige Durchschnittsempfänger des jeweiligen konkre-ten Angebots (Gersdorf und Paal 2017, § 58 RStV Rdnr. 7; vgl. auch Hahn und Vesting 2012, § 58 RStV Rdnr. 3; Spindler und Schuster 2015, § 58 RStV Rdnr. 11). Ein solcher muss ohne Weiteres und zweifelsfrei erkennen können, ob es sich bei dem Angebot um Werbung oder einen redaktionellen Beitrag handelt (Gersdorf und Paal 2017, § 58 RStV Rdnr. 7; Spindler und Schuster 2015, § 58 RStV Rdnr. 11).

Dabei werden die Anforderungen an die Kennzeichnung erfüllt, wenn ein Begriff ein-geblendet wird, der klarstellt, dass es sich um Werbung handelt. Hierbei empfiehlt sich insbesondere eine Kennzeichnung als „Anzeige", wie sie bei Presseerzeugnissen üblich ist, oder als „Werbung", wie sie im Bereich des Fernsehens erfolgt (Fuchs und Hahn 2016, S. 503, 504).

Einer ausdrücklichen Kennzeichnung als Werbung bedarf es in der Regel nur dann nicht, wenn sich der Werbecharakter bereits aus dem Inhalt und der Gestaltung des Angebots ergibt (Gersdorf und Paal 2017, § 58 RStV Rdnr. 8; Spindler und Schuster 2015, § 58 RStV Rdnr. 11; s. a. Hahn und Vesting 2012, § 58 Rdnr. 11, 15). Dies dürfte beispielsweise bei Werbevideos innerhalb des YouTube-Kanals eines Unternehmens oder bei Posts innerhalb des Instagram-Accounts eines Unternehmens der Fall sein.

8.2.2.2 Konkretisierung

Die *Direktorenkonferenz der Landesmedienanstalten (DLM)* hat eine Konkretisierung der Anforderungen an die Kennzeichnung vorgenommen.

Anhand von fünf exemplarischen Beispielen werden in den **FAQs der Medienanstalten** verschiedene Konstellationen der Präsenz von Produkten in Online-Video-Beiträgen angesprochen und den YouTubern die jeweiligen Entscheidungsoptionen samt notwendiger Kennzeichnung dargelegt. Zum Abschluss beschäftigt sich ein Abschnitt des Papiers mit der Kennzeichnung auf Instagram, Facebook, Snapchat oder Twitter.

Da mit den FAQs die praxisrelevanten Fragestellungen zur Werbekennzeichnung angesprochen werden, wird ihr Inhalt im Folgenden zusammengefasst.

Der Influencer kauft das Produkt

Der YouTuber kauft die Produkte, die er in seinem Video präsentiert, selbst und entscheidet damit eigenständig, welche Produkte er kauft und zeigt und wie er sie bewertet. Eine Kennzeichnung ist hier nicht notwendig. Es wird davon ausgegangen, dass kein Unternehmen ein werbliches Interesse an dem Video hat.

Der Influencer bekommt das Produkt kostenlos zugeschickt

Der YouTuber bekommt ein Produkt kostenlos von einem Unternehmen zugeschickt. Das Unternehmen verfolgt dabei die Absicht, dass der YouTuber das Produkt in seinen Videos zeigt und es so seiner Community bekannt macht. Damit erwartet das Unternehmen eine Gegenleistung für die kostenlose Überlassung des Produkts. Im Weiteren ist zu unterscheiden: Hat das Unternehmen dem YouTuber das Produkt kostenlos zur Verfügung gestellt, aber keine Vorgaben gemacht, wie das Produkt präsentiert werden soll, und der YouTuber kann selbst entscheiden, ob er das Produkt positiv oder auch negativ beschreibt und bewertet, so handelt es sich nicht um Werbung. Eine Kennzeichnung ist nicht erforderlich. Hierunter fällt es beispielsweise, wenn ein Unternehmen einem YouTuber ein Buch, einen Film oder ein Videospiel zur Rezension zuschickt.

Erwartet jedoch das Unternehmen, das dem YouTuber das Produkt kostenlos zur Verfügung gestellt hat, dass der YouTuber dieses ausschließlich positiv beschreibt und bewertet oder wenn durch das Video erkennbar ist, dass die ausschließlich positive Darstellung in der Absicht geschieht, dass der YouTuber seine Follower dazu bringen will, das Produkt zu kaufen, so liegt Werbung vor. Die Kennzeichnung kann dann so erfolgen, dass immer, wenn das Produkt dargestellt wird, *„Werbung"* eingeblendet wird. Eine andere Möglichkeit ist es, dass zu Beginn des Videos die Einblendung *„unterstützt durch … (Produkt XYZ)"* erfolgt und der YouTuber zusätzlich zu Beginn des Videos mündlich auf die kostenlose Zurverfügungstellung des Produkts durch das Unternehmen hinweist. Dreht sich das Video ganz oder überwiegend um das Produkt, sollte über die komplette Laufzeit des Videos *„Dauerwerbung"* oder *„Werbevideo"* eingeblendet werden.

Wenn der Schwerpunkt des Videos aus redaktionellen Inhalten besteht – wie Geschichten, die erzählt werden, in denen es aber auch um klar erkennbare Produkte

geht, die jedoch nicht den Inhalt des Videos bestimmen, sondern in die Handlung eingebettet sind – kommt es auf den Wert des Produkts an. Kostet dieses üblicherweise
unter 1000 EUR, muss keine Kennzeichnung erfolgen. Hat der YouTuber mehrere
Produkte kostenlos erhalten, kommt es grundsätzlich auf den Einzelpreis der Produkte
an, die Werte werden in der Regel nicht addiert. Etwas anderes gilt, wenn der YouTuber mehrere Produkte von der gleichen Marke, demselben Label oder dem gleichen
Unternehmen erhält. In diesen Fällen werden die Einzelwerte zusammengerechnet.

Beträgt der Wert mehr als 1000 EUR, so liegt Produktplatzierung vor, die gekennzeichnet werden muss. Hier sollte der YouTuber die Zuschauer zu Beginn des Videos
auf die Kooperation mit dem Unternehmen hinweisen. Dies kann entweder am
Anfang des Videos mit dem deutlich wahrnehmbaren Hinweis *„Produktplatzierung"*
oder mit dem Hinweis *„unterstützt durch Produktplatzierung"* bzw. *„unterstützt
durch (Produktname)"* erfolgen.

**Der YouTuber bekommt Geld oder eine andere Gegenleistung von einem
Unternehmen dafür, dass er ein Produkt des Unternehmens in seinem Video
präsentiert**

Steht das Produkt in dem Video oder in einzelnen Einstellungen im Mittelpunkt, so
liegt Werbung vor, die zu kennzeichnen ist. Dies kann entweder mit der Einblendung
„Werbung" immer dann erfolgen, wenn das Produkt dargestellt wird oder zu Beginn
des Videos erfolgt die Einblendung *„unterstützt durch ... (Produkt XYZ)"* und der
mündliche Hinweis auf die Werbekooperation mit dem Unternehmen. Dreht sich das
Video ganz oder überwiegend um das Produkt, sollte für die Dauer des ganzen Videos
„Dauerwerbung" oder *„Werbevideo"* eingeblendet werden.

Besteht der Schwerpunkt des Videos aus redaktionellen Inhalten und das Produkt
ist zwar erkennbar, aber in die Handlung des Videos eingebettet, liegt wiederum zu
kennzeichnende Produktplatzierung vor. Wie bereits in Beispiel 2 ausgeführt, ist der
Zuschauer zu Beginn des Videos über die Kooperation mit dem Unternehmen zu
informieren. Hierzu sollte am Anfang des Videos der deutlich wahrnehmbare Hinweis
„Produktplatzierung" oder *„unterstützt durch Produktplatzierung"* bzw. *„unterstützt
durch (Produktname)"* verwendet werden.

Der Influencer setzt Affiliate-Links

Beispiel 4 beschäftigt sich mit sogenannten Affiliate-Links. Diese finden sich häufig in der Infobox zu einem YouTube-Video und verlinken auf Websites, auf denen
das Produkt direkt gekauft werden kann. Im Affiliate-Link ist ein Code enthalten, der
demjenigen, der den Link gesetzt hat, zugeordnet werden kann. So kann diese Person
von dem Unternehmen, auf dessen Angebot sie verlinkt, eine Provision erhalten, die
beispielsweise mit dem Klick auf den Link oder dem Kauf des verlinkten Produkts
entsteht. Mit einem Affiliate-Link wird also eine bestimmte Produktseite beworben.

Damit liegt Werbung vor, auf die der YouTuber den Nutzer hinweisen muss. Hierzu sollte im direkten Umfeld des Affiliate-Links ein schriftlicher Hinweis gegeben werden, in dem erklärt wird, wie ein Affiliate-Link funktioniert und dass beispielsweise eine Beteiligung am Umsatz erfolgt, wenn der Nutzer das Produkt über diesen Link bestellt.

▶ Ein solcher Hinweis kann z. B. wie folgt gestaltet sein: „Die mit * gekennzeichneten Links sind sogenannte Affiliate-Links, die mit dem Partnerprogramm von … verknüpft sind. Kommt über einen solchen Link ein Einkauf zustande, werde ich mit einer Provision beteiligt. Für Dich entstehen dabei keine Mehrkosten. Wo, wann und wie Du ein Produkt kaufst, bleibt natürlich Dir überlassen.".

Ausstatterhinweise in der Infobox

In Beispiel 5 geht es um Ausstatterhinweise. Hier weist der YouTuber z. B. in der Infobox zu seinem YouTube-Video auf die technische Ausstattung – wie Kamera, Schnittprogramm – hin, mit der das Video gedreht wurde. Bei diesen Hinweisen handelt es sich nicht um Werbung. Das gilt auch, wenn die Geräte vom Hersteller kostenlos zur Verfügung gestellt wurden.

Die fünf Beispiele können inhaltlich auch auf die Werbekennzeichnung von Fotos und Texten auf Facebook, Snapchat, Twitter oder Instagram übertragen werden. Die konkrete Kennzeichnung innerhalb der Social-Media-Angebote kann auf verschiedene Arten erfolgen.

▶ Die derzeit sicherste Kennzeichnung ist mit den Begriffen *„Werbung"* oder *„Anzeige"*. Aufgrund von verschiedenen Abmahn- und Klageverfahren, die unter anderem von Wettbewerbsverbänden eingeleitet wurden, können Kennzeichnungen wie *„#ad", „#sponsored by"* oder *„#powered by"* derzeit nicht empfohlen werden.

Dies gilt auch wenn das OLG Celle in seinem Urteil vom 8. Juni 2017 (OLG Celle, Urt. V. 08.06.2017 – Az. 13 U 53/17) offengelassen hat, ob die Kennzeichnung mit *„#ad"* grundsätzlich geeignet ist oder nicht. Wichtig ist zudem, die Positionierung der Werbekennzeichnung. *„#Werbung"* oder *„#Anzeige"* sind vorne – am besten **an erster Stelle – in einen Post** aufzunehmen (s. a. Fuchs und Hahn 2016, S. 503, 506). Das OLG Celle hat beispielsweise die Kennzeichnung am Ende des Beitrags und dort an zweiter Stelle von insgesamt sechs Hashtags als nicht ausreichend angesehen (OLG Celle, Urt. v. 08.06.2017 – Az. 13 U 53/17).

8.3 Aufsichtsstellen

Für die Überwachung der Einhaltung von § 58 RStV ist die gemäß § 59 Abs. 2 RStV nach Landesrecht bestimmte Aufsichtsbehörde zuständig. In 13 Bundesländern ist dies die jeweilige Medienanstalt. Lediglich in Niedersachsen, Rheinland-Pfalz und Sachsen liegt die Zuständigkeit bei staatlichen Behörden. In Niedersachsen ist das Landesamt für Verbraucherschutz und Lebensmittelsicherheit, in Rheinland-Pfalz die Aufsichts- und Dienstleistungsdirektion Trier und in Sachsen die Landesdirektion Sachsen zuständig.

8.4 Mögliche Folgen bei Verstoß gegen die Kennzeichnungsvorschriften

Wird die zuständige Aufsichtsstelle auf einen Verstoß gegen die Kennzeichnungs- vorschriften – z. B. durch eine Beschwerde – aufmerksam, wird sie in der Regel den YouTuber, Instagrammer etc. auf den Verstoß schriftlich hinweisen und diesen zur Stel- lungnahme und Beseitigung des Verstoßes auffordern. Kommt der Influencer dem nicht nach, trifft die zuständige Aufsichtsbehörde nach § 59 Abs. 3 RStV die zur Beseitigung des Verstoßes erforderlichen Maßnahmen. Sie kann insbesondere Angebote beanstanden, untersagen oder deren Sperrung anordnen.

In Bezug auf audiovisuelle Medienangebote auf Abruf nach § 58 Abs. 3 RStV (hierunter fallen YouTube-Kanäle s. 8.2) sind in § 49 Abs. 1 Satz 2 Nr. 15 ff. zudem zahlreiche Ordnungswidrigkeitentatbestände normiert. Nach § 49 Abs. 2 RStV kön- nen diese Ordnungswidrigkeiten mit einer Geldbuße von bis zu 250.000 EUR (§ 49 Abs. 1 Satz 2 Nr. 15 und 16 RStV) bzw. bis zu 500.000 EUR geahndet werden.

Beachtet ein Anbieter bei der Kennzeichnung seiner Angebote die FAQs der Medien- anstalten, besteht unter den Medienanstalten Einigkeit, kein aufsichtsrechtliches oder Ordnungswidrigkeitenverfahren einzuleiten. Damit stellen die FAQs in der Aufsichtspra- xis für die zuständige Landesmedienanstalt mehr als eine Empfehlung dar. Sie führen zu einer Selbstbindung der Verwaltung (Fuchs und Hahn 2016, S. 503, 505).

8.5 Werbung und Kinder/Jugendliche

Richtet sich der YouTuber, Instagrammer etc. mit seinem Angebot (auch) an Kinder und Jugendliche, sind nach § 6 Abs. 2–5 des Staatsvertrags über den Schutz der Men- schenwürde und den Jugendschutz in Rundfunk und Telemedien (**Jugendmedien- schutz-Staatsvertrag – JMStV**) besondere Vorgaben zu beachten.

Von Interesse sind hier insbesondere § 6 Abs. 2 Hs. 2 Nr. 1 und 2 JMStV. Nach § 6 Abs. 2 Hs. 2 Nr. 1 JMStV darf Werbung nicht direkte Aufrufe zum Kaufen oder Mieten von Waren oder Dienstleistungen an Kinder oder Jugendliche enthalten, die deren Uner- fahrenheit und Leichtgläubigkeit ausnutzen. Direkte Kaufappelle sind alle unmittelbaren

Aufforderungen zum entgeltlichen Erwerb bzw. zur Miete von Waren oder Dienstleistungen, welche durch Worte, Gesten oder sonstige Darstellungen dem Verbraucher übermittelt werden (Liesching und Schuster 2011, § 6 JMStV Rdnr. 14). Erfasst werden z. B. Formulierungen wie *„Probiert doch auch mal!"* in einem Spot, in dem Gebäck essende Kinder gezeigt werden oder *„Holt Euch das neue Heft!"*, gesprochen von einer Kinderstimme in einem Spot für eine Zeitschrift (Liesching und Schuster 2011, § 6 JMStV Rdnr. 15). Bei Kindern wird ein Ausnutzen der Unerfahrenheit und Leichtgläubigkeit stets vermutet, sodass an sie gerichtete direkte Kaufappelle immer unzulässig sind (Bornemann und Erdemir 2017, § 6 JMStV Rdnr. 24).

In einem engen Zusammenhang mit § 6 Abs. 2 Hs. 2 Nr. 1 JMStV steht § 6 Abs. 2 Hs. 1 Nr. 2 JMStV. Danach darf Werbung nicht Kinder oder Jugendliche unmittelbar auffordern, ihre Eltern oder Dritte zum Kauf der beworbenen Waren oder Dienstleistungen zu bewegen. Mit dieser Vorschrift soll die Instrumentalisierung Minderjähriger als sogenannte Kaufmotivatoren ihrer Eltern oder sonstiger Kontaktpersonen verhindert werden (Bornemann und Erdemir 2017, § 6 JMStV Rdnr. 26; Liesching und Schuster 2011, § 6 JMStV Rdnr. 16). Vom Anwendungsbereich der Norm erfasst werden z. B. Formulierungen wie *„Gebt Euren Eltern einen Ruck!"*; *„Kinder, wünscht Euch. …"* oder *„… darf auf dem Weihnachtswunschzettel nicht fehlen."* (Liesching und Schuster 2011, § 6 JMStV Rdnr. 16).

Schließlich ist die Generalklausel des § 6 Abs. 4 JMStV von Bedeutung. Die Vorschrift bestimmt, dass Werbung, die sich auch an Kinder oder Jugendliche richtet, oder bei der Kinder oder Jugendliche als Darsteller eingesetzt werden, nicht den Interessen von Kindern oder Jugendlichen schaden oder deren Unerfahrenheit ausnutzen darf.

Speziell die Interessen von Kindern können in unzulässiger Weise betroffen sein, wenn diese als Darsteller einer Werbung über besondere Vorteile und Eigenarten eines bestimmten Produkts in einer Art und Weise berichten, die nicht den natürlichen Lebensäußerungen eines Kindes entsprechen (Bornemann und Erdemir 2017, § 6 JMStV Rdnr. 45 m. w. N.; s. a. Ziffer 7.3.1 der Gemeinsamen Richtlinien der Landesmedienanstalten zur Gewährleistung des Schutzes der Menschenwürde und des Jugendschutzes [Jugendschutzrichtlinien – JuSchRiL]). Zudem liegt eine Schädigung der Interessen von Kindern und Jugendlichen vor, wenn in der Werbung strafbare Handlungen oder sonstiges Fehlverhalten, durch das Personen gefährdet sind oder ihnen geschadet werden kann, als nachahmenswert oder billigenswert dargestellt wird (Ziffer 7.4.1 JuSchRiL). Nach Ziffer 7.1 JuSchRiL wird die Unerfahrenheit bei Kindern zudem stets vermutet.

Zuständig für die Feststellung von Verstößen nach § 6 JMStV ist nach § 20 Abs. 4 JMStV die zuständige Landesmedienanstalt durch die **Kommission für Jugendmedienschutz (KJM).** Diese kann die zur Beseitigung des Verstoßes erforderlichen Maßnahmen – wie Beanstandung, Untersagung und Anordnung der Sperrung – treffen. Gehört der Influencer als Telemedienanbieter einer anerkannten Einrichtung der Freiwilligen Selbstkontrolle an oder unterwirft er sich ihren Statuten, so ist nach § 20 Abs. 5 JMStV bei behaupteten Verstößen durch die KJM zunächst diese Einrichtung mit den behaupteten Verstößen zu befassen. Maßnahmen gegen den Anbieter sind nur dann zulässig, wenn die Entscheidung oder die Unterlassung einer Entscheidung der anerkannten Einrichtung der Freiwilligen Selbstkontrolle die rechtlichen Grenzen des Beurteilungsspielraums überschreitet. Anerkannte Einrichtungen der Freiwilligen Selbstkontrolle im Bereich der Telemedien sind die **Freiwillige Selbstkontrolle Multimedia Diensteanbieter (FSM), die Unterhaltungssoftware Selbstkontrolle (USK)** und **die FSK.online.** Mitglied der Selbstkontrolleinrichtungen kann grundsätzlich jeder Telemedienanbieter werden. Der jährliche Mitgliedsbeitrag richtet sich nach dem Jahresumsatz und beträgt mindestens 3000 EUR zuzüglich Mehrwertsteuer. Für Start-ups können auf Anfrage gegebenenfalls Sonderkonditionen eingeräumt werden.

8.6   Anbieterkennzeichnung bei Telemedien

Anbieter von Telemedien sind in der Regel verpflichtet, eine Anbieterkennzeichnung in ihr Angebot aufzunehmen. Vorschriften hierzu finden sich in § 55 RStV und § 5 TMG. Nach § 55 Abs. 1 RStV haben Anbieter von Telemedien, die nicht ausschließlich persönlichen oder familiären Zwecken dienen, Namen und Anschrift sowie bei juristischen Personen auch Namen und Anschrift des Vertretungsberechtigten leicht erkennbar, unmittelbar erreichbar und ständig verfügbar zu halten.

§ 5 Abs. 1 TMG erweitert den Umfang der vorzuhaltenden Informationen für geschäftsmäßige, in der Regel gegen Entgelt angebotene Telemedien. Dienstanbieter solcher Angebote müssen jedenfalls folgende Informationen leicht erkennbar, unmittelbar erreichbar und ständig verfügbar halten:

- Den Namen und die Anschrift, unter der sie niedergelassen sind, bei juristischen Personen zusätzlich die Rechtsform und den Vertretungsberechtigten;
- Angaben, die eine schnelle elektronische Kontaktaufnahme und unmittelbare Kommunikation mit ihnen ermöglichen, einschließlich der Adresse der elektronischen Post;
- soweit der Dienst im Rahmen einer Tätigkeit angeboten wird, die der behördlichen Zulassung bedarf, Angaben zur zuständigen Aufsichtsbehörde;
- das Handelsregister, Vereinsregister, in das sie eingetragen sind, und die entsprechende Registernummer sowie
- die Angabe einer Umsatzsteueridentifikationsnummer – falls vorhanden (zu den weiteren Vorgaben vgl. den Wortlaut von § 5 Abs. 1 TMG).

Bei Telemedienangeboten im Bereich des Influencer-Marketings wird es sich in der Regel um geschäftsmäßige Angebote handeln, sodass dann die umfassenderen Informationspflichten nach § 5 Abs. 1 TMG vorzuhalten sind. Geschäftsmäßig ist ein Angebot nach der Gesetzesbegründung, wenn es auf einer „nachhaltigen Tätigkeit" beruht. Entscheidend ist, dass es sich nicht nur um eine gelegentliche, sondern um eine planmäßige und dauerhafte Betätigung handelt. Eine Gewinnerzielungsabsicht wird hierfür nicht vorausgesetzt, deutet aber auf eine Geschäftsmäßigkeit hin (Roßnagel 2013, § 5 TMG Rdnr. 40). Eine Entgeltlichkeit im Sinne der Vorschrift liegt zudem auch dann vor, wenn der Dienst darauf abzielt, die eigene oder eine fremde Wirtschaftstätigkeit zu fördern (Roßnagel 2013, § 5 TMG Rdnr. 42).

Leicht erkennbar ist die Anbieterkennzeichnung, wenn sie einfach und effektiv optisch wahrnehmbar und ohne langes Suchen auffindbar ist (Spindler und Schuster 2015, § 5 TMG Rdnr. 24 f.). Im Gesetz ist nicht vorgegeben, wie die Anbieterkennzeichnung zu benennen ist. Nach Ansicht des *Bundesgerichtshofs (BGH)* ist jedenfalls bei Verwendung der Begriffe *„Impressum"* und *„Kontakt"* für den Nutzer erkennbar, dass hiermit die Anbieterkennzeichnung gemeint ist (BGH, Urt. v. 20.07.2006 – Az. I ZR 228/03; Spindler und Schuster 2015, § 5 TMG Rdnr. 28). Bei YouTube befinden sich die Impressumsangaben in der Regel hinter dem Menüpunkt *„Kanalinfo"*. Unter Zugrundelegung eines durchschnittlich informierten, aufmerksamen und verständigen Nutzers, der auf der Suche nach Informationen ist (Spindler und Schuster 2015, § 5 TMG Rdnr. 29 m. w. N.), dürfte damit dem Erfordernis der leichten Erkennbarkeit genüge getan sein. Gleiches ist für die Rubrik *„Info"* bei Facebook-Accounts anzunehmen (Spindler und Schuster 2015, § 5 TMG Rdnr. 30; a. A. OLG Düsseldorf, Urt. V. 13.08.2013 – Az. I-20 U 75/13; LG Aschaffenburg, Urt. v. 19.08.2011 – Az. 2 HK O 54/11).

Die Anbieterkennzeichnung muss unmittelbar, das heißt ohne wesentliche Zwischenschritte erreichbar sein (Gersdorf und Paal 2017, § 5 TMG Rdnr. 21 m. w. N.). Dabei genügt nach der Rechtsprechung des *BGH,* dass die Anbieterkennzeichnung über zwei Klicks erreichbar ist (BGH, Urt. v. 20.07.2006 – Az. I ZR 228/03). Die Anbieterkennzeichnung muss sich nicht zwingend unter der gleichen Domain wie das Telemedienangebot befinden. Eine Verlinkung, z. B. von einem Facebook- oder Twitter-Account auf die eigene Website ist möglich (LG Aschaffenburg, Urt. v. 19.08.2011 – Az. 2 HK O 54/11; Gersdorf und Paal 2017, § 5 TMG Rdnr. 23).

Zuständig für die Überwachung der Einhaltung von § 5 TMG sind in der Hälfte der Bundesländer die jeweiligen Medienanstalten. In Bayern, Berlin, Brandenburg, Niedersachsen, Rheinland-Pfalz, Sachsen, Sachsen-Anhalt und im Saarland sind staatliche Behörden zuständig. (In Bayern liegt die Zuständigkeit bei der Regierung von Mittelfranken, in Berlin bei den Ordnungsämtern der Bezirksämter, in Brandenburg beim Ministerium für Wirtschaft und Europaangelegenheiten, in Niedersachsen beim Landesamt für Verbraucherschutz und Lebensmittelsicherheit, in Rheinland-Pfalz bei der Aufsichts- und Dienstleistungsdirektion Trier, im Saarland beim Ministerium für Wirtschaft und Arbeit, in Sachsen bei der Landesdirektion Sachsen und in Sachsen-Anhalt beim Landesverwaltungsamt.)

Ein Verstoß gegen § 5 Abs. 1 TMG stellt nach § 16 Abs. 2 Nr. 1 TMG eine Ordnungswidrigkeit dar, die nach § 16 Abs. 3 TMG mit einer Geldbuße bis zu 50.000 EUR geahndet werden kann.

8.7   Erforderlichkeit einer rundfunkrechtlichen Zulassung für Livestreaming-Angebote

Besteht beispielsweise ein YouTube-Kanal aus einem Livestreaming-Angebot, so kann es sich hierbei um zulassungspflichtigen Rundfunk handeln.

▶ **Rundfunk** Gemäß § 2 Abs. 1 Satz 1 RStV ist **Rundfunk** ein linearer Informations- und Kommunikationsdienst. Er ist die für die Allgemeinheit und zum zeitgleichen Empfang bestimmte Veranstaltung und Verbreitung von Angeboten in Bewegtbild oder Ton entlang eines Sendeplans unter Benutzung elektromagnetischer Schwingungen.

Voraussetzung für die Einstufung als Rundfunk ist somit zunächst, dass das Angebot linear verbreitet wird, was bei einem Livestreaming der Fall ist. Da die große Mehrheit der YouTube-Angebote jedoch nur on demand verbreitet wird, stellt sich für das klassische Influencer-Angebot die Frage der Lizenzpflicht bislang nicht.

Gerade im Bereich von *„Let's Play-Angeboten"* findet aber vielfach eine **Liveübertragung** statt. Bei diesen Angeboten ist des Weiteren entscheidend, ob sie **von mehr als 500 Zuschauern/Usern** gleichzeitig gesehen werden können, journalistisch-redaktionell gestaltet sind und entlang eines Sendeplans verbreitet werden.

Keine journalistisch-redaktionelle Gestaltung liegt z. B. dann vor, wenn real stattfindende Ereignisse lediglich live abgefilmt werden und es an einer Aufbereitung – wie z. B. einer Moderation – fehlt (vgl. Hahn und Vesting 2012, § 2 RStV Rdnr. 57).

Eine Definition des Begriffs *„Sendeplan"* findet sich im RStV nicht. Es besteht jedenfalls Einigkeit darüber, dass bei einer einzelnen Sendung nicht von einem Sendeplan gesprochen werden kann (Hahn und Vesting 2012, § 2 RStV Rdnr. 42c; Gersdorf und Paal 2017, § 2 RStV Rdnr. 6a). Nach Ansicht der Landesmedienanstalten liegt ein Sendeplan nicht vor, wenn nur vereinzelt, sporadisch, unregelmäßig und/oder nur gelegentlich anlassbezogen live gestreamt wird.

Erfüllt ein Streaming-Angebot die Rundfunkvoraussetzungen, so hat der Anbieter bei einem bundesweiten Angebot einen Zulassungsantrag bei einer der 14 Landesmedienanstalten zu stellen, denn nach § 20 Abs. 1 Satz 1 RStV bedürfen private Veranstalter zur Veranstaltung von Rundfunk einer Zulassung. Für die Erteilung der Zulassung wird eine Gebühr zwischen 1000 und 10.000 EUR erhoben.

8.8   Fazit

Influencer-Marketing bewegt sich nicht im rechtsfreien Raum, sondern ist relativ klaren Regelungen unterworfen. Der Rechtsrahmen entwickelt sich, wie die Branche selber, dynamisch weiter. Die Medienanstalten sind nicht nur Aufsichtsbehörde, sondern auch Ansprechpartner für die Influencer, und unterstützen diese bei der richtigen Kennzeichnung ihrer Angebote.

Richtige Kennzeichnung ist auch nicht schwer. Der einfache Leitsatz lautet: Sagt einfach ehrlich, was ihr gerade tut! Dies wird auch langfristig sowohl zur Glaubwürdigkeit des einzelnen Influencers als auch der Branche insgesamt beitragen.

Literatur

Bornemann, R., Erdemir, M. (Hrsg.) (2017). *Jugendmedienschutz-Staatsvertrag*. Baden-Baden: Nomos.

Fuchs, T., Hahn, C. (2016). Erkennbarkeit und Kennzeichnung von Werbung im Internet – Rechtliche Einordnung und Vorschläge für Werbefragen in sozialen Medien. *MultiMedia und Recht – MMR*, 503–507.

Gersdorf, H., Paal, B. P. (Hrsg.) (2017). *BeckOK Informations- und Medienrecht*, https://beck-online.beck.de/?vpath=bibdata\komm\beckokinfomedien_17\cont\BECKOKINFOMEDIEN.htm, zuletzt zugegriffen am 06.12.2017.

Hahn, W., Vesting, T. (Hrsg.) (2012). *Beck'scher Kommentar zum Rundfunkrecht*. 3. Aufl. München: C.H. Beck.

Hartstein, R., Ring, W.-D., Kreile, J., Dörr, D., Stettner, R., Cole, M. D., Wagner, E. E. (Hrsg.) (2016). *Rundfunkstaatsvertrag Jugendmedienschutz-Staatsvertrag*. 65. AL. Heidelberg: C.F. Müller.

Liesching, M., Schuster, S. (2011). *Jugendschutzrecht*. 5. Aufl. München: C.H. Beck.

Roßnagel, A. (Hrsg.) (2013). *Beck'scher Kommentar zum Recht der Telemediendienste*. München: C.H. Beck.

Spindler, G., Schuster, F. (Hrsg.) (2015). *Recht der elektronischen Medien – Kommentar*. 3. Aufl. München: C.H. Beck.

Über die Autoren

Thomas Fuchs ist seit 2008 Direktor der Medienanstalt Hamburg/Schleswig-Holstein (MA HSH). Zudem ist er Koordinator des bundesweiten Fachausschusses „Netze, Technik, Konvergenz" der Medienanstalten sowie Mitglied der Kommission für Jugendmedienschutz (KJM). Die Verantwortlichkeit von internationalen Plattformen wie YouTube oder Facebook für die Einhaltung des deutschen Rechts (Stichworte: hate speech, Jugendschutz) bestimmt immer mehr seine Arbeit. Die MA HSH hat im Jahr 2017 in 51 Verfahren mit Influencern über die richtige Werbekennzeichnung informiert und zu Nachbesserungen aufgefordert. Zumeist mit Erfolg. In einem Fall musste das Verfahren – erstmal wegen Werbeverstößen bei Telemedien überhaupt – bis zum Erlass eines Bußgeldbescheides fortgeführt werden.

Kontakt: fuchs@ma-hsh.de

Dr. Caroline Hahn ist Rechtsreferentin bei der Medienanstalt Hamburg/Schleswig-Holstein (MA HSH) und dabei insbesondere für werbe- und zulassungsrechtliche Fragen zuständig. Als Rechtsanwältin beriet sie öffentlich-rechtliche Rundfunkanstalten zu ihren Telemedienkonzepten. Die Autorin hat über die Aufsicht des öffentlich-rechtlichen Rundfunks promoviert. Sie ist Mitautorin des Beck'schen Kommentars zum Rundfunkrecht.

Kontakt: hahn@ma-hsh.de

Welche weiteren rechtlichen Aspekte gibt es im Influencer-Marketing?

9

Monika Sekara

Inhaltsverzeichnis

M. Sekara (✉)
Sekara Schäfer Rechtsanwälte Partnerschaftsgesellschaft mbB, Hamburg, Deutschland
E-Mail: monika.sekara@sekaraschaefer.de

© Springer Fachmedien Wiesbaden GmbH, ein Teil von Springer Nature 2018
M. Jahnke (Hrsg.), *Influencer Marketing*,
https://doi.org/10.1007/978-3-658-20854-7_9

Zusammenfassung

Der Beitrag erörtert fünf verschiedene rechtliche Aspekte und enthält Handlungs-
empfehlungen für das Influencer-Marketing. Im ersten Teil geht es um wettbewerbsrechtliche Pflichten zur Kennzeichnung von Werbe-Posts und die Konsequenzen,
die bei einer Missachtung dieser Pflichten drohen. Der zweite Teil behandelt die
urheberrechtlichen und journalistisch-redaktionellen Freiheiten und Grenzen werbe-
freier Posts. Besonders interessant sind hier die rundfunkrechtlichen Voraussetzungen, denen Life-Streams unterliegen können. An dritter Stelle verschafft der Beitrag
einen Überblick über die typischen Vertragsgestaltungen im Influencer-Umfeld und
gibt einige Formulierungshilfen. Im vierten Teil erfahren Influencer und ihre Agenten, wie ein angemessener Schutz der Persönlichkeitsrechte gelingen kann. Der
letzte Teil veranschaulicht die Abgabepflichten der verschiedenen Akteure an die
Künstlersozialkasse.

9.1   Influencer-Marketing als werblicher Geschäftsauftritt

9.1.1   Folgen der Einordnung eines Posts als „geschäftliche Handlung"

Der Auftritt in einem Social-Media-Kanal ist bei Vorliegen bestimmter Umstände rechtlich als Geschäftsauftritt und damit als Werbung zu werten. Dies gilt insbesondere für
Influencer, die gegen ein Entgelt für ein Unternehmen dessen Produkte oder Dienstleistungen anpreisen. Das Entgelt kann als Vergütung oder Sachleistung vereinbart sein
(Lehmann 2017, S. 772, 773; Laoutoumai und Dahmen 2017, S. 29, 32).

Influencer-Marketing ist als Werbung nach verschiedenen gesetzlichen Vorgaben
kennzeichenpflichtig. Zum einen gibt es die im vorangegangenen Kapitel erörterten
medienrechtlichen und rundfunkrechtlichen Vorgaben. Als Telemedien bedürfen die
Social-Media-Kanäle der Influencer grundsätzlich keiner medienrechtlichen Anmeldung
oder Zulassung, unterliegen aber gleichwohl einer spezifischen behördlichen Aufsicht
(vgl. Paschke/Berlit/Meyer/*Held*, 74. Abschn. Rn. 35 ff.).

Im Wesentlichen verfolgen die Landesmedienanstalten die Einhaltung der medien-
und rundfunkrechtlichen Kennzeichnungspflichten (§ 59 Abs. 2 RStV). Im gesetzlichen
Auftrag können diese Aufsichtsbehörden Verstöße gegen die Kennzeichnungspflichten

durch bestimmte Verwaltungsmaßnahmen wie Untersagungen oder Sperrungen von Posts oder als Ordnungswidrigkeiten mit Bußgeldern bis zu 500.000 EUR verfolgen (Suwelack 2017, S. 661, 664; Fuchs und Hahn 2016, S. 503; vgl. Paschke/Berlit/Meyer/*Held*, 74. Abschn. Rn. 37 f.).

> **Beispiel**
>
> Die Medienanstalt Hamburg/Schleswig-Holstein (MA HSH) hat zuletzt ein Ordnungswidrigkeitsverfahren gegen einen YouTuber wegen Schleichwerbung in zwei Videos eingeleitet. Die MA HSH wertet die Videos als Dauerwerbesendungen, die entsprechend zu kennzeichnen seien (Medienanstalt 2017). In einem älteren Fall hatte die Behörde gegen einen anderen YouTuber eine Geldbuße in Höhe von mehreren Tausend Euro verhängt (Medienanstalt 2017a).

Zum anderen kann sich gleichzeitig ein Verstoß gegen Kennzeichenpflichten nach dem Gesetz gegen den unlauteren Wettbewerb (UWG) ergeben. Derartige Verstöße geben Mitbewerbern (Konkurrenten) oder bestimmten Interessenverbänden das Recht, Influencer oder deren Auftraggeber wegen unlauterer geschäftlicher Handlungen abzumahnen und strafbewehrt zum Unterlassen weiterer ähnlicher rechtsverletzender Handlungen aufzufordern (§§ 8 Abs. 1, Abs. 3, 12 Abs. 1 UWG).

Anspruchsteller können Mitbewerber, Verbände zur Förderung gewerblicher oder selbstständiger beruflicher Interessen (z. B. Wettbewerbsverein, Kammern der freien Berufe etc.), qualifizierte Einrichtungen zum Schutz von Verbraucherinteressen sein (z. B. diverse Verbraucherschutzvereine, Foodwatch, Fachverband Glücksspielsucht, ADAC, Bund der Versicherten e. V., Deutsche Umwelthilfe e. V., diverse Mietervereine; § 8 Abs. 3 UWG). Die jeweils aktuelle Liste qualifizierter Einrichtungen ist im Internet auf den Seiten des Bundesamtes für Justiz abrufbar (Bundesamt für Justiz).

Influencer können nur Täter einer solchen Zuwiderhandlung sein, wenn sie eine geschäftliche Handlung vorgenommen haben (§ 2 Abs. 1 Nr. 1 UWG).

▶ **Definition geschäftliche Handlung** „Geschäftlichen Handlung" meint jedes Verhalten einer Person zugunsten des eigenen oder eines fremden Unternehmens vor, bei oder nach einem Geschäftsabschluss, das mit der Förderung des Absatzes oder des Bezugs von Waren oder Dienstleistungen oder mit dem Abschluss oder der Durchführung eines Vertrags über Waren oder Dienstleistungen objektiv zusammenhängt (§ 2 Abs. 1 Nr. 1 UWG). Der Begriff erfasst Maßnahmen gegenüber Unternehmern und sonstigen Marktteilnehmern sowie Verhaltensweisen, die sich unmittelbar gegen Mitbewerber richten. Ferner erfasst er Handlungen Dritter zur Förderung des Absatzes oder Bezugs eines fremden Unternehmens, die nicht im Namen oder Auftrag des Unternehmens handeln (BGH, Urt. v. 06.02.2014 – GOOD NEWS II, ZUM 2014, 795, 797, Rn. 13 m. w. N.).

Da das Influencer-Marketing ein wirtschaftliches Interesse verfolgt, sind die in diesem Zusammenhang gestalteten Beiträge rechtlich als geschäftliche Handlungen und als kommerzielle Kommunikation einzuordnen (§ 2 Abs. 1 Nr. 1 UWG, § 6 Abs. 1 TMG). Der Begriff der kommerziellen Kommunikation und die damit zusammenhängenden Konsequenzen für das Influencer-Marketing wurden bereits im Beitrag von Fuchs/Hahn erörtert. Beide Begriffe umfassen die gleichen Kriterien. Neben Werbung treffen sie auch auf jede geschäftsmäßige Selbstdarstellung zu. Selbst das Setzen von Affiliate-Links gilt als kommerzielle Kommunikation und geschäftliche Handlung (Spindler/Schuster/*Ricke,* § 2 TMG Rn. 11).

Die Angaben von Domain-Adressen oder E-Mail-Adressen sind keine kommerzielle Kommunikation (§ 2 S. 1 Nr. 5 Buchst. a TMG). Das gleiche gilt, wenn Influencer in Berichten unabhängige Angaben zu Waren oder Dienstleistungen oder zu einem Unternehmen, einer Organisation oder Person machen und dafür keine finanzielle Gegenleistung erhalten (§ 2 S. 1 Nr. 5 Buchst. b TMG). Diesen Handlungen dürfte regelmäßig auch die Geschäftsmäßigkeit fehlen, sodass eine wettbewerbsrechtliche Ahndung ebenfalls entfällt.

Täter eines Verstoßes gegen das Wettbewerbsrecht ist, wer die Zuwiderhandlung gegen die gesetzlichen Kennzeichenpflichten von Werbung selbst oder durch einen anderen begeht (§ 25 Abs. 1 StGB). Wer diese Voraussetzung nicht erfüllt, kann allenfalls als Teilnehmer (Anstifter oder Gehilfe) in Anspruch genommen werden. Die Auftraggeber von Influencer-Marketing kommen als mittelbare Täter in Betracht, wenn sie die Zuwiderhandlung im eigenen Interesse veranlasst und die Kontrolle über das Handeln des Influencers haben. Die Mittäterschaft setzt eine gemeinschaftliche Begehung voraus (§ 830 Abs. 1 S. 1 BGB). Die Mittäter müssen also bewusst und gewollt zusammengewirkt haben (BGH, Urt. v. 22.06.2011 – I ZR 159/10 – Automobil-Onlinebörse, GRUR 2011, 1018, 1019 Rn. 17; Paschke/Berlit/Meyer/*Petersdorff-Campen,* 29. Abschn. Rn. 52).

Außergerichtlich kann der Streit nur durch die Abgabe einer Unterlassungsverpflichtung beigelegt werden, die für den Fall des erneuten Verstoßes die Zahlung einer angemessenen Vertragsstrafe verspricht. Dadurch kommt ein sogenannter Unterwerfungsvertrag zustande, mit dem sich der Abgemahnte gegenüber dem Anspruchsteller unter Vertragsstrafe verpflichtet, die als unlauter beanstandete geschäftliche Handlung in Zukunft zu unterlassen (Köhler/Bornkamm/*Bornkamm,* § 12 Rn. 1.81, Rn. 1.133, 1.155 ff.). Dem Abmahner steht gegen den Abgemahnten ein Anspruch auf Ersatz der Kosten der Aufwendungen für die Abmahnung zu (§ 12 Abs. 1 S. 2 UWG). Diesem kommt wegen des hohen Gegenstandswerts faktisch eine sanktionsähnliche Wirkung zu (Suwelack 2017, S. 661, 664).

Ein Gerichtsverfahren wird unvermeidlich, wenn auf die Abmahnung keine Unterlassungsverpflichtung folgt oder diese eine unangemessen niedrige Vertragsstrafe enthält. In einem solchen Fall bleibt die Gefahr der Erstbegehung des Verstoßes bzw. Wiederholung ähnlicher Verstöße bestehen, was eine besondere Dringlichkeit der Angelegenheit begründen kann. Liegt der Verstoß weniger als einen Monat zurück, wird der Anspruchsteller bei Gericht üblicherweise die Entscheidung im Wege des einstweiligen Rechtsschutzes beantragen (vgl. OLG Celle, Urt. v. 08.06.2017 – 13 U 53/17, GRUR 2017, 1158, 1159 Rn. 21; Köhler/Bornkamm/*Bornkamm,* § 8 Rn. 1.4). Solche einstweiligen Verfügungsverfahren in Wettbewerbssachen haben mit wenigen Stunden bis maximal einer Woche eine kurze Verfahrensdauer, gelten aber wegen der hohen Streitwerte als eher kostenintensiv.

Beispiel

Der Verband Sozialer Wettbewerb hat im vergangenen Jahr verschiedene Influencer-Posts wegen Schleichwerbung abgemahnt. Einige der betroffenen Influencer haben sich der Aufforderung zum Unterlassen gegen Versprechen einer Vertragsstrafe von mehreren Tausend Euro unterworfen (Rest 2017). In einem prominenten Fall hat der Verband eine Drogeriemarktkette vor dem Oberlandesgericht in Celle wegen Nichtkenntlichmachung des kommerziellen Zwecks eines Social Posts auf Unterlassen aus Wettbewerbsrecht verklagt. Der Influencer hatte auf die Rabattaktion der Drogeriemarktkette für Augen-Make-up hingewiesen und dafür am Ende des Beitrags, versteckt in insgesamt sechs Hashtags lediglich die Kennzeichnung „#ad" verwendet. Nach Ansicht des Gerichts war dieses Hashtag innerhalb des Beitrags nicht deutlich und auf den ersten Blick erkennbar. Es hielt ihn daher für nicht ausreichend, um den Beitrag als Werbung zu kennzeichnen (OLG Celle, Urt. v. 08.06.2017 – 13 U 53/17, GRUR 2017, 1158, Rn. 11 f.; Rest 2017). Der kommerzielle Zweck eines Beitrags ergebe sich nicht aus professionell gestalteten Fotos. Vielmehr seien dafür die im Post verwendeten Begriffe und weiteren Hashtags maßgeblich (OLG Celle, Urt. v. 08.06.2017 – 13 U 53/17, GRUR 2017, 1158, 1159 Rn. 17 f.). Für die Beurteilung nach Wettbewerbsrecht war es unerheblich, dass die Arbeitsgemeinschaft der Landesmedienanstalten zuvor die Kennzeichnung „„#ad" nach medienrechtlichen Aspekten für grundsätzlich geeignet hielt. Das Gericht hat den Streitwert für das Verfahren auf 20.000 EUR festgesetzt, was Anwalts- und Gerichtskosten in Höhe von knapp 9000 EUR verursacht haben dürfte.

Neben einem Anspruch auf Unterlassen kommen bei unzulässigen Posts, Videos oder Blog-Einträgen auch Ansprüche auf Schadensersatz, Auskunft und Rechnungslegung in Betracht (vgl. Köhler/Bornkamm/*Bornkamm,* § 8 Rn. 1.4).

Abb. 9.1 gibt einen Überblick über die rechtlichen Pflichten nach Art der Werbung (vgl. Abb. 9.1)

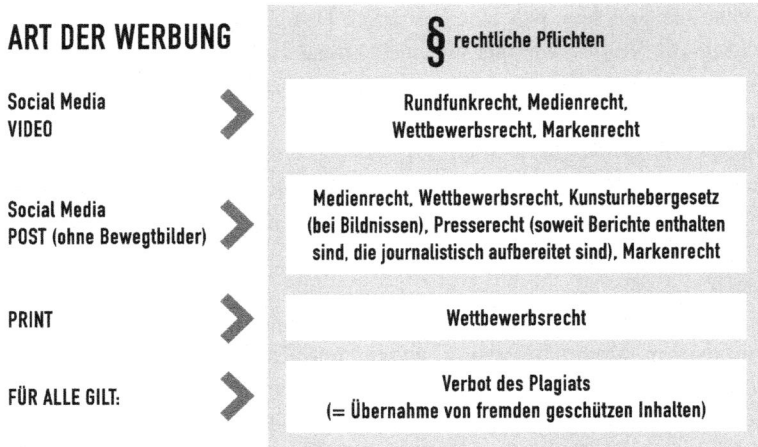

Abb. 9.1 Überblick über die rechtlichen Pflichten nach Art der Werbung

9.1.2 Getarnte Werbung als materiell-rechtlicher Unlauterkeitstatbestand für das Influencer-Marketing

9.1.2.1 Begriff der Unlauterkeit
Influencer-Marketing kann – auch als besondere Form der Laienwerbung – nur dann wettbewerbsrechtliche Abwehransprüche auslösen, wenn es als geschäftliche Handlung unlauter ist (vgl. Köhler/Bornkamm/Köhler, § 3 Rn. 2.9, Rn. 6.34). Die Einordnung einer geschäftlichen Handlung als unlauter fällt in der Praxis nicht immer leicht. Für den Begriff der Unlauterkeit fehlt eine allgemeine Definition.

Das Gesetz gegen den unlauteren Wettbewerb (UWG) regelt einige konkrete Unlauterkeitstatbestände, bei deren Vorliegen eine geschäftliche Handlung als unzulässig und damit verboten gilt. Dadurch werden unerlaubte geschäftliche Handlungen von den erlaubten abgegrenzt (Köhler/Bornkamm/Köhler, § 3 Rn. 2.9, Rn. 2.15).

Eine Unlauterkeit ergibt sich insbesondere, wenn das Influencer-Marketing zu einer Irreführung der angesprochenen Verkehrskreise führt. Influencer müssen Verbrauchern alle wesentlichen Informationen zu den Merkmalen der angepriesenen Waren oder Dienstleistungen zur Verfügung stellen. Anderenfalls liegt eine Irreführung durch Vorenthalten wesentlicher Informationen vor (§ 5a Abs. 1, Abs. 2 UWG). In der Praxis kommen solche Fälle derzeit aber kaum vor.

Werden die im Beitrag von Fuchs/Hahn erörterten medien- und rundfunkrechtlichen Vorgaben beim Influencer-Marketing missachtet, ergibt sich gleichzeitig eine Unlauterkeit in Form der irreführenden Werbung. Diese Vorschriften gelten als verbraucherschützend, sodass ein Verstoß dagegen wettbewerbsrechtlich relevant ist (§§ 3a, 5a Abs. 4 UWG, LG Hagen, Urt. v. 13.09.2017 – 23 O 30/17, GRUR-RR 2017, 510, 512, Rn. 19). In Betracht kommen insbesondere Verstöße gegen die Vorgaben für kommerzielle Kommunikation (§ 6 Abs. 1 TMG). Danach ist Werbung in allen geschäftsmäßigen

Influencer-Beiträgen zu kennzeichnen und von übrigen Inhalten zu trennen (sogenanntes Trennungsgebot). Die Vorschriften des Telemediengesetzes finden auf Influencer-Marketing Anwendung, weil die darüber in Social-Media-Kanälen erzeugten Beiträge Telemedien sind, die einer kommerziellen Kommunikation dienen (siehe dazu Abschn. 9.1.1).

Die Missachtung dieser gesetzlichen Vorgaben kann nach Wettbewerbsrecht abgemahnt und geahndet werden (vgl. Köhler/Bornkamm/Köhler, § 5a Rn. 7.18 f., Rn. 7.68). In der Praxis sind im Influencer-Marketing derzeit häufig Verstöße gegen diese Kennzeichenpflichten zu beobachten (Suwelack 2017, S. 661). In Zukunft dürfte es daher vermehrt zu Abmahnungen kommen.

Ein weiterer eigener Irreführungs- und damit Unlauterkeitstatbestand ergibt sich ferner bei getarnter Werbung (Nr. 11 Anlage zu § 3, § 5a Abs. 6 UWG). Sie ist derzeit der am häufigsten zu beobachtende Verstoß im Influencer-Marketing. Als unlauter ist Influencer-Marketing insbesondere dann zu betrachten, wenn darin der werbliche Charakter einer geschäftlichen Handlung verschleiert wird (Köhler/Bornkamm/Köhler, § 5a Rn. 7.70). Die entsprechenden Vorschriften dehnen das im Abschn. 9.1.1 erörterte medienrechtliche Verbot der Schleichwerbung auf alle Formen der Werbung aus (BT-Drucks. 15/1487, S. 17; OLG Köln, Urt. v. 09.08.2013 – 6 U 3/13; GRUR-RR 2014, 62). Eine unlautere Verschleierung liegt danach vor, wenn die geschäftliche Handlung der äußeren Erscheinung nach den Werbecharakter nicht klar und eindeutig zu erkennen gibt (OLG Köln, Urt. v. 09.08.2013 – 6 U 3/13; GRUR-RR 2014, 62).

Die beiden zur getarnten Werbung gesetzlich geregelten Tatbestände der Unlauterkeit werden nachfolgend näher erörtert.

9.1.2.2 Täuschung über redaktionelle Inhalte

Ein Post, Video oder Blog-Eintrag kann wettbewerbsrechtlich unzulässig sein, wenn er als redaktioneller Inhalt und damit als Information getarnte Werbung gestaltet ist (Nr. 11 Anhang zu § 3 Abs. 3 UWG). Die Vorschrift über als Information getarnte Werbung gebietet inserierenden Unternehmen, deutlich durch das Wort „Anzeige" oder ähnlich klare Begriffe darauf hinzuweisen, dass sie einen redaktionellen Medieninhalt finanziert haben, wenn dieser Inhalt dazu dient, ihre Produkte oder eine Dienstleistung zu bewerben (BGH, Urt. v. 06.02.2014 – GOOD NEWS II, ZUM 2014, 795, 798, Rn. 21; OLG München, Urt. v. 27.03.2014 – 6 U 3183/13, BeckRS 2014, 16644, Rn. 12; OLG Köln, Urt. v. 09.08.2013 – 6 U 3/13; GRUR-RR 2014, 62, 65; OLG Düsseldorf, Urt. v. 07.09.2010 – 20 U 124/09, BeckRS 2011, 02342; Paschke/Berlit/Meyer/*Siegel*, 22. Abschn. Rn. 10).

Fraglich ist, ob Influencer-Beiträge in Social Media überhaupt als redaktionell gestaltete Inhalte gelten können. Nach einer Ansicht soll dafür die Art der Veröffentlichung oder des genutzten Mediums maßgeblich sein. Sind nach der Art des Social-Media-Netzwerks nur kurze Posts in Form von „Statusmeldungen" möglich (z. B. Instagram, Facebook oder Foren), soll ein redaktioneller Inhalt von vornherein ausgeschlossen sein (Köhler/Bornkamm/*Köhler*, Anhang zu § 3 Nr. 11 Rn. 11.2; Lehmann 2017, S. 772, 773 f.; Suwelack 2017, S. 661, 663 f.). Um diese Ansicht beurteilen zu können, muss zunächst geklärt werden, was redaktionelle Inhalte und Social Media umfassen.

▶ **Definition redaktionelle Inhalte und Social Media** „Redaktioneller Inhalt" meint eine neutrale, unabhängige Berichterstattung und Auseinandersetzung über Themen von allgemeinem Interesse, die zur Unterrichtung und Meinungsbildung dienen (Köhler/Bornkamm/*Köhler*, Anhang zu § 3 Nr. 11 Rn. 11.2).

„Social Media" bezeichnet Online-Dienste, die es Nutzern ermöglichen, Inhalte, Meinungen und Informationen zu teilen oder gemeinsam zu gestalten (Primbs 2016, S. 5).

Die vorstehenden Definitionen lassen den Schluss zu, dass Social-Media-Netzwerke gerade auch dazu dienen, um journalistisch zu publizieren und redaktionelle Inhalte zu verbreiten. Der genannten Ansicht ist daher zu widersprechen. Auf die Länge des Textes oder die Art des Mediums, in dem er veröffentlicht wird, kann es für seine Einordnung als „redaktioneller Inhalt" nicht ankommen. Plattformen wie Facebook, Twitter oder YouTube verbreiten Nachrichten und journalistische Inhalte als Mikro- oder Miniblog und gelten als unverzichtbare Instrumente der Meinungsbildung und Information (Primbs 2016, S. 8 ff., 16, 34). Facebook selbst bezeichnet sich als „personalisierte Tageszeitung" (Primbs 2016, S. 22). Befragt zu diesem Umstand sieht Julia Jäkel, die Vorstandsvorsitzende des Verlages Gruner + Jahr, im Interview mit dem Handelsblatt eine Gefahr für die demokratische Öffentlichkeit (Bialek und Tuma 2017, S. 16). Die Übernahme der Berichterstattung durch globale Social-Media-Netzwerke fördere Fake News und könne die regionale Meinungsvielfalt „veröden" lassen. Um dieser Entwicklung zu begegnen, seien eine Ethikkommission für Online-Dienste und eine „Corporate Media Responsibility" notwendig (Bialek und Tuma 2017, S. 16 f.).

Alle großen Zeitungen, Zeitschriften und Nachrichtenagenturen unterhalten selbst Social-Media-Kanäle, denen die Öffentlichkeit zum Empfang von objektiven Meldungen zu aktuellen Geschehnissen folgen kann (Bialek und Tuma 2017, S. 16). Influencer-Beiträge in Social Media können somit durchaus redaktionell gestaltete Meldungen und Meinungen beinhalten. Dabei kommt es nicht auf den Textumfang der Veröffentlichung oder die Art des Social Media an; ausschlaggebend ist allein ihr Inhalt. Verschleiert ein Influencer Werbung durch eine redaktionelle Aufmachung seines Posts, handelt er wettbewerbswidrig.

Für einen Verstoß des Influencers haftet allein das Unternehmen, das das Influencer-Marketing in Auftrag gegeben hat (Köhler/Bornkamm/*Köhler*, Anhang zu § 3 Nr. 11 Rn. 11.10; Lehmann 2017, S. 772, 773).

Hierdurch sollen Verbraucher vor einer unkritischen Haltung gegenüber Werbemaßnahmen geschützt werden, die als redaktionelle Inhalte getarnt sind (Köhler/Bornkamm/*Köhler*, § 5a Rn. 7.37; Lehmann 2017, S. 772, 773). Die Vorschrift gebietet zudem, dass kommerzielle Werbung deutlich erkennbar sein muss, indem die Werbung vom redaktionellen Teil getrennt wird (sogenanntes Trennungsgebot). Dies dient der Erhaltung der Objektivität und Neutralität von Presse und Rundfunk, auf die jeder sachfremde Einfluss vermieden werden soll (BGH, Urt. v. 06.02.2014 – GOOD NEWS II, ZUM 2014, 795, 798, Rn. 16). Bei redaktionellen Beiträgen erwartet die Allgemeinheit auch im Internet, objektiv sachlich von einer unabhängigen Redaktion informiert zu werden, die nicht von gewerblichen Einzelinteressen geleitet ist (OLG München, Urt. v. 27.03.2014 – 6 U 3183/13, BeckRS 2014, 16644, Rn. 12.).

▶ **Definition „als Information getarnte Werbung"** „Als Information getarnte Werbung" meint den vom Unternehmer finanzierten Einsatz redaktioneller Inhalte zu Zwecken der Verkaufsförderung, ohne dass sich dieser Zusammenhang aus dem Inhalt oder aus der Art der optischen oder akustischen Darstellung eindeutig ergibt. Ein redaktioneller Inhalt liegt vor, wenn der Beitrag seiner Gestaltung nach als objektive neutrale Berichterstattung durch den Influencer selbst erscheint. Dabei kommt es nicht darauf an, welche Person den Beitrag verfasst hat (vgl. BGH, Urt. v. 06.02.2014 – GOOD NEWS II, ZUM 2014, 795, 799, Rn. 24).

Werden redaktionelle Teile in Zeitschriften mit Werbung vermischt, ist nach der Rechtsprechung im Allgemeinen eine Irreführung anzunehmen. Dies gilt unabhängig davon, ob der Beitrag gegen Entgelt oder im Zusammenhang mit einer Anzeigenwerbung geschaltet wurde. Voraussetzung für das Vorliegen der Unlauterkeit ist aber, dass der redaktionelle Beitrag ein Produkt oder eine Dienstleistung in einem Maße werbend darstellt, das über eine sachliche Information hinausgeht. Rechtlich sind alle Umstände des Einzelfalls zu berücksichtigen, insbesondere der Inhalt des Berichts, dessen Anlass und Aufmachung sowie die Gestaltung und Zielsetzung der Veröffentlichung (BGH, Urt. v. 31.10.2012 – I ZR 205/11 – Preisrätselgewinnauslobung V, GRUR 2013, 644, 646, Rn. 16). Unerheblich ist, ob die betreffenden Influencer dafür eine Gegenleistung erhalten haben (vgl. Paschke/Berlit/Meyer/*Siegel,* 22. Abschn. Rn. 19).

Die für Printmedien entwickelten Grundsätze wendet die Rechtsprechung auch auf Internetwerbung an (OLG München, Urt. v. 27.03.2014 – 6 U 3183/13, BeckRS 2014, 16644, Rn. 12.; OLG Köln, Urt. v. 09.08.2013 – 6 U 3/13; GRUR-RR 2014, 62, 63). Für das Influencer-Marketing gibt es noch keine vergleichbaren Urteile. Aufgrund der Anwendung auf Internetwerbung dürfte das gleiche für das Influencer-Marketing gelten. Die Posts in Social Media ersetzen heute zunehmend den Bereich der Printwerbung und gleichzeitig auch den der Meinungsbildung und Information.

Bei redaktionell gestalteten Inhalten sind auch die Vorgaben nach Landespresserecht und Richtlinien des Zentralverbands der deutschen Werbewirtschaft (ZAW) zu beachten (Paschke/Berlit/Meyer/*Siegel,* 22. Abschn. Rn. 4). Nahezu alle Landespressegesetze enthalten Vorschriften, nach denen Verantwortliche, die für eine Veröffentlichung ein Entgelt erhalten haben, diese mit dem Wort „Anzeige" zu versehen haben. Fehlt eine solche Kennzeichnung, liegt die Unlauterkeit nahe (vgl. BGH, Urt. v. 06.02.2014 – GOOD NEWS II, ZUM 2014, 795, 797, Rn. 11; Köhler/Bornkamm/*Köhler,* Anhang zu § 3 Nr. 11 Rn. 11.8, § 5a Rn. 7.41).

Die Unzulässigkeit eines Influencer-Posts, Videos oder Blog-Eintrags wegen der als Information getarnten Werbung liegt also nur vor, wenn folgende Voraussetzungen kumulativ gegeben sind (vgl. Köhler/Bornkamm/*Köhler,* Anhang zu § 3 Nr. 11 Rn. 11.1 ff.):

1. Er beinhaltet eine geschäftliche Handlung im Sinne der vorstehenden Definition.
2. Er setzt redaktionelle Inhalte zu Zwecken der Verkaufsförderung ein.

3. Diese Verkaufsförderung wird von einem Unternehmen finanziert.
4. Die Verkaufsförderung geht weder aus dem Inhalt noch aus klar erkennbaren Bildern und Tönen hervor.

Beispiel

Rechtlich problematisch ist es, Sponsoren durch den Hinweis „sponsored by" in unmittelbarem Zusammenhang mit einem redaktionellen Beitrag zu nennen. Dadurch wird zumindest mittelbar der Absatz der Waren oder Dienstleistungen des genannten Sponsors gefördert. Das gilt auch, wenn in dem Beitrag das geförderte Produkt nicht kenntlich gemacht wird. Für die Annahme der Verkaufsförderung reicht es aus, wenn der Influencer erkennbar die Absicht verfolgt, durch den bezahlten redaktionellen Artikel den Absatz seiner eigenen Dienstleistungen zu fördern. Von einer solchen Absicht ist immer dann auszugehen, wenn der redaktionelle Beitrag objektiv eine Werbung enthält (vgl. BGH, Urt. v. 06.02.2014 – GOOD NEWS II, ZUM 2014, 795, 799, Rn. 26; Köhler/Bornkamm/*Köhler*, Anhang zu § 3 Nr. 11 Rn. 11.3, § 5a Rn. 7.37). In diesem Fall reicht die Kennzeichnung mit den unscharfen Begriffen wie „sponsored by" oder „Promotion" nicht aus. Erforderlich ist vielmehr eine Kenntlichmachung der Werbung mit eindeutigen Worten wie „Anzeige" oder „Werbung", die zudem prominent und gut sichtbar zu platzieren sind (vgl. BGH, Urt. v. 06.02.2014 – GOOD NEWS II, ZUM 2014, 795, 797, Rn. 11; Köhler/Bornkamm/*Köhler*, Anhang zu § 3 Nr. 11 Rn. 11.5). Beim Video können diese Wörter eingeblendet oder vertont werden (Köhler/Bornkamm/*Köhler*, Anhang zu § 3 Nr. 11 Rn. 11.6).

Unzulässig sind auch das Vortäuschen einer neutralen oder einer eigenen Berichterstattung, indem fremde Beiträge vollständig übernommen werden (BGH, Urt. v. 06.02.2014 – GOOD NEWS II, ZUM 2014, 795, 799, Rn. 26; Köhler/Bornkamm/*Köhler*, § 5a Rn. 7.43).

9.1.2.3 Täuschung durch Nichtkenntlichmachung des kommerziellen Zwecks

Influencer oder ihre Auftraggeber können unlauter handeln, wenn sie den kommerziellen Zweck eines Posts, Videos oder Blog-Eintrags nicht klar und eindeutig kenntlich machen. Unter folgenden Voraussetzungen ist von einer getarnten Werbung auszugehen:

- Es fehlt eine eindeutige Kennzeichnung als Werbung.
- Der kommerzielle Zweck ergibt sich nicht unmittelbar aus den Umständen.
- Das Nichtkenntlichmachen ist geeignet, Verbraucher zu einer geschäftlichen Entscheidung zu veranlassen, die sie andernfalls nicht getroffen hätten (§ 5a Abs. 6 UWG).

Im Verhältnis zur redaktionellen Werbung, dient das Verbot der Irreführung durch Nichtkenntlichmachung des kommerziellen Zwecks als nachrangiger Auffangtatbestand (Köhler/Bornkamm/*Köhler*, § 5a Rn. 7.11).

Die Vorschrift enthält das grundsätzliche Gebot auch an Influencer, den kommerziellen Zweck ihrer Beiträge kenntlich zu machen (vgl. Köhler/Bornkamm/*Köhler*, § 5a Rn. 7.23). Wie der kommerzielle Zweck einer geschäftlichen Handlung kenntlich zu machen ist, hängt von den Umständen des Einzelfalls und des verwendeten Kommunikationsmittels ab. Der Hinweis muss jedoch so deutlich erfolgen, dass ein durchschnittlicher Verbraucher keinen Zweifel am Vorliegen eines kommerziellen Zwecks haben kann. Der kommerzielle Zweck muss auf den ersten Blick klar und eindeutig zu erkennen sein (BGH, Urt. v. 31.10.2012 – I ZR 205/11 – Preisrätselgewinnauslobung V, GRUR 2013, 644, 646, Rn. 15; KG, Beschl. v. 11.10.2017 – 5 W 221/17, GRUR-RS 2017, 133162 Rn. 13; OLG Köln, Urt. v. 09.08.2013 – 6 U 3/13; GRUR-RR 2014, 62, 63). Besonders strenge Voraussetzungen gelten für Werbung, die an Kinder gerichtet ist. Ihr Blick ist im Vergleich zu Erwachsenen weniger aufmerksam und geübt (§ 3 Abs. 4 S. 2 UWG, LG Hagen, Urt. v. 13.09.2017 – 23 O 30/17, GRUR-RR 2017, 510, 511, Rn. 18; Köhler/Bornkamm/*Köhler*, § 5a Rn. 7.24).

Getarnte Werbung liegt vor, wenn Influencer beispielsweise Werbung als unbefangene, private oder wissenschaftliche Äußerung in einem Kommentar oder Blogeintrag tarnen (vgl. OLG Köln, Urt. v. 09.08.2013 – 6 U 3/13; GRUR-RR 2014, 62, 63; LG Hamburg, Urt. v. 24.04.2012 – 312 O 715/11, GRUR-RR 2012, 400; Köhler/Bornkamm/*Köhler*, § 5a Rn. 7.34 ff., Rn. 7.76; Lichtnecker 2014, S. 523, 525 ff.). Das gleiche dürfte auch für gegen Entgelt geleistete professionelle Produktbewertungen (sogenannte Fake-Bewertungen oder Astroturfing), Posts oder „Gefällt mir"-Bekundungen gelten, die bisweilen in Social Media, Foren oder auf Online-Marktplätzen verschleiert als bloße Erfahrungsäußerungen von „neutralen Kunden" zu finden sind (Suwelack 2017, S. 661; vgl. Lichtnecker 2014, S. 523, 526 f.).

Beispiel

Eine Influencerin hatte auf Instagram insgesamt 15 Beiträge zu Modeartikeln und Kosmetika veröffentlicht, ohne diese ordnungsgemäß als Werbung zu kennzeichnen. Nur zwei der Beiträge enthielten Kennzeichnungen mit „#sponsored by…" und „#ad". Nach Ansicht des zuständigen Kammergerichts Berlin genügten diese Hinweise nicht den gesetzlichen Vorgaben (KG, Beschl. v. 11.10.2017 – 5 W 221/17, GRUR-RS 2017, 133162 Rn. 17). Das Gericht hielt die Kennzeichnung als Werbung auch nicht für entbehrlich, weil die Aufmachung der Posts eine eher private Äußerung suggerierte. Sie enthielten neben der Produktwerbung vor allem Informationen zum Aufenthaltsort, dem Aussehen und den Befindlichkeiten der Influencerin. Dadurch sei der kommerzielle Zweck verschleiert und nicht auf den ersten Blick erkennbar gewesen (KG, Beschl. v. 11.10.2017 – 5 W 221/17, GRUR-RS 2017, 133162 Rn. 16). Der Begriff „sponsored" macht nach Ansicht der Rechtsprechung den Werbecharakter nicht deutlich, da er zur Anzeigenkennzeichnung in Deutschland unüblich sei (BGH, Urt. v. 06.02.2014 – GOOD NEWS II, ZUM 2014, 795, 797, Rn. 11; KG, Beschl. v. 11.10.2017 – 5 W 221/17, GRUR-RS 2017, 133162 Rn. 16; LG München I, Urt. v. 31.07.2015 – 4 HK O 21172/14, BeckRS 2016, 00369).

Entbehrlich ist eine Kennzeichnung des kommerziellen Zwecks nur dann, wenn dieser auf den ersten Blick und ohne jeden Zweifel aus dem Kontext erkennbar ist (KG, Beschl. v. 11.10.2017 – 5 W 221/17, GRUR-RS 2017, 133162 Rn. 16; Köhler/Bornkamm/*Köhler,* § 5a Rn. 7.25). Es darf nicht sein, dass erst nach einer analysierenden Lektüre des Beitrags dessen werbliche Wirkung erkennbar wird. Beispielsweise ist bei Affiliate-Links, die mit eindeutigen Werbetext-Teasern und Angaben zu Produktpreisen versehen sind, teilweise anerkannt, dass sie für den angesprochenen Verkehr zweifelsfrei als Hinweise auf werbliche Verlautbarungen erkennbar sind (OLG München, Urt. v. 27.03.2014 – 6 U 3183/13, BeckRS 2014, 16644, Rn. 13). Kennzeichnungsfrei ist auch die Homepage eines Unternehmens, weil diese offensichtlich zur kommerziellen Kommunikation dient (LG Hagen, Urt. v. 13.09.2017 – 23 O 30/17, GRUR-RR 2017, 510, 511, Rn. 18).

Welche weiteren Fälle für eine Kennzeichnungsfreiheit in Betracht kommen, bleibt nach derzeitiger Rechtslage weitestgehend offen. Es fällt schwer, in der Praxis des Influencer-Marketings Fälle zu finden, auf die sich eine Kennzeichnungsfreiheit anwenden lässt. Im Zweifel ist im Influencer-Marketing daher eher von einer Kennzeichnungspflicht auszugehen.

9.1.2.4 Täuschung durch Affiliate-Links

Influencer werden bei Werbeauftritten als Affiliate-Partner ihrer Auftraggeber tätig. Die Auftraggeber werden im Vertriebsrecht auch „Merchants", „Sponsoren" oder „Advertiser" bezeichnet (Paschke/Berlit/Meyer/*Lichtnecker/Plog,* 28. Abschn. Rn. 59). Zu den Aufgaben der Influencer gehört es häufig, in ihren Beiträgen oder danach als Linksammlungen die Angebote der Auftraggeber für Waren und Dienstleistungen – teilweise gegen Provision – zu verlinken (sogenannte Affiliate-Links). Soweit Influencer die Affiliate-Links zur Erfüllung der eigenen geschäftlichen Interessen setzen, ist eine Kennzeichnung als Werbung erforderlich (vgl. Paschke/Berlit/Meyer/*Lichtnecker/Plog,* 28. Abschn. Rn. 59; Leupold/Glossner/*Leupold,* MAH IT-Recht, Teil 2 Rn. 729; Lichtnecker 2014, S. 523, 527).

Allgemein betrachtet haben Links zwei Funktionen: Sie erleichtern rein technisch den Aufruf der verlinkten Internetseiten und dienen als Informationsquellen (BGH, Urt. v. 14.10.2010 – I ZR 191/08 – AnyDVD, GRUR 2011, 513, 515, Rn. 22). Welche dieser Funktionen im Vordergrund steht, beurteilt sich nach der Gesamtbetrachtung des jeweiligen Beitrags, der die Verlinkungen enthält (BGH, Urt. v. 14.10.2010 – I ZR 191/08 – AnyDVD, GRUR 2011, 513, 515, Rn. 23). Dienen die Links nach dem Gesamteindruck des Beitrags vorwiegend dazu, die Öffentlichkeit zu informieren, sind sie eher eine Meinungsäußerung, die nach dem Grundrecht der Meinungs- und Pressefreiheit geschützt sein kann (BGH, Urt. v. 14.10.2010 – I ZR 191/08 – AnyDVD, GRUR 2011, 513, 516, Rn. 26). In einem solchen Fall liegt keine Werbung vor, sodass auch keine entsprechende Kennzeichnung oder Trennung der Links vom redaktionellen Inhalt erforderlich ist.

Affiliate-Links erschöpfen sich aber in der Regel darin, auf den Auftraggeber hinzuweisen und technisch den Aufruf der verlinkten kommerziellen Angebote des Auftraggebers zu erleichtern. Ist dies der Fall, kommt den Affiliate-Links kein weiterer Informationscharakter zu und sie müssen als Werbung für die verlinkten Angebote gelten.

Wird der kommerzielle Zweck der Affiliate-Links nicht unmissverständlich deutlich, kann ein Verstoß gegen das Verbot der Verschleierung des kommerziellen Zwecks vorliegen (§ 5a Abs. 6 UWG; Köhler/Bornkamm/*Köhler,* § 5a Rn. 7.34 ff., Rn. 7.81). Verstöße gegen das Wettbewerbsrecht lassen sich bei Affiliate-Links nur vermeiden, indem eine klare Kennzeichnung durch die Worte „Anzeige" oder „Werbung" erfolgt.

Beispiel

Eine Influencerin hat in ihrem Mode-Blog Fotos gepostet, auf denen sie mit einer Handtasche, einer Uhr und einem Getränk zu sehen war. Diese Gegenstände auf den Fotos hatte sie mit den jeweiligen Marken so getagt, dass der dahinter gesetzte Link direkt die Homepage des jeweiligen Herstellers führte. In den Chat-Kommentaren der „Follower" direkt neben den Fotos fanden sich unter der Angabe der Zeichen „@" und „#" ebenfalls verlinkte Hinweise auf die Markenhersteller. Das Landgericht Hagen hat die Influencerin auf Antrag eines Vereins zur Wahrung gewerblicher Interessen wegen getarnter Werbung auf Unterlassen verurteilt. Es wertete die Fotos und Chat-Kommentare mit den Affiliate-Links als kommerzielle Kommunikation, die die Influencerin als Werbung hätte kennzeichnen müssen (LG Hagen, Urt. v. 13.09.2017 – 23 O 30/17, GRUR-RR 2017, 510, 511, Rn. 18). Dies galt umso mehr, als sich ihr Angebot auch an Kinder und Jugendliche richtete, denen die Chats fälschlich als harmlose Unterhaltung über Outfits erscheinen mussten.

Die Kennzeichnung als Werbung ist nur entbehrlich, wenn der kommerzielle Zweck der Affiliate-Links auf den ersten Blick und ohne jeden Zweifel erkennbar ist (KG, Beschl. v. 11.10.2017 – 5 W 221/17, GRUR-RS 2017, 133162 Rn. 16; Köhler/Bornkamm/ *Köhler,* § 5a Rn. 7.81; Paschke/Berlit/Meyer/*Lichtnecker/Plog,* 28. Abschn. Rn. 59). Das kann der Fall sein, wenn in den Affiliate-Links beispielsweise ein Werbeteaser oder das Unternehmen des Auftraggebers des Influencers hervortritt.

Kennzeichnungsfrei sind auch Hinweise auf Ausstatter. Dabei sollten die Produkte, die Influencer zur Ausstattung verwenden, als solche den Hersteller bzw. Ausstatter nicht erkennen lassen. Dies ist der Fall, wenn beispielsweise die Bekleidung der Influencer in einem Beitrag kein Logo oder Schriftzug mit Markenbezeichnung enthält. Die Ausstatterhinweise sind am Ende von Beiträgen zulässig (vgl. Ziff. 12 Abs. 1 WerbeRL Fernsehen). Sie werden nicht als Werbung behandelt, sollten aber die anerkannten üblichen Hinweise auf ein Sponsoring enthalten. Werden die Hinweise auf die Ausstatter verlinkt, erscheint eine Kennzeichnung als Werbung geboten.

Allerdings ist die Rechtslage bezogen auf Affiliate-Links derzeit nicht abschließend geregelt. Es ist zu erwarten, dass Entscheidungen weiterer Gerichte die Pflichten bei Affiliate-Links näher bestimmen werden. Bis dahin scheint der sicherste Weg, die Auflistung der Affiliate-Links mit den davorstehenden Worten „Anzeige" oder „Werbung" einzuleiten. Das Wort „Werbelinks" dürfte sachlich und sprachlich bei Affiliate-Links

zutreffender sein als „Werbung" oder „Anzeige"; die Rechtsprechung hat den Begriff
aber bisher noch nicht als korrekte Kennzeichnung anerkannt.

Begehen Influencer Rechtsverstöße, können neben ihnen auch die Auftraggeber haften.
Das Setzen der Affiliate-Links ist nämlich aufgrund der bestehenden vertraglichen Pflichten dem Betrieb des Auftraggebers zuzurechnen (Paschke/Berlit/Meyer/*Lichtnecker/Plog*,
28. Abschn. Rn. 59).

9.1.2.5 Zulässige und unzulässige Werbekennzeichnungen

Für das Influencer-Marketing gelten die gleichen strengen Anforderungen, die Rechtsprechung und Literatur an die Kennzeichnung einer Veröffentlichung als bezahlte Werbung stellen (vgl. Köhler/Bornkamm/*Köhler*, § 5a Rn. 7.42).

Die meisten der bisher ergangenen Urteile betreffen den Bereich der Printwerbung.
Social Media bzw. Influencer-Marketing erfolgt über digitale, audiovisuelle und damit
völlig andere als Printmedien. Gleichwohl sind die Werbeformen im Hinblick auf die
Art vergleichbar, in der Verbraucher sie wahrnehmen: Während Druckwerke früher in
Papierform gelesen wurden, erfolgt die Wahrnehmung der gleichen Art von Informationen heute über elektronische, meist mobile Endgeräte wie Smartphones oder Tab-
let-Computer. Zudem hat Influencer-Marketing eine deutlich umfassendere Reichweite
als Werbung in herkömmlichen Printmedien. Passieren Rechtsverletzungen, haben sie
eine umso erheblichere Auswirkung. Insofern ist davon auszugehen, dass die für die
Printwerbung entwickelten Grundsätze auch bezogen auf die digitale Welt fortbeste-
hen (ähnlich: Suwelack 2017, S. 661, 663 f.; Laoutoumai und Dahmen 2017, S. 29, 32;
Lichtnecker 2014, S. 523, 525 f.; a. A. Fuchs und Hahn 2016, S. 503, 506 f.).

Zur rechtssicheren Kennzeichnung des Influencer-Marketings sollte es ausreichen,
wenn der Hinweis „Anzeige" oder „Werbung" im bezahlten Beitrag in ausreichender
Größe am Anfang steht oder beim bezahlten Blog auch beim Scrollen mitwandert (vgl.
Lichtnecker 2014, S. 523, 525 f.). Das Wort „Anzeige" ist als Unterscheidungskenn-
zeichen allgemein bekannt und anerkannt (OLG Köln, Urt. v. 09.08.2013 – 6 U 3/13;
GRUR-RR 2014, 62, 65; Fuchs und Hahn 2016, S. 503, 504). Daneben gilt der Begriff
„Werbeinformation" als gleichwertig und damit erlaubt (BGH, Urt. v. 14.03.1996,
I ZR 53/94 – Editorial II, GRUR 1996, 791, 793).

Die formale Kennzeichnung als „Anzeige" genügt nicht, wenn sie beispielsweise
durch eine unscheinbare Gestaltung leicht übersehen oder dem Text nicht zugeordnet
werden kann (OLG Düsseldorf, Beschl. v. 28.05.2009 – 20 W 46/09, BeckRS 2009,
23677; Köhler/Bornkamm/*Köhler*, § 5a Rn. 7.42). Dies dürfte erst recht gelten, wenn der
Hinweis leicht zu übersehen, ans Ende einer Veröffentlichung gestellt oder in einer Vielzahl weiterer Hashtags versteckt wird (vgl. OLG Celle, Urt. v. 08.06.2017 – 13 U 53/17,
GRUR 2017, 1158, 1159 Rn. 17 f.).

Folgende Begriffe wurden für den Bereich der Printwerbung bisher als irreführend
und damit wettbewerbsrechtlich unzulässig erachtet (Köhler/Bornkamm/*Köhler*, § 5a
Rn. 7.42):

- „PR-Mitteilung" (OLG Düsseldorf, Urt. v. 21.01.1972 – 2 U 130/71, WRP 1972, 145);
- „PR-Anzeige" (OLG Düsseldorf, Urt. v. 26.10.1978 – 2089/78, PR-Anzeige, GRUR 1979, 165);
- „Sonderveröffentlichung" bzw. „Anzeigensonderveröffentlichung" (LG Hamburg, Urt. v. 01.04.2011 – 406 O 13/11, BeckRS 2013, 03119; LG Braunschweig, Urt. v. 10.07.2008 – 21 O 2675/07, BeckRS 2009, 07020);
- „public relations" oder „Wirtschaftsanzeigen" (BGH, Urt. v. 29.3.1974 – I ZR 15/73, NJW 1974, 1141, 1142);
- „Promotion" (OLG Düsseldorf, Urt. v. 07.09.2010 – 20 U 124/09, BeckRS 2011, 02342);
- „Sponsored by" (BGH, Urt. v. 06.02.2014 – GOOD NEWS II, ZUM 2014, 795, 797, Rn. 11; KG, Beschl. v. 11.10.2017 – 5 W 221/17, GRUR-RS 2017, 133162 Rn. 17; LG München I, Urt. v. 31.07.2015 – 4 HK O 21172/14, BeckRS 2016, 00369);
- „#ad" (OLG Celle, Urt. v. 08.06.2017 – 13 U 53/17, GRUR 2017, 1158, 1159 Rn. 17 f.).

Landesmedienanstalten haben teilweise die Ansicht vertreten, die häufig anzutreffende Kennzeichnung mit Hashtag „#sp" für „sponered post" sei zulässig (Fuchs und Hahn 2016, S. 503, 506). Dies mag Influencer vor einer Verfolgung durch die Aufsichtsbehörden bewahren, die mit der Empfehlung eine Selbstbindung eingegangen sind. In wettbewerbs-rechtlicher Hinsicht genügen die Bezeichnungen „#sp" oder „sponered post" derzeit nicht den Anforderungen an die ordentliche Kennzeichnung (BGH, Urt. v. 06.02.2014 – GOOD NEWS II, ZUM 2014, 795, 797, Rn. 11; KG, Beschl. v. 11.10.2017 – 5 W 221/17, GRUR-RS 2017, 133162 Rn. 17; LG München I, Urt. v. 31.07.2105 – 4 HK O 21172/14, BeckRS 2016, 00369; a. A. Fuchs und Hahn 2016, S. 503, 506). Aktuellen Umfra-gen zufolge ordnen junge Konsumenten diese Kennzeichnungen nicht einer Werbung zu (Suwelack 2017, S. 661, 662 m. w. N.). In der neusten Fassung des FAQ-Flyers der Direktorenkonferenz der Landesmedienanstalten (DLM) zu Antworten auf Werbefragen in sozialen Medien findet sich folgerichtig keine Empfehlung zur Nutzung der fraglichen Hashtags (FAQ-Flyer der DLM, S. 3 f.).

Es bleibt abzuwarten, inwiefern beispielsweise der Begriff „#ad" oder „#advertise-ment" oder „sponered" durch ein gewandeltes gesellschaftliches Verständnis später gegebenenfalls Anerkennung als zulässige Kennzeichnung finden kann. Das Oberlandes-gericht Celle hält dies im Urteil gegen die Drogeriemarktkette offenbar zumindest für möglich (OLG Celle, Urt. v. 08.06.2017 – 13 U 53/17, GRUR 2017, 1158, Rn. 10).

Nicht alle Influencer-Beiträge sind nur mit Texten (z. B. Blogs) und Lichtbildern oder Zeichnungen ohne Bewegtbilder gestaltet. Viele beinhalten als Videos audiovisuelle und damit fernsehähnliche Elemente. Solche Videos sind wegen ihrer Fernsehähnlichkeit als audiovisuelle Mediendienste einzuordnen (Laoutoumai und Dahmen 2017, S. 29, 31).

▶ **Definition audiovisuelle Dienste** „Audiovisuelle Dienste" meint fernsehähnliche Telemedien, die ein Diensteanbieter seinen Nutzern nach einem festgelegten Inhaltskatalog zum individuellen Abruf unabhängig von Ort und Zeit zur Verfügung stellt (§ 2 S. 1 Nr. 6 TMG).

Sofern die Influencer mit den Videos ein wirtschaftliches Interesse verfolgen, sind die Videos zur Vermeidung von Schleichwerbung nach den Vorgaben des Rundfunkstaatsvertrages über Sponsoring und Produktplatzierungen zu kennzeichnen (§§ 8, 58 RStV, Suwelack 2017, S. 661, 663; Lehmann 2017, S. 772, 774). Der Hinweis „sponsored by" dürfte aus den zuvor erörterten Gründen auch zur Kennzeichnung von Video-Sponsoring ungeeignet sein. Für Fernsehsendungen gelten unter anderem die Gemeinsamen Richtlinien der Landesmedienanstalten für die Werbung, die Produktplatzierung, das Sponsoring und das Teleshopping im Fernsehen (Werberichtlinie Fernsehen, i. d. F. vom 18.09.2012). Für das Fernsehen sind die folgenden Hinweise auf Sponsoring oder Produktplatzierungen zu Beginn und am Ende der gesponserten Sendung anerkannt (BVerwG, Urt. v. 23.07.2014 – BverwG 6 C 31.13, ZUM 2015, 78, 79; VG Hannover, Urt. v. 18.02.2016 – 7 A 13.293/14, ZUM-RD 2016, 624, 626; Spindler/Schuster/*Döpkens,* § 8 RStV, Rn. 15; Suwelack 2017, S. 661, 663):

- „präsentiert von …"
- „Produktplatzierung" oder
- „unterstützt durch Produktplatzierung" (Ziff. 4 Abs. 3 Nr. 4 WerbeRL Fernsehen) oder
- „unterstützt durch [Produkt XY]".

Für Dauerwerbesendungen sind folgende Bezeichnungen üblich (Ziff. 3 Abs. 3 WerbeRL Fernsehen):

- „Dauerwerbung" oder
- „Werbevideo".

Ob diese grundsätzlich anerkannten Formulierungen allerdings auch einer wettbewerbsrechtlichen Überprüfung von Influencer-Videos vor einem Gericht Stand halten würden, ist derzeit in Ermangelung entsprechender Urteile offen (Laoutoumai und Dahmen 2017, S. 29, 32). Rechtssicherheit dürfte sich jedoch über den Grundsatz der Einheit der Rechtsordnung herstellen lassen: Was nach Rundfunkstaatsvertrag zulässig und geboten ist, kann nach Wettbewerbsrecht nicht als unzulässig oder verboten gelten. Der Maßstab des Rechts gilt für alle gleich. Auf diesem Rechtsprinzip basiert schließlich unsere Rechtsordnung. Daher muss auch das Influencer-Marketing darauf vertrauen können, dass es im Bereich der audiovisuellen Berichte – wie Fernsehsendungen auch – einheitlich nach den geltenden Vorgaben des Rundfunkstaatsvertrages beurteilt wird (vgl. FAQ-Flyer der DLM, S. 3 f. a. a. O.).

9.1.3 Wettbewerbsverstoß bei fehlenden oder unrichtigen Informationspflichten

Der Beitrag von Fuchs/Hahn in diesem Buch erörtert die Pflichten zur Anbieterkennzeichnung für geschäftsmäßige Telemedien, zu denen auch die im Rahmen des Influencer-Marketings erstellten Social-Media-Beiträge zählen. Die für alle Geschäftsauftritte im Internet zwingend geltenden Angaben folgen nach Telemediengesetz (§ 5 TMG) und Rundfunkstaatsvertrag (§ 55 RStV; wegen der Pflichten im Einzelnen vgl. Beitrag von Fuchs/Hahn).

Influencer, die Berichte in Ausübung einer besonders reglementierten Berufstätigkeit (z. B. Rechtsanwälte, Steuerberater, Wirtschaftsprüfer, Ärzte etc.) verfassen, müssen zusätzlich noch spezifische berufsrechtliche Informationspflichten beachten. Für Berichte, die Dienstleistungen anpreisen, selbst aber keine audiovisuellen Dienste sind, können zusätzlich weitere Informationspflichten nach Dienstleistungs-Informationspflichten-Verordnung (§ 2 DL-InfoV) gelten.

Alle im Influencer-Marketing erstellten Berichte, die keine audiovisuellen Dienste beinhalten, also nicht fernsehähnlich sind, aber die Erbringung einer Dienstleistung beinhalten, sollten zudem die Vorgaben nach der Dienstleistungs-Informationspflichten-Verordnung beachten. Hierzu gehört insbesondere, dass Dienstleistungsempfänger vor Erbringung der Dienstleistung bestimmte Informationen erhalten, unter anderem (§ 2 DL-InfoV):

- den Namen oder die Bezeichnung des Dienstleistungserbringers,
- dessen Anschrift, die Telefonnummer und eine E-Mail-Adresse oder Faxnummer,
- gegebenenfalls die Registernummer und das Registergericht (z. B. Handelsregister, Vereinsregister, Partnerschaftsregister),
- bei einer erlaubnispflichtigen Tätigkeit des Dienstleistungserbringers: den Namen und die Anschrift der zuständigen Behörde,
- gegebenenfalls die Umsatzsteuer-Identifikationsnummer des Dienstleistungserbringers,
- sofern der Dienstleistungserbringer einem besonders reglementierten Beruf nachgeht: die gesetzliche Berufsbezeichnung, den Verleihungsstaat, den Namen der zuständigen Kammer oder des Berufsverbands, bei der/dem eine Mitgliedschaft besteht;
- etwaige vom Dienstleistungserbringer verwendete Allgemeine Geschäftsbedingungen oder Rechtswahl- oder Rechtsstandklauseln oder gewährte Garantien;
- die wesentlichen Merkmale der Dienstleistung, wenn diese nicht bereits aus dem Zusammenhang folgt;
- Angaben zu einer bestehenden Berufshaftpflichtversicherung, insbesondere den Namen und die Anschrift des Versicherers und den räumlichen Geltungsbereich.

Im Influencer-Marketing sind die vorstehend genannten gesetzlich geregelten Angaben zur Anbieterkennzeichnung zu beachten. Fehlen die erforderlichen Angaben im geschäftlich genutzten Social-Media-Kanal eines Influencers oder sind sie fehlerhaft, verstößt er gegen geltendes Recht (Lehmann 2017, S. 772, 774). Dagegen können – neben der medienrechtlichen Verfolgung durch die Aufsichtsbehörden – auch Mitbewerber und gewerbliche Interessenverbände vorgehen und einen Verstoß gegen das Wettbewerbsrecht mit einer Abmahnung oder gerichtlichen Untersagungsverfügung ahnden (vgl. Lichtnecker 2014, S. 523).

9.1.4 Einordnung der verschiedenen Kennzeichnungspflichten

Die verschiedenen in diesem Kapitel bisher erörterten gesetzlichen Kennzeichnungspflichten bestehen nebeneinander. Im Influencer-Marketing sind sie daher insgesamt zu beachten. Dabei reicht es oft nicht aus, nur die medien- oder rundfunkrechtlichen Vorgaben zu beachten. Vielmehr müssen die am Influencer-Marketing Teilhabenden auch die Vorgaben nach Wettbewerbsrecht beachten, um Verstöße und damit eine rechtliche Ahndung vollständig zu vermeiden.

Abb. 9.2 soll zum Abschluss dieses Teils einen Überblick über die verschiedenen, zuvor erörterten gesetzlichen Pflichten geben, die für das Influencer-Marketing gelten (vgl. Abb. 9.2):

VERHÄLTNIS DER VERSCHIEDENEN KENNZEICHNUNGSPFLICHTEN ZUEINANDER

GLEICHRANGIGE PFLICHTEN	Impressum (§5 TMG, §58 RStV)	Kennzeichnungsvorgaben nach Rundfunk- und Medienrecht (§58 RStV, §6 TMG)	Kennzeichnungspflichten nach Wettbewerbsrecht (§5 UWG, Anhang zu § 3 Abs. 3 Nr. 11 UWG)
VERFOLGT DURCH	Aufsichtsbehörden, Mitbewerber, Wettbewerbs- und Verbraucherschutzvereine	Aufsichtsbehörden, teilweise in Verbindung mit UWG durch Mitbewerber oder Wettbewerbs- und Verbraucherschutzvereine	Mitbewerber oder Wettbewerbs- und Verbraucherschutzvereine
KONSEQUENZEN	- Abmahnung - Unterlassung - ggf. Bußgeld - ggf. Vertragsstrafe (bei erneuter Verletzung)	- Bußgeld - ggf. Abmahnung - Unterlassung - ggf. Vertragsstrafe (bei erneuter Verletzung)	- Abmahnung - Unterlassung - ggf. Vertragsstrafe (bei erneuter Verletzung)

Abb. 9.2 Überblick über das Verhältnis der verschiedenen Kennzeichnungspflichten zueinander

9.2 Werbefreie, unabhängige Influencer-Beiträge

9.2.1 Allgemeine Freiheiten und Grenzen

Influencer-Beiträge sind – wie zuvor in diesem Kapitel erörtert – Informations- und Kommunikationsdienste und damit Telemedien (§ 2 Abs. 1 S. 3 RStV). Außerhalb einer entgeltlichen werblichen Tätigkeit steht es Influencern rechtlich frei, selbst gestaltete Berichte mit eigenen Texten, Bildern und Videos zu verbreiten (vgl. Lichtnecker 2014, S. 523, 525). Da sie damit Telemedien anbieten, müssen sie die bereits erörterte Anbieterkennzeichnung über ein Impressum vorhalten (Lent 2013, S. 914, 915). Zu beachten haben Influencer daneben die Grenzen, die das Recht bezogen auf die eigenen und die Rechtspositionen dritter Personen setzt.

Texte, Bilder und Videos können als persönliche geistige Schöpfungen grundsätzlich Urheberrechtsschutz genießen (§ 2 UrhG). Erforderlich dafür ist, dass ein Influencer persönlich ein Werk erschafft, das eine wahrnehmbare Form, Individualität und Gestaltungshöhe hat (Fromm/Nordemann/*Nordemann,* § 2, Rn. 20). Für den Urheberschutz genügt bereits ein Minimum an Gestaltungshöhe, sodass eine einfache Schöpfung mit einem geringen Grad an Individualität ausreicht (sogenannte Kleine Münze, BGH, Urt. v. 13.11.2013 – I ZR 143/12, Geburtstagszug, GRUR 2014, 175, 176 Rn. 18, 26, 41; Fromm/Nordemann/*Nordemann,* § 2, Rn. 30; Wandtke/Bullinger/*Marquardt,* § 4 UrhG Rn. 5). Selbst einfachste Knipsbilder sind geschützt (§ 72 UrhG; Fromm/Nordemann/ *Nordemann,* § 72, Rn. 10).

Ein gewisser kreativer Spielraum bei der Gestaltung von Beiträgen gehört zu den wesentlichen Merkmalen von Social Media (Primbs 2016, S. 154 f.). Mitglieder können ihre Posts, Blog-Einträge oder Videos schöpferisch frei und individuell gestalten, solange sie sich dabei innerhalb der Grenzen des geltenden Rechts bewegen. Influencer sind bekannt für besonders originelle Beiträge, mit denen sie den Kreis ihrer Fans oder Follower regelmäßig beeindrucken und erweitern. Insofern ist bei Influencer-Beiträgen grundsätzlich von einem Urheberrechtsschutz auszugehen. Sie haben einen Anspruch darauf, als Urheber benannt zu werden (§§ 10, 13 UrhG) und die Nutzung, Verbreitung und öffentliche Zugänglichmachung ihrer Werke selbst zu bestimmen (§§ 15 UrhG ff.).

Dies bedeutet im Umkehrschluss, dass Influencer die Werke anderer Urheber für ihre eigenen Berichte nur mit der entsprechenden Erlaubnis nutzen dürfen (§ 15 UrhG). Diese Erlaubnis gilt als erteilt, wenn der Rechtsinhaber die erforderlichen Nutzungsrechte eingeräumt hat (§ 31 Abs. 1 UrhG). Diese Rechtseinräumung erfolgt in der Praxis über Lizenzverträge (Primbs 2016, S. 155 ff.). Das nachfolgende Imagefilm-Beispiel veranschaulicht den Inhalt einer solchen Lizenzvereinbarung. Es dient hier lediglich als Formulierungsbeispiel; für den Einzelfall muss eine geeignete Vertragsgestaltung gefunden werden.

> **Beispiel**
>
> „Der Lizenzgeber räumt dem Lizenznehmer am Imagefilm das ausschließliche, unwiderrufliche, zeitlich und räumlich unbegrenzte Recht ein, den Imagefilm sowie Teile daraus und/oder Übersetzungen und andere Bearbeitungen oder Umgestaltungen des Imagefilms zu nutzen, zu verwerten und auf Dritte unbeschränkt weiter zu übertragen. Der Lizenznehmer ist berechtigt, den Imagefilm unverändert oder unter Bearbeitung oder Umgestaltung zur Herstellung einer weitergehenden Werbung, zur umfassenden und wiederholten Auswertung oder Nutzung in allen Medien, sozialen Netzwerken und für alle Ausführungsformen – digital oder analog – zu verwenden."

Influencer müssen zudem stets den fremden Urheber namentlich benennen (§ 13 UrhG) und bei Fotos den Bildquellennachweis führen (Wandtke/Bullinger/*Bullinger*, § 13 UrhG Rn. 24). Bei Videos und Bildnissen von Personen sind zudem das allgemeine Persönlichkeitsrecht (Art. 2 Abs. 1 GG) und das Recht am eigenen Bild (§ 22 KUG) der abgebildeten Person zu beachten (vgl. Lichtnecker 2014, S. 523, 525). Diese Pflichten bestehen, auch wenn sie im Influencer-Marketing bisher unbeachtet und unüblich sind. Bei Verstößen gegen diese absolut geschützten Rechte steht den Verletzten ein Anspruch auf Unterlassen und Schadensersatz gegen Verletzer zu (§ 97 Abs. 1, Abs. 2 UrhG).

Freie Influencer-Berichte unterliegen, wie Presse und Film, in der Regel keiner besonderen staatlichen Aufsicht. Die Bundesprüfstelle für jugendgefährdende Medien kann Berichte und Videos von Influencern indizieren, wie andere Trägermedien auch. Für Videos gebietet das Jugendschutzgesetz außerdem eine Alterskennzeichnung, die durch die Freiwillige Selbstkontrolle der Filmwirtschaft (FSK) und bei Computerspielen durch die Unterhaltungssoftware-Selbstkontrolle (USK) erfolgt (Paschke/Berlit/Meyer/*Held*, 74. Abschn. Rn. 7 f.).

9.2.2 Journalistisch-redaktionelle Inhalte

Influencer-Berichte können durchaus redaktionell gestaltet sein. Dafür reicht es aus, wenn Influencer als natürliche Personen eine regelmäßige Inhaltsauswahl für ihre Beiträge treffen und ihre Texte oder Videos selbst bearbeiten, kürzen oder ändern (Lent 2013, S. 914, 916). Erzeugen künstliche Intelligenzen, wie beispielsweise Bots, Beiträge, fehlt es diesen an einer redaktionellen Gestaltung.

Redaktionelle Inhalte müssen einige presserechtliche Vorgaben beachten. Im Pressebereich sind die Richtlinien des Zentralverbands der deutschen Werbewirtschaft (ZAW) für redaktionell gestaltete Anzeigen sowie die Richtlinien für die publizistische Arbeit nach den Empfehlungen des Deutschen Presserats (Deutscher Presserat) zu beachten (Paschke/Berlit/Meyer/*Siegel*, 22. Abschn. Rn. 4; Primbs 2016, S. 156 f.). Danach gebietet die Verantwortung der Presse gegenüber der Öffentlichkeit, dass redaktionelle Veröffentlichungen nicht durch private oder geschäftliche Interessen beeinflusst werden dürfen.

Hierzu zählt vor allem das nach Presserecht geltende Gebot der Trennung werblicher Anzeigen vom redaktionellen Teil (Ziffer 7 Pressekodex).

Redaktionelle Berichterstattung soll frei von wirtschaftlichen Interessen Dritter erfolgen und so die publizistische Glaubwürdigkeit der Medien erhalten (Paschke/Berlit/Meyer/*Siegel*, 22. Abschn. Rn. 3). Die gesetzliche Grundlage des Trennungsgebots findet sich neben dem Wettbewerbsrecht vor allem in den Landespressegesetzen (z. B. § 10 Hamburgisches Pressegesetz). Das Trennungsgebot wahrt die Objektivität und Neutralität der Presse. Auch außerhalb des geschäftlichen Verkehrs besteht die Gefahr, dass auf die Berichterstattung sachfremd Einfluss genommen wird (BGH, Beschl. v. 19.07.2012 – I ZR 2/11 – Good News, ZUM 2012, 893, 894, Rn. 14).

Influencer sollten Produkte oder Dienstleistungen eher zurückhaltend erwähnen und nicht pauschal anpreisen oder deren Marken oder Hersteller in Alleinstellung benennen oder optisch hervorheben (vgl. Paschke/Berlit/Meyer/*Siegel*, 22. Abschn. Rn. 21). Die positive Berichterstattung über Produkte oder Dienstleistungen sollte stets durch einen publizistischen Anlass getragen sein, z. B. eine Innovation, Geschäftseröffnung, Veranstaltung und Ähnliches (Paschke/Berlit/Meyer/*Siegel*, 22. Abschn. Rn. 22).

Fraglich ist, ob Influencer-Berichte als Laienangebote neben der redaktionellen auch eine journalistische Qualität haben können. Angebote von Journalisten gelten stets auch als redaktionell; jedoch sind nicht alle redaktionellen Beiträge auch journalistisch (Lent 2013, S. 914, 915).

▶ **Definition journalistisch-redaktioneller Beitrag** Ein Beitrag gilt als journalistisch-redaktionell, wenn er (Lent 2013, S. 914, 915 f.):

- auf Kontinuität und Dauerhaftigkeit angelegt ist,
- Universalität (schöpferische Vielseitigkeit),
- Aktualität (Gegenwartsbezogenheit mit Neuigkeitscharakter),
- Periodizität (regelmäßige Wiederkehr mit und ohne festen Rhythmus) und
- Publizität (allgemeine Zugänglichkeit)

besitzt.

Die Universalität erfordert eine erkennbare publizistische Zielsetzung. Erfasst sind auch Beiträge, die sich auf eine bestimmte Zielgruppe beschränken (Lent 2013, S. 914, 915). Publizistisch tätig ist jede Person, die im Kommunikationsprozess an einer öffentlichen Aussage schöpferisch mitwirkt. Das Verfassen von Beiträgen zu aktuellen Themen der öffentlichen Meinungsbildung gehört dazu. Anerkannt ist die publizistische Tätigkeit für Journalisten, Schriftsteller, Wissenschaftler, Dichter, Autoren, Lektoren, Redakteure, Bildjournalisten und Bildberichterstatter (§ 2 S. 2 KSVG; SG Leipzig, Urt. v. 29.07.2009 – S 5 U 114/08, BeckRS 2012, 76365). Übersetzungen sind dagegen nur publizistisch, wenn sie eine geistige Schöpfung mit einem gewissen individuellen und kreativen Spielraum des Bearbeiters beinhalten. Rein handwerkliche, technische oder wortgetreue Übersetzungen einfacher Sprachwerke zählen nicht dazu (BSG, Urt. v. 07.12.2006 – B 3 KR 2/06 R, BeckRS 2007, 41240, Rn. 18 ff.; SG Leipzig, Urt. v. 29.07.2009 – S 5 U 114/08, BeckRS 2012, 76365).

Legt man diese Kriterien zugrunde, ist davon auszugehen, dass Influencer-Berichten durchaus eine journalistische Qualität zukommen kann (Laoutoumai und Dahmen 2017, S. 29, 31). Der Maßstab sollte nicht zu streng angesetzt werden. Von journalistisch-redaktionellen Beiträgen dürfte bereits auszugehen sein, wenn ein Influencer regelmäßig Beiträge in publizistischer Unabhängigkeit erstellt und dabei nicht vorrangig im werblichen oder selbstdarstellerischen Interesse oder zur beruflichen oder unternehmensbezogenen Meinungsäußerung handelt (vgl. Lent 2013, S. 914, 917 f.). Diese Einordnung muss selbst dann bestehen bleiben, wenn solche Influencer zusätzlich zu den journalistisch-redaktionellen Teilen Werbung für Produkte oder Dienstleistungen von Auftraggebern übernehmen, solange sie die Inhalte außerhalb der und getrennt von den Werbeanzeigen nach freiem Ermessen gestalten dürfen. Gerade bei Blogs oder Tweets liegen die vorgenannten Merkmale häufig vor, sodass sie als journalistische Angebote gelten müssen (Lent 2013, S. 914, 918 f.).

Solche Influencer-Berichte haben den anerkannten journalistischen Grundsätzen zu entsprechen (§ 54 Abs. 2 S. 1 RStV). Hierzu gehören neben den bereits erwähnten insbesondere:

- Achtung von Wahrheit und Menschenwürde und die wahrhaftige Information der Öffentlichkeit (Ziff. 1 Pressekodex).
- Sorgfalt bei der Recherche, Prüfung des Wahrheitsgehalts von Informationen und deren wahrheitsgetreue Wiedergabe (Ziff. 2 Pressekodex).
- Achtung der Persönlichkeitsrechte (Ziff. 8 Pressekodex), Religion, Weltanschauung und Sitte (Ziff. 10 Pressekodex), des Jugendschutzes (Ziff. 11 Pressekodex) und Diskriminierungsverbots (Ziff. 12 Pressekodex).
- Verzicht auf Vorteilsannahme (Ziff. 15 Pressekodex).

Influencer-Beiträgen, bei denen die Selbstdarstellung oder die Werbung im Vordergrund steht, fehlt regelmäßig die journalistische Qualität (Laoutoumai und Dahmen 2017, S. 29, 31).

9.2.3 Verlinkungen aus redaktionellen Influencer-Berichten

Besondere Sorgfalt ist auch bei Verlinkungen auf fremde Internetseiten oder Waren oder Dienstleistungen geboten, selbst wenn diese freiwillig und außerhalb einer vergüteten Tätigkeit erfolgen. Die rechtliche Beurteilung einer solchen Linksetzung richtet sich stets nach dem Gesamteindruck. Sie ist grundsätzlich zulässig, muss jedoch einige Grundregeln beachten.

Ist die Verlinkung eingebettet in eine pressetypische Berichterstattung, greift in der Regel der Schutz der Presse- und Meinungsfreiheit (Art. 5 GG; BVerfG, Beschl. v. 15.12.2011 – 1 BvR 1248/11, ZUM-RR 2012, 125, 128, Rn. 31; BGH, Urt. v. 14.10.2010 – I ZR 191/08 – AnyDVD, GRUR 2011, 513, 515, Rn. 22).

In allen anderen Fällen kann bei solchen Verlinkungen rechtlich die Vermutung gelten, dass der Influencer sich die Aussagen zu eigen macht, die auf den verlinkten Seiten enthalten sind. Wer auf Werbeseiten verlinkt, muss das zuvor erörterte Trennungsgebot beachten. Bei den Links muss erkennbar sein, dass sie zu werblichen Angeboten Dritter führen. Sie sollten zudem von redaktionellen Inhalten getrennt werden. Fehlt es daran, liegt ein Verstoß gegen den Trennungsgrundsatz vor (KG, Urt. v. 30.06.2006 – 5 U 127/05, GRUR 2007, 254, 255).

Werden auf den verlinkten Seiten Rechtsverletzungen begangen, können diese denjenigen Influencern zugerechnet werden, die auf die Seiten verlinkt haben (vgl. Lichtnecker 2014, S. 523, 525). Eine solche Zurechnung lässt sich aber verhindern. Zunächst können Influencer sich durch eine eigene Erklärung unmissverständlich von den Inhalten und Aussagen der verlinkten Seiten distanzieren. Formulierungsbeispiel:

Beispiel

„Mein Angebot enthält Links und Banner, die auf Internetseiten und Angebote anderer Anbieter verweisen. Wer diesen Links folgt, verlässt meine Seiten. Ich übernehme daher keine Verantwortung für die Richtigkeit, Vollständigkeit und Aktualität von Inhalten, die auf den angesteuerten fremden Internetseiten bereitgehalten werden. Ich distanziere mich ausdrücklich von den verlinkten Inhalten fremder Internetseiten und Anbieter. Ich behalte mir ausdrücklich das Recht vor, Links und ähnliche Verweise auf mein eigenes Internetangebot zu untersagen."

In Zweifelsfällen sollten Influencer eher auf Verlinkungen verzichten und die relevante Aussage unter Angabe der entsprechenden Fundstelle zitieren oder mit eigenen Worten wiedergeben (siehe hierzu § 51 UrhG; vgl. Lichtnecker 2014, S. 523, 525).

Urheberrechtliche Vorgaben können aber auch beim Setzen der Links eine Rolle spielen, wenn der Link beispielsweise Miniaturansichten von Bildern oder fremde Textinhalte anzeigt. Einer solchen Nutzung müssen die Urheber zugestimmt haben (z. B. in Form eines Lizenzvertrages). Fehlt diese Zustimmung, kann die Verbreitung der Bilder oder Texte gegen urheberrechtlich geschützte Rechte verstoßen (§§ 15 ff. UrhG; vgl. Lichtnecker 2014, S. 523, 525 f.). Derartige Verstöße lassen sich vermeiden, indem die Links ohne die geschützten fremden Werke gestaltet oder die Einwilligung der Urheber eingeholt werden.

9.2.4 Sind Web-TV und Lifestreaming zulassungspflichtiger Rundfunk?

Vor allem journalistisch-redaktionell gestaltete Video-Kanäle, über die ein Influencer regelmäßig Videos ausstrahlt, können ein zulassungsbedürftiges Rundfunkangebot darstellen. Der Betreiber muss in diesem Fall einen Antrag auf Zulassung zum Rundfunk bei der zuständigen Landesmedienanstalt stellen. Anderenfalls droht ihm ein Ausstrahlungsverbot. Reine Telemediendienste sind kein Rundfunk und bedürfen daher nicht der Zulassung (BT-Drucks. 16/3078, S. 13; Gersdorf/Paal/*Martini*, § 2 RStV Rn. 1).

▶ **Definition Rundfunk** Rundfunk ist ein linearer Informations- und Kommunikationsdienst; er ist die für die Allgemeinheit und zum zeitgleichen Empfang bestimmte Veranstaltung und Verbreitung von Angeboten in Bewegtbild oder Ton entlang eines Sendeplans unter Benutzung elektromagnetischer Schwingungen (§ 2 Abs. 1 S. 1 RStV). Kein Rundfunk sind Angebote (§ 2 Abs. 3 RStV), die

- Telemedien sind,
- jedenfalls weniger als 500 potenziellen Nutzern zum zeitgleichen Empfang angeboten werden,
- zur unmittelbaren Wiedergabe aus Speichern von Empfangsgeräten bestimmt sind,
- ausschließlich persönlichen oder familiären Zwecken dienen,
- nicht journalistisch-redaktionell gestaltet sind oder
- aus Sendungen bestehen, die jeweils gegen Einzelentgelt freigeschaltet werden.

Ob ein audiovisuelles Angebot im Internet unter den Begriff des Rundfunks fällt, lässt sich nur im Einzelfall nach Betrachtung der jeweils relevanten Umstände entscheiden. Die Einordnung fällt in der Praxis bisweilen schwer und führt zu Verwirrungen.

Beispiel

Die Kommission für Zulassung und Aufsicht (ZAK) der Medienanstalten hat im vergangenen Jahr mehrere Livestreaming-Dienste aus dem Games-Bereich aufgefordert, einen Antrag auf Rundfunkzulassung zu stellen (ZAK 2017). Die Behörde hatte den Diensten für den Fall der Nichtbefolgung mit einem Verbot gedroht. Betroffen von der Maßnahme war unter anderem der Kanal eines erfolgreichen deutschen Games-Video-Influencers. Für die Rundfunklizenz sollte er amtliche Gebühren von mehreren Tausend Euro zahlen. Angesichts dieser Kosten hat sich der Games-Influencer entschlossen, seinen Kanal aufzugeben (Kühl 2017).

Ein „lineares" audiovisuelles Angebot liegt vor, wenn die Ausstrahlung eine bestimmte, planvoll festgelegte und chronologische Reihenfolge hat. Maßgeblich ist also die gleichzeitige Massenkommunikation, bei welcher der Empfänger keinen Einfluss auf den Zeitpunkt des Abrufs nehmen kann (Gersdorf/Paal/*Martini*, § 2 RStV Rn. 4 f.). Influencer, die ihre Beiträge in Mediatheken oder auf Plattformen wie YouTube oder als Podcasts zum Abruf (On Demand) bereithalten, benötigen für ihre Kanäle keine Rundfunkzulassung (BT-Drucks. 16/3078, S. 13; Laoutoumai und Dahmen 2017, S. 29, 31; Gersdorf/ Paal/*Martini*, § 2 RStV Rn. 6). Nach dem Willen des Gesetzgebers sollen aber gerade Livestreaming und Webcasting Rundfunk sein, weil sie den zeitgleichen Empfang ermöglichen (BT-Drucks. 16/3078, S. 13).

Es gibt zunehmend Fälle, in denen eine Zuordnung rechtlich nicht eindeutig möglich ist. Dies gilt beispielsweise für Livestreams, die – wie das Google Hangout mit der Bundeskanzlerin Angela Merkel – nur einmalig ohne festen Sendeplan, dennoch mit großer Reichweite und journalistisch aufbereitet ausgestrahlt werden (Neumann 2013; Gersdorf/ Paal/*Martini*, § 2 RStV Rn. 6a, Rn. 15). Um hier die Orientierung zu erleichtern, haben die Medienanstalten eine Checkliste mit fünf Kriterien veröffentlicht, die eine Rundfunklizenz notwendig machen (Die Medienanstalten 2014). Die Checkliste fasst im Wesentlichen die hier erörterten Kriterien zusammen.

9.3 Verträge im Umfeld des Influencer-Marketings

9.3.1 Einführung

Im Bereich des Influencer-Marketings spielen neben den Influencern einige Akteure eine Rolle: Influencer melden sich auf Plattformen an, die ihnen Werbeaufträge von Auftraggebern vermitteln. Mit den Auftraggebern schließen sie Werbeverträge ab. Teilweise lassen sie sich bei den Vertragsabschlüssen durch Künstleragenturen vertreten. Als Künstler oder Publizisten sind Influencer verpflichtet, sich bei der Künstlersozialkasse zu versichern. Wegen ihres Engagements treffen die Auftraggeber oder Plattformen möglicherweise Abgabepflichten gegenüber der Künstlersozialkasse.

Abb. 9.3 gibt – ohne Anspruch auf Vollständigkeit – einen Überblick über die komplexen vertraglichen Beziehungen der beteiligten Akteure (vgl. Abb. 9.3).

9.3.2 Verträge mit Influencer-Plattformen

In den vergangenen zwei Jahren haben sich neben den klassischen Werbeagenturen Plattformen etabliert, die sich vorrangig als Vermittler zwischen Werbekunden und Influencern verstehen. Anders als Werbeagenturen machen sie keine Werbung, vielmehr verwalten sie diese und führen Werbekunden und Werber (in diesem Fall Influencer) zusammen.

Den Plattformen kommt jeweils auch vertraglich eine doppelte Rolle zu:

Im Verhältnis zu den Influencern bieten sie zum einen über Nutzungsverträge die Registrierung auf der Plattform an, um Informationen zu aktuell ausgeschriebenen Werbekampagnen zu erhalten. Zum anderen agieren sie als Vermittler, indem sie die Werbekampagnen für die Auftraggeber ausschreiben, aus den eingegangenen Bewerbungen die

VERTRAGSVERHÄLTNISSE IM INFLUENCER-MARKETING

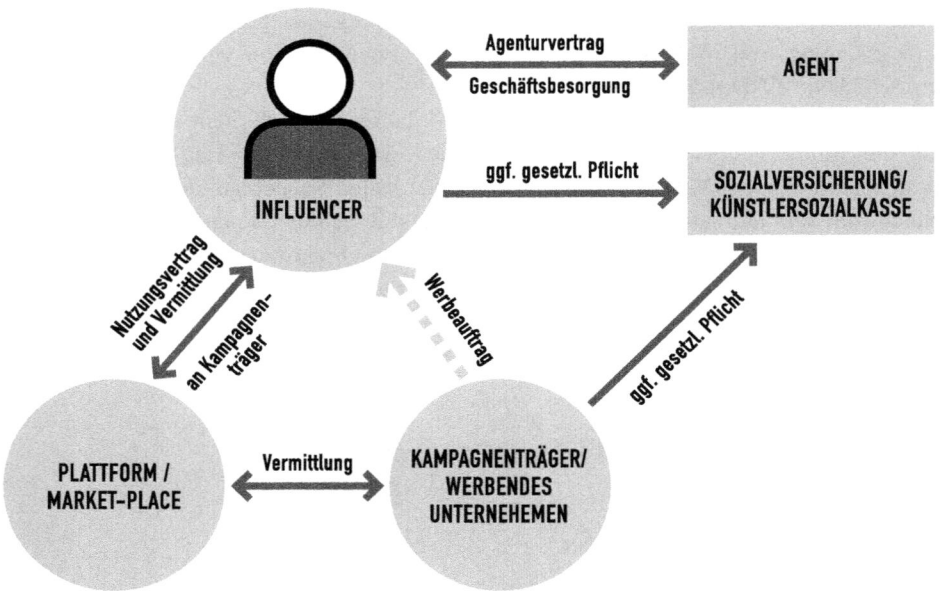

Abb. 9.3 Überblick über die Vertragsverhältnisse im Influencer-Marketing

für den Auftraggeber passenden Influencer vorauswählen und die gesamte vertragliche Abwicklung mit den Influencern übernehmen, einschließlich des Briefings zur Kampagne und zu den dazu erwarteten Influencer-Leistungen.

Damit die Auftraggeber die Leistungen der Influencer nutzen und verwerten können, müssen die Plattformen sicherstellen, dass die Influencer ihnen (und abgeleitet den Auftraggebern) die entsprechenden Rechte über entsprechende Lizenzverträge einräumen. Hierfür haben sich in der Praxis sogenannte „Buy-out-Verträge" etabliert. Bei der Gestaltung dieser Art von Verträgen ist Vorsicht geboten. Die pauschale Einräumung „aller" Nutzungs- und Verwertungsrechte an den Influencer-Werken gegen ein Pauschalhonorar kann Influencer unangemessen benachteiligen und damit unwirksam sein. Grundsätzlich sind Influencer als Urheber an der wirtschaftlichen Nutzung ihrer Werke angemessen zu beteiligen (§§ 11 S. 2, 32, 32a UrhG). Vergütungsklauseln, die dem Urheber die Möglichkeit zu einer angemessenen Vergütung entziehen und ihn ausschließlich auf ein Pauschalhonorar beschränken, sind in der Regel unwirksam (LG Braunschweig, Urt. v. 21.09.2011 – 9 O 1352/11, ZUM 2012, 66, 69 ff. m. w. N.; Wandtke/Bullinger/*Wandtke/ Grunert,* Vor §§ 31 ff. UrhG, Rn. 92). Derartige Buy-outs können auch in Allgemeinen Geschäftsbedingungen wirksam sein, wenn die einzuräumenden Rechte klar benannt sind, die Einräumung zeitlich und/oder räumlich beschränkt erfolgt und dem Urheber

auch für weitere Nutzungen und Verwertungen seiner Werke der Anspruch auf eine ange-
messene Vergütung bleibt.

Neben den Buy-out-Verträgen findet für die Vermarktung und Nutzung des Namens
und des äußeren Erscheinungsbildes sowie der Zweitverwertung der Werke prominenter Influencer der Merchandisingvertrag zunehmende Anerkennung (vgl. Schertz 2003,
S. 631, 633). In der Praxis werden Produkte mit dem Bildnis oder Namen bekannter
Influencer versehen und dadurch aufgewertet (z. B. Bücher, Fitnessdrinks). Zu diesen
Zwecken lassen sich Plattformen in der Regel auch die umfassenden Merchandisin-
grechte übertragen (vgl. Schertz 2003, S. 631, 640).

9.3.3 Werbeverträge mit Auftraggebern

Zwischen Auftraggebern und Influencern kommt für die Kampagnenwerbung regelmäßig ein Anzeigenwerbevertrag zustande. Derartige Verträge sind rechtlich in der
Regel als Werkverträge zu qualifizieren, weil die Influencer verpflichtet werden, eine
bestimmte Produktwerbung innerhalb eines Zeitraumes zu leisten (vgl. AG Oldenburg,
Urt. v. 13.04.2010 – 25 C 19/10, NJOZ 2010, 1343, 1344 m. w. N.).

Damit ein solcher Vertrag wirksam zustande kommt, ist es aus Sicht des Auftraggebers wichtig, dass er seinerseits das Angebot zum Abschluss des Anzeigenwerbevertrages
mit den Influencern, nämlich seine Kampagnenausschreibung hinreichend bestimmt formuliert. Dazu muss er den Vertragsgegenstand und die zu erbringende Gegenleistung so
genau wie möglich benennen. Hierzu gehören die Art der Werbung, Berichtszeitraum mit
Beginn und Ende, die Art der Social-Media-Berichte und die Höhe bzw. Art des Entgelts.

Bleiben solche wesentlichen Vertragsbestandteile unbestimmt, fehlt meistens ein
wirksamer Vertragsabschluss (AG Oldenburg, Urt. v. 13.04.2010 – 25 C 19/10, NJOZ
2010, 1343, 1344 m. w. N.). Für die betroffenen Influencer hätte dies zur Folge, dass ihr
Anspruch auf die Vergütung entfiele. Die Einräumung der Nutzungsrechte an den Wer-
ken der Influencer bliebe gleichwohl wirksam. Das deutsche Urheberrecht geht nämlich
von einer Trennung zwischen Verpflichtungs- und Verfügungsgeschäft aus (sogenanntes
Abstraktionsprinzip). Danach bleibt die Verfügung über die Nutzungsrechte auch dann
wirksam, wenn das zugrunde liegende Verpflichtungsgeschäft (hier Anzeigenwerbevertrag) entfällt.

Der Auftraggeber tut gut daran, sich vom Plattformbetreiber als Vermittler bei der
Formulierung der Kampagnenausschreibung unterstützen zu lassen. Auf diese Weise
können Auftraggeber Fehler bei der Vertragsgestaltung vermeiden.

Über die Anzeigenwerbung hinaus setzen Auftraggeber Influencer häufig auch als
Affiliate-Partner für die Vermarktung ein. Auftraggeber legen Influencern häufig die
Pflicht auf, über Links auf ihre Angebote hinzuweisen.

Auf diese Weise erweitert ein Auftraggeber seinen Geschäftsbereich, indem er die
Bewerbung seiner Internetseiten an Influencer auslagert. Das Risiko etwaiger Rechtsver-
stößen der Influencer ist daher nach der Rechtsprechung dem Auftraggeber zuzurechnen.

Der Auftraggeber kann sich seiner Haftung auch dann nicht entziehen, wenn er auf den Influencer keinen unmittelbaren vertraglichen Einfluss nehmen kann (vgl. BGH, Urteil vom 07.10.2009 – I ZR 109/06 – Partnerprogramm, GRUR 2009, 1167, 1170 f., Rn. 25; Leupold/Glossner/*Leupold,* MAH IT-Recht, Teil 2 Rn. 731 f. m. w. N.).

Auftraggebern werden Zuwiderhandlungen von Influencern wie eigene Handlungen zugerechnet, weil die arbeitsteilige Organisation die Verantwortung des Auftraggebers für die geschäftliche Tätigkeit nicht beseitigen soll. Kommt einem Auftraggeber die Geschäftstätigkeit von Influencern zugute, soll er sich bei seiner Haftung nicht hinter den von ihm abhängigen Dritten verstecken können (vgl. BGH, Urt. v. 07.10.2009 – I ZR 109/06 – Partnerprogramm, GRUR 2009, 1167, 1170, Rn. 21). Auftraggeber können für jede Art der Mitwirkung an Verstößen haften, die Influencer begehen. Die Haftung kommt in Betracht, wenn sie das Handeln des Influencers im Rahmen des Möglichen und Zumutbaren hätten erkennen und verhindern können oder dazu angestiftet oder Hilfe geleistet haben (Paschke/Berlit/Meyer/*Petersdorff-Campen,* 29. Abschn. Rn. 53 ff.). Auch um eine solche Haftungszurechnung zu vermeiden, sollte der Auftraggeber den Anzeigenwerbevertrag möglichst vertraglich präzisieren (Paschke/Berlit/Meyer/*Lichtnecker/Plog,* 28. Abschn. Rn. 59).

Die Haftung des Auftraggebers beschränkt sich allerdings auf diejenigen geschäftlichen Handlungen des Influencers, die im Zusammenhang mit dem vereinbarten Auftragsverhältnis stehen. Für die gesamte werbliche Tätigkeit der Influencer und die gesetzten Affiliate-Links haftet der Auftraggeber somit nur, soweit diese zum vereinbarten Umfang gehören und auf vereinbarte Websites verweisen. Der Auftraggeber haftet nicht, wenn der Influencer ohne sein Wissen noch über den Auftrag hinaus für ihn tätig geworden ist (vgl. BGH, Urteil vom 07.10.2009 – I ZR 109/06 – Partnerprogramm, GRUR 2009, 1167, 1171, Rn. 27 f.). Das gleiche gilt, wenn Influencer außerhalb des Auftrags anderweitig (z. B. privat) tätig werden.

Häufig ist insbesondere bei Internetvideos auch die Beteiligung von Auftraggebern als Sponsoren zu beobachten.

▶ **Definition Sponsoring** „Sponsoring" ist jeder Beitrag einer natürlichen oder juristischen Person oder einer Personenvereinigung, die an Rundfunktätigkeiten oder an der Produktion audiovisueller Werke nicht beteiligt ist, zur direkten oder indirekten Finanzierung einer Sendung, um den Namen, die Marke, das Erscheinungsbild der Person oder Personenvereinigung, ihre Tätigkeit oder ihre Leistungen zu fördern (§ 2 Abs. 2 Nr. 9 RStV).

Sponsoring liegt bei jeder geschäftlichen Vereinbarung vor, bei der ein Dritter (Sponsor) eine vertraglich vereinbarte finanzielle oder sonstige Unterstützung leistet, die dem Zweck dient, den Namen, die Marken, Produkte oder Dienstleistungen des Sponsors mit der geförderten Veranstaltung, Aktion, Organisation oder Person zu verbinden (Köhler/Bornkamm/*Köhler,* § 5a Rn. 7.88).

9.3.4   Verträge mit Künstlermanagements

Influencer mit einer großen Anzahl an Fans erzielen bei der Vermarktung von Produkten und Dienstleistungen eine bedeutsame Reichweite. Der Schutz ihrer Interessen erfordert eine professionelle Betreuung. Schon längst vertreten Künstleragenturen die Interessen bedeutender Influencer beim Abschluss von Werbeverträgen gegenüber Merchants, Sponsoren und Werbepartnern (Laoutoumai und Dahmen 2017, S. 29, 32). Diese Verträge werden in der Praxis Agentur- oder Managementverträge genannt. Rechtlich handelt es sich dabei um einen Dienstleistungsvertrag mit Geschäftsbesorgungscharakter (OLG Hamburg, 30.07.2007 – 5 U 198/06, ZUM 2008, 144, 146). Die Vergütungshöhe wird durch einen branchenüblichen Prozentsatz bestimmt. Zum Aufbau von Image und Popularität lassen sich Agenturen oft rechtlich wirksam Exklusivvertretungsrechte einräumen.

Influencer können ihr Künstlermanagement damit beauftragen, die wirtschaftliche Verwertung ihres Bildnisses und Namens Dritten nur gegen eine Vergütung zu gestatten (BGH, Urt. v. 14.10.1986 – VI ZR 10/86, Nena, NJW-RR 1987, 231, 232).

9.4   Schutz der Persönlichkeitsrechte von Influencern

9.4.1   Bekanntheitsgrad und Namensschutz

Das allgemeine Persönlichkeitsrecht sowie das Recht am eigenen Bild (§ 22 KUG) und das Namensrecht (§ 12 BGB) schützen die ideellen, aber auch die vermögenswerten Interessen der Persönlichkeit (BGH, Urt. v. 01.12.1999 – IZR 49/97, Marlene Dietrich, GRUR 2000, 709, 711). Sie geben der verletzten Person einen Anspruch auf Schmerzensgeld und Schadensersatz.

Bei bekannten Persönlichkeiten kann deren Abbildung, Namen und sonstigen Merkmalen (z. B. Stimme) aufgrund des öffentlichen Ansehens ein beträchtlicher wirtschaftlicher Wert zukommen. Auch Influencer können durch ihre besonderen Leistungen in Social Media Popularität erwerben. Ihr Wiedererkennungswert macht sie für die Werbebranche wertvoll. Influencer verwerten heute ihr Image, indem sie mit Dritten entgeltliche Lizenzverträge über die Nutzung ihres Namens und Bildnisses abschließen. Verwerten Unternehmen diese Persönlichkeitsmerkmale unerlaubt für Werbekampagnen, ist das wirtschaftliche Interesse der Influencer beeinträchtigt, weil sie finanziell benachteiligt und gegebenenfalls in Ehre und Ansehen geschädigt werden. Nach höchstrichterlicher Rechtsprechung darf daher allein der Berechtigte darüber entscheiden, ob und unter welchen Voraussetzungen dritte Personen sein Bildnis oder seinen Namen einsetzen dürfen (BGH, Urt. v. 01.12.1999 – IZR 49/97, Marlene Dietrich, GRUR 2000, 709, 715).

9.4.2   Das Recht am eigenen Bild

Das Recht am eigenen Bild ist eine besondere Erscheinungsform des allgemeinen Persönlichkeitsrechts (BGH, Urt. v. 14.10.1986 – VI ZR 10/86, Nena, NJW-RR 1987, 231). Es wirkte über den Tod hinaus fort und gewährt den nächsten Angehörigen Ansprüche auf Schutz vor Angriffen (BGH, Urt. v. 14.05.2002 – VI ZR 220/01, NJW 2002, 2317).

▶ **Definition Bildnis** Ein Bildnis ist die Darstellung einer Person, die deren äußere Erscheinung als Stand- oder Bewegtbild (insbesondere Filmaufnahmen) in einer für Dritte erkennbaren Weise wiedergibt (BGH, Urt. v. 01.12.1999 – IZR 49/97, Marlene Dietrich, GRUR 2000, 709, 714; LG Essen, Urt. v. 22.06.2017 – 4 O 4/17, ZD 2017, 531, 532).

Auch Influencern steht das Recht zu, über das eigene Bild zu verfügen und darüber zu bestimmen, wann und wie sie sich gegenüber Dritten oder der Öffentlichkeit darstellen wollen (§ 22 S. 1 KUG). Die Einwilligung muss sich jeweils auf die konkrete Nutzung bzw. Veröffentlichung beziehen. Bei Minderjährigen sollten stets die Minderjährigen und ihre Eltern die Einwilligung abgeben (Brost 2017, S. 260 f.).

Eine wirtschaftliche Verwertung des eigenen Bildnisses kann nur mit konkludenter, aus den Umständen folgender, oder ausdrücklicher Einwilligung der abgebildeten Person erfolgen (§ 22 S. 2 KUG; LG Essen, Urt. v. 22.06.2017 – 4 O 4/17, ZD 2017, 531, 532). Eine konkludente Einwilligung darf nur angenommen werden, wenn das Verhalten der abgebildeten Person aufgrund konkreter und eindeutiger Anhaltspunkte aus objektiver Sicht als Einwilligungserklärung aufgefasst werden kann. Dafür müssen der abgebildeten Person Art, Umfang und Zweck der Veröffentlichung bekannt sein oder bekannt gemacht werden (LG Essen, Urt. v. 22.06.2017 – 4 O 4/17, ZD 2017, 531, 532).

Beispiel

Anlässlich einer Reise filmte ein Video-Blogger bei der Sicherheitskontrolle den Luftsicherheitskontrolleur eines Flughafens. In der fraglichen Sequenz war der Oberkörper samt Gesicht des Kontrolleurs zu erkennen. Der Blogger veröffentlichte die Sequenz in über 20 Videos, auf die insgesamt fast 50.000 Zugriffe stattfanden. Auf Antrag des Kontrolleurs verurteilte das Landgericht Essen den Video-Blogger wegen der fehlenden Einwilligung zum Unterlassen der Veröffentlichung und zur Vernichtung der unerlaubten Bildnisse und Tonaufnahmen. Für den Kontrolleur seien Art, Umfang und Zweck der Videoaufnahme nicht deutlich geworden, sodass eine konkludente Einwilligung nicht anzunehmen war (LG Essen, Urt. v. 22.06.2017 – 4 O 4/17, ZD 2017, 531, 532).

Ohne Einwilligung dürfen Bildnisse von Personen veröffentlicht werden, wenn sie Teil der Zeitgeschichte sind, als Beiwerk auf Landschaftsbildern oder auf öffentlichen Veranstaltungen erscheinen, oder es um Kunst geht (§ 23 KUG). Die Verwertung bleibt auch in diesem Zusammenhang unzulässig, wenn das Bildnis allein aus Geschäftsinteressen oder zu Werbezwecken verwertet wird (BGH, Urt. v. 31.05.2012 – I ZR 234/10 – Gunter Sachs – Playboy am Sonntag, GRUR 2013, 196, 197; BGH, Urt. v. 14.05.2002 – VI ZR 220/01, NJW 2002, 2317, 2318; BGH, Urt. v. 01.12.1999 – IZR 49/97, Marlene Dietrich, GRUR 2000, 709, 714). Geht es um eine Verwertung zu Werbezwecken, so ist die Einwilligung selbst dann erforderlich, wenn es um eine Person der Zeitgeschichte geht und die Veröffentlichung dem persönlichen Ansehen oder Beruf dieser Person nicht schadet (BGH, Urt. v. 14.10.1986 – VI ZR 10/86, Nena, NJW-RR 1987, 231).

9.5   Sozialrechtliche Aspekte

Auftraggeber können für die Leistungen der von ihnen beauftragten Influencer der Abgabepflicht nach Künstlersozialversicherungsgesetz unterfallen (vgl. Müller 2014, S. 325). Dies gilt vor allem, wenn sie das Influencer-Marketing für eigene Werbezwecke oder Öffentlichkeitsarbeit betreiben und dabei nicht nur gelegentlich Aufträge an Influencer erteilen (vgl. § 24 Abs. 1 S. 2 KSVG). Abgabepflichtig sind auch Auftraggeber, die die Leistungen der Influencer für sich verwerten (vgl. § 24 Abs. 2 S. 1 KSVG).

Von einer Regelmäßigkeit der Beauftragung ist auszugehen, wenn ein Auftraggeber Influencer-Marketing laufend oder regelmäßig, ohne größere Unterbrechungen beauftragt (vgl. Müller 2014, S. 325, 329). Bleibt der Auftragswert innerhalb eines Jahres unter 450 EUR, entfällt die Sozialabgabe (§ 24 Abs. 3 S. 1 KSVG).

Eine abgabepflichtige Person kann gleich mehrere Abgabetatbestände verwirklichen (Sperling 2014, S. 210, 211). Grundsätzlich trifft die Abgabepflicht den Erstabnehmer der Leistungen der Influencer bzw. den direkten Vertragspartner derselben (vgl. Sperling 2014, S. 210, 214). In seiner Person kann eine Abgabepflicht aber unter den genannten Umständen entfallen (z. B. wegen nur gelegentlicher Beauftragung).

Werden Influencer für die Werbekampagne über eine Plattform vermittelt, ist der Plattformbetreiber – ebenso wie Werbeagenturen – als typischer Verwerter grundsätzlich abgabepflichtig für den Künstlersozialbeitrag (§ 24 Abs. 1 S. 1 Nr. 7 KSVG; vgl. Sperling 2014, S. 210). Als Vermittler werden die Plattformen trotz der bestehenden Abgabepflicht nur dann tatsächlich zur Zahlung der Abgabeschuld herangezogen, wenn der Auftraggeber selbst nicht zur Abgabe verpflichtet ist (vgl. Sperling 2014, S. 210, 215). Die Plattformbetreiber müssen bei jedem Auftraggeber prüfen, ob dessen Unternehmen der Abgabepflicht unterfällt. Nur wenn dies der Fall ist, muss der Plattformbetreiber selbst keine Meldung an die Künstlersozialkasse machen.

Betroffen von der Versicherungspflicht sind Influencer, die selbstständig erwerbsmäßig und nicht nur vorübergehend, das heißt länger als zwei Monate, einer künstlerischen oder publizistischen Tätigkeit zur Erzielung eines Arbeitseinkommens nachgehen (vgl. § 1 KSVG; Müller 2014, S. 325, 326). Influencer werden insbesondere dann künstlerisch tätig, wenn sie für ihre Auftraggeber Werbefotografien erstellen oder Musik oder darstellende oder bildende Kunst schaffen sollen (§ 2 Abs. 1 KSVG). Für die Gestaltung von Werbefotografien ist dies selbst bei einfachen Lichtbildern anerkannt (Müller 2014, S. 325, 329 f. m. w. N.).

Für Influencer kommt ferner – wie zuvor erörtert – eine publizistische Tätigkeit in Betracht. Dieser Begriff ist weit auszulegen (BSG, Urt. v. 07.12.2006 – B 3 KR 2/06 R, BeckRS 2007, 41240, Rn. 18 ff.; SG Leipzig, Urt. v. 29.07.2009 – S 5 U 114/08, BeckRS 2012, 76365).

Es ist unzulässig, die Abgabepflicht vertraglich vollständig auf die Influencer abzuwälzen. Verträge, die das versuchen, sind von Anfang an nichtig (§ 32 Abs. 1 SGB I i. V. m. § 36a S. 2 KSVG). In solchen Fällen können Influencer auf die Auszahlung des vollen Honorars bestehen (Sperling 2014, S. 210, 216).

Bemessungsgrundlage für die Höhe der Künstlersozialabgabe ist das Gesamtentgelt, dass ein Auftraggeber für alle künstlerischen oder publizistischen Werke innerhalb eines Kalenderjahres gezahlt hat (§ 25 Abs. 1 S. 1 KSVG). Unbeachtlich ist, ob der einzelne Influencer selbst Mitglied der Künstlersozialversicherung ist (Sperling 2014, S. 210, 212).

9.6   Fazit

In rechtlicher Hinsicht wirft das Influencer-Marketing komplexe Fragestellungen auf. Im Wesentlichen bleibt festzuhalten, dass je nach Art der Tätigkeit im Einzelnen jeweils andere Kennzeichenpflichten für die Influencer-Angebote gelten. Allen gemeinsam ist die strikte Trennung zwischen dem werblichen und dem redaktionellen Teil. Eine weitere Herausforderung ergibt sich durch die verschiedenen am Influencer-Marketing beteiligten Akteure. Sie müssen häufig zusammenarbeiten, um Haftung zu vermeiden, vertreten dennoch teilweise gegenläufige Interessen. Auftraggeber von Anzeigenwerbung möchten eine breit angelegte Vermarktung ihrer Produkte und Dienstleistungen erreichen. Influencern und ihren Künstleragenturen geht es dagegen vorrangig darum, möglichst wenige Rechte an Dritte abzugeben. Die Plattformen sind die Vermittler zwischen diesen Welten. Sie sind der Motor für die zunehmende Professionalisierung der Branche, weil sie die Akteure jeweils dazu anhalten, das Miteinander auf eine ausgewogene, klare rechtliche Basis zu stellen.

Literatur

Bialek, C./Tuma, T., Handelsblatt print (Nr. 171) 5.9.2017, abrufbar unter: http://www.handelsblatt.com/my/unternehmen/it-medien/gruner-jahr-chefin-julia-jaekel-eine-krise-der-demokratischen-oeffentlichkeit/20278490.html?ticket=ST-1426641-cVJcVb1Nd3Q3WSgx6jwq-ap4. Zugegriffen: 07.01.2018

Brost, L., Mein Bild, mein Geld – Ansprüche bei unzulässiger werblicher Nutzung von Bildnissen, IPRB 2017, SS. 260–264

Bundesamt für Justiz, Stand 1. Januar 2018, Liste qualifizierter Einrichtungen, abrufbar unter: https://www.bundesjustizamt.de/DE/SharedDocs/Publikationen/Verbraucherschutz/Liste_qualifizierter_Einrichtungen.pdf?__blob=publicationFile&v=29. Zugegriffen: 05.03.2018

Deutscher Presserat, Richtlinien für die publizistische Arbeit (Pressekodex), Fassung vom 22. März 2017 abrufbar unter: https://www.die-medienanstalten.de/fileadmin/user_upload/die_medienanstalten/Themen/Programmaufsicht/Pressekodex2017_web.pdf. Zugegriffen: 05.03.2018

Die Medienanstalten, Checkliste Web-TV 24. 9. 2014, abrufbar unter: https://www.die-medienanstalten.de/fileadmin/user_upload/Rechtsgrundlagen/Richtlinien_Leitfaeden/Checkliste_Web-TV.pdf. Zugegriffen: 05.03.2018

DLM Direktorenkonferenz der Landesmedienanstalten (DLM), FAQ-Flyer, Antworten auf Werbefragen in sozialen Medien, https://www.die-medienanstalten.de/fileadmin/user_upload/Rechtsgrundlagen/Richtlinien_Leitfaeden/FAQ-Flyer_Kennzeichnung_Werbung_Social_Media.pdf. Zugegriffen: 05.03.2018

Fromm, A./Nordemann, J. B. [Hrsg.], Urheberrecht, Kommentar zum Urheberrechtsgesetz, Verlagsgesetz, Urheberrechtswahrnehmungsgesetz, 11. Auflage, Stuttgart 2014

Fuchs, T./Hahn, C., Erkennbarkeit und Kennzeichnung von Werbung im Internet, Rechtliche Einordnung und Vorschläge für Werbefragen in sozialen Medien, MMR 2016, SS. 503–507

Gersdorf, H./Paal, B. P., BeckOK Informations- und Medienrecht, Stand: 1.11.2017, München 2017

Köhler, H./Bornkamm, J./Feddersen, J., Gesetz gegen den unlauteren Wettbewerb, 35. Aufl., München 2017

Kühl, E., Gamer? Ihr seid jetzt Rundfunker!, http://www.zeit.de/digital/internet/2017-03/livestreaming-pietsmiet-twitch-rundfunklizenz-lets-play. Zugegriffen: 09.01.2018

Laoutoumai, S./Dahmen, A., Influencer Marketing – Neue Stars, alte Pflichten?!, K&R 2017, SS. 29–33

Lehmann, P., Lauterkeitsrechtliche Risiken beim Influencer Marketing, WRP 2017, SS. 772–775

Lent, W., Elektronische Presse zwischen E-Zines, Blogs und Wikis, Was sind Telemedien mit journalistisch-redaktionell gestalteten Angeboten? ZUM 2013, SS. 914–920

Leupold, A./Glossner, S. [Hrsg.], Anwaltshandbuch IT-Recht, München 2013

Lichtnecker, F., Ausgewählte Werbeformen im Internet unter Berücksichtigung der neueren Rechtsprechung, GRUR 2014, SS. 523–528

Medienanstalt Hamburg/Schleswig-Holstein (MA HSH) (2017), Pressemitteilung vom 14.12.2017, https://www.ma-hsh.de/infothek/pressemitteilung/ma-hsh-verhaengt-bussgeld-gegen-youtuber-apored-verfahren-wegen-werbeverstoessen-gegen-youtuber-leon-machere-und-lifestyle-blogg.html, Zugegriffen: 07.01.2018

Medienanstalt Hamburg/Schleswig-Holstein (MA HSH) (2017a), Pressemitteilung vom 08.06.2017, https://www.ma-hsh.de/infothek/pressemitteilung/medienrat-der-ma-hsh-beschliesst-geldbusse-in-hoehe-von-10-500-euro-gegen-youtuber-flying-uwe-wegen-fehlender-werbekennzeichnung.html, Zugegriffen: 07.01.2018

Müller, H., Künstlersozialversicherung – Was muss beim Webdesign beachtet werden, wann müssen Abgaben entrichtet werden?, NZS 2014, SS. 325–331

Neumann, A., Angela Merkel nutzt Google Hangout für digitales Kamingespräch, 20.04.2013, https://www.heise.de/newsticker/meldung/Angela-Merkel-nutzt-Google-Hangout-fuer-digitales-Kamingespraech-1846570.html, Zugegriffen: 05.03.2018

Paschke, M./Berlit, W./Meyer, C. [Hrsg.], Hamburger Kommentar Gesamtes Medienrecht, 3. Auflage, Hamburg 2016

Primbs, S., Social Media für Journalisten, Redaktionell arbeiten mit Facebook, Twitter & Co, Wiesbaden 2016

Rest, J., 2017, Drogeriekette Rossmann für Schleichwerbung mit Instagram-Star verurteilt, http://www.manager-magazin.de/unternehmen/handel/rossmann-fuer-schleichwerbung-mit-instagram-star-verurteilt-a-1164434.html, Zugegriffen: 07.01.2018

Schertz, Ch., Der Merchandisingvertrag, Zum Gegenstand des Vertrages, den Lizenzbedingungen und Vertragsinhalten, ZUM 2003, SS. 631–643

Sperling, F., Die Künstlersozialabgabe bei Medienunternehmen, ZUM 2014, SS. 210–218

Spindler, G./Schuster, F. [Hrsg.], Recht der elektronischen Medien, Kommentar, 3. Auflage, München 2015

Suwelack, F., Schleichwerbung als Boombranche? Geltung und Wirksamkeit werberechtlicher Grundsätze beim Influencer-Marketing, MMR 2017, SS. 661–665

Wandtke A.-A./Bullinger, W. [Hrsg.], Praxiskommentar zum Urheberrecht, 4. Aufl., München 2014

ZAK Kommission für Zulassung und Aufsicht (ZAK) der Medienanstalten, Pressmitteilung vom 21.03.2017, http://www.lfm-nrw.de/service/pressemitteilungen/pressemitteilungen-2017/2017/maerz/zak-beanstandet-verbreitung-des-lets-play-angebots-pietsmiettv-per-internet-stream.html. Zugegriffen: 09.01.2018

Über die Autorin

Monika Sekara ist in Hamburg als Rechtsanwältin und Fachanwältin für IT-Recht tätig. Sie berät deutsche und international tätige Unternehmen rechtlich bei Fragen der Digitalisierung, unter anderem bei der Gestaltung von Werbung, Produktauslobungen und Werbekampagnen. Zu ihren Kernkompetenzen zählen daneben auch die datenschutz- und IT-rechtliche Beratung sowie der Schutz und die Verteidigung von Markenrechten. Sie stellt sich gerne komplexen Zusammenhängen, die sie einfach und verständlich löst. Beruflich wie privat engagiert sie sich für den Schutz der persönlichen Daten und den besonderen Schutz von Kindern und Jugendlichen.

Kontakt: monika.sekara@sekaraschaefer.de

Wie geht das? Herausforderungen für Unternehmen, Agenturen und Influencer

10

André Krüger

Inhaltsverzeichnis

A. Krüger (✉)
Hamburg, Deutschland
E-Mail: mail@andrekrueger.cc

© Springer Fachmedien Wiesbaden GmbH, ein Teil von Springer Nature 2018
M. Jahnke (Hrsg.), *Influencer Marketing*,
https://doi.org/10.1007/978-3-658-20854-7_10

Zusammenfassung

Heute, im Jahr 2018, erfährt das Instrument Influencer-Marketing einen Hype. Dabei steckt das Instrument als solches noch in den Kinderschuhen. Was wir brauchen, ist eine Professionalisierung auf allen Ebenen: bei den Unternehmen, den Agenturen und den Influencern. Wir brauchen intelligente Konzepte für kreativen Content. Wir brauchen sinnvollere KPIs abseits von Bruttoreichweiten und Interaktionszahlen. Wir brauchen die Würdigung von Qualität und Relevanz von Content. Wir brauchen Standards für transparente Kennzeichnung von Kooperationen. Das Influencer-Marketing als Instrument wird sicher so schnell nicht verschwinden, aber es muss in vielen Punkten besser werden. Im Folgenden möchte ich aufzeigen, wo wir heute stehen und wohin die Reise gehen kann.

10.1   Der Status quo

„Wir müssen jetzt dringend auch mal was mit Influencern machen!", so dröhnt es derzeit aus vielen Marketingabteilungen. *„Aber was?"*, möchte man den Markenverantwortlichen entgegenrufen.

Marketing ist keine exakte Wissenschaft – und so lässt sich leicht feststellen, was derzeit alles falsch läuft im Influencer-Marketing. Kaum ein Tag vergeht derzeit, ohne dass sich traditionelle Medien über mangelhafte Kennzeichnung (Löhr 2017) oder allzu einfältige Kreativleistungen (Rabaa 2017) auslassen. Auch wenn dies sicher nicht ganz uneigennützig ist – fließen doch immer mehr Werbegelder vorbei an den Verlagen direkt in die Kassen der Social-Media-Stars –, so sind die vielfach kritisierten Aspekte nicht von der Hand zu weisen.

Wie es richtig gemacht wird, lässt sich indes nicht immer so einfach sagen. In einer perfekten Marketing-Welt würden Marken ausschließlich mit Influencern zusammenarbeiten, deren Wertevorstellungen sich weitgehend mit denen der Marke decken. Der Influencer verfügte zudem über ein gewisses Maß an Kompetenz für die von ihm vertretene Sache, eine große Vertrauenswürdigkeit sowie eine hohe soziale Autorität. Darüber hinaus zeichnen ihn Leidenschaft und Konsistenz in seinem Handeln aus. Aber auch Unternehmen und Agenturen sind in der perfekten Marketing-Welt gefordert: Sie überlegen sich smarte Konzepte jenseits von stumpfsinnigen Produktplatzierungen, beziehen den Influencer frühzeitig in die Konzeption ein, denken weniger in kurzfristigen Kampagnenzyklen und mehr in langfristigen Kooperationen. Darüber hinaus geben sie dem Influencer ein Briefing an die Hand, in dem sich die Marke wiederfindet, und das gleichzeitig die

Kreativität des Influencers nicht zu sehr einengt. Während einer längerfristigen Zusammenarbeit und nach Abschluss der Kooperation gibt man einander Feedback, misst den Erfolg und lernt daraus, um es beim nächsten Mal besser zu machen.

Eigentlich ist es doch ganz einfach – und eigentlich wissen es auch alle Beteiligten oder ahnen es zumindest, wie es richtig gehen könnte. Und dennoch sehen wir heute häufig Influencer, die heute für Marke A, morgen für Marke B und übermorgen für Marke C derselben Produktgruppe werben. Wie lässt sich das mit der viel beschworenen Authentizität der Influencer vereinbaren? Mag dieses Verhalten bei mittelpreisiger Freizeitbekleidung der Lebenswirklichkeit der Zielgruppe entsprechen – heute trage ich H&M und morgen Zara –, so wäre dies im Fall von Oberklasseautomobilen vermutlich eher unglaubwürdig. Welcher Follower kauft einem Influencer schon ab, dass er heute voll hinter Mercedes steht und morgen großer BMW-Fan ist? Wie so oft zeigt sich: Es kommt darauf an.

Ferner sehen wir heute noch immer Kampagnen, bei denen Brands die Influencer rein nach quantitativen Aspekten ausgewählt haben. In vielen Fällen wird sich dabei einer der mittlerweile unüberschaubar vielen Plattformen bedient, die versuchen, Marken und Influencer zusammenzubringen. Die Marke wählt dabei die an einer Kampagne beteiligten Influencer aus einem Pool der bei der jeweiligen Plattform angemeldeten Influencer aus. Das ist praktisch, insbesondere wenn es darum geht, mit einer größeren Zahl an Influencern zusammenzuarbeiten: So übernimmt die Plattform das Briefing, Quality-Management, Reporting und Payment. Dies mag ein gangbarer Weg für standardisierte Product Placements sein. In der Realität klickt man sich hier jedoch zumeist anonym Reichweiten zusammen und ist hier ziemlich nah an einer kruden Mischung aus Media-Buchung und Display Advertising. Der Influencer wird gebucht, steht in keinem direkten Kontakt zur Marke und ist in der anonymen Masse der Beteiligten häufig relativ austauschbar. Als lebende Litfaßsäule setzt er die Vorgaben seines oft rudimentären Briefings um. Und trotzdem gibt es für Unternehmen und Agenturen oft gute Gründe mit Plattformen zusammenzuarbeiten – wenn es beispielsweise um Brand Awareness geht und eine Vielzahl von Micro-Influencern eingebunden werden sollen, sind Plattformen nicht zuletzt unter Berücksichtigung der Transaktionskosten ein probates Mittel.

Wer als Marke jedoch ernsthaft mit reichweitenstarken Influencern zusammenarbeiten will und ein wirkliches Engagement erwartet, benötigt einen direkteren Zugang. Dies kann positive Impulse bei der gemeinsamen Ideenentwicklung ermöglichen. Denn in der Regel kennt niemand die eigenen Follower so gut wie der Influencer selbst – und dieser kann somit auch besser einschätzen, welche Content-Ansätze gut funktionieren und welche nicht.

10.2   Wer sind die Player im Markt?

Obwohl die Disziplin Influencer-Marketing noch jung ist, steht interessierten Unternehmen mittlerweile eine nur schwer zu überschaubare Anzahl und Diversität von Agenturen und Dienstleistern gegenüber, die versuchen, das Thema zu platzieren. Darüber hinaus tragen Influencer aus eigenem Antrieb zunehmend eigene Projektvorschläge an Unternehmen heran. So können sich z. B. Hotels jeglicher Kategorie kaum vor Anfragen von Instagrammern und Bloggern retten. Spätestens, wenn Influencer auf ein Unternehmen zukommen, ist es für dieses an der Zeit, sich mit der individuellen Sinnhaftigkeit dieser Marketingform zu beschäftigen. Irgendwie muss sich das Hotel ja schließlich zu der Anfrage verhalten.

So neu, wie auch in diesem Beitrag eingangs kolportiert, ist das Sujet allerdings nicht. Bereits 2006 wurden vom Autohersteller Opel vier Bloggern je ein Auto nebst kostenloser Tankfüllung für einen Monat überlassen. Die Nutzung des Autos war, so der beteiligte Blogger Felix Schwenzel, „an keinerlei Bedingung geknüpft" (Schwenzel 2006). 2009 zeigt das Mobilfunkunternehmen Vodafone Sascha Lobo sowie weitere Blogger in einem TV-Spot, um das Interesse „Generation Upload" zu gewinnen (Boie 2010). In den Branchen Tourismus, Unterhaltungselektronik und Fashion gehören Kooperationen mit Bloggern bereits seit vielen Jahren zur Tagesordnung. Keine Fashion-Show vergeht mehr, ohne dass bekannte Modebloggerinnen das Geschehen aus der Front Row beobachten und anschließend auf ihren Kanälen begleiten.

Insofern verwundert es schon ein wenig, dass der Umgang mit Influencern sogar erfahrene Marketers in größere Aufregung versetzen kann. Haben wir es doch nun nicht mehr mit Multiplikatoren zu tun, die in chronologischer Folge in einem Online-Journal Artikel über ihr jeweiliges Fachgebiet publizieren; sondern mit Menschen, die ihre Kompetenz zum Ausdruck bringen, in dem sie Geschichten in Form von Bildern oder Videos auf Social Networks wie Instagram, YouTube, Snapchat oder musical.ly erzählen. Obschon in vielen Unternehmen die Zusammenarbeit mit Bloggern längst etabliert ist, stellt auch diese das Influencer-Marketing vor neue Herausforderungen.

Das liegt einerseits daran, dass die Vielzahl der sozialen Netzwerke einerseits in kürzerer Zeit weitaus mehr Influencer hervorgebracht haben, als es das Medium Blog je zustande gebracht hat. Daneben wirken mittlerweile zahlreiche Prominente wie Sportler, Musiker, Models usw. neben ihrer originären Profession auf ihren privaten Social-Media-Profilen als Influencer. Andererseits bringen Kreativ-/Digital- und PR-Agenturen, spezialisierte Influencer-Marketing-Agenturen und Plattformen, die Unternehmen und Influencer connecten wollen, das Thema auf die Agenda. Der mediale Hype im Jahr 2017 rund um das Influencer-Marketing hat sein Übriges dazu getan.

Je nach Zielsetzung der Kooperation – z. B. Brand Awareness, Generierung von Content oder nachhaltige Beziehungspflege – können unterschiedliche Dienstleister eingebunden werden.

10.2.1 Kreativ-/Digital-Agenturen

Auch wenn der Trend in der Agenturwelt seit einigen Jahren wieder weg geht vom 360-Grad-Ansatz in der Kommunikation – dafür ist die Bandbreite der Kanäle mittlerweile zu komplex geworden – so gibt es noch immer größere Themen-Cluster. Dort wo das Thema Social Media von Agenturen beackert wird – seien es nun klassischere Kreativagenturen oder dezidierte Digitalagenturen –, ist heute auch das Thema Influencer-Marketing nicht weit.

Kreativ-/Digital-Agenturen arbeiten heute im Bereich Influencer-Marketing zumeist eher kampagnenorientiert statt an langfristigeren Kooperationen. Das hängt sicher auch mit ihrer Beauftragung zusammen, geht doch der Trend in der Zusammenarbeit mit Agenturen gerade bei größeren Unternehmen immer mehr in Richtung Projektgeschäft. Stärken dieser Agenturen sind im Bereich Verständnis von Social Media und aktuellen Trends zu sehen. Auch verfügt man hier über konzeptstarke Mitarbeiter sowie Teams mit Designern und Software-Entwicklern, die auch die Umsetzung von komplexeren Projekten möglich machen.

10.2.2 PR-Agenturen

Auch PR-Agenturen haben sich Influencer-Marketing als neues Betätigungsfeld erschlossen. Dies ist angesichts von sinkenden Auflagen im Printbereich und zunehmender Nutzung von Social Media naheliegend. In vielen Bereichen wie Mode, Gadgets oder Reisen sind nicht mehr Journalisten die alleinigen Gatekeeper für Informationen, Trends und Meinungen. Gerade in spezialisierten Nischen sehen sich diese zunehmend der Konkurrenz mit reichweitenstarken Influencern ausgesetzt (Dornis und Slavik 2017). Das gilt nicht nur für die inhaltliche Deutungshoheit, sondern auch im Hinblick auf die Umschichtung von Mediabudgets ins Digitale.

Auch wenn PR-Agenturen gerade im Bereich Influencer-Marketing zunehmend in Kampagnen denken, so ist deren Stärke doch tendenziell der Aufbau und die Pflege von langfristigen Beziehungen zu Influencern. Vergleichbar der Arbeit mit Journalisten, ist auch hier das gut gepflegte Adressbuch der PR-Agentur deren größter Schatz. Besonders fachlich spezialisierte PR-Agenturen haben oft ein gutes Händchen bei der Auswahl von wirklich passenden Influencern.

Bei entsprechenden Budgets können PR-Agenturen aufgrund ihrer Erfahrungen eine ordentliche Unterstützung bei der Organisation von Events und Reisen sein.

10.2.3 Influencer-Marketing-Agenturen

Neben vorgenannten Formen existieren mittlerweile auch im deutschsprachigen Raum einige Agenturen, die sich exklusiv dem Thema Influencer-Marketing widmen. Für diese eine Disziplin bieten Influencer-Marketing-Agenturen einen umfassenden Service: von der Auswahl der Influencer, über die Ansprache, Vertragsverhandlungen, Briefing, Qualitätsmanagement bis hin zu Reporting und Zahlungsabwicklung. Ebenso zählt die Konzeption von Kampagnen in der Regel zu ihren Dienstleistungen.

Von Vorteil kann sich erweisen, dass diese Spezialagenturen mit dem Thema Influencer-Marketing und dessen Chancen (und Risiken) sehr gut vertraut sind und dass sie oft über einen recht guten Überblick über die aktiven Influencer und meist auch über Kontakte zu ihnen verfügen.

Manche dieser Agenturen sind sogar soweit mit Influencern verzahnt, dass Influencer im Mitarbeiter-, Management- oder Gesellschafterkreis eine tragende Rolle spielen. Als Auftraggeber sollte man auf jeden Fall kritisch beleuchten, ob dies unter Umständen dazu führt, dass ebendiese Influencer auffällig oft in die Kampagnen der Agentur eingebunden werden. Ebenso sollte darauf geachtet werden, wie individuell die Recherche nach passenden Influencern durchgeführt wird oder ob für alle Projekte immer wieder mit denselben Multiplikatoren aus dem bestehenden Netzwerk zusammengearbeitet wird.

Ebenfalls kritisch zu beleuchten ist der Umstand, dass aus Sicht einer Spezialagentur, das eigene Themenfeld immer das richtige Tool darstellt. Fragt man eine Agentur für Influencer-Marketing, ob Influencer-Marketing der richtige Weg zur Erreichung der eigenen Marketingziele sei, so dürfte die Antwort stets positiv ausfallen. Wie heißt es bei Paul Watzlawick? „Wer als einziges Werkzeug einen Hammer hat, der sieht in jedem Problem einen Nagel" (Watzlawick 2000). Vor diesem Hintergrund ist früher im Kreativprozess, im Rahmen der Strategieentwicklung, die Frage zu klären, ob und wie Influencer-Marketing im Rahmen der gesamten Orchestrierung der Kommunikationsmaßnahmen eine Rolle zu spielen hat.

Auf mittlere bis lange Sicht wird das Know-how in Sachen Influencer-Marketing auch in Digital- und PR-Agenturen zunehmen. Influencer-Marketing ist ein derzeit stark wachsender Markt. Von der weiteren Entwicklung dieser Disziplin ist abhängig, ob es in Zukunft noch der spezialisierten Agenturform der Influencer-Marketing-Agentur bedarf – oder ob das kampagnenlastigere Influencer-Marketing bei den Digitalagenturen und die Influencer Relations bei PR-Agenturen angesiedelt wird.

10.2.4 Plattformen/Marktplätze

Zu beobachten ist, dass sich im Rahmen der wachsenden Popularität der Marketingdisziplin eine ganz neue Form des Dienstleisters gebildet hat. Sie heißen z. B. Brandnew, HashtagLove, Takumi oder reachhero. Aber auch große Unternehmen haben eigene Plattformen gegründet oder sich an ihnen beteiligt wie InCircles (Gruner + Jahr), Collabary (Zalando) und Buzzbird (Pro7Sat. 1). Dienstleister wie diese haben sich zum Ziel gesetzt, werbetreibende Unternehmen und Influencer in Kontakt zu bringen. Die Ausgestaltung der Dienstleistung kann durchaus unterschiedlich sein. In der Regel werden aber komfortable Möglichkeiten der Influencer-Recherche mit einer bequemen Abwicklung der Kampagne – Angefangen vom Briefing, Qualitätsmanagement bis hin zu Zahlungsabwicklung und Reporting – übernommen. Gelegentlich gibt es sogar einfachen Support bei der Konzeption von Kampagnen.

Besonders bei der Einbindung einer größeren Anzahl von (Micro-)Influencern sind die Vorteile der Plattformen zu sehen. Mit ihrer Unterstützung können Brands ihre Maßnahmen relativ einfach skalieren, je nach Anbieter sogar länderübergreifend. Allerdings sollte man sich hüten, diese Marktplätze nun als eierlegende Wollmilchsau zu betrachten. Als nachteilig erweist sich allzu oft die Tatsache, dass für eine Kooperation lediglich aus einem recht begrenzten Pool an bei der jeweiligen Plattform angemeldeten Influencern ausgewählt werden kann. Zwar erscheint die Unterstützung bei der Recherche zunächst komfortabel, leider ist sie aber auch recht oberflächlich.

Die selbstständige Recherche von geeigneten Influencern erfordert ein großes Verständnis der jeweiligen Plattform und ist zudem recht zeitintensiv – selbst unter Zuhilfenahme von gut geeigneten, wenn auch kostenpflichtigen Analyse- und Recherche-Tools wie InfluencerDB für Instagram oder Veescore für YouTube. Dennoch bietet der manuelle Ansatz weitaus größere Chancen, bei der Recherche auf passendere Influencer zu stoßen. Schließlich ist die Wahrscheinlichkeit, dass diese beim gewählten Plattformanbieter auch registriert sind, eher gering. Nicht wenige professionelle Influencer schrecken sogar aufgrund der Vergütungen, die bei den Plattformen für die Influencer häufig geringer ausfallen als bei einer direkten Beauftragung, vor einer Registrierung bei einem Marktplatz zurück.

Hinzu kommt der Effekt, dass die Auftraggeber häufig dazu animiert werden, auf den Plattformen die Auswahl der an einer Kampagne beteiligten Influencer eher anhand von quantitativen Aspekten wie Reichweite oder Interaktionsraten zu treffen. Qualitative Kriterien wie Brandfit, Qualität des Contents oder Struktur der Follower rücken dabei meist in den Hintergrund. Ebenfalls kann sich als nachteilig erweisen, dass die direkte Kommunikation zwischen Unternehmen und Influencern häufig erschwert oder gar unterbunden wird. Die Plattform ist stets dazwischengeschaltet – und fordert dies exklusiv in den Vertragsbedingungen auch für künftige Kooperationen ein.

10.2.5 Manager

Insbesondere sehr reichweitenstarke Influencer können sich oft vor Kooperationsanfragen kaum retten. Daneben bringt ihr Job mit sich, dass sie einen großen Teil ihrer Zeit auf Reisen sind. Analog anderer Stars wie Schauspielern und Sportlern wird es mittlerweile auch bei Influencern immer gängiger, dass sie von einem eigenen Management vertreten werden. Dieses kümmert sich dann vollständig um die Vertragsverhandlungen und wird dafür erfolgsabhängig vergütet. Mittlerweile gibt es auch Managements, die Nachwuchs-Influencer, sogenannte Talents, exklusiv unter Vertrag nehmen und versuchen, diese langfristig aufzubauen.

Von Unternehmensseite wird jedoch zunehmend beklagt, dass durch die Einschaltung von Managern, der direkte Zugang zum Influencer erschwert wird. Gerade bei der Co-Creation von Konzepten und Produkten kann sich dies für die Unternehmen als nachteilig erweisen.

10.2.6 Insourcing von Influencer-Marketing

Tatsächlich bietet das Insourcing, auf lange Sicht gesehen, große Chancen. Unternehmen, die selbst aktiv auf den jeweiligen Social-Media-Kanälen aktiv sind, haben auch in der Zusammenarbeit mit Influencern das Heft eher in der Hand. Wie immer im Digitalen ist eine distanzierte Wahrnehmung nur schwer möglich. Wer die jeweiligen Netzwerke auch aus der Nutzerperspektive kennt, hat als Unternehmen eher die Möglichkeit, aktuelle Trends aufzugreifen, neue Influencer zu entdecken – und selbstverständlich erleichtert es auch die Kontaktaufnahme, wenn man als Unternehmen das Wirken derjenigen Influencer, mit denen man eine Zusammenarbeit anstrebt, auch wirklich bereits über einen längeren Zeitraum verfolgt hat.

Strebt ein Unternehmen gar langfristige Kooperationen mit Influencern an, so dürfte sich zeigen, dass – auch mit Blick auf die in Agenturen höheren Personalfluktuationen – am direkten Draht zu den Influencern kein Weg vorbeiführt.

10.3   Die Herausforderungen für Unternehmen und Agenturen

Betrachtet man Unternehmen und Agenturen einmal gemeinsam als Vertreter der Auftraggeberseite, so sollte auch jede Maßnahme im Influencer-Marketing mit strategischen Überlegungen beginnen. Die wichtigsten Fragestellungen sind dabei natürlich: Welche Ziele möchten wir erreichen? Wen möchten wir ansprechen? Welche Kanäle sind für uns die richtigen? Möchten wir Influencern für ihre Tätigkeit Geld zahlen oder sind für uns andere Belohnungsanreize passender?

Strategie für Influencer-Marketing
Wie bei jeder Kommunikationsmaßnahme steht auch beim Influencer-Marketing am Anfang die Strategie. Die wichtigsten sind dabei:

- Welche Ziele möchten wir erreichen?
- Wie sehen unsere Zielgruppen/Personas aus?
- Welche Kanäle sind für uns die richtigen?
- Wie integrieren wir Influencer-Marketing in unsere Gesamtstrategie?
- Wie arbeiten unsere Mitbewerber mit Influencern? Was können wir daraus lernen?
- Wollen wir kampagnenorientiert oder langfristig arbeiten?
- Wollen wir mit einem oder wenigen großen Influencern oder mehreren Micro-Influencern arbeiten?
- Wollen wir Influencern ein Honorar zahlen oder sind anderweitige Belohnungsanreize passender?
- Wie gehen wir mit dem möglichen Kontrollverlust um?

Während es zu den Anfangszeiten von Social Media noch üblich war, klassische Werbung einfach ins Netz zu verlängern, so werden diese heute im Idealfall bei der Entwicklung von Kommunikationsmaßnahmen möglichst frühzeitig integriert, um zu Lösungen aus einem Guss zu kommen. Genauso sollte es natürlich auch mit Maßnahmen des Influencer-Marketings laufen – statt diese einfach am Ende der Kreation anzuflanschen, wie es heute häufig der Fall ist.

Als Unternehmen sollte man sich darüber klar werden, dass Influencer-Marketing eher ein Marathonlauf als ein Sprint ist. Auch wenn wir punktuell bereits erfolgreiche Sales-Ansätze in der Zusammenarbeit mit Influencern gesehen haben (das schwedische Uhren-Start-up @danielwellington auf Instagram ist sicher einer der prominentesten Cases), ist ein langer Atem die Voraussetzung für erfolgreiches Influencer-Marketing. Nach wie vor werden Marketingbudgets in der Regel auf Basis eines Geschäftsjahres geplant. Auch hier sollte überlegt werden, inwieweit wohl ein längerfristiger Planungshorizont einer nachhaltigen Zusammenarbeit mit den gewünschten Influencern dienlich sein kann.

Grundsätzlich sollte man sich als Unternehmen auch die Frage stellen, ob man neben vorgenannten Überlegungen überhaupt bereit ist, sich auf eine Kooperation mit Influencern einzulassen – bedeutet doch die Zusammenarbeit mit einem Influencer stets auch immer ein Stück Kontrollverlust. Wer als Unternehmen dazu noch nicht bereit ist, sollte vielleicht doch lieber auf Werbetexter, Fotografen, Schauspieler plus Mediabudget setzen. Wer sich als Unternehmen jedoch auf die Kooperation mit einem Influencer einlässt, kann in der Zusammenarbeit einzigartigen Content, der für die Fans der Influencer maßgeschneidert ist, entstehen lassen. Eine Leistung, die so nur schwer von einer Agentur zu erbringen wäre.

10.3.1 Auswahl der Influencer

Die Auswahl der passenden Influencer ist tatsächlich ein schwieriges und zumeist auch zeitintensives Unterfangen. Bevor man nun manuell und explorativ, mit Unterstützung von Recherche-Tools oder ganz bequem auf einer Plattform, nach infrage kommenden Influencern Ausschau hält, sollte man sich als Unternehmen zunächst einmal Gedanken machen, über welche Eigenschaften der ideale Wunsch-Influencer verfügen sollte: Welche Themen spielen eine Rolle? Auf welchem Kanal ist er unterwegs? Wie alt ist er? Wie setzen sich seine Fans zusammen? Wie sind die visuelle Anmutung und die Tonalität seines Kanals? Etc.

Die so geschaffene Influencer-Persona ist natürlich ein Modell – und im richtigen Leben wird es exakt diesen Influencer so nicht geben. Aber man sollte als Unternehmen versuchen, hiervon ausgehend, Influencer zu finden, die dieser Vorstellung möglichst nahe kommen.

Kriterien für die Wahl der Influencer

- **Reichweite:** Möchten wir mit einem (oder wenigen) sehr reichweitenstarken oder mit mehreren kleineren Micro-Influencern zusammenarbeiten?
- **Tatsächliche Reichweite:** Interessanter als die Abonnentenzahl ist die tatsächliche Reichweite von beispielhaften Postings. Hierzu sollte man sich von Instagrammern einen Einblick in die Insights des Business-Profils geben lassen.
- **Wachstumsrate:** Auch Wachstumsraten sind ein Kriterium. Sichert man sich als Unternehmen frühzeitig eine langfristige Kooperation mit einem sehr wachstumsstarken Influencer, so profitiert hiervon auch die Marke.
- **Autorität:** Wie überzeugend ist der Influencer für seine Anhänger? Hat er wirklichen Einfluss? Tatsächlich sind Influencer, die ihre Follower durch kompetente lang anhaltende Beschäftigung mit einem Thema für sich gewonnen haben, glaubwürdiger und einflussreicher als solche, die durch Glück und geschicktes Taktieren auf Suggested-User-Listen standen oder die Algorithmen ausgenutzt haben, um Follower zu gewinnen.
- **Qualität:** Wie hochwertig ist die Qualität des Contents? Passt der Content zu den Werten unserer Marke? Entspricht der Content den Maßstäben, die wir für die Veröffentlichung auf unseren eigenen Kanälen zugrunde legen?
- **Brandfit:** Wie hoch ist die Identifikation des Influencers mit unserer Marke? Transportiert der Influencer auf seinen Kanälen ähnliche Werte? Je höher die Übereinstimmung, desto größer auch die Chance, dass die Follower des Influencers die Kooperation goutieren.
- **Zielgruppe:** Setzen wir auf einen Influencer, dessen Zielgruppe deckungsgleich mit unserer Zielgruppe ist, oder wollen wir bewusst davon abweichen, um neue Zielgruppen zu erreichen?
- **Exklusivität:** Suchen wir nach Influencern, die bereits anderweitig mit unseren Mitbewerbern kooperiert haben oder wollen wir dies auf keinen Fall? Möchten wir uns eine exklusive Zusammenarbeit sichern?
- **Kanäle:** Suchen wir nach Influencern, die auf einem bestimmten Kanal ihre Stärken ausspielen? Suchen wir nach Influencern, die auf mehreren Kanälen aktiv sind und sogar ein Blog haben? Auch sollte überlegt werden, ob ein festes Influencer-Team – vielleicht sogar kanalübergreifend – gebildet werden soll.
- **Budget:** Können wir uns den gewünschten Influencer überhaupt leisten? Sehr begehrte Influencer haben in den letzten zwei Jahren eine verstärkte Nachfrage nach ihren Leistungen erfahren. Im Zuge dessen ist Influencer-Marketing – gerade bei der Zusammenarbeit mit Top-Influencern – verhältnismäßig teuer geworden.
- **Persönlichkeit:** Viele Influencer sind Profis und auch im persönlichen Umgang angenehm. Dennoch gibt es hier und da Diventum, was eine reibungslose Zusammenarbeit unnötig erschwert. Wenn möglich sollte man vor einer Kooperation schon einmal persönlich zusammenkommen oder zumindest direkt miteinander telefonieren, um abzuschätzen, ob man auf einer Wellenlänge ist.

Selbstverständlich ist es hilfreich, sich im jeweiligen Social Network auszukennen. Im Idealfall hat man selbst das Wirken des Kandidaten schon eine Zeit lang verfolgt, bevor es zu ersten Gesprächen kommt.

Bei der Identifikation von geeigneten Influencern können bis zu einem gewissen Punkt auch Tools helfen. Deren Benutzung ist zwar in der Regel kostenpflichtig, dies sollte allerdings angesichts des Gesamtbudgets für Influencer-Maßnahmen mit eingeplant werden. Für Instagram leistet z. B. InfluencerDB hervorragende Dienste, das nicht nur für die Recherche von Influencern eingesetzt werden kann, sondern auch einen tiefen Einblick über die Historie des Follower-Wachstums sowie in die Demografie und Qualität der Follower bietet. Zum Abgleich bietet sich ebenfalls an, Einblick in die Nutzerstatistiken zu nehmen. Die meisten ambitionierten Instagrammer haben mittlerweile auf Business-Profile umgestellt. Dort gibt es zumindest einen Einblick über Alter, Geschlecht und Herkunft der Follower sowie Informationen über Aktivitäten der Follower und Interaktionen.

10.3.2 Das bessere Konzept

Ein Grund, weshalb Influencer-Marketing in der medialen Wahrnehmung häufig eher belächelt wird, lässt sich sehr anschaulich auf der Facebook-Seite „Perlen des Influencer-Marketings" (https://www.facebook.com/influencerperlen/) bestaunen. Mehr als 41.000 Menschen verfolgen hier, wie Mädchen im Bikini am Pool für elektrische Zahnbürsten oder leicht bekleidet mitten auf einem Fußballplatz sitzend für Stracciatella-Protein-Pudding werben. Auch vermag Influencer-Marketing mehr zu leisten als zu zeigen, wie eine Packung Feinwaschmittel in einem Fahrradkorb transportiert wird, wie es in der Kampagne #coralliebtdeinekleidung der Fall war (W&V 2017). Beim Scrollen durch diese Seite könnte leicht der Eindruck entstehen, dass es sich beim Influencer-Marketing um ein One-Trick-Pony handelt. Dies den Influencern vorzuwerfen, greift jedoch etwas zu kurz. Stattdessen gehören Unternehmen und Agenturen belächelt, die bei der Ideenfindung nicht über stumpfsinnige Produktplatzierungen hinauskommen.

Dies bedingt aber, dass die Konzeptentwicklung im Rahmen der gesamten Maßnahme einen größeren Stellenwert bekommt. Ausgehend von den strategischen Überlegungen (Was sind unsere Ziele? Wen wollen wir erreichen? Auf welchen Kanälen wollen wir präsent sein? …) sollte der Fragestellung „Wie machen wir das eigentlich genau?" mehr Raum eingeräumt werden.

Ansätze für die Konzeption von Influencer-Kooperationen

- **Produktplatzierungen:** Die einfachste, naheliegendste und oft auch langweiligste Ausprägung der Kooperation. Ein No-Brainer, wie man in der Werbewelt sagt. Es sei denn, man entwickelt einen *Twist, z. B. ein einzigartiges Produkt, das nur für diesen Zweck auf den Markt gebracht wird.*
  - *Best Case:* Einhorn-Schokolade #glittersport von Ritter Sport (Schobelt 2016).

- **Gewinnspiele:** Ein beliebtes Mittel, um die Fans der Influencer zu aktivieren und zu mehr Interaktion zu motivieren, sind Gewinnspiele. Allzu oft steht hier im Vordergrund, die Algorithmen auszutricksen. Je mehr ein Beitrag kommentiert wird, desto sichtbarer wird er in der Regel.
  - *Best Case:* Unbekannt.
- **Contests:** Etwas eleganter als ein einfaches Gewinnspiel sind Wettbewerbe, bei denen die Follower des Influencers aufgefordert werden, selbst kreativ zu werden. Gelingt es, die Follower zum Mitmachen zu motivieren, wird auf diese Weise die inhaltliche Auseinandersetzung mit dem Produkt und/oder der Marke gefördert. Außerdem kann eine virale Verbreitung der Kampagne über ein eigenes Hashtag entstehen. Besonders kreative Inhalte könnten auch, die Einholung der Nutzungsrechte vorausgesetzt, als User Generated Content für die eigenen Kanäle verwendet werden.
  - *Best Case:* #makebikeportraits von Levis Deutschland (Meyer 2017).
- **Co-Creation:** Influencer werden hier frühzeitig in die Konzeption der Kampagne eingebunden. Gemeinsam mit der Marke wird an Ideen für die Kreation von Content gearbeitet. Aber auch die Entwicklung von eigenen Produkten eines Influencers in Zusammenarbeit mit einer Marke ist hier denkbar.
  - *Best Case:* YouTuberin Biance Heinecke alias Bibi entwickelt mit der Drogeriekette dm einen eigenen Duschschaum (Puscher 2015).
- **Content:** Auch die Generierung von einzigartigem Content kann eine Rolle bei der Zusammenarbeit mit Influencern spielen. Dabei werden die Inhalte nicht nur auf den Kanälen des *Influencers ausgespielt, sondern auch für die Kanäle des Unternehmens nutzbar gemacht.*
  - *Best Case:* Mercedes Benz schickt das Landschaftsfotografen-Kollektiv German Roamers mit Geländewagen in die Dolomiten #MBdolomates (Bertling 2016).
- **Events:** Unternehmen entwickeln in Zusammenarbeit mit den Influencern ein eigenes Event. Hierbei sollten die besonderen Fähigkeiten des Influencers im Mittelpunkt stehen. Und im Idealfall sollten auch die Fans des Influencers mit eingebunden werden, z. B. kann ihnen über einen Contest die Teilnahme an dem Event ermöglicht werden. Begabte Instagrammer könnten einen Foto-Workshop geben, Beauty-YouTuberinnen könnten die Gastgeberin einer Make-up-Masterclass werden. Die denkbaren Formate sind so vielfältig wie die Influencer selbst. Als Ergebnis hieraus entstehen ein sichtbarer Contest, das Event selbst, begleitender Content des Influencers sowie gegebenenfalls ein Case-Film.
  - *Best Case:* Smartphone-Hersteller Huawei richtet zum Launch eines neuen Gerätes Photoacademies für die Bereiche Creativity, Fashion, Food und Travel aus. Im Mittelpunkt standen jeweils vier Haupt-Influencer und eine kleinere Auswahl weiterer Influencer, die selbst an den Workshops eines Star-Fotografen teilgenommen haben. Ihre jeweiligen Fans konnten über einen Contest unter dem Hashtag #showwhatyoulove die Teilnahme gewinnen (Gabler 2017).

- **Film:** Auch ein (Case-)Film kann das Ergebnis einer Kooperation mit Influencern sein. Entscheidend ist natürlich, eine interessante Geschichte zu entwickeln. Die Influencer zeigen auf ihren Kanälen Outtakes und leiten ihre Fans so zum Film im Web.
  - *Best Case:* In „A Guide to Growing Up" trifft Schauspieler Heiner Lauterbach verschiedene bekannte Influencer wie die Modebloggerinnen von This Is Jane Wayne, den Fotografen Paul Ripke oder den Foodblogger Per Meurling, um mit ihnen über ihre Lebensentwürfe zu sprechen (Breyer 2017).
- **Influencer-Teams:** Ein festes Team von Instagrammern unternimmt Reisen oder nimmt an Events teil. Denkbar sind hier auch kanalübergreifende Teambildungen. Der entstehende Content wird auf den Kanälen der Instagrammer als auch des Unternehmens gezeigt.
  - *Best Case:* Samsung #samsungsnapshooters. Eine Auswahl von Instagrammern wird stets mit aktuellen Smartphones ausgestattet; das Unternehmen finanziert ihnen Gruppen- und Individualreisen zu attraktiven Foto-Locations, an denen ansprechender Content für die eigenen Kanäle und die von Samsung generiert wird (Samsungmobile_de 2017).
- **Live-Kommunikation:** Influencer werden zu attraktiven Events eingeladen. Von hier berichten sie auf ihren Kanälen und denen des Unternehmens. Sehr gut geeignet ist dieses Format auch für die Nutzung von Instagram Stories.
  - *Best Case:* Adidas schickt ausgewählte Instagrammerinnen zu den Olympischen Spielen nach Rio (John 2016).
- **Takeover:** Das Unternehmen übergibt hierbei den eigenen Social-Media-Kanal für eine begrenzte Zeit einem Influencer. Wer die Kontrolle behalten will, postet selbst und lässt sich vom übernehmenden Instagrammer den Content zuliefern. Verfügt das Unternehmen selbst über eine größere Reichweite, so ist dies auch für den übernehmenden Influencer interessant. Dieser wiederum bewirbt das Takeover auf seinen eigenen Kanälen.
  - *Best Case:* Der Instagram-Kanal des ZEITmagazins wird laufend von Prominenten aus Kultur, Medien und dem Internet bespielt unter dem Hashtag #InstaZEIT. Das ZEITmagazin ist auf diesem Wege auf Instagram zu einem inhaltlich abwechslungsreichen und schnell wachsenden Kanal geworden (Bruns 2016).

Mit etwas Engagement lassen sich aus diesen Formaten unendlich viele Spielarten entwickeln – und sicher auch noch weitere neue Formate. Es muss also nicht immer die Waschmittelpackung im Fahrradkorb sein.

10.3.3 Wie gelingt die Kontaktaufnahme zu Influencern?

„Hallo XY, wir folgen Deinem Instagram-Kanal schon sehr lange und sind ein großer Fan von Dir." Diese Art der ungeschickten Ansprache kennt jeder, der einen halbwegs gut gehenden Instagram-Kanal unterhält. Leider stellt sich oft schon im zweiten Satz heraus, dass Übertreibung hierfür ein Euphemismus ist. Wenn der Craft-Beer-Influencer plötzlich für ein aus der TV-Werbung bekanntes Industriebier influencen soll oder der Food-Aktivist für eine Backmischung mit chemischen Zusatzstoffen Begeisterung zeigen soll, dann fliegt schnell auf, dass die Auftraggeberseite sich nicht wirklich mit dem angesprochenen Kandidaten und seiner Arbeit beschäftigt hat. Insofern ist es unabdingbar für Unternehmen und Agenturen, sich neben den vorgenannten Auswahlkriterien auch intensiv mit den Inhalten der anzusprechenden Influencer zu beschäftigen.

Darüber hinaus ist es für alle Beteiligten am angenehmsten, wenn sofort klar kommuniziert wird, was genau sich der Auftraggeber vorstellt. Eigentlich sollte dies eine Selbstverständlichkeit sein, aber dennoch passiert es immer wieder, dass Auftraggeber versuchen, mittels Salamitaktik den Leistungsumfang bei gleichbleibendem Honorar nachträglich mehrfach zu erweitern.

Am allerbesten ist es darüber hinaus, wenn auch ziemlich zu Beginn der Kooperationsverhandlungen, das zur Verfügung stehende Budget genannt wird. Dann gibt es eine Basis, auf der man verhandeln kann. Insbesondere bei unerfahreneren Influencern neigen Auftraggeber jedoch häufig dazu, den Influencer eine Summe nennen zu lassen – in der Hoffnung, dass er seinen Marktpreis unterschätzt.

Als Unternehmen sollte man in der ersten Ansprache kurz darstellen, worum es bei der Zusammenarbeit gehen soll und auch die Vorteile für den Influencer, die sich aus der Kooperation ergeben können, skizzieren.

10.3.4 Wie sieht ein besseres Briefing aus?

Wer mit Influencern zusammenarbeitet, gibt ein Stück weit die Kontrolle über die Unternehmenskommunikation aus der Hand. Das gehört dazu – und wer damit nicht leben kann, sollte gleich die Finger von diesem Instrument lassen. Obwohl Influencer weitaus größere Freiheiten genießen als Werbetexter und Fotografen, hat man als Unternehmen dennoch die Möglichkeit über ein gutes Briefing zu den Ergebnissen zu kommen, die den eigenen Vorstellungen gerecht werden. Selbstverständlich muss dabei die richtige Balance gefunden werden – zwischen dem gewünschten Content und den größtmöglichen Freiheiten des Content Creators.

▶ **Was ein gutes Briefing enthalten sollte**
   Format: Was genau ist gefordert? Foto, Story, Video, Boomerang?
   Kanal: Auf welchem Kanal soll gepostet werden? Instagram, Snapchat, YouTube etc.

Zeitpunkt: Wann soll die Veröffentlichung erfolgen? Gegebenenfalls unterschiedliche Zeitzonen berücksichtigen.

Caption: Was genau soll in der Bildunterschrift erwähnt werden? Möglichst nicht den genauen Wortlaut vorgeben. Aber deutlich machen, dass die Kernbotschaft im ersten Satz, möglichst am Anfang der Bildunterschrift stehen sollte. Sollen Links gesetzt werden? Wenn ja, wohin?

Mentions: Welche Accounts sollen im Posting verlinkt und in der Bildunterschrift erwähnt werden?

Hashtags: Welche Hashtags sollen in der Bildunterschrift erwähnt werden?

Moodboard: Gibt dem Influencer eine erste Inspiration, in welche Richtung sich der Auftraggeber den Content vorstellt. Eher als inhaltliche Unterstützung gedacht, visuell sollte der Influencer der Leitidee seines eigenen Kanals folgen.

Kennzeichnung: Selbstverständlich sollte die Kooperation durch den Influencer gemäß den geltenden rechtlichen Rahmenbedingungen gekennzeichnet werden. Dies ist bei den Followern der Influencer akzeptiert und vermeidet Diskussionen um etwaige Schleichwerbung, die nur unnötig von den Zielen der Zusammenarbeit ablenken.

Grundsätzlich ist es immer von Vorteil, die beteiligten Influencer mit der gesamten Kampagne vertraut zu machen. Kennt er die Hintergründe, Maßnahmen, weitere Beteiligte und Ziele der Kampagne, so kann dieses Verständnis durchaus zu besseren Ergebnissen führen.

Eher die Ausnahme ist die Forderung nach einer expliziten Freigabe durch den Auftraggeber vor der Veröffentlichung des Postings. Schließlich lebt Influencer-Marketing ganz wesentlich davon, dem Influencer bei der Kreation größtmögliche Freiräume zu lassen und Vertrauen entgegenzubringen. Wird jedoch explizit die Freigabe von Postings vom Auftraggeber gewünscht, so wird dies von den beteiligten Influencer in der Regel akzeptiert.

10.3.5 Qualitätsmanagement/Feedback

Was auch den Autor aus seinem gelegentlichen Wirken als Influencer immer wieder verwundert: Vor der Anbahnung einer Kooperation wird der Influencer meist äußerst charmant umgarnt. Sobald aber die vereinbarten Postings veröffentlicht sind, hört der Influencer meistens: gar nichts. Zumindest nach der Veröffentlichung eines Beitrages sollte dem Influencer signalisiert werden, dass alles okay ist und das Posting somit „abgenommen" ist.

Selbst nach Abschluss der Kampagne scheinen Auftraggeber häufig nicht an einem Feedback des Influencers interessiert zu sein. Auch geben Auftraggeber leider selten irgendeine Form der Rückmeldung an den Influencer. Dass dies kein guter Stil ist, liegt auf der Hand. Aber auch unter geschäftlichen Aspekten werden hier Chancen vertan, voneinander für künftige Kooperationen zu lernen. Ganz sicher wäre es doch für den Auftraggeber interessant zu erfahren, wie die Follower auf die Kooperation reagiert haben. Und auch für den beteiligten Influencer wäre es interessant zu wissen, wie die Kampagne insgesamt gelaufen ist und auch wie sein Posting dazu beigetragen hat.

Und auch wenn es sich um eine kurzfristige/einmalige Zusammenarbeit handelt, schadet ein Dankeschön verbunden mit dem praktischen Hinweis, wohin der Influencer die Rechnung schicken darf, ganz sicher nicht.

10.3.6 Wie kann man Erfolge messen?

Verantwortliche im Marketing wollen Zahlen. Allerdings ist es so, dass man mit aus dem Marketing bekannten Metriken im Influencer-Marketing nicht allzu weit kommt. Es beginnt mit der Krux, dass nach wie vor schon bei der Auswahl der Influencer viel zu sehr auf Kennziffern wie Follower-Zahl und Interaktionsraten geblickt werden. Beide KPIs lassen sich auf Instagram wie auch auf anderen sozialen Netzwerken für ein paar Euro relativ leicht manipulieren. Darüber hinaus ist auch ihre Aussagekraft nicht absolut. Da z. B. Instagrammer mit weniger Followern in der Regel über eine stärkere Fanbindung verfügen, weisen Micro-Influencer meist eine deutlich höhere Interaktionsrate auf als Influencer mit einer Millionen-Followerschaft.

Ebenso zweifelhaft sind insbesondere Plattformen, häufig aber auch Cases von Influencer-Marketing-Agenturen, in denen mit absurd hohen Reichweiten für die Wirksamkeit von Influencer-Marketing geworben wird. Was hier unter den Tisch fällt, ist jedoch die Tatsache, dass es sich hierbei meist um Bruttoreichweiten handelt. Bindet man als Auftraggeber nun Influencer mit einer sehr deckungsgleichen Followerschaft ein, so muss einem bewusst sein, dass hier mit der Gesamtsumme aller erreichten Kontakte geworben wird. Die Anzahl der tatsächlich erreichten Personen (Nettoreichweite) ist deutlich geringer. Wesentlich aufschlussreicher als bei der Reichweitenmessung die Follower-Zahlen der an einer Kampagne beteiligten Instagrammer zu addieren ist es, über die Insights des Business-Profils auf Instagram die tatsächliche Reichweite und Impressionen eines Postings zu bewerten.

Was nun aber die richtigen Indizes für die Erfolgsmessung einer Maßnahme sind, hängt sehr stark von den jeweiligen Zielen ab. Geht es um verhältnismäßig einfach quantifizierbare Zielsetzungen wie Leads auf eine Landingpage, Downloads einer App oder Sales eines Produktes, so lässt sich dies messen, indem getrackt wird, ob diese über bestimmte (Affiliate-)Links oder Rabattcodes generiert wurden. Ebenso lässt sich die Verwendung eines bestimmten (Kampagne-)Hashtags, z. B. bei erfolgreicher Aktivierung von Fans, User Generated Content auf ihren eigenen Kanälen zu publizieren, ganz einfach erfassen.

Komplexer wird es oft bei eher softeren Zielsetzungen, für die die Zusammenarbeit mit Influencern gern herhalten muss. Zuerst zu nennen wären hier Steigerung der Markenbekanntheit und Verbesserung des Markenimages. Um diese Erfolge zu messen, müssten vor und nach der Durchführung einer Maßnahme komplizierte und auch teure Umfragen der Rezipienten oder eine Sentimentanalyse vorgenommen werden, um zu erfahren, wie im Netz über die Marke gesprochen wird.

Eine Erfolgsmessung ist machbar, allerdings ist der Aufwand verhältnismäßig hoch. Auch muss man im Blick behalten, dass sich die Erfolge häufig erst nach einer länger andauernden Zusammenarbeit mit Influencern auswirken.

10.3.7 Was kostet Influencer-Marketing?

Immer wieder fragen an Influencer-Marketing interessierte Unternehmen, mit welchen Kosten dieses Instrument verbunden ist. Leider kommt man mit aus der Mediaplanung bekannten Ansätzen wie TKP im Influencer-Marketing nicht weit. Die vorherrschende mangelnde Transparenz in Sachen Kosten liegt nicht nur an der – im Vergleich zu Bannerwerbung – höheren Komplexität, sondern auch an der Tatsache, dass die beteiligten Influencer vertraglich in der Regel zu Stillschweigen bezüglich der Vertragsdetails verpflichtet werden.

Grundsätzlich jedoch lässt sich feststellen, dass folgende Faktoren bei der Preisbildung im Influencer-Marketing eine wesentliche Rolle spielen:

Faktoren zur Preisbildung
- **Reichweite:** Diese hat der Influencer auf seinem Kanal oft jahrelang aufgebaut. Es gilt, je höher die Reichweite, desto höher der Preis.
- **Qualität:** Auch Aspekte wie Zusammensetzung der Followerschaft (Demografie, Interessen, Region) können eine Rolle spielen. Ebenso können Interaktionsraten ein Anhaltspunkt für die Lebendigkeit der Community des Influencers sein.
- **Brandfit:** Inwieweit passen die Werte einer Marke zu denen des Influencers. Es gilt, je schlechter die Marke zu einem Influencer passt, desto höher wird der Preis, den das Unternehmen zahlen muss. Eine Influencerin, die bekannt ist für Haute Couture, wird eher eine Kooperation mit Chanel anstreben. Handelt es sich für die Influencer gar um eine sognannte Love Brand, so profitiert auch die Influencerin selbst von dem sich aus der Zusammenarbeit entstehenden Imagegewinn bei ihren Anhängern. Sollte jetzt der Textildiscounter Primark eine Zusammenarbeit mit ebendieser Influencerin anstreben, so dürften die Honorarforderungen der Influencerin um ein Vielfaches höher sein, sofern überhaupt ein Interesse an einer Kooperation bestünde.
- **Produktion:** Eingepreist werden auch die Kosten der Produktion für den entstehenden Content. So ist die Aufnahme eines Fotos für Instagram im heimischen Wohnzimmer weitaus günstiger zu realisieren als der Dreh eines YouTube-Films mit einem Kamerateam in den USA. Immer häufiger sind auch

Case-Filme das Ergebnis einer Zusammenarbeit. Je nach Aufwand können die Produktionskosten unterschiedlich ausfallen.

- **Buyouts:** Oft ist es sinnvoll, den im Rahmen einer Influencer-Kooperation entstandenen Content nicht nur auf den Kanälen des Influencers ausspielen zu lassen, sondern diesen auch für die unternehmenseigenen Kanäle nutzbar zu machen. Auch die Mitwirkung in einem Case-Film ist hier zu berücksichtigen. Je nach Umfang beeinflussen auch die einzuräumenden Nutzungsrechte das Honorar.
- **Facetime:** Manchmal ist die persönliche Anwesenheit des Influencers gewünscht. Sei es für ein Event, auf dem sich der Influencer einfach nur sehen lassen soll, für ein Meet and Greet mit Fans oder bis hin zu Vorträgen und Masterclasses ist alles denkbar. Zeit ist Geld, je mehr Zeit des Influencers – gegebenenfalls auch für Vorbereitungen – in Anspruch genommen wird, desto teurer die Kooperation.
- **Exklusivität:** Was Unternehmen oft gern möchten, aber selten bei der Kalkulation berücksichtigen, ist Exklusivität. Natürlich kann man als Unternehmen beklagen, wie schnell und häufig manche Influencer zwischen Marken derselben Produktgruppe hin und her wechseln. Und natürlich ist man als Unternehmen versucht, sich – zumindest für einen bestimmten Zeitraum – die exklusive Zusammenarbeit mit dem jeweiligen Influencer zu sichern. Nur muss man sich in diesem Fall darüber klar werden, dass dem Influencer dann in diesem Fall anderweitige Aufträge von Marktbegleitern entgehen werden. Sollte ein Unternehmen vertraglich auf Exklusivität in der Zusammenarbeit bestehen, so ist dies eine Komponente, die das Honorar des Influencers maßgeblich beeinflusst. Überschaubarere zeitliche Sperrfristen, z. B. vier Wochen nach einem Posting keine branchengleichen Produkte zu zeigen, dürfte für die meisten Influencer leicht verschmerzbar sein. Sollte aber z. B. ein Smartphone-Hersteller für sechs Monate oder länger die Zusammenarbeit mit anderen Smartphone-Herstellern unterbinden wollen, so ist dies auf jeden Fall preisrelevant.

10.4 Die Herausforderungen für Influencer

Im Rampenlicht stehen allzu oft die großen Stars der Szene. Aber nicht jeder Influencer muss sich durch eine Millionenreichweite auszeichnen. Gerade in spezialisierten Nischen oder in einem regionalen Kontext sind Influencer mit kleineren Reichweiten für Unternehmen interessant. Voraussetzung ist jedoch immer, dass ihr Content ansprechend und passend ist. Immer mehr Influencer kämpfen nicht nur um die Aufmerksamkeit ihrer Follower, sondern auch um die der Unternehmen. Daher zählen zu den Herausforderungen für Influencer die aktive Akquise von Kooperationen sowie die Entwicklung ihrer persönlichen strategischen Positionierung.

10.4.1 Wie werde ich Influencer?

Frage aus einer fachbezogenen Facebook-Gruppe: „Wie werde ich Influencer?" Antwort: „Gar nicht." Die Fragestellerin in dieser Gruppe hatte das Problem, dass sie sich bestimmte Produkte und Reisen nicht leisten konnte, andererseits aber diese Produkte von Unternehmen zugeschickt bekommen und zu attraktiven Reisen eingeladen werden wollte. Immer mehr Fragestellungen gehen in jüngster Zeit in diese Richtung und zeigen, wie attraktiv es für insbesondere jüngere Menschen erscheint, Influencer zu werden, schließlich sind die inszenierten Verlockungen auf Instagram attraktiv: gut gekleidet an sonnigen Orten in teuren Autos herumfahren und dafür auch noch bezahlt werden – wer will das nicht? Allerdings zäumt die eingängliche Fragestellung das Pferd von hinten auf. Mein Ratschlag war: „Such Dir einen Job. Kaufe von dem verdienten Geld Produkte und unternimm Reisen. Berichte auf Deinem Blog und Deinem Instagram darüber. Immer wieder und wieder. Und dann bekommst Du vielleicht irgendwann Produkte zugeschickt und wirst zu Reisen eingeladen." Jeder (angehende) Influencer sollte sich die Frage stellen: Wofür stehst Du? Und jedem sollte auch klar sein, dass diejenigen Influencer, die heute von attraktiven Brands umgarnt werden, meist viel Arbeit investiert haben, um ihre eigene Brand aufzubauen. Mittlerweile ist Social-Media-Prominenz auch das Resultat von Karrieren in anderen Bereichen wie Sport, Musik und TV.

10.4.2 Vom Influencer zum Content Creator

In den letzten Jahren haben nicht nur Unternehmen und Agenturen dazugelernt, sondern auch viele Influencer haben sich professionalisiert. Natürlich haben Influencer gelernt, welcher Content für ihre Follower gut funktioniert, wie Unternehmen bei der Erreichung ihrer Marketingziele besser unterstützt werden können und wie eine reibungslosere Zusammenarbeit mit Unternehmen und Agenturen abläuft. Mit Professionalisierung ist aber an dieser Stelle auch gemeint, dass Influencer gelernt haben, dass die von ihnen erbrachte Leistung einen Wert darstellt.

Zahlreiche Influencer haben ihre festen Anstellungsverhältnisse aufgegeben und sind zu Vollzeit-Influencern geworden. Sie bestreiten ihren Lebensunterhalt ausschließlich damit, Kooperationen mit Marken auf ihren Social-Media-Kanälen zu verbreiten. Die sehr gut beschäftigten Influencer lassen sich mittlerweile von eigenen Agenten vertreten, die sich um die vertraglichen Details ihrer Deals kümmern.

Damit einhergehend ist festzustellen, dass sich ihre Tätigkeit wegbewegt vom Spezialistentum für ein Thema hin zu einem breiteren Spektrum an Produktgattungen. Mit Blick hierauf und auf die Tatsache, dass die Tätigkeit des Influencers in den Medien häufig einen eher zweifelhaften Ruf genießt, ist es nur allzu verständlich, dass viele Influencer sich selbst lieber als „Creative Content Creator" oder ähnlich bezeichnen.

10.4.3 Die Micro-Influencer, das Mittelfeld und die Superstars

Die Micro-Influencer

Auch wenn man nicht über Millionen von Followern verfügt, kann man als Influencer wirken. Kleinere Accounts verfügen oft über eine höhere Fanbindung, die sich leicht an – im Vergleich mit größeren Accounts – deutlich höheren Interaktionsraten ablesen lässt. Dabei ist das Feld des Micro-Influencers zahlenmäßig gar nicht so streng definiert. Auf Instagram spricht man meist von Influencer mit einer Anzahl zwischen 1000 bis 20.000 Followern. Je nach Branche kann dies aber auch stark abweichen. So kann man z. B. im Bereich Fashion auf Instagram auch noch mit bis zu 100.000 Followern zu den kleineren Influencern zählen.

Viele Micro-Influencer betreiben ihre Social-Media-Kanäle mit der Hingabe eines Amateurs – für sie steht nicht der finanzielle Erfolg im Vordergrund, sondern häufiger der Spaß an der Sache, die dann im Idealfall mit Anerkennung ihrer Arbeit durch Unternehmen belohnt wird. Obschon Postings nach Vereinbarung auch vergütet werden können, ist – gerade wenn es um die Einbindung einer größeren Anzahl von Influencern geht – der Micro-Influencer für Unternehmen attraktiv, da hier die Gegenleistung häufig in Form von Produkt-Samples oder Einladungen zu Events erfolgt.

Gerade in spezialisierten Nischen ist die Zusammenarbeit mit Micro-Influencern interessant, da Unternehmen hier abseits von Reichweitenzwängen mit richtigen Experten zusammenarbeiten können. So ist für einen Lyrik-Verlag sicher ein Buch-Instagrammer, der seinen tausend Followern regelmäßig einen Gedichtband vorstellt, weitaus passender als eine Beauty-YouTuberin mit einer Million Video-Abrufen.

Das Mittelfeld

Wenn wir uns das professionalisierte Mittelfeld des Influencertums anschauen, dann sprechen wir auf Instagram von Influencern mit ca. 100.000 bis 500.000 Abonnenten. Viele Influencer, die sich in dieser Region bewegen, sind durch ihr Wirken auf Social Media dorthin gekommen – die meisten von ihnen durch lange, zielstrebige Arbeit. Andere wiederum hatten einfach Glück: Sie wurden von Instagram – oft als Belohnung für Engagement in der Community – einmal oder häufiger für einen Zeitraum von bis zu zwei Wochen auf die sogenannte Suggested-User-List gesetzt. Während dieser Zeit konnten sie einen Follower-Zuwachs von zwei- bis viertausend neuen Followern pro Tag verzeichnen. Das Instrument der Suggested-User-List wurde von Instagram mittlerweile zugunsten von neuen Empfehlungsmechanismen zum Entdecken von neuen Instagrammern abgelöst.

Von außen betrachtet nimmt man allzu leicht an, dass Influencer in dieser Größenordnung ein angenehmes Leben führen können. Für ein paar Fotos jetten sie durch die Welt und werden dafür auch noch gut bezahlt. Auf den ersten Blick mag das richtig sein. Auf den zweiten Blick wird jedoch schnell klar, dass immer mehr neue Influencer in diese Follower-Zahl-Regionen vordringen. Auch wenn immer mehr Unternehmen auf

Influencer-Marketing setzen, ist die Zahl an attraktiven Jobs begrenzt, was zu einer Konkurrenzsituation unter den Influencern führt. Gerade bei Influencern, die hauptberuflich unterwegs sind, kann dies dazu führen, dass häufiger Kooperationen mit Unternehmen eingegangen werden, die vielleicht weniger gut zum eigenen Kanal passen. Denn auch wenn man als Influencer im Auftrag von bekannten Brands von Event zu Event reist, muss doch daheim die Miete bezahlt werden.

Die damit einhergehende zunehmende Beliebigkeit ist sicher nicht ganz zu Unrecht derzeit einer der Hauptkritikpunkte an diesem Marketinginstrument. Und wer als Influencer langfristig denkt, sollte auf jeden Fall auch überlegen, ob Kooperationen zum eigenen Kanal passen, schließlich ist die Personal Brand und die mit ihr verbundene Glaubwürdigkeit der wohl größte Aktivposten des Influencers.

Die Superstars

Die Superstars der Szene kommen oft aus ganz anderen Bereichen – häufig sind sie bekannte Sportler, Musiker oder Schauspieler. Für sie war es aufgrund ihrer Prominenz oft leicht, auch ohne richtigen strategischen Ansatz und Entwicklung einer visuellen Leitidee große Reichweiten auf ihren Social-Media-Kanälen aufzubauen. Von dort an war es nur noch ein kleiner Sprung, diese auch zu monetarisieren, sind doch Stars seit jeher ein beliebtes Testimonial für Marken.

Es gibt aber auch Superstars, die durch ihr Wirken auf Social Media enorme Reichweiten aufgebaut haben. Gerade auf YouTube gibt es Influencer, die mit Blick auf ihre Abrufzahlen durchaus in der Lage sind, mit TV-Sendern zu konkurrieren.

Grundsätzlich besteht auch hier die Gefahr, dass die Personal Brand des Influencers durch allzu wahllose Kooperationen mit Marken zu verwässern droht. Allerdings ist es in diesem Bereich eher so, dass die Influencer, weil sie es sich auch finanziell leisten können, wählerischer sind, was Kooperationen angeht. Zudem werden sie oft auch von persönlichen Agenten oder Managern in dieser Hinsicht professioneller beraten.

Exkurs: Corporate Influencer

Eine verhältnismäßig neue Erscheinung, die hier jedoch nur am Rande gestreift werden kann, sind sogenannte Corporate Influencer. Hierbei handelt sich um Angestellte, die auf ihren privaten Social-Media-Kanälen aus freien Stücken im Sinne ihres Arbeitgebers interagieren. Während es bei inhabergeführten Unternehmen mittlerweile schon fast selbstverständlich ist, dass die Inhaber auf Facebook, Twitter und zunehmend auch auf LinkedIn Botschaften rund um ihr Unternehmen verkünden und mit der interessierten Öffentlichkeit interagieren, so stellen Konzerne wie Daimler mittlerweile bekannte Blogger für die Unternehmenskommunikation ein oder bilden sogar, wie es das Versandhaus Otto tut, ganz normale und in Sachen Social Media auch noch unerfahrene Mitarbeiter zu Corporate Influencern aus (Zimmer 2017).

10.4.4 Wie gehe ich mit Anfragen von Unternehmen um?

Früher oder später trifft es jeden, der auf Social Media aktiv ist und über eine gewisse Anzahl an Followern verfügt: Man erhält die Anfrage von einem Unternehmen oder einer beauftragten Agentur. Natürlich ist allen Beteiligten klar, dass hinter der Übersendung eines Produktes oder der Einladung zu einem Event ein geschäftliches Interesse steckt, schließlich handelt es sich um eine Marketingmaßnahme.

Nicht selten lassen die Anfragenden den Influencer im Unklaren, was die Erwartungshaltung angeht. Unangenehm kann es dann schon sein, wenn im Anschluss regelmäßig seitens des Unternehmens oder der Agentur nachgefragt wird, ob denn noch die Veröffentlichung eines Postings erfolgt. Insofern sollte man als Influencer – bei aller berechtigten Freude – bei einer Anfrage umgehend in den professionellen Modus umschalten, um ganz offen in Erfahrung zu bringen, was die andere Seite sich von der Zusammenarbeit verspricht und wie die Rahmenbedingungen aussehen. Während dies für erfahrene Influencer eine Selbstverständlichkeit ist, schrecken Einsteiger oft davor zurück. Die Anfrage der Marke zeigt jedoch, dass das Unternehmen an einer Zusammenarbeit interessiert ist – und hier sollte man auch als Micro-Influencer selbstbewusst auftreten. Auch wenn vielleicht kein oder nur ein kleines Honorar für den zeitlichen Aufwand der Content-Produktion gezahlt wird, sollten bei der Teilnahme an Events zumindest Spesen wie Fahrtkosten und gegebenenfalls Übernachtung vom Auftraggeber übernommen werden.

10.4.5 Wie pitche ich als Influencer Projekte?

Heute ist es üblich, dass Influencer von Unternehmen angesprochen werden. Genauso üblich ist es aber mittlerweile auch, dass Influencer mit ihren Projektideen selbst aktiv auf Unternehmen zugehen. Gründe hierfür können sein, dass entweder keine oder wenig Anfragen von Unternehmen kommen – oder dass man als Influencer einmal mit einer ganz bestimmten „Love Brand" zusammenarbeiten möchte. Das ist nichts Ehrenrühriges, sondern gehört mittlerweile im professionellen Umgang zwischen Brands und Influencern zum Tagesgeschäft. Nicht wenige Unternehmen sind sogar froh darüber, wenn Influencer mit guten Ideen auf sie zukommen, spart dies manchmal doch sogar die Beauftragung einer eigenen Agentur.

Von Vorteil erweist sich bei diesem Vorgehen häufig, dass die Influencer selbst ein gutes Gespür dafür haben, was genau die eigenen Follower interessiert und welche Art von Content gut funktioniert. Gerade in Branchen, in denen die Zahl von möglichen Influencern sehr groß ist, z. B. für die Tourismusbranche, ist es mittlerweile üblich, dass Influencer ihre eigenen Projekte akquirieren.

Jedoch sollte man sich als Influencer nichts vormachen. So weit, dass in den Marketingabteilungen rund um die Uhr jemand sitzt, der auf eingehende Kooperationsvorschläge von Influencern wartet, sind wir noch nicht. Wer als Influencer mit seinem Angebot bei einem Unternehmen auch wirklich landen will, muss sich schon etwas

Mühe geben. Wichtig dabei ist zunächst einmal, den richtigen Ansprechpartner in Erfahrung zu bringen. Das kann ein interner Brand Manager sein, oft ist das Thema Influencer aber an PR- und Digitalagenturen delegiert. Hier hilft oft eine einfache Recherche im Web, insbesondere Fachblättern wie Werben und Verkaufen und Horizont geben hier Auskunft. Genauso hilfreich kann sich auch eine Recherche auf XING oder LinkedIn erweisen.

Hat man als Influencer die richtige Kontaktperson ausfindig gemacht, sollte man dieser prägnant in einem One-Pager das eigene Projekt schildern. Selbstverständlich muss man das Konzept erklären (Idee, Zielgruppe, Umsetzung, Budget etc.) und eine möglichst schmackhafte Begründung liefern, warum die Kooperation für das Unternehmen von Nutzen ist. Im beiliegenden Mediakit sollte sich der Influencer mit seinen Kanälen und wesentlichen KPIs (Follower-Zahl, tatsächliche Reichweiten, Zielgruppen etc.) selbst vorstellen.

Je höher die Übereinstimmung der vorgeschlagenen Maßnahme mit den Zielen des Unternehmens und je passender der Influencer für die Marke ist, desto höher ist natürlich auch die Chance auf eine fruchtbare Zusammenarbeit.

10.4.6 Personal Branding: Welche Projekte passen zu mir?

Grundsätzlich gibt es bei der Suche nach geeigneten Kooperationspartnern zwei konträre Ansätze. Entweder man sucht als Unternehmen einen Influencer, der mit seinem Content und seiner Zielgruppe möglichst gut zu der eigenen Marke passt. Oder man geht bewusst den Weg, dass man mit einem branchenfremden Influencer versucht, aus diesem Muster auszubrechen, um ganz andere, neue Zielgruppen zu erreichen.

Natürlich hängt die Vermittelbarkeit auch immer sehr stark von der jeweiligen Branche ab. Ein Travel-Influencer hat es auf dem Weg zu seiner Destination sicher leichter, ein schickes Cabriolet auf seinem Kanal zu zeigen, als ein Food-Influencer. Nicht, dass dies ein Ding der Unmöglichkeit wäre. Allerdings bedarf es für den Food-Influencer doch deutlich mehr Kreativität, seinen Fans ein Auto schmackhaft zu machen, als dies bei einem Lebensmittel-Lieferservice der Fall wäre.

Aus Sicht des Influencers kann es durchaus attraktiv sein, aus dem gewohnten Branchen-Portfolio auszubrechen und auch einmal etwas Neues zu wagen. Allerdings sollte man dies nur sehr fein dosiert tun, um die eigene Marke in die Beliebigkeit abgleiten zu lassen. Erfahrungsgemäß ist es so, dass die Fans den Kanal ihres Lieblings-Influencers aus einem bestimmten Grund abonniert haben, z. B., weil dieser regelmäßig tolle Rezepte und Food-Inspirationen auf seinem Instagram-Kanal zeigt. Sollte sich dieser Kanal nun jedoch zu einem Food- und Auto-Kanal entwickeln, ist die Wahrscheinlichkeit groß, dass sich hier weder Food- noch Automobilinteressierte so ganz vertreten fühlen. Tendenziell funktioniert Content, den die Follower auch auf dem jeweiligen Kanal erwarten, deutlich besser als Inhalte, die inhaltlich oder visuell, sehr stark aus der Reihe fallen.

10.4.7 Schnelles Geld vs. langfristige Strategie

Angesichts des derzeitigen Hypes rund um das Thema Influencer-Marketing neigen auch Unternehmen – nicht zuletzt wegen immer mäßigeren Erfolgen im Display Advertising, da einfache Banner immer häufiger Adblockern zum Opfer fallen – zu Schnellschüssen. Auch wenn es sicher zu viel wäre, von einer Goldgräberstimmung zu sprechen, so ist das Interesse seitens der Brands, jetzt „auch mal etwas mit Influencern zu machen", groß. Angesichts dieser Tatsache kann man es Influencern nicht verübeln, dass sie das Eisen schmieden, solange es noch heiß ist. Hier und da sehen wir Kampagnen, bei denen man als Beobachter davon ausgehen kann, dass die beteiligten Influencer vom schnellen Geld gelockt wurden. Wer als Influencer jedoch langfristig erfolgreich sein will, der denkt an seine eigene Reputation und schlägt Kooperationen mit Unternehmen, die so gar nicht zu einem passen wollen, auch mal aus.

10.4.8 Brauche ich ein Blog oder reicht Erfolg auf Social-Media-Kanälen?

Die meisten Influencer verfügen über einen Hauptkanal, auf dem sie richtig erfolgreich sind. Reichweitenstarken YouTubern ist es bislang am besten gelungen, ihre Fans auch auf andere Kanäle mitzunehmen, so zählen die Beauty-YouTuberinnen Dagi Bee und Bibis Beauty Palace auch auf Instagram zu den größten Accounts in Deutschland. Auch als 2016 der Hype rund um Snapchat begann, waren es vor allem YouTuber, die dort schnell beträchtliche Reichweiten aufgebaut haben. Dies ist naheliegend, sind sie doch in der Lage, auch selbst vor der Kamera zu agieren – eine Fähigkeit, die nur den wenigsten erfolgreichen Fotografen auf Instagram in die Wiege gelegt ist.

Grundsätzlich ist es auch für Unternehmen attraktiv, wenn ein Influencer auf mehreren Kanälen über eine nennenswerte Reichweite verfügt, besteht doch die Chance, den einmal mit viel Mühe kreierten Content gleich über mehrere Kanäle zu streuen. Hatte man noch bis etwa 2015 den Eindruck, dass Blogs gegenüber Influencern ins Hintertreffen geraten, so scheint dieser Trend mittlerweile gestoppt. Immer mehr Unternehmen fragen auch Influencer gezielt nach Blogbeiträgen. Und während es langjährigen Bloggern häufig nicht gelungen ist, ihre Social-Media-Kanäle aufzubauen, so haben mittlerweile zahlreiche Social-Media-Influencer ein eigenes Blog gestartet. Der Vorteil liegt für Influencer und Unternehmen auf der Hand: Es wird Content kreiert, der unabhängig von den Social Networks im Netz gefunden werden kann – und das dauerhaft. Aus Blogs heraus kann problemlos auf die Unternehmens-Websites verlinkt werden – was Vorteile für die Suchmaschinenoptimierung mit sich bringt. Und das Blog dient dem Influencer als Portfolio – was vorteilhaft bei der Akquisition von neuen Projekten ist. Ein Blog ist zwar nicht zwingend erforderlich, aber es hilft.

Literatur

Bertling, S. (2016), Mit der G-Klasse durch die Dolomiten, https://blog.daimler.com/2016/10/27/mbdolomates-mit-der-g-klasse-durch-die-dolomiten/. Zugegriffen: 27.12.2017

Boie, J. (2010), Blogger gegen Blogger, http://www.sueddeutsche.de/digital/kritik-an-vodafone-werbung-blogger-gegen-blogger-1.173202. Zugegriffen: 27.12.2017

Breyer, C. (2017), Wie Mercedes-Benz seine Marke verjüngt, https://www.wuv.de/marketing/wie_mercedes_benz_seine_marke_verjuengt. Zugegriffen: 27.12.2017

Bruns, S. (2016), So funktioniert Instagram-Takeover für Marken und Influencer. https://www.wuv.de/digital/so_funktioniert_instagram_takeover_fuer_marken_und_influencer. Zugegriffen: 29.12.2017

Dornis, V., Slavik, A. (2017), Influencer sind meist Laien, die jetzt den Profis Konkurrenz machen, http://www.sueddeutsche.de/wirtschaft/influencer-influencer-die-neue-marketing-macht-1.3658317. Zugegriffen: 27.12.2017

Gabler, T. (2017), #ShowWhatYouLove: Photocademy Food, https://www.udg.de/blog/influencer-marketing-fuer-huawei. Zugegriffen: 27.12.2017

John, P. (2016), Diese drei Instagram-Kampagnen verdienen Gold, http://www.horizont.net/marketing/kommentare/Influencer-Marketing-zu-Olympia-Diese-drei-Instagram-Kampagnen-verdienen-Gold-142165. Zugegriffen: 29.12.2017

Löhr, J. (2017), Die geheimen Verführer aus dem Netz, http://plus.faz.net/unternehmen/2017-09-04/die-geheimen-verfuehrer-aus-dem-netz/50525.html. Zugegriffen: 04.09.2017

Meyer, T. (2017), Influencer Marketing: „Es wurde genug gebashed, aber auch genug geträumt", https://www.trendingtopics.at/influencer-marketing-teil-1/. Zugegriffen: 27.12.2017

Puscher, F. (2015), Bibi hebt Drogeriemarke dm aus den Angeln, http://www.absatzwirtschaft.de/bibi-hebt-dm-aus-den-angeln-68367. Zugegriffen: 27.12.2017

Rabaa, N. (2017) Die beknackteste Werbekampagne, seit es Waschmittel gibt, http://www.bento.de/haha/coral-diese-werbekampagne-ist-die-beknackteste-seit-es-waschmittel-gibt-1521787/. Zugegriffen:18.07.2017

Samsungmobile_de (2017), https://www.instagram.com/samsungmobile_de/. Zugegriffen: 27.12.2017

Schobelt, F. (2016), Einhorn''-Schoki legt Shop von Ritter Sport lahm, https://www.wuv.de/marketing/einhorn_schoki_legt_shop_von_ritter_sport_lahm. Zugegriffen: 27.12.2017

Schwenzel, F. (2006), Ich bin käuflich, http://wirres.net/article/articleview/3647/1/6/. Zugegriffen: 27.12.2017

Watzlawik, Paul, Menschliche Kommunikation: Formen, Störungen, Paradoxien, Verlag Huber Hans, 2000, Bern

W&V Redaktion (2017), Das Netz spottet über die Coral-Influencer, https://www.wuv.de/digital/das_netz_spottet_ueber_die_coral_influencer. Zugegriffen: 27.12.2017

Zimmer, F. (2017), Otto bildet über 100 Influencer aus, https://www.wuv.de/marketing/otto_bildet_ueber_100_influencer_aus. Zugegriffen: 29.12.2017

Weiterführende Literatur

Krüger, André, Woher kommen plötzlich all diese Influencer, in werben & verkaufen 28. Juni 2016, https://www.wuv.de/marketing/woher_kommen_ploetzlich_all_diese_influencer. Zugegriffen: 02.01.2018

Krüger, André, Das Influencer Marketing ist kaputt, in werben & verkaufen 01. Juni 2017, https://www.wuv.de/marketing/das_influencer_marketing_ist_kaputt. Zugegriffen: 02.01.2018

Über den Autor

 **André Krüger** ist Freelance Digital Creative, Speaker und Autor. In Zusammenarbeit mit Agenturen oder im direkten Kundenauftrag entwickelt er Kommunikationsstrategien und -konzepte unter anderem für Unternehmen aus den Branchen Automobil, Luftfahrt, FMCG, Handel, Tourismus und Kultur sowie Ministerien, Behörden und Verbände.

Darüber hinaus wirkt er gelegentlich selbst als Influencer. Seit 2006 betreibt er boschblog.de, ein Fachblog für Alltagskultur, und ist seit den Anfängen der sozialen Netzwerke auf Twitter und Instagram unter dem Pseudonym @bosch aktiv.

Da er beide Seiten aus eigener Erfahrung kennt, widmet er sich sowohl den Herausforderungen für Unternehmen und Agenturen als auch den Herausforderungen für Influencer – und empfiehlt für ein besseres Verständnis allen Beteiligten ausdrücklich die Lektüre beider Abschnitte.

mail@andrekrueger.cc

Gemeinsame Sache – Warum es für Creator so wichtig ist, Netzwerke zu bilden und Kontakte zu knüpfen. Und wie man es richtigmacht

11

Moritz Meyer

Inhaltsverzeichnis

M. Meyer (✉)
Köln, Deutschland
E-Mail: mail@moritz-meyer.net

© Springer Fachmedien Wiesbaden GmbH, ein Teil von Springer Nature 2018
M. Jahnke (Hrsg.), *Influencer Marketing*,
https://doi.org/10.1007/978-3-658-20854-7_11

Zusammenfassung

Im Sommer 2011 trafen sich ein gutes Dutzend der erfolgreichsten YouTuber Deutschlands, um sich zum ersten deutschen Online-Video-Netzwerk „Mediakraft" zusammenzuschließen. Damit kam eine Entwicklung in Deutschland an, die in den USA schon lange Fahrt aufgenommen hatte. Nun galt es, gezielt Reichweite aufzubauen und Zielgruppen zu bedienen. Plötzlich mussten Verträge verhandelt, abgeschlossen und erfüllt werden. Mehr Produktionsqualität war gefordert. Das alles wollten „Mediakraft" und andere der nach amerikanischem Vorbild neu gegründeten „Multi-Channel-Networks" (MCN) liefern.

Inzwischen hat sich die Branche weiterentwickelt. Und damit auch das ursprünglich auf Reichweite ausgerichtete Geschäftsmodell der Netzwerke. Inzwischen dominieren „Influencer-Plattformen" die Szene, die darauf setzen, Marken und Netz-Persönlichkeiten auf kurzem Weg zusammenzubringen. Das funktioniert, weil das Produktionsniveau inzwischen viel höher ist als noch zu Beginn der „Online-Videorevolution". Die Professionalisierung der Branche erreicht inzwischen auch die Hochschulen: Eigene Studiengänge beschäftigen sich schon heute gezielt mit dem Erstellen von Inhalten und dem Aufbau von Reichweiten in Social Media.

11.1   Ohne Netzwerk geht es nicht

Es ist wohl eines der nervigsten Vorurteile, die es zu Social Media gibt: Dinge im Internet zu posten macht die Menschen einsam und isoliert. Das Gegenteil ist richtig: Gerade die Menschen, die mit Inhalten auf sozialen Netzwerken und Videoplattformen besonders erfolgreich sind, müssen Meister darin sein, Kooperationen zu schließen und stets die richtigen Leute finden, mit denen sich eine Zusammenarbeit lohnt. Sich klug zu vernetzen, ist eine der wichtigsten Fähigkeiten, die man als Creator und Influencer überhaupt haben kann.

Rund 600 h Videomaterial werden auf YouTube pro Minute hochgeladen. Auf Instagram erscheinen täglich fast 100 Mio. neue Fotos und Videos. Es ist eine Menge an veröffentlichten Inhalten, die längst jede Vorstellungskraft sprengt. Als Einzelkämpfer ist es so gut wie unmöglich, aus dieser Masse herauszuragen. Jeder Creator benötigt heute über kurz oder lang Unterstützung, wenn er langfristig Erfolg haben möchte und von seiner Tätigkeit leben möchte.

Dabei funktioniert Vernetzung auf vielen verschiedenen Ebenen: Befreundete Creator helfen bei der Produktion und man unterstützt sich gegenseitig mit Cross-Promotion. Dienstleister wie Online-Video-Netzwerke helfen, die unterschiedlichen Kanäle und Plattformen zu managen, und bei der Optimierung der Inhalte. Agenturen und Influencer-Plattformen stellen den Kontakt zu Marken her und eröffnen neue Wege, seine Inhalte zu vermarkten. Doch entsteht so ein Netzwerk nicht von alleine. Genauso wie man sich seine Community erarbeiten muss, wollen auch Kontakte gehegt und gepflegt werden. Wer das schafft, wird nicht nur seine Inhalte verbessern und mehr Menschen damit erreichen. Er legt auch den Grundstein für eine langfristige Karriere in der Medienbranche.

Dieser Beitrag gibt einen Überblick darüber, wie Creator und Influencer sich vernetzen, welche Plattformen dafür wichtig sind und auf welchen Veranstaltungen man Kontakte knüpfen kann.

11.2   Social-Media-Evolution: Von Netzwerken zu Influencer-Plattformen

Im Sommer 2011 trafen sich ein gutes Dutzend der erfolgreichsten YouTuber Deutschlands in Hamburg, um sich zum ersten deutschen Online-Video-Netzwerk „Mediakraft" zusammenzuschließen. Zu den ersten „Netzwerkern" gehörten die Comedy-Truppe Y-Titty, Vlogger iBlali, Musik- und Tech-YouTuber AlexiBexi oder die zu der Zeit erfolgreichste Beauty- und Lifestyle-Vloggerin Nilam Farooq alias „Daaruum".

Die Geschäftsleitung des neuen Unternehmens übernahmen der erfahrene YouTube- und TV-Produzent Christoph Krachten, der international vernetzte Entrepreneur Spartacus Olsson und Jan Schlüter, der als einer der ersten in Deutschland damit begonnen hatte, YouTube-Inhalte gezielt an Werbekunden zu vermarkten. Es war eine Mischung aus Unternehmern, Künstlern und Medienprofis, die gemeinsam einen völlig neuen Typus von Medienunternehmen schuf. Doch was ist überhaupt ein Online-Video-Netzwerk oder „Multi-Channel-Network", wie diese Unternehmen in den USA genannt werden?

11.2.1   Die ersten Kollabos

Um die Entstehung und Funktion der Netzwerke zu verstehen, muss man bis in die Anfänge von YouTube zurückreisen. Als YouTube im Jahr 2005 von Jawed Karim, Steve Chen und Chad Hurley gegründet wurde, hatten die Gründer zunächst mal eine Plattform im Sinn, die es jedem Nutzer ermöglichen sollte, möglichst einfach eigene Videos im Internet zu verbreiten. Folgerichtig waren die Inhalte auf YouTube in den Anfangsjahren sehr stark vom Zufall bestimmt. Es war das Prinzip des „User Generated Content", aus dessen Masse immer wieder virale Hits herausragten. Die Urheber dieser Clips veröffentlichten ihre Inhalte mehr oder weniger planlos und wurden zumeist von ihrer plötzlichen Popularität überrascht. Paradebeispiel wäre das Video „Charlie bit my finger", (HDCYT 2017) das bis heute mehrere Hundert Millionen Mal auf YouTube angesehen wurde. Es zeigt einen kleinen Jungen, der seinem großen Bruder in den Finger beißt. Hochgeladen wurde es ursprünglich vom Vater der beiden Jungs, der den Clip lediglich seinen Verwandten zeigen wollte. Andere, bekannte Videos dieser Kategorie sind das „Zombie Kid" („I like turtles") (3mediapro 2007) oder die eigenwillige Webcam-Version des Songs „Dragosta din tei" von Gary Brolsma („Numa Numa") (Dork Daily 2006).

Mit der Zeit begannen immer mehr, vor allem junge Menschen, die Plattform zu nutzen, um sich und ihren Alltag im Netz zu zeigen. Sie verstanden YouTube nicht als die mediale Einbahnstraße, die das Fernsehen aus ihrer Sicht darstellte. Für die junge Generation war YouTube ein Dialogmedium, um sich mit Gleichaltrigen und Gleichgesinnten über Dinge auszutauschen, die sie in ihrem Alltag beschäftigten. Eine ganze Generation hatte sich auf YouTube, weitgehend unbehelligt von etablierten Medienanbietern, ihr eigenes Programm erschaffen. Und damit die Art und Weise revolutioniert, wie wir Bewegtbild erstellen, verbreiten und konsumieren.

Bereits in dieser frühen Phase der Online-Video-Bewegung entstanden die ersten, losen Kollaborationen von Künstlern. Die Gründe dafür lagen auf der Hand: Erstens machte es mehr Spaß, Videos gemeinsam zu produzieren. Zweitens verbesserte sich die Produktionsqualität merklich, wenn man sich gegenseitig mit Ausrüstung und Fachwissen unterstützen konnte. Drittens wirkte sich eine Zusammenarbeit mit einem anderen Künstler meist positiv auf die eigene Reichweite aus, da man gegenseitig die Zuschauer aufeinander aufmerksam machen konnte. Es dauerte nicht lange und aus freundschaftlichen Verbindungen wurden Geschäftsbeziehungen: In Deutschland hatte sich z. B. eine Gruppe von Beauty- und Lifestyle-Vloggerinnen zusammengetan: Die YouTuberinnen „xKarenina", „Vorstadtcinderella", „Lynniieee" und „Koko von Kosmo" bildeten schon 2009 als „Frag die Gurus" eine Art Prototyp der späteren Netzwerke (Sanagou 2015). „Frag die Gurus" organisierte nicht nur gegenseitige Cross-Promotion, sondern unternahm auch erste Versuche, die eigenen Inhalte gemeinsam zu vermarkten, z. B. mit einer eigenen Kosmetiklinie. Zur damaligen Zeit, als die meisten YouTuber buchstäblich noch in den Kinderschuhen steckten, waren das geradezu revolutionäre Ideen.

Parallel dazu hatte sich auch auf YouTube einiges getan. Die Videoplattform war im Jahr 2006 von Google gekauft worden. Der Internetgigant versuchte nun, ein tragfähiges Geschäftsmodell für YouTube zu entwickeln. Im Mittelpunkt dieser Überlegungen standen die neuen Videomacher, deren Reichweite Google nun an Werbekunden vermarkten wollte. An den erzielten Einnahmen sollten die Künstler beteiligt werden. Das sogenannte „Partnerprogramm", gestartet im Jahr 2008, war der entscheidende Schritt zur Professionalisierung, aber auch zur Kommerzialisierung von YouTube. Auf einmal war es möglich, mit Videos auf YouTube Geld zu verdienen. Es war der Abschied vom Modell des „User Generated Content", der schlicht und ergreifend nicht vermarktbar war. Googles erklärtes Ziel war (und ist es immer noch), mit den etablierten TV-Sendern um Werbebudgets zu konkurrieren. Dazu benötigte YouTube aber Inhalte, die auch auf Fernsehstandard produziert waren. Die Creator sollten ihre Inhalte von nun regelmäßig, zuverlässig und professionell verbreiten.

Einfach „nur" Videos für ein paar Fans zu machen reichte nicht mehr. Nun galt es, gezielt neue Zuschauer zu gewinnen, die Klickzahlen für die eigenen Videos zu erhöhen und die für die Werbung relevanten Zielgruppen zu bedienen. Auf einmal mussten die Künstler mit den Werbe- und Geschäftspartnern Verträge verhandeln, abschließen und diese erfüllen. Damit stiegen auch die Ansprüche an die bislang bestenfalls halb professionell produzierenden YouTuber. Mehr Produktionsqualität war gefordert. Für die oft gerade mal volljährigen Videomacher war das eine neue Welt.

11.2.2 Professionalisierung durch Netzwerke

Es dauerte nicht lange und es entstanden die ersten Online-Video-Netzwerke in Deutschland. Auf dem amerikanischen Markt hatten sich bereits Allianzen von Künstlern, Vermarktern und Medienunternehmern gebildet. „Machinima" war ein solches Netzwerk, das, mit dem Fokus auf Gaming-Inhalte, Hunderte, später Tausende Kanäle in einem dieser „Multi-Channel-Networks" vereinte. Während die Künstler sich auf ihre Videos konzentrieren konnten, handelte das Netzwerk mit den Gaming-Publishern Bedingungen aus, zu denen die **Let's Player** die Spiele auf YouTube präsentieren konnten, ohne in Konflikt mit Urheber- und Markenrechtsverletzungen zu kommen. Bis heute ist das **„Rights Management"** eine der wichtigsten Dienstleistungen der Netzwerke: Einerseits erstellen die Künstler eine Vielzahl eigener Inhalte, an denen sie schützenswerte Verwertungsrechte haben. Andererseits stellen Dritte auch immer wieder Ansprüche an die Künstler, etwa, wenn in Videos Musik genutzt wurde, ohne dass zuvor die Rechte geklärt wurden. Indem Netzwerke derartige Konflikte mit YouTube und den Rechteinhabern regelten, erleichterten sie den Kreativen ihre Arbeit erheblich. Und trugen dazu bei, die bis dahin weitgehend unregulierte Plattform den Spielregeln der Medienbranche zu unterwerfen.

Die gegenseitige Unterstützung der Künstler, die bis dahin auf privater und informeller Ebene stattgefunden hatte, wurde nun weiter institutionalisiert. Die Netzwerke begannen damit, diese Abläufe zu professionalisieren und zu mechanisieren. Nun wurden Kanäle gezielt „optimiert". Durch die Analyse von Hunderten von Kanälen waren die Netzwerke schnell in der Lage, die Faktoren zu identifizieren, die für erfolgreiche Inhalte ausschlaggebend waren. Dazu gehörten z. B. feste Upload-Tage oder aussagekräftige Vorschaubilder (Thumbnails). Man lud die YouTuber zu gemeinsamen Drehs in die eigenen Studios ein und brachte gezielt die Künstler zusammen, bei denen man großes Potenzial für Reichweitenvergrößerung sah. Auch der Wissenstransfer spielte eine Rolle. In von den Netzwerken organisierten Workshops gaben die erfolgreichsten YouTuber ihre Tipps und Tricks an andere, jüngere Künstler weiter. Mechaniken wie das Liken von Videos oder die Kommentarfunktion wurden strategisch eingesetzt, um die Reichweite einzelner Videos oder ganzer Kanäle zu vergrößern.

Wie erfolgreich diese Mechanismen wirken können, wenn sie gezielt eingesetzt werden, zeigte der Start des Comedy-Kanals „Ponk" von Mediakraft. Ponk war Teil der „Original Programming Initiative". Mit diesem Programm gab Google weltweit mehreren Dutzend Kanälen eine Vorfinanzierung. Ziel war es, die Produktionsqualität zu verbessern und die Zahl der Videos zu erhöhen. Außerdem sollten professionelle Produzenten angelockt werden. In Deutschland waren z. B. Endemol und Ufa Teil des Original-Programming.

Zahlreiche YouTuber aus dem Mediakraft-Netzwerk hatten schon Wochen vor dem Start damit begonnen, auf Ponk aufmerksam zu machen und die Spannung anzuheizen. Als das erste Video schließlich an den Start ging, hatte der Kanal schon 24 h später mehr als 100.000 neue Abonnenten gewonnen. Und das ohne einen Cent für zusätzliche

Werbung auszugeben. Nicht nur für die damalige Zeit war das ein rasantes Wachstum. Ponk zeigte endgültig, dass das Netzwerkprinzip funktionierte. „Ponk" sendete noch bis 2015. Nachdem der Cast wiederholt gewechselt hatte, gelang es irgendwann nicht mehr, an alte Erfolge anzuknüpfen und das Projekt wurde, wie viele andere Original-Channels auch, eingestellt. Inzwischen hat Google alle eigenen Verweise auf die „Original Programming Initiative" entfernt.

11.2.3 Das Missverständnis

Nach den ersten Erfolgen bekamen die Netzwerke allerdings eine Reihe von Problemen, die sie letztlich dazu zwangen, ihr Geschäftsmodell zu ändern. Ein grundlegendes Missverständnis bei den Netzwerken war dabei der Begriff an sich. Im anglo-amerikanischen Raum bezeichnet man mit „Network" eine Sendergruppe im Fernsehen. Die „Multi-Channel-Networks" waren also TV-Stationen, die aus vielen, einzelnen Kanälen bestanden und ausschließlich online sendeten. In den USA bestand nie ein Zweifel daran, dass es bei Netzwerken hauptsächlich darum ging, Inhalte zu erstellen, zu verbreiten und gewinnbringend zu vermarkten. Im Deutschen wäre darum die Bezeichnung „Online-TV-Sender" oder ein Wortungetüm wie „Multikanal-Fernsehsender" treffender gewesen.

Im Deutschen versteht man unter „Netzwerk" etwas völlig anderes. Laut Duden ist es „eine Gruppe von Menschen, die durch gemeinsame Ansichten, Interessen o. Ä. miteinander verbunden sind." (Duden o. J.) Verbundenheit durch gleiche Interessen war für die meisten YouTuber der Hauptgrund, überhaupt einem Netzwerk beizutreten. Sie erhofften sich dort Unterstützung und persönliche Betreuung für sich und ihre Kanäle. Und natürlich Cross-Promotion mit anderen YouTubern: Endlich gab es eine Institution, die den regelmäßigen, kreativen Austausch mit anderen YouTubern förderte. Am Anfang, als die Zahl der zugehörigen Künstler in einem Netzwerk noch überschaubar war, entsprach dies auch durchaus der Realität. Doch je mehr die Netzwerke wuchsen und desto mehr Kanäle sie unter Vertrag nahmen, desto weniger konnten sie die in sie gesetzten Ansprüche erfüllen. Und eigentlich wollten sie das auch gar nicht. YouTuber auf diese Art und Weise rund um die Uhr zu betreuen war schlicht unwirtschaftlich. Und je mehr Kanäle ein Netzwerk aufnahm, desto anspruchsvoller wurde die Betreuung. Die Netzwerke waren in eine Grube geraten, aus der sie herauszukommen versuchten, indem sie immer tiefer buddelten.

11.3   Neue Plattformen, neue Geschäftsmodelle

Mehr und mehr dämmerte auch vielen YouTubern, die mit ihren Aktivitäten nicht aus ökonomischen, sondern aus ganz persönlichen und altruistischen Motiven begonnen hatten, dass sie nun Bestandteil eines Wirtschaftsunternehmens waren. Zwangsläufig, und einer dem klassischen Fernsehen nicht unähnlichen Produktionslogik folgend, begannen die Netzwerke damit, aussichtsreiche und werbefreundliche Kanäle mehr und besser zu unterstützen. Die finanziellen und personellen Aufwendungen für kleinere oder weniger ambitionierte Videomacher wurden hingegen zurückgefahren. Womit für diese der ursprüngliche Mehrwert eines Netzwerks nicht mehr vorhanden war. Was als gemeinsames und revolutionäres Projekt von ein paar YouTubern und innovativen Medienmachern begonnen hatte, war nun knallhartes Business. Aber auch die Ansprüche der erfolgreichen Künstler hatten sich gewandelt.

Viele von ihnen hatten inzwischen den Status von Popstars erreicht, vergleichbar mit erfolgreichen Filmschauspielern und Musikstars. YouTuber zierten nun die Titelseiten von Teenie-Zeitschriften, gingen auf Tour und füllten Konzerthallen. Große Unternehmen wie Coca-Cola buchten sie als **Testimonials.** Wer so erfolgreich war, brauchte kein Netzwerk von Kumpels mehr, mit denen man gemeinsam Videos machen konnte. YouTuber brauchten jetzt ein Künstlermanagement. Derartige Strukturen aus dem Nichts aufzubauen, erwies sich vor allem für Branchen-Neulinge wie Mediakraft als große Herausforderung. Inzwischen hatten auch etablierte Medienunternehmen wie Pro7Sat1 oder Bertelsmann auf dem Online-Videomarkt Fuß gefasst. Diesen Milliardenkonzernen fiel es leichter, die nötigen Investitionen zu tätigen, um das Geschäftsmodell weiterzuentwickeln.

Aber auch auf der Ebene der Plattformen gab es nun Konkurrenz für YouTube. Facebook erreicht über sein Social Network und Instagram heute mindestens genauso viele Menschen mit Video-Inhalten wie die Google-Tochter, wenn nicht mehr. Dazu kommen die Livegaming-Plattform Twitch und die vor allem bei Teenagern beliebten Dienste Snapchat und musical.ly, die ähnlich wie einst YouTube, die Sehgewohnheiten der Zuschauer noch weiter veränderten. Die Creator hatten schnell erkannt, dass die Plattformvielfalt ganz neue Möglichkeiten zur Selbstvermarktung boten. Nun ging es nun hauptsächlich darum, möglichst schnell und einfach in Kontakt mit Marken und Unternehmen zu kommen. Es wurde nicht mehr ein einzelner YouTube-Kanal vermarktet. Sondern die Reichweite auf verschiedenen Plattformen.

Die Online-Creator hießen nun nicht mehr „YouTuber", sondern „Influencer". Und auf einmal wollten selbst Hersteller von Autoreifen oder Heizdecken „was mit Influencer-Marketing" machen. Langfristige Verträge mit Netzwerken waren da eher hinderlich. Das Geschäftsmodell der YouTube-Netzwerke hatte sich genauso schnell überlebt, wie es gekommen war. Es wurde abgelöst von Influencer-Plattformen wie Buzzbird, HashtagLove, HitchOn oder ReachHero.

Diese Plattformen funktionieren im Grunde wie **Marktplätze für Influencer und Unternehmen.** Auch hier unterscheiden sich die einzelnen Herangehensweisen und Geschäftsmodelle: Das Mainzer Start-up HitchOn bietet neben der Plattform auch Beratungsleistungen, Konzept- und Formatentwicklung und sogar Unterstützung bei der Produktion an. Die Hamburger Plattform HashtagLove setzt auf hohe Automatisierung des Kampagnenmanagements, kuratiert aber die Auswahl der Influencer. Andere, wie das Berliner Unternehmen Buzzbird, setzen auf eine skalierbare, weitestgehende automatisierte Abwicklung der einzelnen Influencer-Deals. Der Hauptunterschied zu den Netzwerken ist aber: Es gibt keine Exklusivverträge mehr mit den Künstlern. Im Gegenteil: Für die Creator ist es durchaus ratsam, sich auf mehreren Plattformen anzumelden. Im Idealfall entstehen so erste Kontakte zu Marken, die dann im Laufe der Zeit zu einer langfristigen und dauerhaften Geschäftsbeziehung führen.

Die aufzubauen ist nur ratsam. Denn allein auf die Plattformen als Einnahmequelle zu setzen, ist wenig verlässlich, wie YouTube gerade demonstriert. Das offene Werbemodell von YouTube, das es jedem Creator ermöglicht, seine Inhalte über das Partnerprogramm zu Geld zu machen, ist an seine Grenzen gestoßen. Aufwendige Produktionen mit anspruchsvollen Inhalten rechnen sich kaum. Was hingegen funktioniert, ist reißerischer, schnell und billig produzierter Trash-Content. Außerdem profitieren auch Produzenten extremistischer Inhalte davon, die sich ihre über die Plattform verbreiteten Aufrufe zu Hass und Gewalt von Google auch noch bezahlen lassen. Kein Wunder, dass die Werbeindustrie massiven Druck auf den Mutterkonzern von YouTube ausübte. Im Dezember 2017 verkündete Susan Wojcicki dann die Kehrtwende und versprach, „einen völlig neuen Ansatz, auf YouTube Werbung zu machen." (Wojcicki 2017). In Zukunft wolle man Inhalte besser und genauer überprüfen, ob sie werbefreundlich seien. Außerdem können die Kunden selbst bestimmen, in welchem Umfeld ihre Werbung gezeigt werden darf. Nachdem sich YouTube 2008 mit dem Partnerprogramm vom User Generated Content verabschiedet hat, wird gut zehn Jahre später das Ende der Creator-Ära eingeläutet.

11.4   Es gibt sie noch

Vom Markt verschwunden sind die Netzwerke dennoch nicht. Nur liegt der Fokus nicht mehr auf der Aggregation möglichst großer Reichweite. Sondern auf der Förderung und Vermarktung der aussichtsreichsten Künstler und Talente. Für diese Creator sind Netzwerke nach wie vor wertvolle Dienstleister beim Management der eigenen Kanäle auf den verschiedenen Plattformen. Auch beim Erstellen von Inhalten leisten sie immer noch einen wichtigen Beitrag, z. B., indem sie die Postproduktion und den Upload von Videos übernehmen oder den Zugang zu Musikbibliotheken ermöglichen. Darüber hinaus produzieren viele Netzwerke auch eigene Inhalte und Formate für die verschiedenen Plattformen.

Wer eine Karriere langfristig aufbauen will, wird es als Einzelkämpfer definitiv schwer haben. Sich frühzeitig Unterstützung zu holen, ist in jedem Fall ratsam. Dabei ist es gar nicht nötig, immer sofort bei den etablierten Marktführern wie Tube One oder Studio71 anzuklopfen. Es gibt eine Reihe kleinerer Unternehmen, die in ihren jeweiligen Nischen ebenso erfolgreich auftreten. So begleitet Ex-Mediakraft-Chef Christoph Krachten in Berlin mit seiner Agentur „United Creators" Talente auf ihrem Weg nach oben, darunter die mit dem Grimme-Online-Award ausgezeichneten „Dattltäter" oder den Comedy-Kanal „Die Junggesellen".

Im Bereich Beauty- und Lifestyle hat sich im beschaulichen Rheine/Westfalen „Die Netz-WG" einen Namen gemacht. Die Gründerin blickt auf eine langjährige Erfahrung im Online-Video-Geschäft zurück: Es ist Michaela Engelshowe alias Koko von Kosmo. Eine ihrer Mitarbeiterinnen ist im Übrigen „Vorstadtcinderella" Mara Schmitt, mit der sie schon 2009 „Frag die Gurus" ins Leben gerufen hatte. Was die wirtschaftliche und personelle Größe angeht, können diese kleinen Start-ups nicht mit den ganz großen Wettbewerbern konkurrieren. Dafür findet man bei ihnen das, was die Online-Video-Netzwerke am Anfang ausgemacht hat: familiäre Atmosphäre und persönliche Betreuung.

Die wichtigsten Netzwerke im Überblick

- **Studio71:** Das Netzwerk von ProSiebenSat.1 ist mit rund 16 Mrd. Videoabrufen im Monat das reichweitenstärkste MCN mit deutschen Wurzeln. Studio71 operiert weltweit. Webseite: www.Studio71.com
- **TubeOne** bezeichnet sich selbst als Social-Influencer-Agentur und managt rund 150 Kanäle. TubeOne ist Teil der Ströer-Gruppe. www.tubeone.com
- **Mediakraft** war bis Ende 2014 erfolgreichste deutsche MCN. Nachdem viele bekannte Creator das Netzwerk verlassen haben, ist die Reichweite aber zurückgegangen. Mediakraft gehört seit 2017 zum Gaming-Publisher „Gamigo". www.mediakraft.de
- **Divimove** ist neben Mediakraft das MCN, das am längsten auf dem deutschen Markt unterwegs ist. Divimove gehört über Fremantle Media zur RTL-Gruppe und damit zum Bertelsmann-Konzern. www.divimove.com
- **Funk** ist seit Oktober 2016 das Content-Netzwerk der öffentlich-rechtlichen Sender. Funk fungiert im Grunde als „Jugendsender" von ARD und ZDF und produziert inzwischen eine Reihe von Formaten auf YouTube, Snapchat und Facebook. Angebote von Funk sind grundsätzlich werbefrei. www.funk.net
- **The Allyance** hat sich vor allem, aber nicht nur, auf Gaming-Inhalte spezialisiert und ist nach Reichweite inzwischen das drittgrößte MCN in Deutschland. www.jointheallyance.de
- **Athletia Sports** hat sich von einem auf Sportinhalte spezialisierten MCN zu einem umfangreichen Digital-Dienstleister weiterentwickelt. Der Fokus liegt nach wie vor auf Sport. Zu Athletia gehört unter anderem Freekickerz, mit mehr als fünf Millionen Abonnenten der meistabonnierte deutsche YouTube-Kanal. www.athletiasports.de (Tab. 11.1)

Die wichtigsten Plattformen im Überblick

- **Buzzbird** ist eine Influencer-Plattform, auf der Unternehmen und Influencer weitgehend automatisiert Kampagnen abwickeln können. Gegründet wurde Buzzbird von Felix Hummels und Andreas Türck. Einer der Hauptinvestoren ist Studio71. www.buzzbird.de
- **Die Netz-WG** ist eine kleine Agentur mit Fokus auf Beauty- und Lifestyleinhalten mit Sitz in Rheine. www.die-netz-wg.de

Tab. 11.1 Reichweite der Netzwerke. (Goldhammer und Gugel 2017, auf Basis YouTube Channels in Deutschland, n = 12.048)

Netzwerk	Reichweite (Mrd. Views/M.)	Zugehörige Kanäle
Studio71	16,5	172
Tube One	13	158
Allyance network	9	295
Divimove	6	120
Broadband TV	5,5	586
Kontor Records	4	6
Athletia Sports	3	133
Mediakraft	3	309
Factory tv	2	35

- **HashtagLove** ist eine kuratierte Full-Service-Plattform für Influencer-Marketing und realisiert Kampagnen mit bis zu 300 Teilnehmern. Gegründet 2014 von Marlis Jahnke, betrieben von ihrer Digital-Agentur INPROMO. www.hashtaglove.de
- **HitchOn** ist eine Influencer-Plattform aus Mainz. Gegründet wurde sie von Sarah Kübler. Neben der Plattform produziert HitchOn auch zahlreiche Social-Media-Formate und Inhalte für Unternehmen und TV-Sender, insbesondere für die Öffentlich-Rechtlichen. Hauptinvestor bei HitchOn ist ZDF Enterprises. www.hitchon.de
- **ReachHero** ist ebenfalls eine Influencer-Plattform und schon seit 2015 am Markt. Die Samwer-Brüder und der Axel Springer-Verlag haben in das Start-up investiert. www.reachhero.de
- **United Creators** ist die Agentur für Künstlermanagement von Christoph Krachten, Gründer von Mediakraft und den VideoDays. www.unitedcreators.net

11.5   Netzwerk ohne Netzwerk: Facebook-Gruppen, lokale Communities und Vereine

Trotz der vielen Änderungen an Algorithmen, Plattformen und Rahmenbedingungen ist eins in all den Jahren gleich geblieben: Die Zusammenarbeit mit Gleichgesinnten ist nach wie vor einer der besten Wege, Erfahrungen zu sammeln, seine Inhalte zu verbessern und die eigene Bekanntheit zu steigern. Nachdem die Netzwerke sich von diesem Konzept, das mal ausschlaggebend für ihre Entstehung war, weitgehend verabschiedet haben, sind viele Künstler zu informellen Zusammenschlüssen zurückgekehrt.

11.5.1 Im Verein am schönsten

Auf lokaler Ebene haben sich in ganz Deutschland Initiativen gebildet mit dem Ziel, Künstler vor Ort zu vernetzen. Hervorzuheben wäre etwa der eingetragene Verein „301+", den eine Gruppe Berliner Creator rund um Superstar „LeFloid" im Jahr 2014 aufgebaut hat. Erklärtes Ziel war es, mit einer nicht-kommerziellen Vereinigung von YouTubern einen Gegenentwurf zu den an Reichweite und Umsatz orientierten Online-Video-Netzwerken zu schaffen.

Zu den Aktivitäten des Vereins gehört z. B. die gemeinschaftliche Organisation der jährlichen Wohltätigkeitsaktion „Loot für die Welt". Während eines zweitägigen Gaming-Live-Streams können die Zuschauer für verschiedene wohltätige Organisationen spenden. Regelmäßig kommen dabei sechsstellige Summen zusammen. Die Vereinsmitglieder äußern sich auch immer wieder kritisch über Entwicklungen in der Social-Media-Welt. Neben öffentlichkeitswirksamen Aktionen wie diesen übernimmt der Verein aber auch ganz alltägliche Aufgaben: Die Geschäftsstelle dient den Mitgliedern als gemeinsames Büro.

11.5.2 Lokale Communities

Mit Szenestars wie LeFloid oder den Spacefrogs an der Spitze hat „301plus" natürlich eine recht große Schlagkraft. Doch diese Form der selbst organisierten, lokalen Vernetzung funktioniert mindestens genauso gut für Künstler, die weniger bekannt sind. Ebenfalls in Berlin organisiert der YouTuber David Peter („Der Schlaumacher") einen monatlichen Stammtisch für die Creator vor Ort. Derartige Treffen, die meist über lokale Facebook-Gruppen organisiert werden, gibt es mittlerweile in vielen deutschen (Groß-) Städten, z. B. Leipzig, Hamburg, oder Nürnberg. Vor allem für Neulinge sind solche lokalen Webvideo-Gemeinschaften von immenser Bedeutung, um erste Erfahrungen in der Szene zu sammeln. Aber auch erfahrene Creator profitieren vom Austausch von Wissen und Ressourcen. Schließlich verfügt nicht jeder über eine vollwertige, professionelle Videoausrüstung.

Wie gut eine lokale Community funktioniert, hängt in ganz erheblichem Maß vom Engagement der Beteiligten ab. Einige der genannten Facebook-Gruppen zählen weit über 100 Mitglieder und haben mitunter sehr originelle Ideen, um ihre eigene Community zu beleben, z. B. eigene, kleine Webvideo-Awards. Solche Aktionen sind auch nötig, denn der große Unterschied zu einem „echten" Netzwerk ist: Hier gibt es kein Management, das einem die Arbeit und Organisation abnimmt. Dafür versucht YouTube, mit verschiedenen Initiativen lokale Creator-Communities zu stärken. In Deutschland gibt es derzeit acht **„YouTube-Ambassadors",** die als Bindeglied zwischen YouTube und der Creator-Szene lokale Veranstaltungen und Treffen organisieren; David Peter ist einer dieser Botschafter. Dazu gibt es in Berlin den offiziellen YouTube Creator Space, wo ebenfalls regelmäßig Workshops und Treffen stattfinden sollen.

Vergleichbare Gruppen finden sich auch für andere Social Networks. Insbesondere auf Instagram gibt es ebenfalls eine Reihe lokaler Communities. In der Regel verfügen diese auch über einen eigenen Account, über den regelmäßig die ungewöhnlichsten Bilder der Community-Mitglieder verbreitet werden. Für Köln gibt es z. B. die Community „Kölnergram", die sowohl auf Facebook als auch auf Instagram zu finden ist. Zu den Aktivitäten gehören monatliche Foto-Challenges auf der Plattform und regelmäßige, gemeinsame Instawalks. Sie eignen sich besonders, um mit Instagram-Profis in persönlichen Kontakt und Austausch zu kommen.

11.5.3 Im Grenzbereich: Like-Zirkel und Instagram-Pods

Dennoch soll an dieser Stelle nicht unerwähnt bleiben, dass für viele Creator immer noch im Vordergrund steht, möglichst schnell möglichst große Reichweite für die eigenen Inhalte zu erzielen. Insbesondere für Instagram haben sich regelrechte „Like-Zirkel" etabliert. In diesen schließen sich Influencer zusammen und organisieren per Facebook oder WhatsApp, wann wer welche Postings liken, kommentieren oder weiterempfehlen soll. Auf diese Weise wird der Algorithmus von Instagram dazu angeregt, bestimmte Bilder anderen Nutzern häufiger zu zeigen und vorzuschlagen. Als diese Praxis bekannt wurde, wurde den Influencern „Manipulation" vorgeworfen. Im Grunde passiert mit diesen „Like-Absprachen" aber genau das, was auch früher bei den Netzwerken im großen Stil gemacht wurde. Die Funktionalitäten der Plattform werden gezielt eingesetzt, um bestimmte Reichweiteneffekte zu erzielen. Letztendlich handelt es sich hier um eine besondere Form der Suchmaschinenoptimierung, die nicht per se verwerflich ist. In ethische und rechtliche Graubereiche kommt man ab dem Moment, ab dem derartige Interaktionen gegen Bezahlung angeboten werden. Spätestens jetzt bewegt man sich in einem Bereich, der nicht mehr seriös genannt werden kann. Da lohnt es sich doch eher, einfach zu einem „Creator-Stammtisch" zu gehen. Das ist garantiert unproblematisch. Und Kosten entstehen höchstens am Tresen.

Die wichtigsten Gruppierungen und lokalen Communities

- 301plus Der Berliner YouTube-Verein wurde von LeFloid und anderen bekannten Berliner YouTubern gegründet. Er versteht sich als Sprachrohr der Creator-Szene und äußert sich immer wieder kritisch zu bestimmten Entwicklungen auf YouTube.
- http://tubersclub.weebly.com/ Der Tubersclub ist ein Mittelding aus Netzwerk und Community und versucht ebenfalls, kleinere Creator lokal zu vernetzen. Dazu werden auch mehrtägige Workshops und Camps organisiert. Hinter dem Tubersclub steht die Stuttgarter Werbeagentur IMBC.
- http://tubegermany.de/ Die Webseite gibt einen Überblick über lokale Creator-Communities mit Links zu den jeweiligen Facebook-Gruppen.

- YouTube Creator Hub Auf dem Creator Hub finden sich viele Informationen für angehende YouTuber, Veranstaltungshinweise und Infos zu verschiedenen Community-Maßnahmen.
- Kölnergram ist eine von vielen lokalen Instagram-Communities in Deutschland. Neben monatlichen Hashtag-Challenges gibt es auch regelmäßige Treffen. https://www.facebook.com/koelnergram/

11.6   Veranstaltungen und Messen

Als weiteres, wichtiges Element der Vernetzung haben sich mittlerweile eine Reihe von Veranstaltungen etabliert. Auf Conventions, Messen oder Preisverleihungen können nicht nur Fans ihre Stars hautnah erleben. Clevere Creator nutzen diese Veranstaltungen, um sich mit anderen Künstlern zu vernetzen, Kontakte zu Marken und Unternehmen zu knüpfen und neue und spannende Inhalte zu erstellen.

11.6.1 Die VideoDays

Die bekannteste Veranstaltung dieser Art sind die inzwischen gut etablierten „Video-Days" in Köln, s. Abb. 11.1, 11.2 und 11.3. Stars wie „Die Lochis", „Y-Titty" oder „ApeCrime" sind hier erstmals vor großem Publikum auf einer Bühne aufgetreten. You-Tuber als die neuen Popstars: Das wurde im Wesentlichen durch die VideoDays möglich gemacht.

Gegründet und viele Jahre organisiert wurden die VideoDays von Christoph Krachten, dem Urgestein der deutschen YouTube-Szene. Krachten hatte mit seinem Kanal „Clixoom" als einer der wenigen Vertreter der „alten Medien" schon früh in der YouTube-Szene Fuß gefasst. Mit den „VideoDays" erfand er eine Veranstaltung, die zum größte Treffen von Online-Videostars mit ihren Fans in Europa werden sollte. Vorbild war einmal mehr eine ähnliche Veranstaltung aus den USA, die VidCon in Anaheim. Zum ersten Treffen in einem

Abb. 11.1 VideoDays Köln
2017, Lanxess Arena, Köln.
(Foto: Mielek/Hoederath)

Abb. 11.2 Die Gewinner der
PlayAwards. mirellativegal
(oben links), Bars and Melody
(oben rechts), Dagi Bee (unten
links) und Selina Mour (unten
rechts). VideoDays Koeln
2017, Lanxess Arena, Köln.
(Foto: Mielek/Hoederath)

Abb. 11.3 Die Gewinner
der Golden Play Button.
SKK (oben), Danny Jesden
(unten links) und izzi (unten
rechts). VideoDays Köln 2017,
Lanxess Arena, Köln. (Foto:
Mielek/Hoederath)

kleinen Nebenraum auf dem Gelände der Computerspiele-Messe „Gamescom" kamen freilich nur ein paar Hundert Hardcore-Fans, um YouTuber der ersten Stunde wie Y-Titty, Alberto oder Freshtorge zu treffen. Ein paar Jahre später kreischten schon 12.000 Teenies in der ausverkauften Lanxess-Arena in Köln.

11.6.2 Gamescom und andere Messen

Apropos Gamescom: Die Gaming-Veranstaltung ist für die Zocker-Szene der Jahres-höhepunkt. Und damit auch eine der wichtigsten Influencer-Veranstaltungen des Jah-res, die von Persönlichkeiten wie Gronkh, Dner oder Sturmwaffel geprägt wird. In der Öffentlichkeit dominieren von der Gamescom Bilder von Jugendlichen, die stundenlang Schlange stehen, um die neuesten Blockbuster-Spiele anspielen zu können. Für Influen-cer mindestens genauso wichtig ist aber die Fachmesse. Dort knüpfen sie wichtige Kon-takte zu Publishern und Spiele-Entwicklern und stellen so sicher, ihre Communities auch im nächsten Jahr mit hochwertigen Inhalten versorgen zu können. Derartige Fachmessen existieren natürlich nicht nur für die Gaming-Branche.

Von der Frankfurter Buchmesse über die Photokina in Köln bis hin zur Fitness-Messe „Fibo" gibt es für jeden Markt entsprechende Veranstaltungen, die man besuchen sollte, wenn man sich als Creator in dem entsprechenden Segment bewegt.

Natürlich gibt es auch Veranstaltungen, die sich speziell um Marketing im Allgemei-nen und Influencer-Marketing im Besonderen drehen. Auf der Dmexco in Köln oder den Online-Marketing Rockstars in Hamburg treffen sich Professionals aus der Branche und Markenverantwortliche aus Unternehmen, um über aktuelle Entwicklungen und die Zukunft der Szene zu diskutieren. Wer hierhin anreist, sollte auf jeden Fall vorher einen extra Stapel Visitenkarten einpacken. Wer lieber mit leichtem Gepäck reist, meldet sich eher beim „Influencer Camp" an, das im Herbst 2017 erstmals in Hamburg stattfand. Hier gibt es zwar keine großen Bühnen, auf denen Top-Speaker aus aller Welt wegwei-sende Keynotes halten. Dafür ist die Atmosphäre ungezwungener und persönlicher und die Gespräche praxisnäher als auf einer der gehypten Messen.

Neben den VideoDays haben sich inzwischen eine Reihe von Veranstaltungen etab-liert, die vor allem dem Zweck dienen, Creator mit ihren Fans in Kontakt zu bringen. Hervorzuheben wäre an dieser Stelle noch die „Glow-Convention", s. Abb. 11.4 und 11.5, die das Konzept der VideoDays weiterentwickelt und für den Bereich Beauty- und Lifestyle angepasst hat. Sie bringt nicht nur rund 200 Influencerinnen von YouTube und Instagram mit ihren Fans zusammen. Ein wesentlicher Teil des Erlebnisses sind die Stände von Kosmetik-, Food- und Lifestylemarken, an denen die Besucher Produkte tes-ten und natürlich auch direkt mitnehmen können. Parallel dazu gibt es Autogrammstun-den und ein Bühnenprogramm mit beliebten Stars. Es ist perfektes Influencer-Marketing live vor Ort. Das Konzept, Influencer, Marken und Fans an einem Ort zusammenzubrin-gen, funktioniert aber auch in Nischen. Im September 2017 fand erstmals die „GuitCon" statt. Die Veranstaltung richtete sich an Creator aus der Musik- und Gitarrenszene, die

Abb. 11.4 Autogrammstunde
mit Dagi Bee (grüne Haare):
Die Fans stehen auf der Glow
2017 in Berlin für ein paar
Sekunden mit ihrem Idol
stundenlang an. (Foto: Moritz
Meyer)

Abb. 11.5 Den Stars ganz
nah: Die Fans stehen auf der
Glow 2017 in Berlin Schlange,
um ein Selfie mit Influencerin
Diana zur Löwen zu ergattern.
(Foto: Moritz Meyer)

sich dort vernetzen und gemeinsam Videos drehen konnten, während Unternehmen aus der Branche Produkte rund um Musik und Gitarre präsentierten.

Neben dem Aspekt der Vernetzung haben diese Veranstaltungen noch einen weiteren, nicht zu unterschätzenden Effekt: Creator und meist auch andere Medien berichten über die Veranstaltung, während die Besucher ihre Erlebnisse in Social Networks teilen. Der dadurch kreierte Buzz wirkt sich meist positiv auf die Reichweite der eigenen Inhalte aus. Noch ein Grund mehr also, warum man sich auf jeden Fall einen Kalender mit den wichtigsten Veranstaltungen des Jahres anlegen sollte.

In einen solchen Kalender gehören aber nicht nur Großveranstaltungen und Messen. Wie schon bei den Netzwerken gilt: Manchmal ist weniger mehr. Lokale oder regionale Stammtische ermöglichen direkten Austausch auf Augenhöhe. In nahezu allen deutschen Großstädten finden inzwischen Barcamps statt, die manchmal gehaltvoller und inspirierender sein können, als eine mehrtägige Konferenz. Dazu hat man in den kleinen Runden eher die Gelegenheit, sich auch mal selbst mit einem Vortrag präsentieren zu können.

Die wichtigsten Influencer-Veranstaltungen in Deutschland

- **VideoDays** finden seit 2009 jedes Jahr in Köln statt und gelten als größte Community-Veranstaltung in Deutschland. Inzwischen werden sie vom MCN Divimove organisiert. www.videodays.eu
- **Glow-Convention** ist ein Mischung aus Jugendmesse und Fantreffen. Rund 200 Influencer und Influencerinnen kommen zu der Veranstaltung, die derzeit zweimal im Jahr stattfindet. www.glowcon.de
- **Online-Marketing Rockstars** sind eine große Marketing-Konferenz in Hamburg. Die OMRs sind für zwei Dinge bekannt: Erstens: Top Keynote-Speaker wie Casey Neistat. Zweitens: Eine legendäre Party. www.omr.com
- **Dmexco** ist eine Konferenz für digitales Marketing in Köln. www.dmexco.de
- **Republica** ist die größte Konferenz für die digitale Gesellschaft in Deutschland. Sie findet jedes Jahr im Mai in Berlin statt. www.re-publica.com
- **Deutscher Webvideopreis** ist der bedeutendste Medienpreis für Online-Video-Creator und wird jedes Jahr in Düsseldorf von der European Webvideo Academy veranstaltet. www.webvideopreis.de
- **Barcamps** sind offene Konferenzen. Manchmal ist ein bestimmtes Thema vorgegeben, wie etwa beim „Influencer Camp". Oft sind die Veranstaltungen aber auch offen und die Teilnehmer bestimmen die Agenda selbst. Eine Übersicht über Barcamps in Deutschland, Österreich und der Schweiz gibt es auf www.barcamp-liste.de.
- **Gamescom** ist eine der größten Computerspielmessen der Welt und sie ist auch eine der wichtigsten Influencer-Veranstaltungen des Jahres, vor allem natürlich für Streamer und Let's Player. Die Gamescom findet immer im August in Köln statt. www.gamescom.de
- **XXL-Tuberday** ist als eines der ersten regelmäßig organisierten YouTuber-Treffen in Deutschland bekannt geworden. Heute gehört auch der XXL-Tuberday zu den fest etablierten Veranstaltungen. Das Besondere: Er findet im Movie Park in Bottrop statt. www.xxl-tuberday.de

11.7 Studium: YouTuber

Zum Abschluss dieses Beitrags sei noch ein Thema erwähnt, das indirekt auch mit Vernetzung und Netzwerken zu tun hat. Die Webvideo-Szene hat sich in den letzten Jahren extrem professionalisiert. Wer heute als Creator beginnt, profitiert von dem Wissen und den Erfahrungen, die die erste Generation YouTuber gesammelt hat. Heute sind es nicht nur junge Menschen, die auf YouTube, Instagram oder Snapchat ihre Inhalte verbreiten. Unternehmen und Marken betreiben heute auf fast allen Plattformen eigene Profile, um sich eigene Zielgruppen aufzubauen. Dafür benötigen sie Menschen, die verstehen, wie soziale Netzwerke ticken und in der Lage sind, Inhalte entsprechend zu planen und zu produzieren.

Um es kurz zu machen: Soziale Medien sind heute auch ein Markt für Arbeitsplätze. Und damit steigt auch der Bedarf an Qualifizierung und Ausbildung. Zwar sind Workshops und Creator Camps eine schöne Sache, um Know-how zu erwerben und seine Produktionsqualität zu ersetzen. Langfristig aber ersetzen derartige Veranstaltungen keine berufliche Qualifizierung. Weshalb es inzwischen eine Reihe von Studiengängen gibt, die sich damit beschäftigen, wie Inhalte für soziale Netzwerke professionell produziert werden. Teils werden diese Inhalte in bestehende Studiengänge integriert, teils entstehen ganz neue Abschlüsse. Mindestens genauso wertvoll wie das Studium selbst sind natürlich Praktika bei Medienunternehmen. Nicht selten entstehen hier bereits Kontakte, die noch für den Rest des späteren Berufslebens wertvoll sein werden.

Neben den Studiengängen bieten auch Unternehmen immer häufiger Aus- und Weiterbildung und Qualifizierung für Creator und Influencer an. So gab vor Kurzem das Versandhaus OTTO bekannt, mehr als 100 Mitarbeiter zu Influencern ausbilden lassen zu wollen (Zimmer 2017).

Einige Studien- und Ausbildungsgänge für Creator und Influencer

- **TH Köln, Online-Redakteur,** in der Medienstadt Köln können junge Menschen an der TH einen Bachelor-Abschluss als Online-Redakteur erwerben. https://www.th-koeln. de/studium/online-redakteur-bachelor_3203.php
- **Macromedia Hochschule, Bachelor Film und Fernsehen,** die private Macromedia Hochschule hat schon sehr früh damit begonnen, Online-TV ins Studium zu integrieren und sich dafür z. B. vom MCN Mediakraft beraten lassen. Die Macromedia hat mehrere Standorte in ganz Deutschland. http://www.macromedia-fachhochschule.de/ bachelor-studium/film-fernsehen
- **SAE Institut, Digital Film Production,** die private „School of Audio Engineering" ist traditionell sehr auf die Produktion fokussiert und geeignet für Menschen, die Spaß an Kamera oder Videoschnitt haben. Es gibt auch spezielle Abschlüsse für Game-Design oder Animation. Das SAE Institut unterhält Standorte in ganz Deutschland. http://www.sae.edu/deu/de
- **„Medien studieren"** bietet eine Übersicht über zahlreiche Studiengänge zu Medienberufen und hilft dabei, passende Hochschulen zu finden. www.medien-studieren.net

11.8   Fazit

Es gibt zahlreiche Möglichkeiten, sich in der Branche zu vernetzen. Welche die Richtige ist, muss natürlich jeder Künstler für sich selbst entscheiden. Dem einen ist der freundschaftliche Kontakt zu Gleichgesinnten in einer lokalen Community wichtig. Andere suchen gezielt nach Wegen, ihre Karriere zu beschleunigen. Wieder andere suchen oder lieben es, bei Veranstaltungen im Rampenlicht zu stehen. Eins lässt sich aber mit Sicherheit sagen: Es gibt keinen Grund, sich nicht zu vernetzen. Aber mindestens drei, es auf jeden Fall zu tun.

1. Wer ein großes Netzwerk von befreundeten Creatoren hat, wird mit seinen Inhalten schneller mehr Menschen erreichen. Empfehlungen von anderen und Cross-Promotion mit gemeinsamen Videos sind immer noch einer der besten Wege, schnell mehr Zuschauer zu erreichen. Es darf nur keine Einbahnstraße sein. Wer sich Empfehlungen von anderen wünscht, sollte selber nicht damit geizen. Profi-Tipp: Am liebsten werden Dinge empfohlen, die auch wirklich gut sind. Wer inhaltliche Qualität abliefert, wird irgendwann auch dafür belohnt werden.
2. Jaja, es klingt abgedroschen, aber es ist nun mal so: Noch nie in der Geschichte der Menschheit fiel ein Meister vom Himmel. Darum ist es so wichtig, sich mit anderen auszutauschen, von den Besten zu lernen und auch sein eigenes Wissen weiterzugeben. Konkurrenzdenken ist in der Welt von Social Media fehl am Platz.
3. Wer seinen Lebensunterhalt in den Medien verdienen will, ist gut beraten, mehrere Karrierepläne in der Schublade zu haben. Den Wenigsten ist es gegeben, ein Leben lang vor der Kamera zu stehen. In jungen Jahren und der Euphorie des Augenblicks mag einem die Vorstellungskraft dafür fehlen, doch nirgendwo enden Karrieren schneller und abrupter als in der Unterhaltungsbranche. Wer dann über die entsprechenden Kontakte und Qualifikationen (s. Punkt 2) verfügt, hat gute Chancen, trotzdem weiter seinen Weg in einer ebenso spannenden, wie abwechslungsreichen Branche gehen zu können.

Literatur

3mediapro „2007 Zombie Kid" („I like turtles") https://www.youtube.com/watch?v=CMNry-4PE93Y, zugegriffen: 20.12.2017

Dork Daily, 2006 Numa Numa, https://www.youtube.com/watch?v=KmtzQCSh6xk, zugegriffen: 20.12.2017

Duden (o. J.). https://www.duden.de/rechtschreibung/Netzwerk. Zugegriffen: 13.12.2017

Goldhammer, Klaus; Gugel Bertram (2017): Web-TV-Monitor 2017 – Online-TV-Angebote in Deutschland, Bayerische Landeszentrale für Medien, Landesanstalt für Kommunikation (Hrsg.), http://www.webtvmonitor.de/wp-content/uploads/2017/11/BLM_LFK_Goldmedia-Web-TV-Monitor-2017.pdf

HDCYT 2017, Charlie bit my finger, https://www.youtube.com/watch?v=_OBlgSz8sSM, zugegriffen am 20.12.2017

Mielek und Hoederath, Divimove, Pressealbum: VideoDays Köln 2017, https://goo.gl/photos/KcirRNJPX9ZAfoWHA, zugegriffen: 20.12.2017

Sanagou, Sonja (Mai 2015), Throwback Thursday: Frag die Gurus, Broadmark.de, https://broadmark.de/webstars/throwback-tuesday-frag-die-gurus/26880/ Zugegriffen: 27.11.201)

Wojcicki, Susan (Dezember 2017): Expanding our work against abuse of our platform, Official Youtube Blog, https://youtube.googleblog.com/2017/12/expanding-our-work-against-abuse-of-our.html Zugegriffen: 11.12.2017

Zimmer, Frank (September 2017): Otto bildet über 100 Influencer aus, WuV.de, https://www.wuv.de/marketing/otto_bildet_ueber_100_influencer_aus Zugegriffen: 29.11.2017

Weiterführende Literatur

Lux, Torben (März 2017): Instagram Pods: So tricksen Influencer den Algorithmus aus und erhöhen
    ihre Reichweite, Online Marketing Rockstars, https://omr.com/de/instagram-pods/ Zugegriffen:
    29.11.2017)
Schwarz, Paul (April 2017): Unscheinbar aber wichtig: Lokale Webvideo-Communities, Broad-
    mark.de, https://broadmark.de/allgemein/unscheinbar-aber-wichtig-lokale-webvideo-communi-
    ties/49510/ Zugegriffen: 29.11.2017
Tubefilter.com (November 2013): Youtube has removed all references to its original channels ini-
    tiative, http://www.tubefilter.com/2013/11/12/youtube-original-channels-initiative-experiment-
    end/ Zugegriffen: 30.11.2017

Über den Autor

Moritz Meyer bewegt sich seit vielen Jahren als Journalist und
Medienschaffender in der Bewegtbild-Szene. Für die Rhein-Zeitung
berichtete er als einer der ersten crossmedialen Lokaljournalisten
Deutschlands über die Region zwischen Mainz und Koblenz.

Von 2013 bis 2015 arbeitete er als Pressesprecher bei Mediakraft
Networks, dem damals reichweitenstärksten Online-Video-Netzwerk
in Deutschland, mit Künstlern wie Y-Titty, LeFloid oder Die Lochis
zusammen.

Heute beobachtet er die Branche als Freier Journalist. Seine
Berichte und Analysen erscheinen bei Fachmagazinen wie „Werben
& Verkaufen" oder auf seiner eigenen Webseite www.moritz-meyer.
net/blog. Er lebt mit seiner Familie in Köln.

mail@moritz-meyer.net

UNGEfragt – Creator und Manager über den alltäglichen Wahnsinn im Influencer Marketing

12

Hendrik Martens und Simon Unge

Inhaltsverzeichnis

Zusammenfassung

Was sagen denn die Influencer zum Influencer-Marketing? Wieso sind die so oft so unzuverlässig, schwierig zu erreichen und eigensinnig? Was sollen immer diese Mittler zwischen Influencer und Kunden? Das macht doch alles gar keinen Sinn – oder etwa doch? Hendrik Martens redet mit einem der bekanntesten deutschen YouTuber Simon „UNGE" über Dos & Don'ts bei der Zusammenarbeit im Influencer-Marketing. Es geht darum zu verstehen, dass Influencer keine Werbeflächen sind, sondern extrem kreative und meist auch polarisierende Menschen, die sich selbst als Marke sehen und so auch nach außen präsentieren. Das bringt für Werbetreibende allerhand

H. Martens (✉)
flow:fwd, Hamburg, Deutschland
E-Mail: hendrik@flow-fwd.de

S. Unge
Hamburg, Deutschland

© Springer Fachmedien Wiesbaden GmbH, ein Teil von Springer Nature 2018
M. Jahnke (Hrsg.), *Influencer Marketing*,
https://doi.org/10.1007/978-3-658-20854-7_12

Herausforderungen und auch Chancen mit sich. Was es zu beachten gilt und wie man erfolgreich und vor allem mit Spaß und Effizienz zusammenarbeiten kann, stellen die beiden im folgenden Kapitel dar.

12.1   Die Geschichte des Influencer-Marketings ist eine Geschichte voller Missverständnisse

Influencer-Marketing. Das geht grad so krass ab! Das ist wie Bitcoin, etwas völlig Neues, anderes und wer da nicht rechtzeitig mitmacht, verpasst eine Gelegenheit auf den großen Erfolg, denn irgendwann ist der Hype vorbei und die Welt wendet sich wieder den klassischen Anlage- und Investitionsmodellen bzw. den alten Marketingkanälen zu.

Dieses Zitat hatte ich erst Anfang November in einem „Expertengespräch" mit Kollegen aus der Kommunikationsbranche aufgeschnappt und verinnerlicht. Das klingt für mich im ersten Moment so, als wolle man das Thema hypen, damit es verglüht, um kurz vorher so richtig damit abzukassieren. „Kann man so machen, dann wird es aber auch sch…", dachte ich, dann ist es auch bald wirklich überhitzt und kurz darauf verbrannt, wie die Telekom-Aktie um die Jahrtausendwende. Wozu hauen Menschen so einen Satz raus? Zunächst mal – ja, Influencer-Marketing ist gerade präsent in den Fachmedien, auf Veranstaltungen und natürlich in den Planungsrunden der Markenverantwortlichen in der werbetreibenden Industrie. Das ist doch super! Aber muss man jetzt so schnell wie möglich aufspringen? Was kann man denn da verpassen? Natürlich gibt es hier und da einen Quick Win, wenn man z. B. einen Influencer für sich exklusiv gewinnt und der ein Produkt noch erfolgreicher macht – toll! Aber das ist bestenfalls taktisch klug und entbehrt einen strategischen Ansatz, den ein gut geführtes Marken- oder Marketing-Unternehmen fährt und nicht aufgeben wird, nur weil ein neuer Werbekanal entsteht.

Anmerkung des Autors: Was hier so pauschalisiert dargestellt ist, bitte ich eher als ein mahnendes Beispiel zu sehen. Zum Glück gibt es natürlich auch viele andere kreative, seriöse und kompetente Menschen, die das Thema voranbringen.

Dieser übertriebene Hype schürt die Gefahr, dass Unternehmen kopflos Aktionen mit irgendwelchen Influencern machen. Das Ganze bringt dann höchstwahrscheinlich nicht viel mehr als viel Arbeit, Frust, Missverständnis auf allen Seiten und die Erfahrung: Influencer-Marketing passt nicht zu uns. Das ist viel zu aufwendig, unsteuerbar, unseriös und überhaupt teuer. Bäm. Das war es. Thema auf unbestimmte Zeit verbrannt. Die einzigen, die etwas davon hatten, waren dann Dienstleister oder Berater, die eine schnelle Gelegenheit sahen, etwas günstig einzukaufen und zum richtigen Zeitpunkt wieder teuer zu verkaufen. Was den Werbetreibenden gerne nicht erzählt wird:

- Die Arbeit mit Influencern ist individuell.
- Die Arbeit mit Influencern ist intensiv.
- Die Arbeit mit Influencern ist flexibel.

Was bedeutet das im Einzelnen? Darauf gehe ich in den nächsten Seiten genauer ein, um euch (es gab bisher noch keinen einzigen Menschen in der Influencer-Branche, der mit „Sie" angesprochen werden wollte, daher bleibe ich für Sie, lieber Leser, authentisch beim „Du") ein Gefühl und eine Herangehensweise zu bieten, um gemeinsam mit Influencern, Dienstleistern und Kunden erfolgreiche, effiziente und vor allem ergebnisorientierte Zusammenarbeiten zu schaffen. Also los.

12.2 Die Arbeit mit Influencern ist individuell

„Wir brauchen klar definierte Abläufe!", ruft der genervte Planner und der Creative Director meckert: „Das sieht alles immer komplett unterschiedlich aus. Das passt doch null zur CI!". Das liegt natürlich daran, dass jeder Influencer ein Mensch ist, der ein eigenes Verständnis von seiner Arbeit und individuelle Fähigkeiten hat und einen ebenso individuellen Sinn in seiner Arbeit sieht. Der eine macht alle Bilder im Sepia-Look, der andere hat eine krasse Sprache und ein weiterer kommuniziert ausschließlich über WhatsApp und wird niemals direkt erreichbar sein. Das macht Planung schwierig und Kommunikation hoch individuell. Da funktionieren keine Massenmails oder Pauschalbriefings. Diese Menschen sind deswegen so begehrt, weil sie besonders sind. Sie haben etwas, das sie von anderen abhebt: Eine ganz besondere Persönlichkeit und die gilt es zu berücksichtigen.

Influencer-Marketing ist eben anders als das Plakat, das man einmal produziert und dann in ganz Deutschland aufhängt und alles sieht schön gleich aus und wird einfach über den einen Dienstleister abgewickelt. Da sind wir im Influencer-Marketing noch nicht und ich glaube auch nicht, dass es jemals so sein wird, auch wenn immer mehr Plattformen sich auf den Weg machen, die Arbeit zu vereinfachen und zu standardisieren. Warum? Weil der Fashion-Instagrammer vergisst, dass er eigentlich gar nicht zu dem Shooting-Termin Zeit hat und der YouTuber war die Nacht vorher feiern und wird das Video definitiv nicht am vereinbarten Tag abliefern. F***, ist das nervig. Es ist, als ob man einen Sack Flöhe hüten muss. Auch die besten Agenturen, Managements oder Direktbeziehungen werden das nicht komplett abfedern. Daher ist es essenziell, einen grundsätzlichen „Puffer" an Zeit und Abstimmung einzubauen. Das macht das Leben leichter. Wenn man sich immer wieder vergegenwärtigt, dass es sich hier um Menschen und nicht um Plakatwände handelt, hat man schon viel gewonnen. Dafür sind die Ergebnisse perfekt auf die jeweilige Fan-Community optimiert, abwechslungsreich und ja genau – individuell.

12.3 Die Arbeit mit Influencern ist intensiv

„Das erste Mal tat's noch weh" – so oder so ähnlich würde vermutlich der ein oder andere Marketing-Manager seine erste große Kampagne mit Influencern beschreiben. Es ist eben anders, ich meine *wirklich* anders.

Ein klassischer erster Kampagnenablauf mit einem mittelständischen Unternehmen und mittelgroßen Influencern könnte so klingen (nicht ganz ernst und pauschalisiert, dennoch: Ich bin mir sicher, dass so einige der Leser sich hier wiederfinden können):

Beispiel
1. Die Idee, eine Kampagne mit Influencern zu machen, ist im Unternehmen endlich durchgewunken worden. Die Budgets werden zur Verfügung gestellt und alle bis zur obersten Etage schauen gespannt, was wohl passieren wird. Der Druck und die Erwartungshaltung sind also von Anfang an hoch, die Euphorie endlich mal was Neues zu machen ebenso.
2. Die Agentur oder das Marketing selber suchen nach passenden Influencern. Das geschieht entweder über Spezialagenturen, Plattformen, Managements oder in seltenen Fällen auch über Direktkontakte. Jeder stellt sich schon bildlich vor, wie die Koop die Verkaufszahlen in die Höhe schnellen lässt und die Fans mit Likes und Kommentaren applaudieren. Das wird wie bei Bibi und Bilou – mindestens.
3. Dann werden die ersten Influencer kontaktet und die ersten Ernüchterungen setzen ein. Wieso lieben die denn mein Produkt nicht genauso, wie ich und warum wollen die so viel Geld? Das haben wir uns anders vorgestellt. Aber es finden sich schon ein paar (oder zumindest der eine passende) Influencer und es geht weiter.
   a) Ist es ein größerer Influencer stellt sich hier die nächste Ernüchterung ein, denn man redet erst mal nur mit dem Management und dann meist über Geld und Limitationen.
   b) Hat man den Kontakt direkt zum Influencer, stellt man nach dem ersten Gespräch fest: Wow, ganz schön schwer zu erreichen und wenn, dann nur abends über WhatsApp.
4. Voller Freude wird die Kampagnenidee präsentiert. Marke und/oder Agentur sind sich sicher, dass es gar keine Abstimmung braucht, weil sie die Idee für den Influencer bereits ausgearbeitet haben. In gut 75 % der Fälle (eigene Schätzung aus gut 50 selbst begleiteten Kampagnen) findet der Influencer die Idee eher nicht so stark und haut noch mal eigene Ideen raus.
5. Die Ideen des Influencers passen leider überhaupt nicht zum Kampagnenbild, sind rechtlich schwierig oder einfach zu „krass". Der Influencer liebt sie aber und weiß genau, dass seine Fans es lieben werden.
   a) Nun gilt es durch Ideen-Anpassungs-Ping-Pong etwas zu finden, das für beide Seiten funktioniert. Meistens ist das dann so rund gehobelt, dass alle die Idee noch ok finden. Immerhin.
   b) Der Influencer findet die Idee super und hat auch schon eine Vision, wie das umgesetzt werden kann. Yeah – so einfach!
6. Das Timing wird abgesprochen und das ist immer später als der Kunde geplant und immer früher als der Influencer Zeit hat.
7. Der Kunde schreibt noch mal ein Briefing und ist sich sicher, dass alles enthalten ist, was der Influencer braucht inkl. Logos, Beispiele etc. Da kann nichts mehr schiefgehen!

8. Der Influencer schickt einige Stunden später als besprochen (im Idealfall) sein Video oder seine Fotos zur Abstimmung. Er/sie ist hoch euphorisiert, wie geil das alles geworden ist. Die Kunden öffnen schon leicht erschöpft und immer noch motiviert den Content. Was ist das denn? Das Ergebnis war so aber nicht besprochen! Die Diskussion wird intensiver, der Druck auf beiden Seiten steigt, weil das Timing schon jetzt sehr knapp ist und der Vorstand fragt, ob es schon was zu sehen gibt.

9. Das Feedback ist schnell zusammengefasst. Der Influencer reagiert wenig motiviert, weil seiner Meinung nach doch alles ziemlich geil ist. Widerwillig produziert er neuen Content – ah schon besser! Aber, er will partout nicht die Stelle rausnehmen, wo er „fuck" sagt, denn das muss so sein, das ist nun mal sein Style. Die Jugendschutz-Beauftragten haben aber explizit drauf bestanden, dass derlei Worte nicht vorkommen dürfen, da ansonsten aufgebrachte Eltern auf die Barrikaden gingen. Mit vielen WhatsApps und positiven Bestärkungen gelingt es dann doch, den Influencer dahin gehend zu influencen, dass er das rausnimmt.

10. Die neue Version kann nun auch der Vorstand sehen. Der findet es irgendwie ok, aber auch etwas langweilig. Da aber der Content in den nächsten zwölf Stunden live gehen soll, ist das ok.

11. Das Go für den Influencer kommt und der reagiert erst mal nicht. Was ist da los? Die Nervosität steigt ins Unermessliche, alle freuen sich auf den teuer eingekauften Content und sind neugierig auf die Reaktionen der Community! Dann ist der vereinbarte Release-Zeitpunkt erreicht und … der Content ist da! Was war passiert? Wieso gab es kein Feedback? Das wird wohl nie aufgeklärt.

12. Was für ein heißer Ritt. Die letzten Tage schwankten alle Beteiligten zwischen Nervenzusammen- und Wutausbrüchen. Jetzt sind alle erst mal happy und haben sich wieder lieb. Ein Auf und Ab wie in einer Liebesbeziehung und am Ende kann alles gut werden – mit dem richtigen Partner.

Was kann man daraus lernen? Vor allem das:

- Es wird immer anders aussehen, klingen, als man es sich vorher gedacht hat! Der Influencer macht sein Ding und das ist auch gut so! Denn er ist seine eigene Love Brand, die er verteidigt, sie macht ihm zu dem, was er ist. Die Fans und deren Feedback – das ist seine wichtigste Währung, noch vor der Kohle, siehe Abb. 12.1!
- Wenn man zu viel daran herummacht, wird es schnell langweiliger Content und der klickt nicht, getreu dem Motto: Kann man so machen, dann wird es halt sch***. Wenn der Content zu weit von dem des Influencers abweicht, wie er normalerweise rüberkommt, dann irritiert das die Fans schnell und der Erfolg bleibt aus. Daher macht es Sinn vorher zu schauen, ob man mit dem Stil und den Inhalten des Kooperationspartners gut arbeiten kann. Das ist erheblich wichtiger als dessen pure Reichweite, sein Ruhm oder sein Preis. Danach meckern sonst nur alle, warum es nicht gut funktioniert hat und Schuld ist bekanntlich immer der andere.

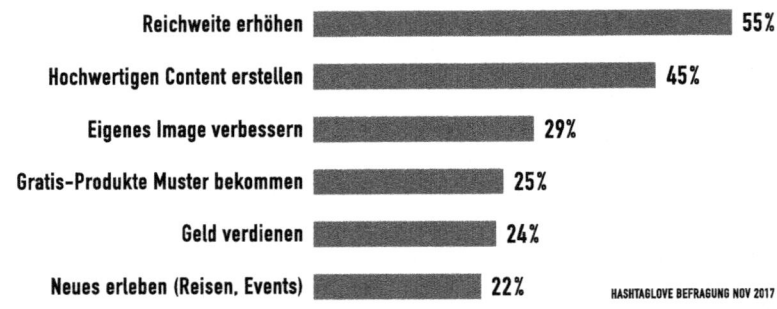

Abb. 12.1 Influencer wollen mehr als Geld. (hashtagLove 2017)

- Auch wenn Geld bezahlt wird für die Arbeit und Reichweite des Influencers, ist es am Ende immer noch eine Markenkooperation und keine reine Testimonial-Arbeit. Hier entsteht eine neue Art der Zusammenarbeit. Eine Zusammenarbeit, die zunächst Angst machen kann, da Kontrolle ein Stück weit abgegeben werden muss. Ich kann nur immer wieder betonen: Probiert es mal mit Vertrauen, seid neugierig und lasst euch drauf ein. Es ist ein wenig wie eine neue Liebesbeziehung: intensiv, ereignisreich und bereichernd in jedem Falle.
- Berücksichtigt neben eurer Vision und Marke auch die der Influencer und respektiert sie. Ihr macht im weitesten Sinne eine Markenkooperation.
- Plant IMMER einen Zeit-Puffer ein und, dass alle relevanten Entscheider am Sonntagabend erreichbar sind, denn die Influencer haben meist ihre besten „Posting-Zeiten" am Wochenende und dann auch gern abends. Das bedeutet, dass das finale Video sehr wahrscheinlich am Samstagabend um 20 Uhr zur Freigabe eintrudelt und, falls da dann doch noch was ist, dann muss das Feedback schnell kommen.

12.4 Die Arbeit mit Influencern ist flexibel

Wie kommt es zustande, dass die Arbeit mit Influencern sich anders gestaltet, als z. B. eine Produktion für einen Werbespot oder ein Shooting für die nächste Plakatkampagne? Einer der wichtigen Gründe ist sicherlich, die „Markenbetrachtung", die ich direkt im vorigen Punkt angesprochen habe. Es kommt noch einer weitere Komponente hinzu: Die Unterschiedlichkeit der Menschen, die hier zusammen arbeiten. Es sind oft sehr unterschiedliche Bedürfnislagen und persönliche Werte, die während einer Zusammenarbeit aufeinandertreffen:

- Schauen wir uns mal Werte, Motivlagen und Wesenszüge einiger Creator und Marketing-Manager an: Es geht kaum gegensätzlicher. Ein Künstler will überwiegend frei sein und ein Manager will kontrollieren und braucht (Planungs-)Sicherheit. Ein Künstler will Neues schaffen, hat die Gedanken oft in der Zukunft, während der

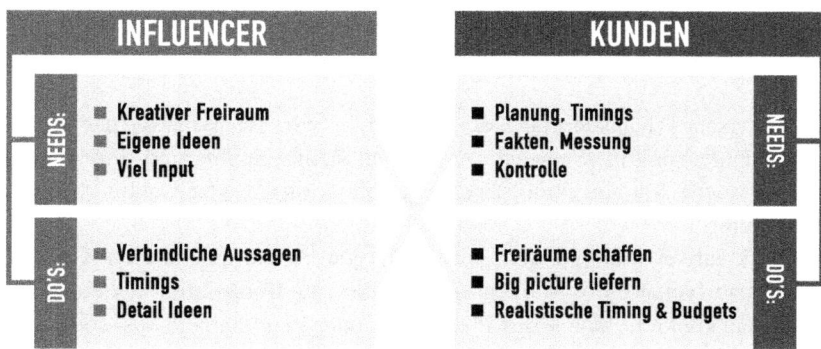

Abb. 12.2 Bedürfnislagen äußern, verstehen und ermöglichen

Manager im Hier und Jetzt die Herausforderungen lösen will und einen Plan braucht, um die vielen Fäden zusammenzuhalten. Der Künstler hingegen nimmt einen Faden auf, um ihn wenig später wieder fallen zu lassen, weil ein anderer bunter Faden seine Aufmerksamkeit gefangen hat. Das klingt nach komplett gegensätzlichen Interessen und das ist ja auch so – und hier entstehen Reibungen, Missverständnisse – Stress und Druck sind oft die Folgen,

- Für eine Zusammenarbeit sind möglichst viele unterschiedliche Werte und Bedürfnisse natürlich zunächst mal herausfordernd, bieten aber auch ungeahnte Potenziale, wenn alle Team-Mitglieder die Motivlagen der anderen grundsätzlich zumindest verstehen und akzeptieren lernen.
- Ah! Wir sind also ein Team! Der Team-Gedanke kommt oft zu kurz. Schnell entsteht ein Zwei-Fronten-„Krieg". Jeder wettert und schießt gegen den anderen und keiner gewinnt am Ende, weil man ja eigentlich für ein und dasselbe Ziel kämpft! Also lasst uns von der Konfrontation auf Kooperation umschalten. Das muss auf beiden Seiten passieren und kann aber erst passieren, wenn beide verstehen und klar geäußert haben, worum es ihnen geht, siehe Abb. 12.2.

12.5 Wozu denn eigentlich einen Dienstleister für Influencer?

Damals, als Social Media startete, hieß es genauso: Das ist alles nur Hype, das ist unseriös, nicht planbar etc. Hier gab es auch viel Geruckel, Gerangel, (Shit)Stürme etc. Wer sollte das Thema besetzen? Die PR-Abteilung? Die Marketingabteilung? Die PR-Agentur? Die Digital-Agentur? Die Kreativ-Agentur? Ja. Alle eigentlich. Social Media hat Abteilungen zusammengebracht oder neue gegründet, da es nicht mehr so einfach möglich war, das Thema klar zuzuordnen. Das gleiche gilt nun für Influencer-Marketing. Hier kommen wieder die gleichen Fragen auf und die Unruhe ist groß, ebenso der Goldrausch und die Angst, keinen Claim abstecken zu können. Spannend.

Ich sitze an der Schnittstelle zwischen Influencer und Kunden. Wir bei flow:fwd kümmern uns um drei Dinge.

1. Als „klassisches Künstlermanagement" regeln wir die Belange der Künstler (in unserem Falle YouTube-Stars wie Apecrime, Melina Sophie und Simon Unge), wie Wohnungssuche, Flugbuchung, Coaching, Mentoring, einfach alles, damit der Star weiterkommt.
2. Wir sind kreative Boutique. Wir entwickeln gemeinsam mit unseren Künstlern neue Formate und bieten diese Marken und Kunden zur Kooperation an. Außerdem denken wir uns konkrete Inhalte für Placements oder Werbeinhalte aus, sodass Künstler, Marke und natürlich der Fan ein perfektes Content-Erlebnis haben.
3. Wir kümmern uns um die sinnvolle und effiziente Vermarktung. Wenn eine Marke mit einem unserer Künstler zusammenarbeiten möchte, dann sind wir diejenigen, die „übersetzen" und zwar in beide Richtungen. Denn es ist schon ein wenig, wie Hund & Katz. Beide finden sich spannend, bringen sich aber ständig gegenseitig gegeneinander auf.

12.6   UNGEfragt: Simon Unge im Interview

Lieber Simon, als einer der großen Influencer der ersten Stunde bist du ja schon seit vielen Jahren Stimme und vor allem Video für Millionen junge und vorwiegend deutsche Spielefans. Du hast die Aufmerksamkeit der Werbe- und Kommunikationswelt auf dich gezogen, als du dich vom Netzwerk Mediakraft getrennt hast und bist sowas, wie der Influencer unter den Influencern. Mit deiner Art, die Kamera zu halten und Bildwechsel zu machen, mit der Longboard-Tour von Westerland zum Schloss Neuschwanstein und mit deinen Reaction-Videos „ungeklickt" hast du Trends gesetzt und viele andere YouTuber zum Nach- und vor allem Mitmachen angeregt. Wie bist du eigentlich YouTuber geworden?

Zunächst mal, bitte lass uns nicht Influencer sagen, sondern Creator, ok? 2011 bin ich auf YouTube aufmerksam geworden, weil ich mich damals viel mit dem Thema „Dreadlocks" auseinandergesetzt habe. Foren wurden irgendwie immer weniger und inaktiver und Reddit gab es damals in Deutschland noch nicht und damit kaum eine Möglichkeit sich auszutauschen. Dann habe ich einfach einen YouTube-Kanal erstellt für Tipps und Tricks in dem Bereich – und, dass man den Kanal zum Austausch nutzt und dazu die Kommentare verwenden kann. Innerhalb von ca. zwei Jahren hatte ich gut 5000 Abonnenten, was damals schon richtig gut war. Der größte YouTuber zu der Zeit war, glaube ich, Gronkh mit 150.000 Abos etwa. Das war nicht schlecht. Ich wurde damals schon immer mal auf Festivals erkannt – das war schon irgendwie verrückt.

Zu der Zeit war ich noch in meiner Erzieherausbildung und mein Designer des YouTube-Kanals fragte mich so 2013, ob ich nicht Lust habe, mit ihm einen Gaming-Kanal aufzumachen – jeder einen eigenen, damit er nicht so alleine dastehen würde. Ich war etwas skeptisch, weil ich wusste, dass, wenn ich spiele, auch gerne mal richtig suchte und dann die Dinge um mich herum vergesse. Er meinte nur: „Ah ne, das ist Minecraft, das kann man auch nur mal so ab zu spielen … ist klar". So ist dann der Kanal „ungespielt" entstanden. Ich habe dann einen bestimmten Spielmodus in Minecraft angefangen zu zeigen „PvP" (Player versus Player) und nach den Weihnachtsferien 2013 hatte ich innerhalb eines Monats über 10.000 Abonnenten und dann ging es richtig ab! Ich hatte nach einem halben Jahr mehr als 100.000 Abos und die Leute haben einfach gemerkt, dass es mir Spaß macht und so ist es dann immer weiter gewachsen und heute sind es über 2.2 Mio. (Abb. 12.3 und 12.4).

Und wann wurde es auch geschäftlich immer größer? Wann kamen Marken, Managements, Netzwerke und Co. ins Spiel und wie war es für dich?

Das hat eine ganze Weile gedauert. Ich habe mich da ein wenig gesträubt. Außerdem durfte man damals keine Werbung in Gaming-Videos schalten, weil die Games ja anderen Firmen gehören und somit auch der Content nicht klar einem selbst gehörte. Geld verdienen konnte man nur mit Videos, die sozusagen komplett mit eigenen Inhalten gemacht waren, wie z. B. eigens komponierte Lieder oder Comedy. Das haben ja die Jungs von YTITTY damals gemacht und hatten ja auch schon Partnerschaften z. B. mit Coca-Cola. Das war beim Gaming nicht möglich und so kam man auch nicht in ein Netzwerk rein. Irgendwann kamen doch die anderen Netzwerke raus, da YouTube hier die Regeln geändert hatte. Ich kam dann erst zum Netzwerk divimove, als ich etwa 200.000 Abonnenten hatte. Aber wir haben das alle „just for fun" gemacht. Da ging es gar nicht ums Geld. Das Gefühl war einfach geil, dass man das macht, worauf man total

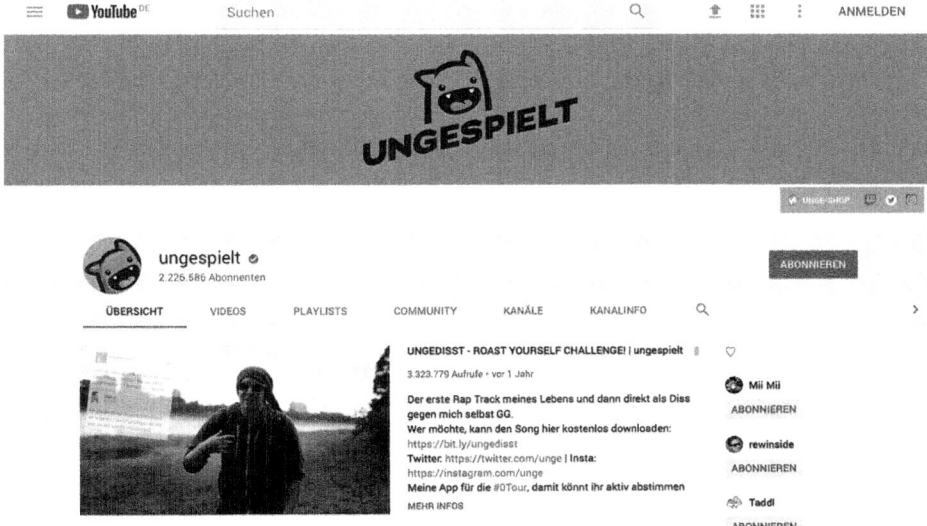

Abb. 12.3 @ungespielt ist einer der der größten deutschen „Let's play"-Kanäle auf YouTube. (Unge 2017a)

Abb. 12.4 Der Instagram Account von Simon Unge hat mehr als zwei Millionen Follower @unge/ Instagram. (Unge 2017d)

Bock hat und Hunderttausende feiern das ab und wollen mehr. Eigentlich wird gesagt, dass das Zocken Zeitverschwendung ist und nun ist das Gaming der Grund, warum du so erfolgreich bist. Das war das Geilste an der Sache! Nach einem Jahr bei divimove bin ich zu Mediakraft gewechselt, weil da auch meine meisten Gaming-Freunde, wie Dner und Co. waren. Wir haben uns gedacht: „Ok, wenn wir alle da reingehen, dann helfen die uns, dass wir zusammen so richtig coole Sachen machen können. Jo, wir können gemeinsam in ein Studio gehen und zusammen zocken und einfach noch mehr geilen Content produzieren, so wie bei einer LAN-Party! Das wird richtig nice!"

Letztendlich habe ich lernen müssen, dass viele Vermarkter im Vorfeld viel reden und was man nicht schriftlich hat, ist nicht passiert. Deswegen empfehle ich immer wieder anderen, die mich fragen, keine zu langen Verträge zu machen oder eben alles, also wirklich alles schriftlich zu machen, was man so erwartet und besprochen hatte. Netzwerke waren auch zu Anfang eher „technische Dienstleister", damit man z. B. Adsense also Werbung machen konnte, ohne dass einem der Account gesperrt wurde.

In der Gaming-Szene waren Koops noch gar kein Thema am Anfang. Das war eher bei Beauty, Comedy und Co. – es hieß da noch Gaming ist Nische. Das sieht heute ganz anders aus. Daher waren Netzwerke weniger Vermarkter oder Management, sondern technischer Support, die sich aber uns gegenüber schon als Management ausgegeben haben. Das hatte für mich nicht so gut geklappt. Da gab es diverse Differenzen und für mich war es die bessere Entscheidung, Netzwerke als „technische" Supporter zu sehen, damit der Kanal gut läuft und Kooperationen und Placements auf anderem Wege zu machen. So kam ich irgendwie an mein Management flow:fwd, obwohl Management für mich damals total abstrakt war. Das hatten doch nur Popstars, fand ich. Aber es macht sehr viel Sinn für mich, da mein Management auch neben Werbung noch viele andere

unge ☺ · Folgen
Elbphilharmonie

unge #Werbung #typischich
Habt ihr schon eine Ausbildung in Planung
oder wisst ihr absolut nicht was ihr
eigentlich später machen wollt? Der
Whats'MeBot der Bundesagentur für Arbeit
kann euch mit Hilfe eines Frage-Antwort-
Spiels dabei helfen herauszufinden,
welches Berufsfeld zu euch passt. Geht
auch super von unterwegs, wie man sieht.
☺ ✌
✊ Link in der Bio.

Weitere Kommentare laden

linus_nmr @linus_nmr ich Hype mein
Kommentar

lena__pav Wohnst du immer noch in Köln
? :)

j34n2001 @unge Kleine Frage aus deiner
Story xD Warum nur 75 Zoll

_its_meee__ Hat dir schonmal jemand

♡ ◯   ⬜

Gefällt 30.709 Mal

3. NOVEMBER

Kommentar hinzufügen ..   ⋯

Abb. 12.5 Den Twitch-Lifestream von Unge schauen teilweise 20.000 Menschen gleichzeitig @ ungespielt/Twitch. (Unge 2017b)

Sachen macht. Ich bin ja eher ein „kreativer Freigeist" und wirke manchmal etwas verplant. Da hilft mir mein Management, damit viele Dinge ordentlich funktionieren, wie z. B. ein Umzug oder ein Interview *(Augenzwinkern seitens Co-Autors)* und natürlich auch die reibungslose Abwicklung von Markenkooperationen. Ein Freund von mir hat ein kleines „Netzwerk" aufgebaut, das sich nur um rechtliche und technische Dinge rund um YouTube und Co. kümmert – da sind nur Freunde drin. Der schaut z. B., ob nicht einfach andere Leute mit meinen Videos, Streams oder mir als Marke Videos hochladen und als ihre ausgeben etc. Das fühlt sich in dieser Kombination gut für mich an und kann dies auch größeren Creatoren mit Hunderttausenden Abos empfehlen. Woanders ist man schnell nur ein Artikel in einem großen Katalog, wo Kunden sich etwas bestellen können, aber wir sind ja keine Ware, sondern Menschen! Auch wenn sich Management furchtbar anhört, ist es doch sehr hilfreich, um das tun zu können, worauf man letztendlich Bock hat: In meinem Fall ist es Gaming und ich muss mich nicht zu sehr mit den administrativen oder Business-Dingen auseinandersetzen, wo ich dann schnell die Lust verliere und vor allem auch Zeit! So kann ich mich komplett auf meine Kanäle konzentrieren und so gewinnen alle. Das Management ist gut dafür, dir die Dinge abzunehmen, zu denen du keinen Spaß hast und wo du gar nicht deine Gedanken hin lenken möchtest: z. B. wie ein Video bezahlt wird etc. Ich vertraue da meinem Management und tausche mich mit anderen Creatoren aus und habe so ein gutes Gefühl (Abb. 12.5).

Spannend! Und wie bist du an dein Management gekommen?

Das ist eine lange Geschichte. Ich hatte damals den Gaming-Kanal gestartet. Als ich ca. 15.000 Abonnenten hatte, dachte ich, dass ich ja mal fragen könnte, ob ich eine neue Maus und Tastatur for free bekommen kann. Ich habe einfach mal Roccat angeschrieben, eine Gaming-Hardware-Firma in Hamburg: „Ja Hallo! Ich bin der Simon und ich habe hier so einen Spielekanal und mache Gaming-Videos. Wollt ihr mir nicht vielleicht ne Tastatur und ne Maus schicken? Ich könnte da auch ein Video zu machen ..." So ganz unschuldig fing das an. Roccat hat sich direkt zurückgemeldet und mir was geschickt. Die haben damals quasi schon Influencer-Marketing gemacht und Co-Creation, bevor es dafür überhaupt Begriffe gab! Die haben mich sogar nach einem halben Jahr eingeladen zu einer Art Mini-Praktikum, bei dem ich meine eigene Maus mitgestalten konnte! Das war echt eine spannende Geschichte. Seitdem bin ich jahrelang treuer Roccat-Supporter, da ich immer coole Hardware bekommen habe. Das ist ein Unternehmen, das ich feiere und mit dem ich zusammen Geld verdient habe. Die haben früh erkannt, dass es sich lohnt, mit Creatoren zusammenzuarbeiten und so einen guten Ruf und vor allem Sichtbarkeit zu bekommen und wir konnten besser zocken! Als ich mit Pauken und Trompeten bei Mediakraft raus bin, habe ich mich bei dem Chef von Roccat gemeldet und ihm von dem Stress und dem Ärger erzählt. Die drei Gründer von flow:fwd[1] haben sich dann mit mir zusammengesetzt und das Management für mich bis heute übernommen. Mit denen geht es übers reine Management und die Vermarktung hinaus. Sie sind richtige Freunde und Helfer in meinem geschäftlichen und privaten Leben geworden. Das hilft mir als etwas verplanten Menschen sehr in meinen Problemen im Alltag und im Business. Das ist wirklich toll, dass etwas weniger Chaos in meinem Leben herrscht und mir viele Dinge abgenommen werden, die mich sonst viel Zeit und Nerven kosten würden.

Das klingt doch sehr sinnvoll. Neben dem idealen Management, wie sieht denn dein idealer Kunde bzw. Kooperationspartner eigentlich aus?

Der ideale Kunde, das ist schwierig ...*lacht* Also, es gibt auf jeden Fall eine wichtige Sache, die niemals passieren darf und zwar, dass der Kunde dem Creator Dinge genau vorgibt. Nach dem Motto: „Du machst jetzt über das Produkt ein Review und musst GENAU den Satz sagen ..." Dann bist du kein Creator mehr, der in einem coolen Projekt und in einem coolen Video von einem Partner unterstützt wird und du dich kreativ dabei ausleben kannst. Sondern dann bist du nur noch ein Moderator für eine Werbesendung, der genau das sagt und macht, was das Skript sagt. Das ist Worst Case und darf einfach nicht gemacht werden, da es im Nachhinein wirklich allen schadet, da die Fans das auch irgendwie merken und nicht mehr feiern. Dann ist das wie Werbung schalten im TV und das mag ich nicht. Deswegen ist für mich der ideale Kunde ein Kunde, der Vertrauen hat in den Creator, den er ausgesucht hat. Ein Kunde, der Freiräume lässt und mit dem man einfach harmonisch und über eine lange Zeit eine schöne Zusammenarbeit hat, die dann auch beiden Seiten etwas bringt – das ist perfekt.

Und was sind so deine moralischen Ansprüche an eine Kooperation? Gibt es da auch Partnerschaften, die du nicht eingehen würdest?

---

[1]Anmerkung: Zwei von ihnen kamen von Roccat, und zwar Rene Korte und Markus Frey. Der Dritte im Bunde ist Pepe Wietholz, der CEO von STRG, einer digitalen Kreativ-Agentur. Ich kam dann vor etwa 1,5 Jahren dazu.

Abb. 12.6 Kooperation zwischen Simon Unge und der Bundesagentur für Arbeit @unge/Instagram. (Unge 2017c)

Da ich z. B. Veganer bin, würde ich nie im Leben und egal zu welchem Betrag einem Fleisch produzierenden Unternehmen meine Reichweite und mein Gesicht hergeben. Wenn ich für eine Marke oder ein Unternehmen werbe (vgl. Abb. 12.6), dann auch nur, wenn ich das Produkt selber geil finde und mein Content ebenso im Fokus steht und ich mir sicher bin, dass ich das Produkt oder das Game oder den Service meinen Zuschauern eben auch anbieten kann. Das ist für mich essenziell.

Und hast du eine Traummarke oder einen Partner, mit dem du gerne zusammenarbeiten möchtest?

Ich möchte gerne mit Leuten was machen, die ihren Unternehmenszweck auch irgendwie weitertreiben; also nicht nur den Gewinn, sondern auch eben einen gemeinnützigen Aspekt vorantreiben. Neben dem wirtschaftlichen Sinn sollte das Unternehmen auch nach einem z. B. ökologischen Sinn streben. Als Beispiel sehe ich Unternehmen wie „Viva con Aqua" oder „Charytea". Die machen sich auch Gedanken über Fairtrade, Bio, Nachhaltigkeit eben. Das ist mein Wunsch, dass immer mehr Firmen sich in diese Richtung entwickeln und mit denen möchte ich auch sehr gerne zusammenarbeiten. Ach und auch nach dem Motto: Support your Local Dealer! Das ist auch etwas, was mich immer wieder sehr motiviert!

Ich hoffe, das lesen viele deiner zukünftigen Kunden. Wie siehst du denn die aktuelle Entwicklung im Bereich Influencer/Creator-Marketing?

Ich sehe es sehr positiv! Es gibt z. B. immer mehr und bessere Managements. Das war für mich vor Jahren noch unvorstellbar. Da fühlten sich die Netzwerkgeschichten für mich persönlich eher an wie ein Ramschverkauf und eine Massenabfertigung. Heutzutage ist das wirklich so, dass immer mehr Netzwerke, Managements, Vermarkter und

Agenturen zusammen Wert darauf legen, wirklich coole Projekte für Markenkunden UND die Zuschauer/Fans der Creatoren an den Start zu bringen. Das bringt dann meiner Marke als Creator und der Kundenmarke wirklich etwas und ist cool. Alle lernen eben dazu und es macht wirklich Spaß, coolen Content zusammen mit entspannten Partnern für alle Zuschauer, Fans, Follower zu produzieren! Das sehe ich immer mehr und das freut mich sehr! Weiter so!

Danke sehr Simon für die motivierende Zusammenfassung!

Literatur

HashtagLove (2017), Motivation der Influencer, http://bit.ly/HTL_Influencer. Zugegriffen: 11.12.2017

Unge, S. (2017a), https://www.youtube.com/user/ungespielt. Zugegriffen: 20.12.2017

Unge, S. (2017b), https://www.twitch.tv/videos/208897172##. Zugegriffen: 20.12.2017

Unge, S. (2017c). Habt ihr schon eine Ausbildung in Planung oder wisst ihr absolut nicht was ihr eigentlich später machen wollt, https://www.instagram.com/p/BbCbXujFvA0/?taken-by=unge. Zugegriffen: 20.12.2017

Unge, S. (2017d), https://www.instagram.com/p/BYGmIRil_CK/?taken-by=unge. Zugegriffen: 20.12.2017

Über die Autoren

Hendrik Martens Ich sehe mich selbst als digital born and raised kid an, obwohl ich Jahrgang 73 bin. Mein Vater war einer der ersten Menschen in Deutschland, die in den 70/80ern sogenannte Personal Computer importierten und ich war schon im Windelalter fasziniert von dieser Technologie. Schon in den späten 90ern habe ich für Unternehmen erste Websites gestaltet und Anfang 2000 meine eigene Digital-Agentur gegründet und gut zehn Jahre später verkauft.

Seit Mitte 2015 bin ich nun aus Überzeugung und Begeisterung kreativer Leiter bei flow:fwd. Hier kann ich endlich zusammen mit anderen visionären (aka. verrückten) Menschen neuartige Content-Kampagnen und Formate konzipieren, umsetzen und zum Erfolg führen. Wir managen also nicht nur Creator, wie Simon UNGE, Apecrime, Melina Sophie oder Inscope21, wir schaffen völlig neue Content-Erlebnisse zusammen mit ihnen und mutigen Kunden, wie Unilever, Universal Pictures oder Vodafone.

Ich bin mir sicher, dass das Influencer-Marketing, ähnlich wie in den früher 2000ern Social Media-Marketing, keine Modeerscheinung ist, sondern ein fester Bestandteil der digitalen Markenkommunikation werden wird. Dafür kämpfe ich auch als stellvertretender Vorstandsvorsitzender des BVIM (Bundesverband Influencer Marketing e. V./www.bvim.info), damit Creator als mehr wahrgenommen werden, als Werbemittel oder Reichweitenkanäle.

Bundesverband Influencer Marketing e. V.
hendrik@flow-fwd.de

Simon Unge Simon Unge heißt mit bürgerlichem Namen eigentlich Simon Wiefels und ist 1990 geboren. Seit 2013 ist er mit seinem YouTube-Kanal „ungespielt" einer der bekanntesten Let's Player im deutschsprachigen Raum. Mittlerweile ist er auch regelmäßig mit seiner Live-Show „ungestreamt" sehr erfolgreich auf der Strea-ming-Plattform Twitch (Abb. 12.4) zu sehen. Er hat mit seiner eige-nen Art Vlogs zu filmen, einen neuen Stil der Kameraperspektive etabliert und gemeinsam mit anderen YouTubern wie Dner, Cheng Löw und Julian Bäm Ruhm über digitale Kanäle heraus erlangt, als sie über drei Wochen mit dem Longboard durch Deutschland gefah-ren und täglich auf YouTube, Instagram (Abb. 12.6) und Twitter dar-über berichtet haben.

Seit November diesen Jahren wohnt Simon nun zusammen mit anderen Streamern im #Streamhaus, um dort für 365 Tage live aus seinem Leben und seiner Games-Welt zu berichten. Dabei sind bereits spannende und erfolgreiche Kooperationen mit Medimax und Vodafone entstanden und werden mit neuen Formaten weiter ausgebaut.

www.ungespielt.de
https://www.youtube.com/ungespielt
https://www.instagram.com/unge/
https://twitter.com/unge

Glossar

Ad Abkürzung für Advertisement (deutsch: Werbung)

Affiliate Marketing Ist ein Provisionssystem, das auch als Partnerprogramm zwischen einem Website-Betreiber und einem Anbieter bezeichnet werden kann. Dabei werden dem Verkäufer Möglichkeiten zur Verlinkung auf der Website angeboten. Der Website-Betreiber erhält eine Provision von dem Anbieter, sobald der über den Link vermittelte User weiter aktiv ist, z. B. etwas kauft.

Amplifier (deutsch: Verstärker), in der Werbesprache: Kampagnen-Verstärker, z. B. durch Facebook Ads zu einem Blog-Artikel.

Annotationen Kurz eingeblendete Anmerkungen in einem YouTube-Video, die z. B. auf andere Videos verweisen.

API (deutsch: Programmierschnittstelle), Abkürzung für Application Programming Interface

B2B Abkürzung für Business-to-Business. Handelsbeziehung zwischen zwei oder mehreren Unternehmen.

Backlink Hyperlink, welcher von einer Website auf eine andere (zurück)verweist. Entscheidender Faktor für erfolgreiches Suchmaschinenranking.

Benchmarking Vergleichsmaßstab. Ein Maßstab, um Produkte, Dienstleistung und Prozesse zu vergleichen.

Brand Awareness Bekanntheit und Beliebtheit einer Marke oder eines Unternehmens

Branded Content (deutsch: Markeninhalt), ist jeglicher Inhalt (Text, Bild, Video), der subtil auf eine Marke oder ein bestimmtes Produkt hinweist.

Branding Alle Aktivitäten, die ein Unternehmen durchführt, um die eigene Marke von der Konkurrenz abzuheben und sie mit einer ausgewählten Assoziation zu besetzen

Briefing Zusammenfassung notwendiger Informationen z. B. zur Planung einer Kampagne. Darin enthalten sind z. B. Zielsetzung, Strategie, Zeit- und Kostenplanung.

Channel Branding Verschiedene Charakteristiken, die zur Hervorhebung eines Social-Media-Kanals führen, wie Layout, Farbgebung und Logo.

Click-Through-Rate (CTR) Gibt an, wie oft Werbebanner oder Sponsorenklicks im Verhältnis zu den gesamten Impressionen angeklickt wurden.

© Springer Fachmedien Wiesbaden GmbH, ein Teil von Springer Nature 2018   273
M. Jahnke (Hrsg.), *Influencer Marketing,*
https://doi.org/10.1007/978-3-658-20854-7

Cluster (deutsch: Segmentierung, Einteilung), Social-Media-Profile können z. B. nach ihrer Reichweite geclustert werden.

Community (deutsch: Gemeinschaft), soziales Netzwerk von Menschen mit gleichen Interessen und gemeinsamer Zielverfolgung.

Content (deutsch: Inhalt), z. B. Inhalt einer Internetseite

Crowdsourcing Setzt sich aus den Begriffen crowd (deutsch: Menge) und sourcing (deutsch: Beschaffung) zusammen. Die Auslagerung von Aufgaben oder Projekten an eine Menschenmenge, wie etwa eine Community. Content Creator: Produzent von Inhalten.

Endcard Grafik am Ende eines YouTube-Videos als Abspann. Wird von vielen Nutzern verwendet, um Zuschauer auf weitere Kanalinhalte aufmerksam zu machen.

Engagement Rate Auch Interaktionsrate genannt. Ein Indikator, um die Interaktion auf einzelne Beiträge zu analysieren. In die Berechnung spielen Likes, Kommentare und Shares mit hinein.

Feed Alle Bilder oder Nachrichten, die dem Social Media User angezeigt werden. Bei Instagram z. B. verwendet man den Begriff für alle Bilder in der Galerie eines Accounts.

Geotagging Auch Georeferenzierung, Geocodierung und Verortung genannt. Dabei werden Datensätzen Informationen des räumlichen Standortes zugeordnet.

Google Analytics Analyse-Tool von Google, bei dem die Besucher- und Nutzerstatistiken von Websites ausgelesen werden. Unter anderem wird ausgewertet, wie die Besucher auf eine Seite kommen, wie viel Zeit sie dort verbringen und welche Aktionen sie ausführen.

Google Suggest Eine Funktion der Google Suchmaschine, bei der bereits beim Eintippen eines Stichwortes passende Suchvorschläge eingeblendet werden.

Hashtag (deutsch: Raute. #). Wird verwendet, um Beiträge im Internet über bestimmte Schlagworte auffindbar zu machen.

Impressionen Auch „Impressions" oder Kontakte genannt. Impressionen bezeichnen den Sichtkontakt eines bestimmten Inhalts (z. B. Posting, Blogbeitrag) oder auch den Seitenabruf einer Website mit einem Browser (Page Impressions).

Interaktionsrate Siehe „Engagement Rate"

Keyword Suchbegriffe, die unter anderem bei Google aber auch bei sozialen Netzwerken (über Hashtags) eingegeben werden, um Informationen und Beiträge zu diesem Begriff zu finden.

KPIs Abkürzung für Key Performance Indicators. Wichtige Ziel-Kennzahlen einer Kampagne.

Launch Einführung eines neuen Produkts oder Veröffentlichung einer Werbekampagne.

Media Kit Leistungsangebot und Preisliste, unter anderem von Influencern, mit den wichtigsten Daten und Fakten für potenzielle Kooperationspartner.

Multi-Channel-Netzwerke (MCNs) Gewinnorientierte Unternehmen, die mehrere YouTube-Kanäle selbst bespielen oder andere Kanäle unter Vertrag nehmen, diese bei der Videoproduktion unterstützen und dafür einen Teil der Werbeeinnahmen erhalten.

Paid Content Online verfügbare Inhalte, die einem User nur gegen Bezahlung zur Verfügung stehen.

Pinnen (Repinnen) Bei Pinterest gebräuchlicher Ausdruck zum (Re-)Posten von Beiträgen.

Pitch Wettbewerbspräsentation bei Agenturen oder Start-ups.

Produktplatzierung Unternehmen platzieren ihre Produkte in diversen Medien (Online, Print, Radio, TV), z. B. in Form eines Blogposts oder Videos. Das publizierende Medium oder auch der Influencer erhält im Gegenzug ein Honorar.

Reichweite Die Reichweite von Beiträgen gibt an, wie viele Personen diese gesehen haben.

Retargeting Verfahren zur Verfolgung von Besuchern einer Website, häufig einem Online-Shop. Besucher werden durch Cookies markiert und auf anderen Websites mit zielgerichteten Werbeanzeigen angesprochen, um sie so auf die Website zurückzuleiten.

Schleichwerbung Nicht genehmigte, nicht vertraglich vereinbarte erschlichene Werbung, für die keine Bezahlung erfolgt.

SEA search engine advertisement (deutsch: Suchmaschinen-Werbung). Erkaufter Platz auf der Ergebnisliste eines bestimmten Suchbegriffes.

Sedcard Bewerbungsunterlage für Models bei Agenturen oder Fotografen.

SEM search engine marketing (deutsch: Suchmaschinenmarketing): Überbegriff für SEA und SEO.

SEO search engine optimazation (deutsch: Suchmaschinenoptimierung): Befasst sich mit allen Maßnahmen, die zur besseren/höheren Platzierung in organischen, unbezahlten Suchergebnissen beitragen.

Social Bots Programme, welche in sozialen Medien echte Personen simulieren und dort Beiträge liken, kommentieren, retweeten. Werden eingesetzt, um die eigene Reichweite zu vergrößern.

Social Media Apps und Websites, in der Nutzer Inhalte (z. B. Fotos, Videos, Artikel) kreieren und mit anderen Nutzern teilen können. Bedeutende Netzwerke sind z. B. Facebook, Instagram, Twitter und Snapchat.

Social Wall Zusammenführung sämtlicher Social-Media-Aktivitäten von unterschiedlichen Quellen, z. B. mithilfe eines Hashtags

Sponsored Posts Bezahlter und gekennzeichneter Werbebeitrag.

Stories (Instagram und Snapchat) Plattformnutzer können Fotos und Videos zu einer Slideshow zusammenstellen, die dann 24 h lang sichtbar bleibt und danach gelöscht wird.

Subscribers Auch Abonnenten oder Follower genannt. Vor allem YouTube-Abonnenten werden auch als Subscribers betitelt.

Targeting Die exakte Ansprache von Zielgruppen, welche sich auf die genaue Zielgruppenbestimmung im Vorfeld bezieht.

Testimonial Bekannte Persönlichkeiten, die für ein Produkt in den Medien werben und somit die Glaubwürdigkeit des Produktes, einer Marke oder einer Dienstleistung erhöhen sollen.

Thumbnail Vorschaubild oder Miniaturbild. Das Anzeigebild eines YouTube-Videos ist z. B. ein Thumbnail.

TKP (Tausender-Kontakt-Preis) Kennzahl, welche angibt, wie hoch die Kosten einer Werbemaßnahme sind, um 1000 Kontakte zu erreichen.

Touchpoints Berührungs- und Kontaktpunkte zwischen Unternehmen und Kunden, durch die Interaktionen erfolgen oder geleitet werden.

Tracking Das Erstellen eines Protokolls, zur Erfassung des gesamten Nutzerverhaltens auf einer Webseite.

Traffic Fluss von Daten eines Netzwerks. Damit können z. B. auch Zugriffe auf eine bestimmte Website gemeint sein.

Video-Thumbs Siehe „Thumbnail"

Virales Marketing Marketingform, welche vor allem auf soziale Medien und Mundpropaganda setzt und bei der sich meist emotionale Werbebotschaften exponentiell verbreiten lassen.

Ihr Bonus als Käufer dieses Buches

Als Käufer dieses Buches können Sie kostenlos das eBook zum Buch nutzen.
Sie können es dauerhaft in Ihrem persönlichen, digitalen Bücherregal
auf **springer.com** speichern oder auf Ihren PC/Tablet/eReader downloaden.

Gehen Sie bitte wie folgt vor:
1. Gehen Sie zu **springer.com/shop** und suchen Sie das vorliegende Buch
   (am schnellsten über die Eingabe der eISBN).
2. Legen Sie es in den Warenkorb und klicken Sie dann auf:
   zum Einkaufswagen / zur Kasse.
3. Geben Sie den untenstehenden Coupon ein. In der Bestellübersicht wird
   damit das eBook mit 0 Euro ausgewiesen, ist also kostenlos für Sie.
4. Gehen Sie weiter **zur Kasse** und schließen den Vorgang ab.
5. Sie können das eBook nun downloaden und auf einem Gerät Ihrer Wahl lesen.
   Das eBook bleibt dauerhaft in Ihrem digitalen Bücherregal gespeichert.

EBOOK INSIDE

eISBN	978-3-658-20854-7
Ihr persönlicher Coupon	6Mte7b6yDCfp5RM

Sollte der Coupon fehlen oder nicht funktionieren, senden Sie uns bitte
eine E-Mail mit dem Betreff: **eBook inside** an **customerservice@springer.com**.